21世纪高职高专规划教材 电气、自动化、应用电子技术系列

工厂电气控制与PLC

卢恩贵 主编
郑建红 曹胜敏 副主编

清华大学出版社
北京

内容简介

本书根据我国新时期高职教育的改革和发展要求，从职业能力培养、企业的技术需要和实用教学出发，在讲述传统的低压电器、典型的控制环节及器件选择的基础上，系统地分析工厂电气控制系统的构成、特点及原理。内容包括常用低压电器、电气控制电路的基本环节、常用机床电气控制线路、桥式起重机电气控制线路、电梯的继电-接触器控制线路。同时，为了适应现代控制技术应用，还系统地介绍了PLC的组成及工作原理、PLC的基本逻辑指令、PLC程序设计方法、S7—200系列PLC功能指令及其应用等内容。

本书适合作为高等职业院校电气自动化技术、机电一体化技术、供用电技术、机电工程等机电类专业的教材，也可作为工程技术人员的培训教材和工作参考书。

图书在版编目(CIP)数据

工厂电气控制与PLC/卢恩贵主编．—北京：清华大学出版社，2012.1(2024.1重印)
(21世纪高职高专规划教材.电气、自动化、应用电子技术系列)
ISBN 978-7-302-26770-6

Ⅰ.①工… Ⅱ.①卢… Ⅲ.①工厂—电气控制—高等职业教育—教材 ②可编程序控制器—高等职业教育—教材 Ⅳ.①TM571.2 ②TM571.6

中国版本图书馆CIP数据核字(2011)第185714号

责任编辑：贺志洪
责任校对：袁　芳
责任印制：杨　艳

出版发行：清华大学出版社
网　　址：https://www.tup.com.cn，https://www.wqxuetang.com
地　　址：北京清华大学学研大厦A座　　**邮　　编**：100084
社 总 机：010-83470000　　**邮　　购**：010-62786544
投稿与读者服务：010-62776969，c-service@tup.tsinghua.edu.cn
质量反馈：010-62772015，zhiliang@tup.tsinghua.edu.cn
课件下载：https://www.tup.com.cn，010-83470410
印 装 者：三河市铭诚印务有限公司
经　　销：全国新华书店
开　　本：185mm×260mm　　**印　　张**：18　　**字　　数**：458千字
版　　次：2012年1月第1版　　**印　　次**：2024年1月第11次印刷
定　　价：56.00元

产品编号：041954-03

前 言

本书根据我国新时期高职教育的改革和发展要求,以“淡化理论,够用为度,培养技能,重在应用”为原则编写而成。在编写思路上,本书从职业能力培养、企业的技术需要和实用教学出发,力图体现高职高专培养生产一线高技能人才的要求,力争做到重点突出、概念清楚、层次清晰、深入浅出、学用一致。

本书在内容的选择和问题的阐述方面兼顾了当前科学技术的发展和高职学生的实际水平,既考虑了教学内容的完整性和连续性,又大大降低了学习难度,在问题的阐述方面则力求做到叙理简明、概念清晰、突出重点;同时也考虑了后续课程对本课程的要求,以更好地为专业培养目标服务。本书着重强调理论联系实际,注重学生动手能力、分析和解决实际问题能力的培养,即在讲述传统的低压电器、典型的控制环节和典型的设备控制电路以使学生达到基本从业水平的基础上,介绍 PLC 的基本原理和应用知识,以使学生掌握先进控制技术的应用和应对技术等级考核的需要。另外,书中内容紧密结合生产实际和现场操作,文字叙述力求通俗易懂,以适应高职高专学生的实际水平。

全书共分 9 个模块,即常用低压电器、电气控制电路的基本环节、常用机床电气控制线路、桥式起重机电气控制线路、电梯的继电-接触器控制线路、PLC 的组成及工作原理、PLC 的基本逻辑指令、PLC 程序设计方法、S7—200 系列 PLC 功能指令及其应用等。

本书由卢恩贵担任主编,郑建红、曹胜敏担任副主编。其中前言、绪论、模块 4 和模块 5 由河北能源职业技术学院卢恩贵编写;模块 1 和附录由河北能源职业技术学院周志仁、尹静涛编写;模块 2 和模块 3 由唐山职业技术学院任黎明、郑建红编写;模块 6～模块 8 由唐山学院朱全印、曹胜敏编写;模块 9 由唐山工业职业技术学院张冉编写。在编写本书的过程中,作者参考了多位同行的作品,在此一并表示衷心的感谢。

由于编者水平有限,时间仓促,书中难免存在不足之处,敬请广大读者批评指正。

编　者

2011 年 5 月

目 录

绪 论

1. 电气控制技术的发展

工厂中的设备各式各样，大多由电动机拖动，且采用各种控制装置来实现对它的控制。

19 世纪末，在生产机械的拖动系统中，电动机逐渐代替了蒸汽机，出现了电力拖动。在其初期，常以一台电动机拖动多台设备，或使一台机床的多个动作由同一台电动机拖动，称为集中拖动。随着生产发展的需要，20 世纪 20 年代电力拖动方式由集中拖动发展为单独拖动。为了进一步简化机械传动机构，更好地满足大型机械和精密机械的各部分对机械特性的不同需求，在 30 年代出现了机械的各部分分别采用不同的电动机拖动的多机拖动方式，这种多机拖动不仅简化了机械结构，使机械的工作性能日趋完善，而且也对控制技术提出了新的要求。如机器的电气控制系统不但可对各台电动机的启动、制动、反转、停车等进行控制，还具有对各台电动机之间实行协调、联锁、顺序切换、显示工作状态等功能。对生产过程比较复杂的系统还要求对影响产品质量的各种工艺参数如温度、压力、流量、速度、时间等能够自动测量和自动调节，这些都促进了电气控制技术的迅速发展。

到 20 世纪 30 年代，电气控制技术的发展，推动了电器产品的进步，继电器、接触器、按钮、开关等元件形成了功能齐全的多种系列，这种系统通常称为继电-接触器控制系统。这种控制具有使用的单一性，即一台控制装置只能针对某一种固定程序的设备，一旦程序有所变动，就得重新配线。而且这种控制的输入、输出信号只有通和断两种状态，因而这种控制是断续的，不能连续反映信号的变化，故称为断续控制。

从 20 世纪 30 年代开始，机械加工企业为了提高生产效率，采用机械化流水作业的生产方式，对不同类型的零件分别组成自动生产线。随着产品机型的更新换代，生产线承担的加工对象也随之改变，这就需要改变控制程序，使生产线的机械设备按新的工艺过程运行，而继电-接触器控制系统是采用固定接线的，很难适应这个要求。大型自动生产线的控制系统使用的继电器数量很多，这种有触点的电器工作频率较低，在频繁动作情况下寿命较短，从而使生产线的运行可靠性降低。为了解决这个问题，20 世纪 60 年代初期利用电子技术研制出矩阵式顺序控制器和晶体管逻辑控制系统来代替继电-接触器控制系统，对复杂的自动控制系统则采用电子计算机控制，由于这些控制装置本身存在某些不足，均未能获得广泛应用。

1968 年美国最大的汽车制造商——通用汽车(GM)公司为适应汽车型号不断更新，提出把计算机的完备功能以及灵活性、通用性好等优点和继电-接触器控制系统的简单易懂、操作方便、价格便宜等优点结合起来，做成一种能适应工业环境的通用控制装置，并把编程方法和程序输入方式加以简化，使得不熟悉计算机的人员也能很快掌握它的使用技术。根据这一设想，美国数字设备公司(DEC)于 1969 年率先研制出第一台可编程序控制器(简称 PLC)，在通用汽车公司的自动装配线上试用获得成功，从此以后，许多国家的著名厂商竞相研制，各自形成系列，而且品种更新很快，功能不断增强，从最初的逻辑控制为主发展到能进行模拟量控制，具有数据运算、数据处理和通信联网等多种功能。PLC 另一个突出优点是可靠性很高，平均无故障运行时间可达 10 万小时以上，可以大大减少设备维修费用和停产造成的经济损失。当前 PLC 已经成为电气自动控制系统中应用最为广泛的核心装置。

20 世纪 70 年代出现了计算机群控系统，即直接数控(DNC)系统，由一台较大型的计算机控制与管理多台数控机床和数控加工中心，能完成多品种、多工序的产品加工。20 世纪 70～80 年代又出现了计算机集成制造系统(CIMS)，综合运用计算机辅助设计(CAD)、计算机辅助制造(CAM)、智能机器人等多项高技术，形成了从产品设计与制造的智能化生产的完整体系，将自动制造技术推进到更高的水平。

回顾一个世纪以来电气控制技术的发展概况，不难看出电气控制技术始终是伴随着社会生产规模的扩大、生产水平的提高而前进的。电气控制技术的进步反过来又促进了社会生产力的进一步提高；从另一方面看，电气控制技术又是与微电子技术、电力电子技术、检测传感技术、机械制造技术等紧密联系在一起的。当前，科学技术继续在突飞猛进，向前发展，电气控制技术也必将达到更高的水平。

2. 课程的性质与任务

本课程是一门实践性较强的主要专业课，本课程是在学习《电机学》、《电力拖动》之后，再经过电工基本技能实训的基础上进行讲授的，通过本课程的学习实践，使学生具有较牢固的电气控制理论知识和较强的 PLC 程序编写、分析应用能力。

本课程的基本任务是：

- 熟悉常用控制电器的基本结构、工作原理、用途及型号意义，达到能正确使用和选用的目的。
- 熟练掌握电气控制线路的基本环节，具有对一般电气控制线路的分析能力。
- 熟悉典型生产设备电气控制系统，具有从事电气设备安装、调试、运行、维修的能力。
- 具有设计和改进一般生产设备电气控制线路的能力。
- 掌握可编程序控制器的基本组成和工作原理。
- 能根据工艺过程和控制要求正确选用可编程序控制器并完成程序设计，经调试用于生产过程的控制。

模块 1

常用低压电器

※知识点

1. 常用低压电器的结构、分类及工作原理。
2. 常用低压电器的选用、用途、安装与使用方法。
3. 常用低压电器的常见故障及处理方法。

※学习要求

1. 具备常用低压电器的类型识别和结构特点分析能力。
2. 具备常用低压电器的选用、安装与使用能力。
3. 具备常用低压电器的常见故障的分析判断与处理能力。

低压电器通常是指交流 1200V 及以下与直流 1500V 及以下的电气设备。

按所控制的对象的不同,低压电器可以分为低压配电电器和低压控制电器。低压配电电器主要用于配电系统,要求有足够的动稳定性与热稳定性;低压控制电器主要用于电力拖动自动控制系统和用电设备中,要求工作准确可靠、操作频率高、寿命长。

按动作性质的不同,低压电器可分为自动切换电器和非自动切换电器。

按工作条件的不同,低压电器可分为一般用途低压电器、牵引低压电器、矿用低压电器、航空低压电器及船用低压电器等。

课题 1.1 低压开关和熔断器

1.1.1 刀开关

刀开关是一种手动电器,广泛应用于配电设备,作隔离电源用,有时也用于直接启动笼型感应电动机。

刀开关由手柄、触刀、静插座、铰链支座和绝缘底板等组成,其外形如图 1-1 所示。它依靠手动来实现触刀插入插座与脱离插座的控制。触刀与插座的接触一般为楔形线接触。

(a) HD系列

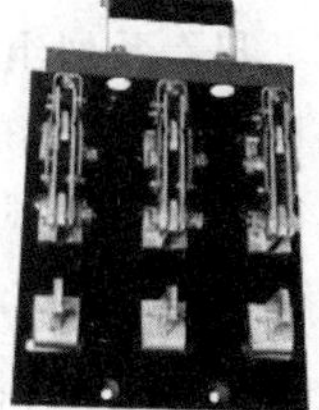

(b) HS系列

图 1-1 刀开关

为使刀开关分断时有利于灭弧,加快分断速度,设计有带速断刀刃的刀开关和触刀能速断的刀开关,有的还装有灭弧罩。按刀的极数的不同,刀开关有单极、双极与三极之分。

刀开关的主要技术参数有额定电压、额定电流、通断能力、动稳定电流、热稳定电流等。

动稳定电流是指在电路发生短路故障时，刀开关并不因短路电流产生的电动力作用而发生变形、损坏或触刀自动弹出之类的现象。这一短路电流（峰值）即为刀开关的动稳定电流，其数值可高达额定电流的数十倍。

热稳定电流是指发生短路故障时，刀开关在一定时间（通常为 1s）内通过某一短路电流，并不会因温度急剧升高而发生熔焊现象，这一短路电流的最大值称为刀开关的热稳定电流。刀开关的热稳定电流也可高达额定电流的数十倍。

常用的刀开关有 HD 系列与 HS 系列，后者为刀形转换开关。HS 系列主要用做隔离电源。无灭弧室的刀开关可接通与分断 $0.3I_N$ 的电路，而有灭弧室的可接通与断开 I_N 的电路，但均作为不频繁地接通和分断电路之用。

1.1.2 组合开关

组合开关又称转换开关，其体积小，触头对数多，接线方式灵活，操作方便，常用于交流 50Hz、380V 以下及直流 220V 以下的电气线路中，供手动不频繁的接通和断开电路、换接电源（或负载）以及控制 5kW 以下小容量异步电动机（启动、停止或正反转）之用。

组合开关的动、静触头都安放在数层胶木绝缘座内，胶木绝缘座可一个接一个地组装起来，最多可达六层。

动触头由两片铜片与具有良好消弧性能的绝缘纸板铆合而成，其结构有 90°与 180°两种。组合开关的结构如图 1-2 所示。由于组合开关操作机构采用扭簧储能机构，这种机构使开关快速动作，且可不受操作速度的影响。

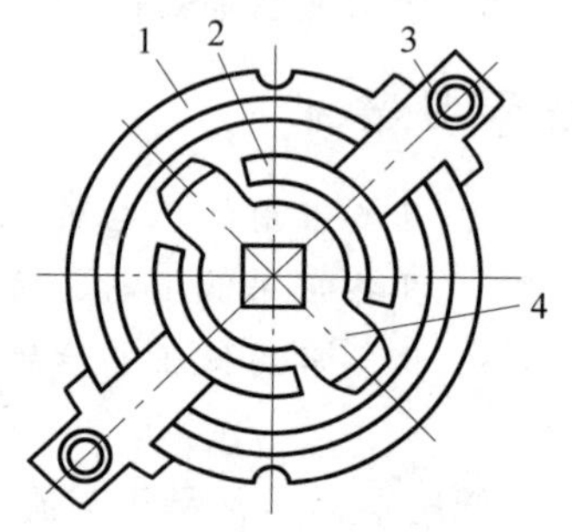

图 1-2 组合开关的触头系统

1—绝缘座；2—隔弧板；3—静触头；4—动触头

组合开关按不同形式配置动触头、静触头以及绝缘座堆叠层数。根据这些配置可组合成几十种接线方式，以满足不同的控制要求。

组合开关的主要技术参数有额定电压、额定电流、允许操作频率、极数、可控制电动机最大功率等。

1. 组合开关的型号及含义

组合开关的型号及含义如下：

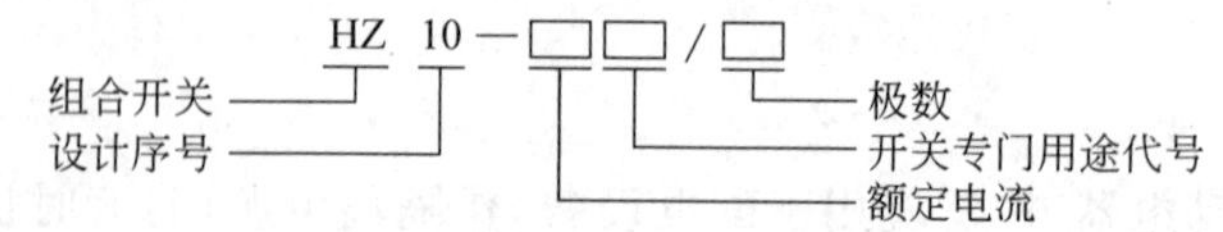

2. 组合开关的结构

HZ 系列组合开关有 HZ1、HZ2、HZ3、HZ4、HZ5 以及 HZ10 等系列产品，其中 HZ10 系列产品是全国统一设计产品，具有性能可靠、结构简单、组合性强、寿命长等优点，目前在生产中得到了广泛应用。

HZ10—10/3 型组合开关的外形与结构如图 1-3 所示。开关的 3 对静触头分别装在 3 层绝缘垫板上，并附有接线柱，用于与电源及用电设备相接。动触头由磷铜片（或硬紫铜片）和具有良好灭弧性能的绝缘钢纸板铆合而成，并和绝缘垫板一起套在附有手柄的方形绝缘转轴上。手柄和转轴能在平行于安装面的平面内沿顺时针或逆时针方向每次转动 90°，带动 3 个动触头分别与3对静触头接触或分离，实现接通或分断电路的目的。开关的顶盖部分是由滑板、凸轮、扭簧和手柄等构成的操作机构。由于采用了扭簧储能，可使触头快速闭合或分断，从而提高了开关的通断能力。

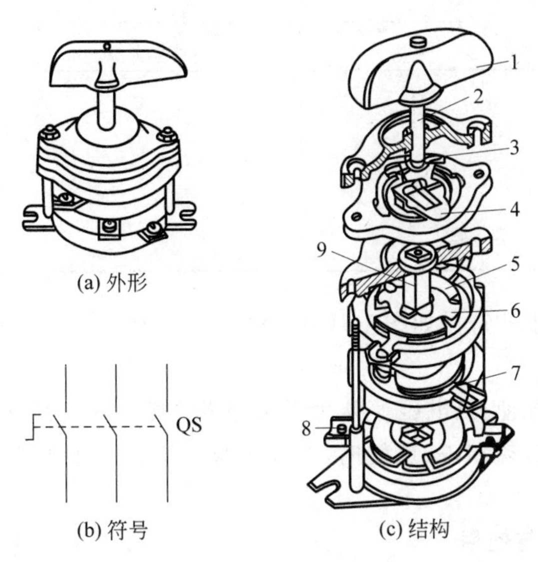

图1-3　HZ10—10/3型组合开关

1—手柄；2—转轴；3—扭簧；4—凸轮；5—绝缘垫板；6—动触头；7—静触头；8—接线柱；9—绝缘杆

组合开关在电路图中的符号如图1-3(c)所示。

组合开关中，有一类是专为控制小容量三相异步电动机的正反转而设计、生产的，如HZ3—132型组合开关，俗称倒顺开关或可逆转换开关，其结构如图1-4所示。开关的两边各装有3副静触头，右边标有符号L1、L2和W，左边标有符号U、V和L3。转轴上固定着6副不同形状的动触头，其中Ⅰ1、Ⅰ2、Ⅰ3和Ⅱ1是同一形状，而Ⅱ2、Ⅱ3为另一形状，6副动触头分成两组，Ⅰ1、Ⅰ2和Ⅰ3为一组，Ⅱ1、Ⅱ2和Ⅱ3为另一组。开关的手柄有"倒"、"停"、"顺"3个位置，手柄只能从"停"位置左转45°或右转45°。当手柄位于"停"位置时，两组动触头都不与静触头接触；手柄位于"顺"位置时，动触头Ⅰ1、Ⅰ2、Ⅰ3与静触头接通；手柄处于"倒"位置时，动触头Ⅱ1、Ⅱ2、Ⅱ3与静触头接通。触头的通断情况见表1-1。表中"×"表示触头接通，

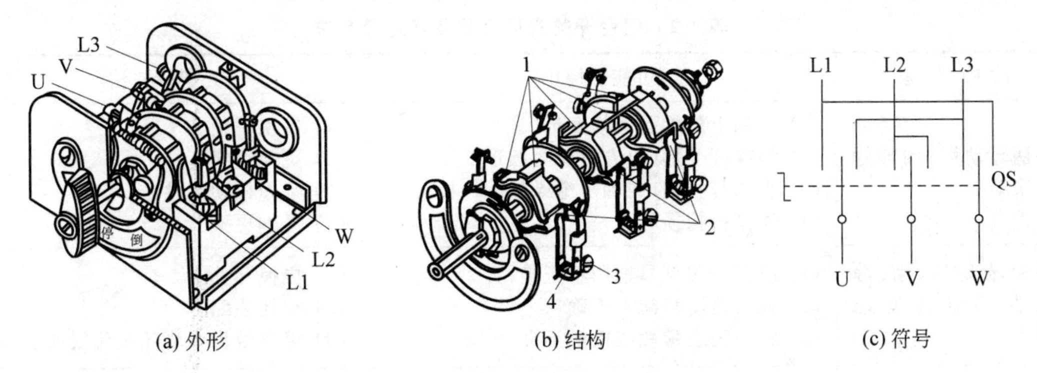

图1-4　HZ3—132型组合开关

1—动触头；2—静触头；3—调节螺钉；4—触头压力弹簧

空白处表示触头断开。

表 1-1 倒顺开关触头分合表

触 头	手柄位置		
	倒	停	顺
L1—U	×		×
L2—W	×		
L3—V	×		
L2—V			×
L3—W			×

倒顺开关在电路图中的符号如图 1-4(c)所示。

3. 组合开关的选用

组合开关应根据电源种类、电压等级、所需触头数、接线方式和负载容量进行选用。用于直接控制异步电动机的启动和正、反转时，开关的额定电流一般取电动机额定电流的 1.5～2.5 倍。

4. 组合开关的安装与使用

① HZ10 系列组合开关应安装在控制箱(或壳体)内，其操作手柄最好在控制箱的前面或侧面。组合开关为断开状态时应使手柄在水平旋转位置。HZ3 系列组合开关外壳上的接地螺钉应可靠接地。

② 若需在箱内操作，开关最好装在箱内右上方，并且在它的上方不安装其他电器，否则应采取隔离或绝缘措施。

③ 组合开关的通断能力较低，不能用来分断故障电流。用于控制异步电动机的正反转时，必须在电动机完全停止转动后才能反向启动，且每小时的接通次数不能超过 20 次。

④ 当操作频率过高或负载功率因数较低时，应降低开关的容量使用，以延长其使用寿命。

⑤ 倒顺开关接线时，应将开关两侧进出线中的一相互换，并看清开关接线端标记，切忌接错，以免产生电源两相短路故障。

5. 组合开关的常见故障及其处理方法

组合开关常见故障及其处理方法见表 1-2。

表 1-2 组合开关常见故障及其处理方法

故障现象	可能的原因	处理方法
手柄转动后，内部触头未动	(1) 手柄上的轴孔磨损变形 (2) 绝缘杆变形(由方形磨为圆形) (3) 手柄与方轴，或轴与绝缘杆配合松动 (4) 操作机构损坏	(1) 更换手柄 (2) 更换绝缘杆 (3) 紧固松动部件 (4) 修理更换
手柄转动后，动、静触头不能按要求动作	(1) 组合开关型号选用不正确 (2) 触头角度装配不正确 (3) 触头失去弹性或接触不良	(1) 更换开关 (2) 重新装配 (3) 更换触头或清除氧化层或尘污
接线柱间短路	因铁屑或油污附着在接线柱间，形成导电层，将胶木烧焦，绝缘层损坏而形成短路	更换开关

1.1.3 负荷开关

在电力拖动控制线路中，负荷开关由刀开关和熔断器组合而成。负荷开关分为开启式负荷开关和封闭式负荷开关两种。

1. 开启式负荷开关

开启式负荷开关俗称胶盖瓷底刀开关，主要用做电气照明电路、电热电路的控制开关，也可用做分支电路的配电开关。三极负荷开关在降低容量的情况下，可用做小容量三相感应电动机非频繁启动的控制开关。由于它价格便宜，使用维修方便，故应用十分普遍。

负荷开关由瓷柄、触刀、触刀座、插座、进线座、出线座、熔体、瓷底板及上、下胶盖等部分组成。与刀开关相比，负荷开关增设了熔体与防护外壳胶盖两部分。

负荷开关因其内部装设了熔体，可实现短路保护。

常用的负荷开关有 HK1 系列、HK2 系列。其中 HK1 系列的下胶盖用铰链与瓷底板连接，使得方便更换熔体。

在正常情况下，对于普通负载来说，可根据负载额定电流来选用负荷开关。若用来控制电动机时，为考虑电动机启动电流，负荷开关应降低容量使用，即负荷开关的额定电流应不小于电动机额定电流的 3 倍。

(1) 型号及含义

开启式负荷开关的型号及含义如下：

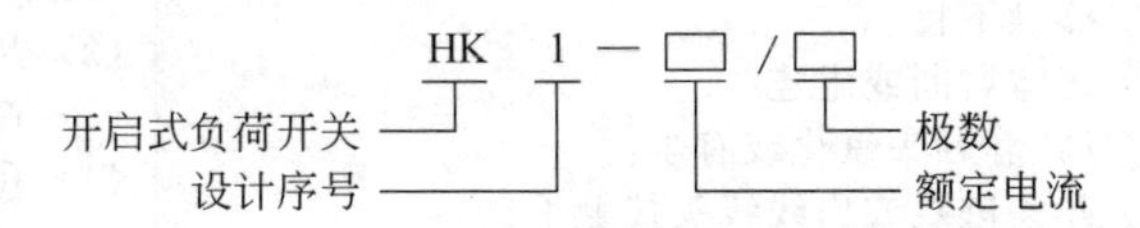

(2) 结构

HK 系列负荷开关由刀开关和熔体组合而成，结构如图 1-5(a)所示。开关的瓷底座上装有进线座、静触头、熔体、出线座和带瓷质手柄的刀式动触头，上面盖有胶盖以防止操作时触及带电体或分断时产生的电弧飞出伤人。开启式负荷开关在电路图中的符号如图 1-5(b)所示。

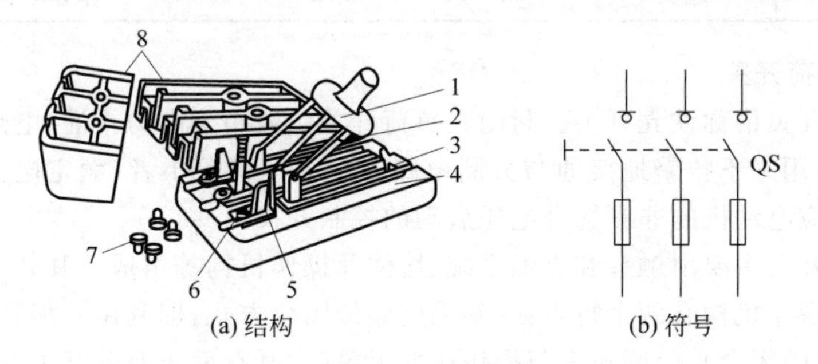

(a) 结构　　(b) 符号

图 1-5 HK 系列开启式负荷开关

1—瓷质手柄；2—动触头；3—出线座；4—瓷底座；5—静触头；6—进线座；7—胶盖紧固螺钉；8—胶盖

(3) 选用

开启式负荷开关的结构简单，价格便宜，在一般的照明电路和功率小于 5.5kW 的电动机控制线路中被广泛采用。但这种开关没有专门的灭弧装置，其刀式动触头和静触头易被电弧灼伤引起接触不良，因此不宜用于操作频繁的电路。具体选用方法如下：

① 用于照明和电热负载时，选用额定电压 220V 或 250V，额定电流不小于电路所有负载

额定电流之和的两极开关。

② 用于控制电动机的直接启动和停止时，选用额定电压380V或500V，额定电流不小于电动机额定电流3倍的三极开关。

(4) 安装与使用

① 开启式负荷开关必须垂直安装在控制屏或开关板上，且闭合状态时手柄应朝上。不允许倒装或平装，以防发生误闭合事故。

② 开启式负荷开关用于控制照明和电热负载时，要装接熔体作短路和过载保护。接线时应把电源进线接在静触头一边的进线座，负载接在动触头一边的出线座，这样在开关断开后，动触头和熔体上都不会带电。开启式负荷开关用做电动机的控制开关时，应将开关的熔体部分用铜导线直连，并在出线端另外加装熔体作短路保护。

③ 更换熔体时，必须在动触头断开的情况下按原规格更换。

④ 在进行断开和闭合操作时，应动作迅速，使电弧尽快熄灭。

(5) 常见故障及其处理方法

开启式负荷开关的常见故障及其处理方法见表1-3。

表1-3 开启式负荷开关常见故障及其处理方法

故障现象	可能的原因	处理方法
闭合后，开关一相或两相开路	(1) 静触头弹性消失，开口过大，造成动、静触头接触不良 (2) 熔体熔断或虚连 (3) 动、静触头氧化或有尘污 (4) 开关进线或出线线头接触不良	(1) 修整或更换静触头 (2) 更换熔体或紧固 (3) 清洁触头 (4) 重新连接
闭合后，熔体熔断	(1) 外接负载短路 (2) 熔体规格偏小	(1) 排除负载短路故障 (2) 按要求更换熔体
触头烧坏	(1) 开关容量太小 (2) 断开、闭合动作过慢，造成电弧过大，烧坏触头	(1) 更换开关 (2) 修整或更换触头，并改善操作方法

2. 封闭式负荷开关

封闭式负荷开关俗称铁壳开关。封闭式负荷开关一般用于电力排灌、电热器、电气照明线路的配电设备中，用来不频繁地接通与分断电路。其中容量较小者(额定电流为60A及以下的)，还可用做感应电动机的非频繁全电压启动的控制开关。

封闭式负荷开关主要由触头和灭弧系统、熔体及操作机构等组成。其装于一防护外壳内。封闭式负荷开关操作机构有两个特点：一是采用储能闭合方式，即利用一根弹簧执行闭合和断开的功能，使开关的闭合和分断速度与操作速度无关(它既有助于改善开关的动作性能和灭弧性能，又能防止触头停滞在中间位置)；二是设有联锁装置，以保证开关闭合后便不能打开箱盖，而在箱盖打开后，不能再闭合。

(1) 型号及含义

封闭式负荷开关的型号及含义如下：

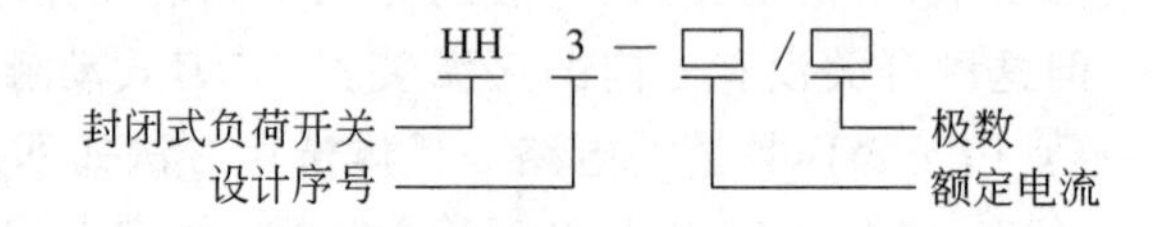

(2) 结构

常用的封闭式负荷开关有HH3、HH4、HH10、HH11等系列，其中HH4系列为全国统一设计产品，它的结构如图1-6所示。它主要由刀开关、熔断器、操作机构和外壳组成。这种开关的操作机构具有以下两个特点：一是采用了储能分合闸方式，使触头的分合速度与手柄操作速度无关，有利于迅速熄灭电弧，从而提高开关的通断能力，延长其使用寿命；二是设置了联锁装置，保证开关在闭合状态下开关盖不能开启，而当开关盖开启时又不能闭合，确保操作安全。

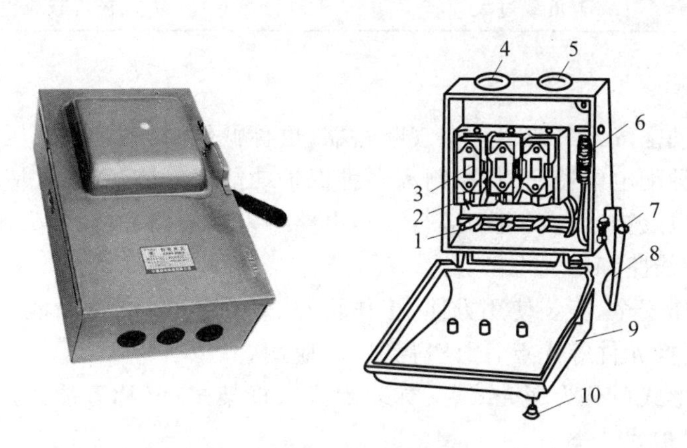

图1-6 HH系列封闭式负荷开关

1—刀式触头；2—静夹座；3—熔断器；4—进线孔；5—出线孔；6—速断弹簧；7—转轴；8—手柄；9—开关盖；10—开关盖锁紧螺钉

封闭式负荷开关在电路图中的符号与开启式负荷开关相同。

(3) 选用

① 封闭式负荷开关的额定电压应不小于线路工作电压。

② 封闭式负荷开关用来控制电动机时，负荷开关的额定电流应是电动机额定电流的2倍左右。若用来控制一般电热、照明电路，其额定电流按该电路的额定电流选择。

(4) 安装与使用

① 封闭式负荷开关必须垂直安装，安装高度一般离地不低于1.3m，并以操作方便和安全为原则。

② 开关外壳的接地螺钉必须可靠接地。

③ 接线时，应将电源进线接在静夹座一边的接线端子上，负载引线接在熔断器一边的接线端子上，且进出线都必须穿过开关的进出线孔。

④ 分合闸操作时，要站在开关的手柄侧，不准面对开关，以免因意外故障电流使开关爆炸，铁壳飞出伤人。

⑤ 一般不用额定电流100A及以上的封闭式负荷开关控制较大容量的电动机，以免发生飞弧灼伤手事故。

(5) 常见故障及其处理方法

常见故障及其处理方法见表1-4。

表 1-4 封闭式负荷开关常见故障及其处理方法

故障现象	可能的原因	处理方法
操作手柄带电	(1) 外壳未接地或接地线松脱 (2) 电源进出线绝缘损坏碰壳	(1) 检查后,加固接地导线 (2) 更换导线或恢复绝缘
夹座(静触头)过热或烧坏	(1) 夹座表面烧毛 (2) 闸刀与夹座压力不足 (3) 负载过大	(1) 用细锉修整夹座 (2) 调整夹座压力 (3) 减轻负载或更换大容量开关

1.1.4 断路器

断路器又称自动空气开关或自动空气断路器,也称低压断路器,是低压配电网络和电力拖动系统中常用的一种配电电器,它集控制和多种保护功能于一体,在正常情况下可用于不频繁地接通和断开电路以及控制电动机的运行。当电路中发生短路、过载和失压等故障时,能自动切断故障电路,保护线路和电气设备。

断路器具有操作安全、安装使用方便、工作可靠、动作值可调、分断能力较强、兼顾多种保护、动作后不需要更换元件等优点,因此得到广泛应用。

断路器按结构形式可分为塑壳式(又称装置式)、框架式(又称万能式)、限流式、直流快速式、灭磁式和漏电保护式 6 类。

在电力拖动控制系统中常用的低压断路器是 DZ 系列塑壳式断路器,如 DZ5 系列和 DZ10 系列。其中,DZ5 为小电流系列,额定电流为 10～50A;DZ10 为大电流系列,额定电流有 100A、250A、600A 3 种。下面以 DZ5—20 型断路器为例介绍断路器。

1. 断路器的型号及含义

断路器的型号及含义如下。

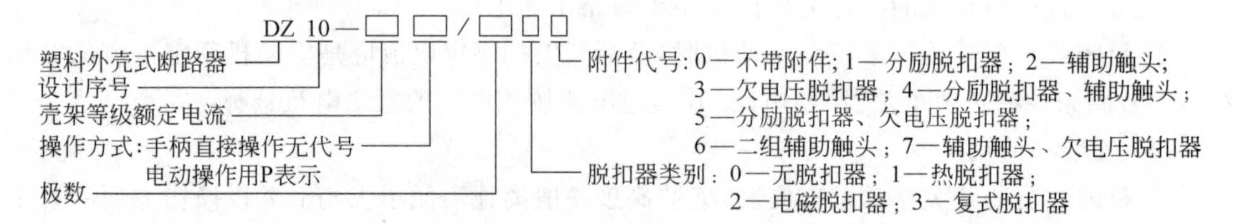

2. 断路器的结构及工作原理

DZ5—20 型断路器的外形和结构如图 1-7 所示。断路器主要由动触头、静触头、灭弧装置、操作机构、热脱扣器、电磁脱扣器及外壳等部分组成。其结构采用立体布置,操作机构在中间,上面是由加热元件和双金属片等构成的热脱扣器,作过载保护,配有电流调节装置,调节整定电流。下面是由线圈和铁芯等组成的电磁脱扣器,作短路保护,它也有一个电流调节装置,调节瞬时脱扣整定电流。主触头在操作机构后面,由动触头和静触头组成,配有栅片灭弧装置,用以接通和分断主回路的大电流。另外还有常开和常闭辅助触点各一对。主、辅触头的接线柱均伸出壳外,以便于接线。在外壳顶部还伸出接通(绿色)和分断(红色)按钮,通过储能弹簧和杠杆机构实现断路器的手动接通和分断操作。

HH 系列封闭式负荷开关的工作原理示意图如图 1-8 所示。使用时断路器的 3 副主触头串联在被控制的三相电路中,按下接通按钮时,外力使锁扣克服反作用弹簧的反力,将固定在锁扣上面的动触头与静触头闭合,并由锁扣锁住搭钩使动、静触头保持闭合,此时开关处于接通状态。

当线路发生过载时,过载电流流过热元件产生一定的热量,使双金属片受热向上弯曲,通

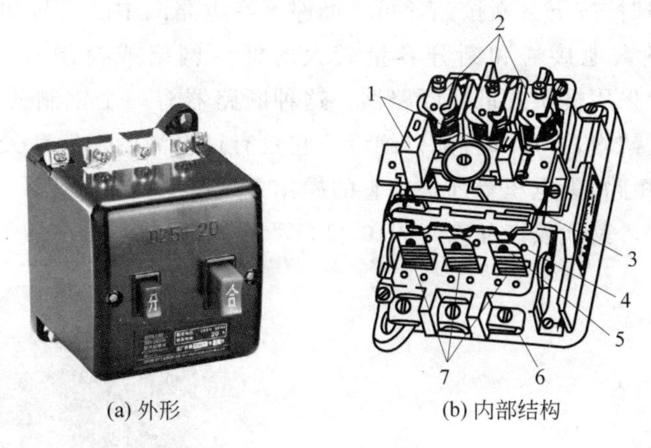

(a) 外形 (b) 内部结构

图 1-7 DZ5—20 型断路器

1—按钮；2—电磁脱扣器；3—自由脱扣器；4—动触头；5—静触头；6—接线柱；7—热脱扣器

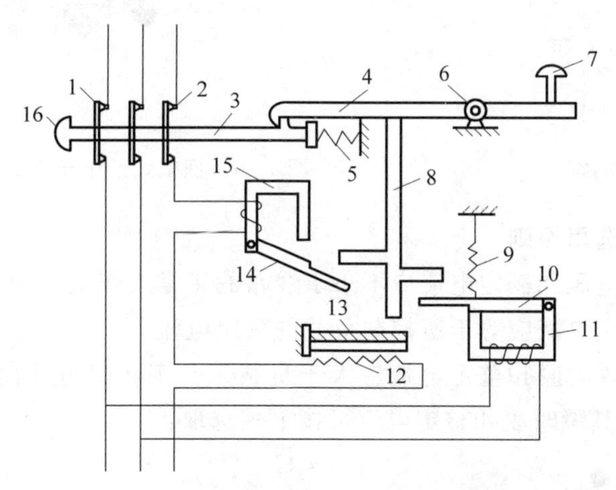

图 1-8 HH 系列封闭式负荷开关工作原理示意图

1—动触头；2—静触头；3—锁扣；4—搭钩；5—反作用弹簧；6—转轴座；7—分断按钮；8—杠杆；9—拉力弹簧；10—欠电压脱扣器衔铁；11—欠电压脱扣器；12—热元件；13—双金属片；14—电磁脱扣器衔铁；15—电磁脱扣器；16—接通按钮

过杠杆推动搭钩与锁扣脱开，在反作用弹簧的推动下，动、静触头分开，从而切断电路，使用电设备不致因过载而烧毁。

当线路发生短路故障时，短路电流超过电磁脱扣器的瞬时脱扣整定电流，电磁脱扣器产生足够大的吸力将衔铁吸合，通过杠杆推动搭钩与锁扣分开，从而切断电路，实现短路保护。低压断路器出厂时，电磁脱扣器的瞬时脱扣整定电流一般整定为 $10I_N$（I_N 为断路器的额定电流）。

欠电压脱扣器的动作过程与电磁脱扣器恰好相反。当线路电压正常时，欠电压脱扣器的衔铁被吸合，衔铁与杠杆脱离，断路器的主触头能够闭合；当线路上的电压消失或下降到某一数值时，欠电压脱扣器的吸力消失或减小到不足以克服拉力弹簧的拉力时，衔铁在拉力弹簧的作用下撞击杠杆，将搭钩顶开，使触头分断。由此也可看出，具有欠电压脱扣器的断路器在欠电压脱扣器两端无电压或电压过低时，不能接通电路。

需手动分断电路时,按下分断按钮即可。断路器在电路图中的符号如图 1-9 所示。

在需要手动不频繁地接通和断开容量较大的低压网络或控制较大容量电动机(40～100kW)的场合,经常采用框架式低压断路器。这种断路器有一个钢制或压塑的框架,断路器的所有部件都装在框架内,导电部分加以绝缘。它具有过电流脱扣器和欠电压脱扣器,可对电路和设备实现过载、短路、失电压等保护。它的操作方式有手柄直接操作、杠杆操作、电磁铁操作和电动机操作 4 种。其代表产品有 DW10 和 DW16 系列,外形如图 1-10 所示。

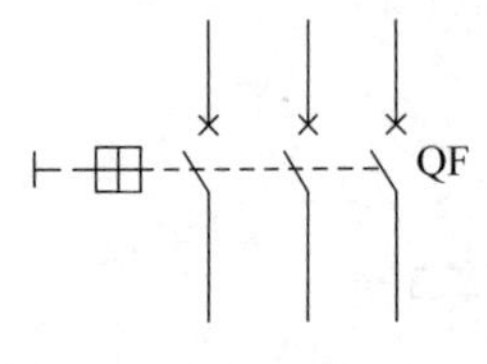

图 1-9 断路器的符号

图 1-10 框架式低压断路器(DW16)的外形图

3. 断路器的一般选用原则

① 断路器的额定电压和额定电流应不小于线路的正常工作电压和计算负载电流。

② 热脱扣器的整定电流应等于所控制负载的额定电流。

③ 电磁脱扣器的瞬时脱扣整定电流应大于负载正常工作时可能出现的峰值电流。用于控制电动机的断路器,其瞬时脱扣整定电流可按下式选取:

$$I_Z = kI_{st} \tag{1-1}$$

式中,I_Z 为瞬时脱扣整定电流;k 为安全系数,可取 1.5～1.7;I_{st}为电动机的启动电流。

④ 欠电压脱扣器的额定电压应等于线路的额定电压。

⑤ 断路器的极限通断能力应不小于电路最大短路电流。

4. 断路器的安装与使用

① 断路器应垂直于配电板安装,电源引线应接到上端,负载引线接到下端。

② 断路器用做电源总开关或电动机的控制开关时,在电源进线侧必须加装刀开关或熔断器等,以形成明显的断开点。

③ 断路器在使用前应将脱扣器工作面的防锈油脂擦干净;各脱扣器动作值一经调整好,不允许随意变动,以免影响其动作值。

④ 使用过程中若遇分断短路电流,应及时检查触头系统,若发现电灼烧痕,应及时修理或更换。

⑤ 断路器上的积尘应定期清除,并定期检查脱扣器动作值,给操作机构添加润滑剂。

5. 断路器的常见故障及其处理方法

断路器的常见故障及其处理方法见表 1-5。

表 1-5　断路器的常见故障及其处理方法

故障现象	可能的原因	处理方法
不能闭合	(1) 欠电压脱扣器无电压或线圈损坏 (2) 储能弹簧变形 (3) 反作用弹簧力过大 (4) 机构不能复位再扣	(1) 检查施加电压或更换线圈 (2) 更换储能弹簧 (3) 重新调整 (4) 调整再扣接触面至规定值
电流达到整定值,断路器不动作	(1) 热脱扣器双金属片损坏 (2) 电磁脱扣器的衔铁与铁芯距离太大或电磁线圈损坏 (3) 主触头熔焊	(1) 更换双金属片 (2) 调整衔铁与铁芯的距离或更换断路器 (3) 检查原因并更换主触头
启动电动机时断路器立即分断	(1) 电磁脱扣器瞬动整定值过小 (2) 电磁脱扣器某些零件损坏	(1) 调高整定值至规定值 (2) 更换脱扣器
断路器闭合后经一定时间自行分断	热脱扣器整定值过小	调高整定值至规定值
断路器温升过高	(1) 触头压力过小 (2) 触头表面过分磨损或接触不良 (3) 两个导电零件连接螺钉松动	(1) 调整触头压力或更换弹簧 (2) 更换触头或修整接触面 (3) 重新拧紧

1.1.5　熔断器

熔断器是低压配电网络和电力拖动系统中主要用做短路保护的电器。使用时串联在被保护的电路中,当电路发生短路故障,通过熔断器的电流达到或超过某一规定值时,以其自身产生的热量使熔体熔断,从而自动分断电路,起到保护作用。它具有结构简单、价格便宜、动作可靠、使用维护方便等优点,因此得到广泛应用。

1. 熔断器的结构与主要技术参数

(1) 熔断器的结构

熔断器主要由熔体、安装熔体的熔管和熔座三部分组成。熔体是熔断器的主要组成部分,常做成丝状、片状或栅状。熔体的材料通常有两种,一种由铅、铅锡合金或锌等低熔点材料制成,多用于小电流电路;另一种由银、铜等较高熔点的金属制成,多用于大电流电路。熔管是熔体的保护外壳,用耐热绝缘材料制成,在熔体熔断时兼有灭弧作用。熔座是熔断器的底座,作用是固定熔管和外接引线。

(2) 熔断器的主要技术参数

① 额定电压。熔断器的额定电压是指能保证熔断器长期正常工作的电压。若熔断器的实际工作电压大于其额定电压,熔体熔断时可能会发生电弧不能熄灭的危险。

② 额定电流。熔断器的额定电流是指保证熔断器能长期正常工作的电流,是由熔断器各部分长期工作时的允许温升决定的。它与熔体的额定电流是两个不同的概念。熔体的额定电流是指在规定的工作条件下,长时间通过熔体而熔体不熔断的最大电流值。通常,一个额定电流等级的熔断器可以配用若干个额定电流等级的熔体,但熔体的额定电流不能大于熔断器的额定电流值。

③ 分断能力。在规定的使用和性能条件下,熔断器在规定电压下能分断的预期分断电流值。分断能力常用极限分断电流值来表示。

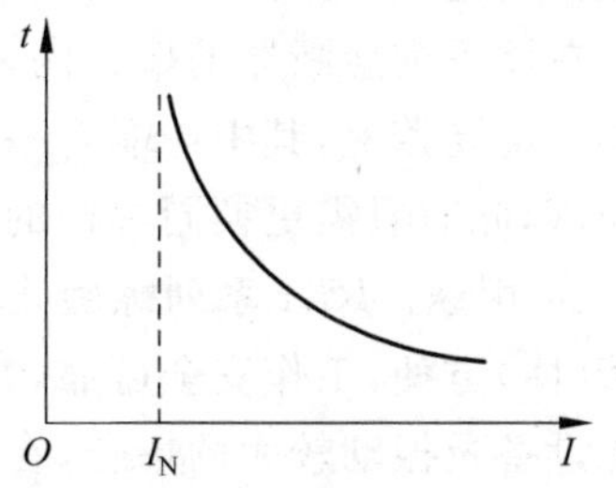

图 1-11　熔断器的时间-电流特性曲线

④ 时间-电流特性曲线。在规定工作条件下，表征流过熔体的电流与熔体熔断时间关系的函数曲线，又称保护特性或熔断特性，如图1-11所示。

从特性上可看出，熔断器的熔断时间随着电流的增大而减小，即熔断器通过的电流越大，熔断时间越短。一般熔断器的熔断电流与熔断时间的关系见表1-6。

表1-6 熔断器的熔断电流与熔断时间的关系

熔断电流 I_s	$1.25I_N$	$1.6I_N$	$2.0I_N$	$2.5I_N$	$3.0I_N$	$4.0I_N$	$8.0I_N$	$10.0I_N$
熔断时间 t/s	∞	3600	40	8	4.5	2.5	1	0.4

由表1-6可见，熔断器对过载反应是很不灵敏的，当电气设备发生轻度过载时，熔断器将持续很长时间才熔断，有时甚至不熔断。因此，除在照明电路中外，熔断器一般不宜用做过载保护，主要用做短路保护。

2. 常用的熔断器

熔断器按结构形式分为半封闭插入式、无填料封闭管式、有填料封闭管式和自复式4类。

(1) RC1A系列插入式熔断器(瓷插式熔断器)

① 插入式熔断器的型号及含义如下：

R C 1 A — □

熔断器 —— R；插入式 —— C；设计序号 —— 1；改型设计 —— A；额定电流 —— □

② 结构。RC1A系列插入式熔断器是在RC1系列的基础上改进设计的，可取代RC1系列老产品，属半封闭插入式熔断器，它由瓷座、瓷盖、动触头、静触头及熔丝5部分组成，其结构如图1-12所示。

③ 用途。RC1A系列插入式熔断器结构简单，更换方便，价格低廉，一般用在无振动的场合。

图1-12 RC1A系列插入式熔断器

1—熔丝；2—动触头；3—瓷盖；4—空腔；5—静触头；6—瓷座

(2) RL1系列螺旋式熔断器

① 螺旋式熔断器的型号及含义如下：

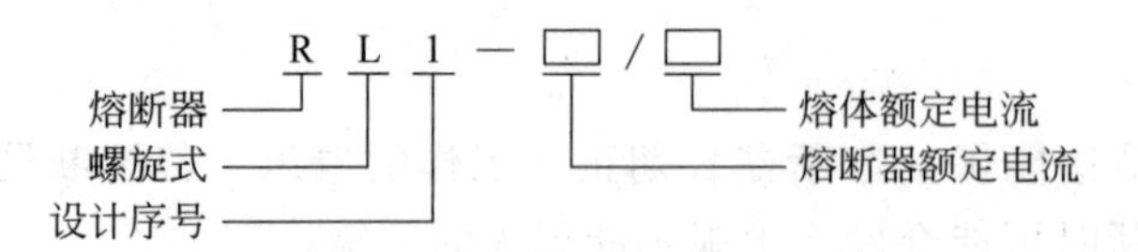

② 结构。RL1系列螺旋式熔断器属于有填料封闭管式，其外形和结构如图1-13所示。它主要由瓷帽、熔管、熔体、瓷套、上接线座、下接线座及瓷座等部分组成。

在该系列熔断器的熔管内，熔体的周围填充着石英砂以增强灭弧性能。熔体焊接在瓷管两端的金属盖上，其中一端有一个标有不同颜色的熔断指示器，当熔体熔断时，熔断指示器自动脱落，此时只需更换同规格的熔管即可。

③ 用途。RL1系列螺旋式熔断器的分断能力较强，结构紧凑，体积小，安装面积小，更换熔管(体)方便，工作安全可靠，并且熔体熔断后有明显指示，因此广泛应用于控制箱、配电屏、机床设备及振动较大的场合，在交流额定电压500V、额定电流200A及以下的电路中，作为短路保护器件。

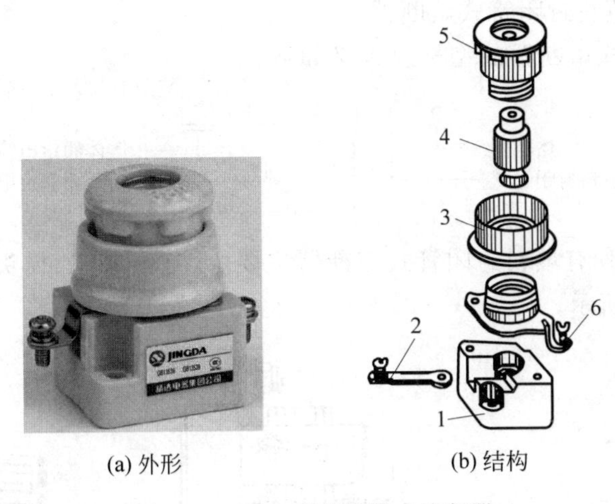

图 1-13 RL1 系列螺旋式熔断器

1、6—瓷座；2—下接线座；3—瓷套；4—熔管；5—瓷帽

(3) RM10 系列无填料封闭管式熔断器

① 无填料封闭管式熔断器的型号及含义如下：

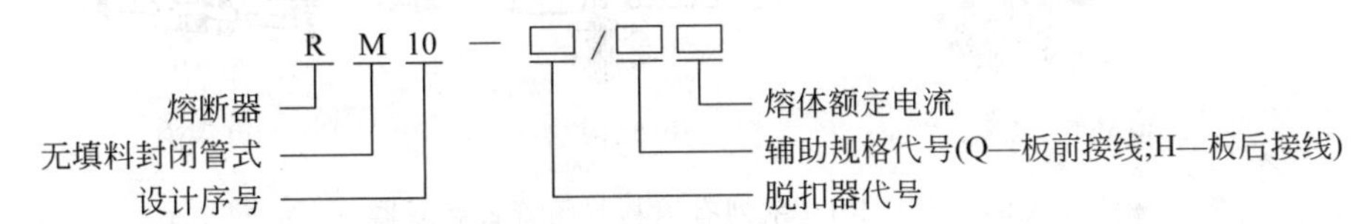

② 结构。RM10 系列无填料封闭管式熔断器主要由熔管、熔体、夹头及夹座等部分组成。RM10—100 型熔断器的外形与结构如图 1-14 所示。

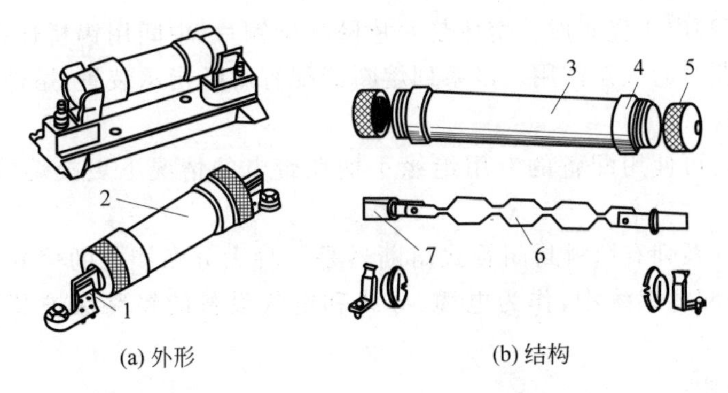

图 1-14 RM10—100 型无填料封闭管式熔断器

1—夹座；2—熔管；3—钢纸管；4—黄铜套管；5—黄铜帽；6—熔体；7—刀形夹头

这种结构的熔断器具有两个特点：一是采用钢纸管作熔管，当熔体熔断时，钢纸管内壁在电弧热量的作用下产生高压气体，使电弧迅速熄灭；二是采用变截面锌片作熔体，当电路发生短路故障时，锌片几处狭窄部位同时熔断，形成较大空隙，因此灭弧容易。

③ 用途。RM10 系列无填料封闭管式熔断器适用于交流 50Hz、额定电压 380V 或直流额定电压 440V 及以下电压等级的动力网络和成套配电设备中，作为导线、电缆及较大容量电气设备的短路和连续过载保护。

(4) RT0 系列有填料封闭管式熔断器

① 有填料封闭管式熔断器的型号及含义如下：

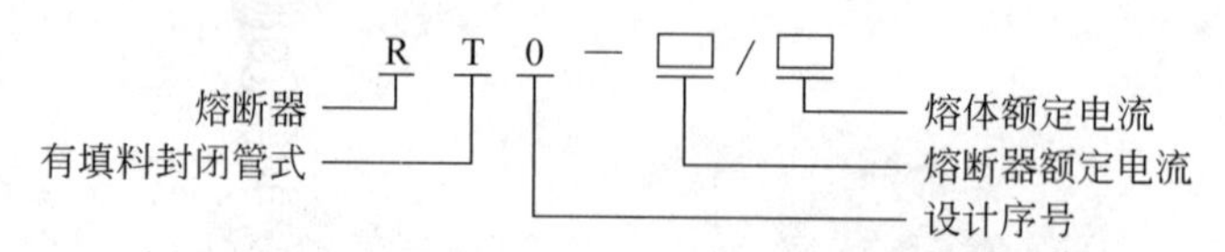

② 结构。RT0 系列有填料封闭管式熔断器主要由熔管、底座、夹头、夹座等部分组成，其外形与结构如图 1-15 所示。

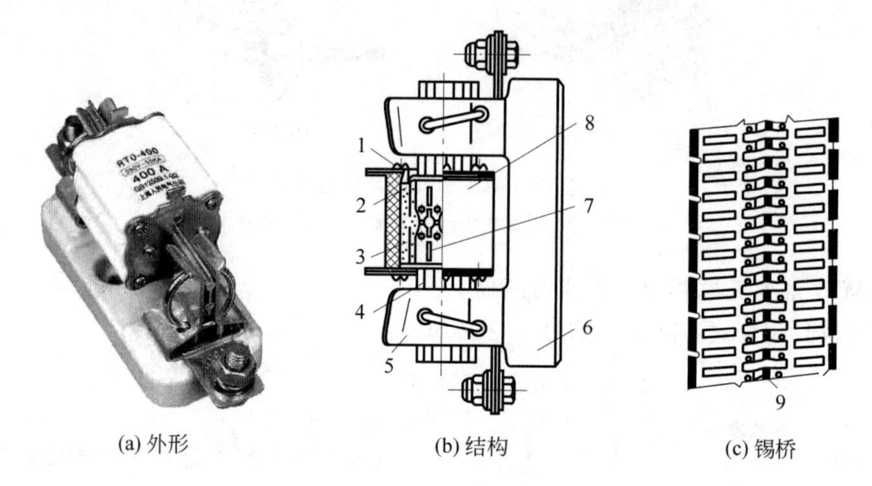

图 1-15 RT0 系列有填料封闭管式熔断器

1—熔断指示器；2—石英砂填料；3—指示器熔丝；4—夹头；5—夹座；6—底座；7—熔体；8—熔管；9—锡桥

它的熔管用高频电工瓷制成。熔体是两片网状紫铜片，中间用锡桥连接。熔体周围填满石英砂，在熔体熔断时起灭弧作用。该系列熔断器配有熔断指示装置，熔体熔断后，显示出醒目的红色熔断信号。

当熔体熔断后，可使用配备的专用绝缘手柄在带电的情况下更换熔管，装取方便，安全可靠。

③ 用途。RT0 系列有填料封闭管式熔断器是一种大分断能力的熔断器，广泛用于短路电流较大的电力输配电系统中，作为电缆、导线和电气设备的短路保护及导线、电缆的过载保护。

(5) 快速熔断器

快速熔断器又称半导体器件保护用熔断器，主要用于半导体功率元件的过电流保护。由于半导体器件承受过电流的能力很差，只允许在较短的时间内承受一定的过载电流(如 70A 的晶闸管能承受 6 倍额定电流的时间仅为 10ms)，因此要求短路保护元件应具有快速动作的特征。快速熔断器能满足这一要求，且其结构简单、使用方便、动作灵敏可靠，因而得到了广泛应用。

目前常用的快速熔断器有 RS0、RS3、RLS2 等系列，RLS2 系列的结构与 RL1 系列相似，适用于小容量硅元件及其成套装置的短路和过载保护；RS0 和 RS3 系列适用于半导体整流元件和晶闸管的短路和过载保护，它们的结构相同，但 RS3 系列的动作更快，分断能力更高。RS0 系列快速熔断器的外形如图 1-16 所示。

（6）自复式熔断器

自复式熔断器由金属钠制成熔体，它在常温下具有高电导率（略次于铜）。当发生短路故障时，短路电流将金属钠加热气化成高温高压的等离子状态，使其电阻急剧增加，从而起到限流作用。此时，熔体气化后产生的高压推动活塞向右移动，压缩氩气。当断路器切开由自复熔断器限制了的短路电流后，钠蒸气温度下降，压力也随之下降，原来受压的氩气又凝结成液态和固态，其电阻值也降低为原值，供再次使用。常用的自复式熔断器有 RZ1 系列熔断器，其内部结构如图 1-17 所示。由于该熔断器只能限流，不能分断电路，故常与断路器串联使用，以提高分断能力。

图 1-16　RS0 系列快速熔断器的外形

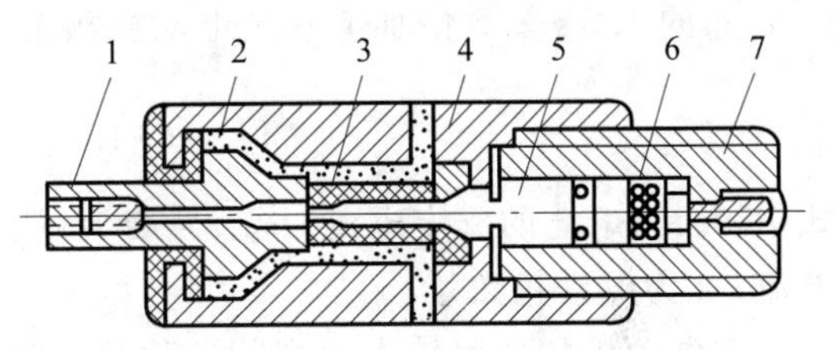

图 1-17　RZ1 系列熔断器的内部结构

1—接线端子；2—云母玻璃；3—氧化铍瓷管；4—不锈钢外壳；5—钠熔体；6—氩气；7—接线端子

目前，在电子线路得到广泛应用的自恢复熔丝是一种新型的电子保护元件，由高科技聚合树脂及纳米导电晶粒经特殊工艺加工制成。正常情况下，纳米导电晶体随树脂基链接形成链状导电通路，熔丝正常工作；当电路发生短路或者过载时，流经熔丝的大电流使其集温升高，当达到居里温度时，其态密度迅速减小，相变增大，内部的导电链路呈雪崩态变或断裂，熔丝呈阶跃式迁到高阻态，电流被迅速夹断，从而对电路进行快速、准确地限制和保护，其微小的电流使熔丝一直处于保护状态。当断电和故障排除后，其集温降低，态密度增大，纳米晶体还原成链状导电通路，自恢复熔丝恢复为正常状态，无须人工更换。其外形如图 1-18 所示。

熔断器在电路图中的符号如图 1-19 所示。

图 1-18　自恢复熔丝外形

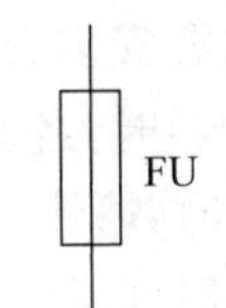

图 1-19　熔断器的符号

3. 熔断器的选择

熔断器和熔体只有经过正确地选择，才能起到应有的保护作用。

（1）熔断器类型的选择

根据使用环境和负载性质选择适当类型的熔断器。例如，用于容量较小的照明线路，可选用 RC1A 系列插入式熔断器；在开关柜或配电屏中可选用 RM10 系列无填料封闭管式熔断器；对于短路电流相当大或有易燃气体的地方，应选用 RT0 系列有填料封闭管式熔断器；在机床控制线路中，多选用 RL1 系列螺旋式熔断器；用于半导体功率元件及晶闸管保护时，则应选用 RLS 或 RS 系列快速熔断器等。

（2）熔体额定电流的选择

① 对照明、电热等电流较平稳、无冲击电流的负载短路保护，熔体的额定电流应等于或稍大于负载的额定电流。

② 对一台不经常启动且启动时间不长的电动机的短路保护，熔体的额定电流 I_{RN} 应大于或等于 1.5～2.5 倍电动机额定电流，即

$$I_{RN} \geqslant (1.5 \sim 2.5) I_N \tag{1-2}$$

对于频繁启动或启动时间较长的电动机，上式的系数应增加到 3～3.5。

③ 对多台电动机的短路保护，熔体的额定电流应大于或等于其中容量最大电动机额定电流 I_{Nmax} 的 1.5～2.5 倍加上其余电动机额定电流的总和 $\sum I_N$，即

$$I_{RN} \geqslant (1.5 \sim 2.5) I_{Nmax} + \sum_{k=1}^{n-1} I_{kN} \tag{1-3}$$

式中，I_{RN} 为熔体的额定电流；I_{Nmax} 为最大一台电动机的额定电流；I_{kN} 为第 k 台电动机的额定电流；n 为电动机数量。

在电动机的功率较大而实际负载较小时，熔体额定电流可适当小些，小到电动机启动时熔体不熔断为准。

（3）熔断器额定电压和额定电流的选择

熔断器的额定电压必须等于或大于线路的额定电压；熔断器的额定电流必须等于或大于所装熔体的额定电流。

（4）熔断器的分断能力

熔断器的分断能力应大于电路中可能出现的最大短路电流。

4. 熔断器的安装与使用

① 熔断器应完整无损，安装时应保证熔体和夹头以及夹头和夹座接触良好，并具有额定电压、额定电流值标志。

② 插入式熔断器应垂直安装，螺旋式熔断器的电源线应接在瓷底座的下接线座上，负载线应接在螺纹壳的上接线座上。这样在更换熔断管时，旋出螺帽后螺纹壳上不带电，保证了操作者的安全。

③ 熔断器内要安装合格的熔体，不能用多根小规格熔体并联代替一根大规格的熔体。

④ 安装熔断器时，各级熔体应相互配合，并做到下一级熔体规格比上一级规格小。

⑤ 安装熔体时，熔体应在螺栓上沿顺时针方向缠绕，压在垫圈下，拧紧螺钉的力应适当，以保证接触良好，同时注意不能损伤熔体，以免减小熔体的截面积，造成局部发热而产生误动作。

⑥ 更换熔体或熔管时，必须切断电源。尤其不允许带负荷操作，以免发生电弧灼伤。

⑦ 对 RM10 系列熔断器，在切断过三次相当于分断能力的电流后，必须更换熔管，以保证能可靠地切断所规定分断能力的电流。

⑧ 熔断器兼做隔离器件使用时应安装在控制开关的电源进线端；若仅做短路保护用，应装在控制开关的出线端。

课题 1.2　主令电器

主令电器是用做接通和分断控制电路，用以发布命令的电器。常用的主令电器主要有控制按钮、位置开关、万能转换开关和主令控制器等。

1.2.1　控制按钮

控制按钮是一种需人施加力才能动作的具有储能(弹簧)复位的一种控制开关。按钮的触点允许通过的电流较小,一般不超过5A,因此一般情况下它不能直接控制主电路的通断,而是在控制电路中发出指令或信号去控制接触器、继电器等电器,再由接触器或继电器等去控制主电路的通断、功能转换或电气联锁。

1. 按钮的型号及含义

按钮的型号及含义如下:

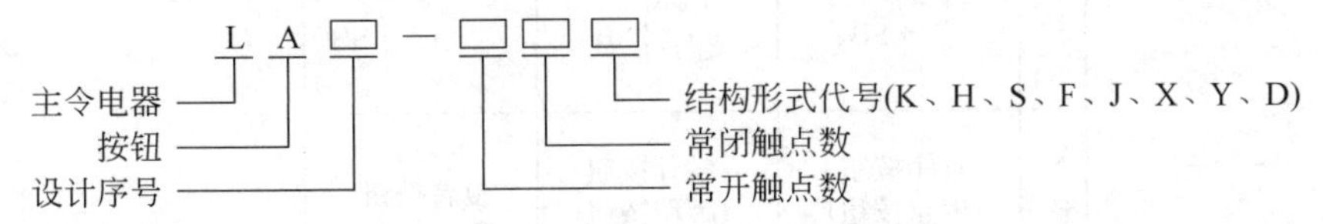

其中结构形式代号的含义为:K表示开启式,适用于嵌装在操作面板上;H表示保护式,带保护外壳,可防止内部零件受机械损伤或人偶然触及带电部分;S表示防水式,具有密封外壳,可防止雨水侵入;F表示防腐式,能防止腐蚀性气体进入;J表示紧急式,带有红色大蘑菇钮头(凸出在外),作紧急切断电源用;X表示旋钮式,用旋钮旋转进行操作,有通和断两个位置;Y表示钥匙操作式,用钥匙插入进行操作,可防止误操作或供专人操作;D表示光标按钮,按钮内装有信号灯,兼有信号指示的功能。

2. 按钮的外形及结构

部分常见按钮的外形如图1-20所示。

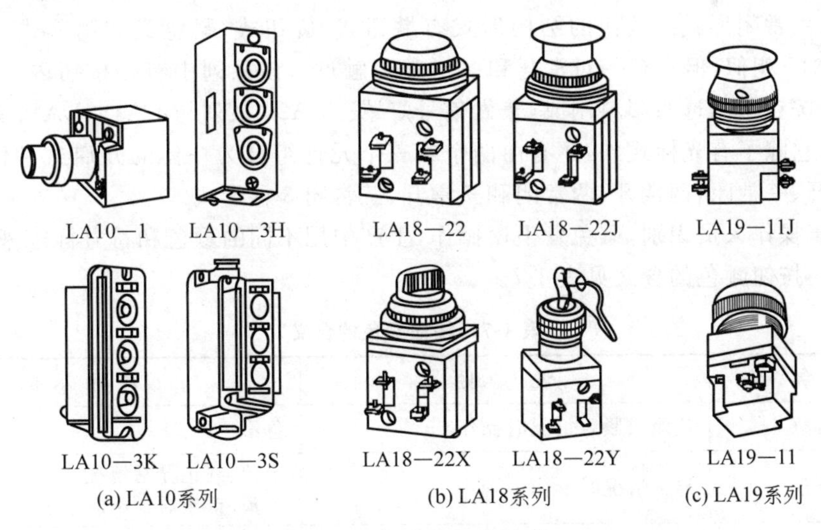

图1-20　部分按钮的外形

按钮一般由按钮帽、复位弹簧、桥式动触点、静触点、支柱连杆及外壳等部分组成,如图1-21所示。

按钮按静态(不受外力作用)时触点的分合状态,可分为常开(动合)按钮(启动按钮)、常闭(动断)按钮(停止按钮)和复合按钮(常开、常闭组合为一体的按钮)。

常开按钮:未按下时触点是断开的,按下时触点闭合,当松开后按钮自动复位。

常闭按钮:与常开按钮相反,未按下时触点是闭合的,按下时触点断开,松开后按钮自动复位。

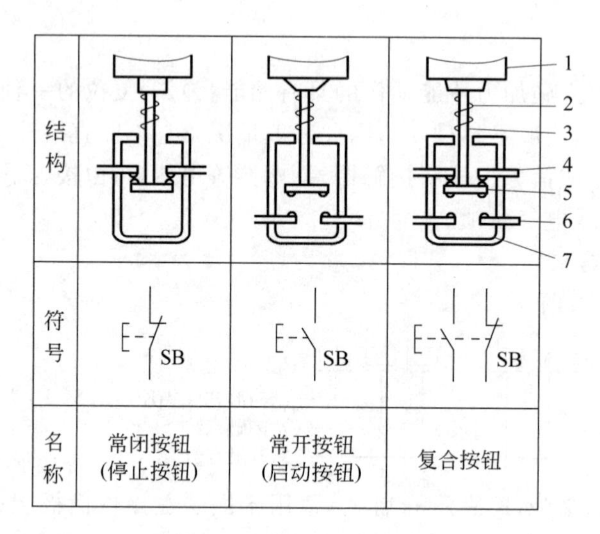

图 1-21　按钮的结构与符号

1—按钮帽；2—复位弹簧；3—支柱连杆；4—常闭静触点；
5—桥式动触点；6—常开静触点；7—外壳

复合按钮:将常开和常闭按钮组合为一体。按下复合按钮时,其常闭触点先断开,然后常开触点闭合;而松开时,常开触点先断开,然后常闭触点再闭合。

目前在生产机械中常用的按钮有 LA18、LA19 和 LA20 等系列。其中,LA18 系列采用积木式拼接装配基座,触点数目可按需要拼装,一般装成两常开、两常闭,也可装成四常开、四常闭或六常开、六常闭形式。按钮的结构形式有揿钮式、旋钮式、紧急式和钥匙式。LA19 系列的结构与 LA18 相似,但只有一对常开和一对常闭触点。该系列中有在按钮内装有信号灯的光标按钮,其按钮帽用透明塑料制成,兼做信号灯罩。LA20 系列与 LA18、LA19 系列相似,也是组合式的,它除了有光标式外,还有由两个或三个元件组合为一体的开启式和保护式产品。它具有一常开、一常闭,两常开、两常闭和三常开、三常闭 3 种形式。

为了便于操作人员识别,避免发生误操作,生产中用不同的颜色和符号标志来区分按钮的功能及作用。按钮颜色的含义见表 1-7。

表 1-7　按钮颜色的含义

颜色	含　义	说　明	应用示例
红	紧急	危险或紧急情况时操作	急停
黄	异常	异常情况时操作	干预、制止异常情况 干预、重新启动中断了的自动循环
绿	安全	安全情况或为正常情况准备时操作	启动/接通
蓝	强制性的	要求强制动作情况下的操作	复位功能
白	未赋予特定含义	除急停以外的一般功能的启动	启动/接通(优先);停止/断开
灰			启动/接通;停止/断开
黑			启动/接通;停止/断开(优先)

部分按钮的符号如图 1-22 所示。但不同类型和用途的按钮在电路图中的符号不完全相同,如图 1-22 所示。

3. 按钮的安装与使用

① 按钮安装在面板上时，应布置整齐，排列合理，如根据电动机启动的先后顺序，从上到下或从左到右排列。

(a) 急停按钮　　(b) 钥匙操作式按钮

图 1-22　部分按钮的符号

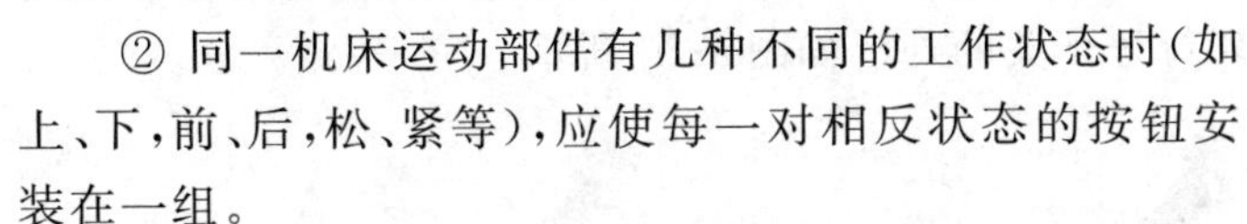

② 同一机床运动部件有几种不同的工作状态时（如上、下，前、后，松、紧等），应使每一对相反状态的按钮安装在一组。

③ 按钮的安装应牢固，安装按钮的金属板或金属按钮盒必须可靠接地。

④ 由于按钮的触点间距较小，如有油污等极易发生短路故障，所以应注意保持触点间的清洁。

⑤ 光标按钮一般不宜用于需长期通电显示处，以免塑料外壳过度受热而变形，使更换指示灯困难。

4. 按钮的常见故障及其处理方法

按钮的常见故障及其处理方法见表 1-8。

表 1-8　按钮的常见故障及其处理方法

故障现象	可能的原因	处理方法
触点接触不良	（1）触点烧损 （2）触点表面有尘垢 （3）触点弹簧失效	（1）修整触点或更换产品 （2）清洁触点表面 （3）重绕弹簧或更换产品
触点间短路	（1）塑料受热变形，导致接线螺钉相碰短路 （2）杂物或油污在触点间形成通路	（1）更换产品，并查明发热原因，如灯发热所致，可降低电压 （2）清洁按钮内部

1.2.2　位置开关

位置开关是操动机构在机器的运动部件到达一个预定位置时才动作的一种指示开关。它包括行程开关（限位开关）、接近开关等。这里着重介绍在生产中应用较广泛的行程开关，并简单介绍接近开关的作用及工作原理。

1. 行程开关

行程开关是用以反映工作机械的行程，发出命令以控制其运动方向和行程大小的开关。其作用原理与按钮相同，区别在于它不是靠手指的按压而是利用工作机械运动部件的碰压使其触点动作，从而将机械信号转变为电信号，用以控制机械动作或程序。通常，行程开关被用来限制机械运动的位置或行程，使运动机械按一定的位置或行程实现自动停止、反向运动、变速运动或自动往返运动等。

（1）型号及含义

目前机床中常用的行程开关有 LX19 和 JLXK1 等系列，其型号及含义如下：

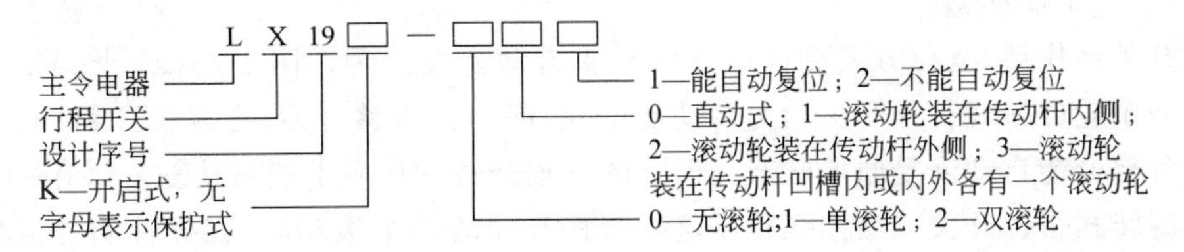

(2) 结构及工作原理

各系列行程开关的基本结构大体相同,都由触点系统、操作机构和外壳组成。以某种行程开关元件为基础,装置不同的操作机构,可得到各种不同形式的行程开关,常见的有按钮式(直动式)和旋转式(滚轮式)。JLXK1系列行程开关的外形如图1-23所示。

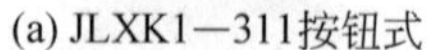

(a) JLXK1—311按钮式　(b) JLXK1—111单轮旋转式　(c) JLXK1—211双轮旋转式

图1-23　JLXK1系列行程开关

JLXK1系列行程开关的动作原理如图1-24所示。当运动部件的挡铁碰压行程开关的滚轮1时,杠杆2连同转轴3一起转动,使凸轮7推动撞块5,当撞块被压到一定位置时,推动微动开关6快速动作,使其常闭触点断开,常开触点闭合。

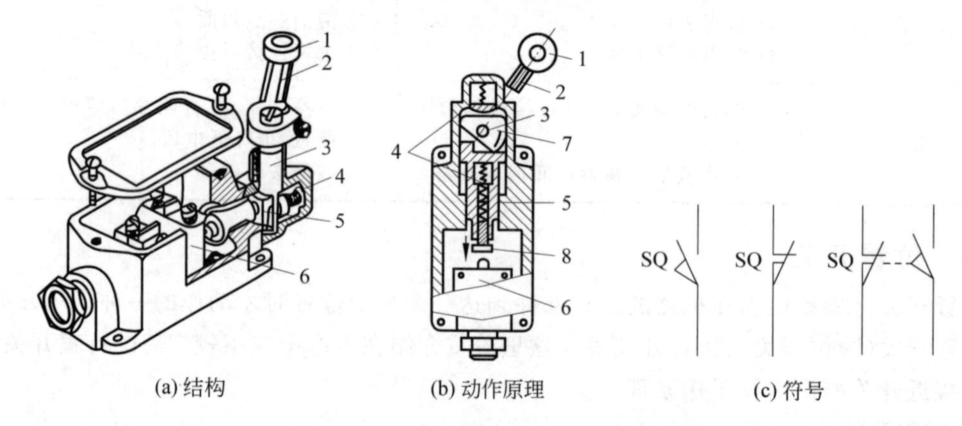

(a) 结构　(b) 动作原理　(c) 符号

图1-24　JLXK1—111型行程开关的结构、动作原理和符号

1—滚轮;2—杠杆;3—转轴;4—复位弹簧;5—撞块;6—微动开关;7—凸轮;8—调节螺钉

行程开关的触点动作方式有蠕动型和瞬动型两种。蠕动型的触点结构与按钮相似,这种行程开关的结构简单,价格便宜,但触点的分合速度取决于生产机械挡铁的移动速度。当挡铁的移动速度小于0.007m/s时,触点分合太慢,易产生电弧灼烧触点的现象,从而减少触点的使用寿命,也影响动作的可靠性及行程控制的位置精度。为克服这些缺点,行程开关一般采用具有快速换接动作机构的瞬动型触点。瞬动型行程开关的触点动作速度与挡铁的移动速度无关,性能显然优于蠕动型。

行程开关动作后,复位方式有自动复位和非自动复位两种。图1-23(a)、图1-23(b)所示的按钮式和单轮旋转式行程开关均为自动复位式,即当挡铁移开后,在复位弹簧的作用下,行程开关的各部分能自动恢复原始状态。但有的行程开关动作后不能自动复位,如图1-23(c)所示的双轮旋转式行程开关。当挡铁碰压这种行程开关的一个滚轮时,杠杆转动一定角度后触点瞬时动作;当挡铁离开滚轮后,开关不自动复位,只有运动机械反向移动,挡铁从相反方向碰压另一滚轮时，触点才能复位。这种非自动复位式的行程开关价格较贵，但运行较可靠。行程开关在电路图中的符号如图1-24(c)所示。

(3) 选用

行程开关主要根据动作要求、安装位置及触点数量选择。

(4) 安装与使用

① 行程开关安装时，安装位置要准确，安装要牢固；滚轮的方向不能装反，挡铁与其碰撞的位置应符合控制线路的要求，并确保能可靠地与挡铁碰撞。

② 行程开关在使用中，要定期检查和保养。保养内容包括：去除油垢及粉尘，清理触点，经常检查其动作是否灵活、可靠，及时排除故障。防止因行程开关触点接触不良或接线松脱产生误动作而导致设备和人身安全事故。

(5) 常见故障及其处理方法

行程开关的常见故障及其处理方法见表1-9。

表1-9 行程开关的常见故障及其处理方法

故障现象	可能的原因	处理方法
挡铁碰撞位置开关后，触点不动作	(1) 安装位置不准确 (2) 触点接触不良或接线松脱 (3) 触点弹簧失效	(1) 调整安装位置 (2) 清刷触点或紧固接线 (3) 更换弹簧
杠杆已经偏转，或无外界机械力作用，但触点不复位	(1) 复位弹簧失效 (2) 内部撞块卡阻 (3) 调节螺钉太长，顶住开关按钮	(1) 更换弹簧 (2) 清扫内部杂物 (3) 检查调节螺钉

2. 接近开关

接近开关又称无触点位置开关，是一种与运动部件无机械接触就能操作的位置开关。当运动的物体靠近开关到一定位置时，开关发出信号，达到行程控制、计数及自动控制的目的。它的用途除了行程控制和限位保护外，还可用于检测金属体的存在、高速计数、测速、定位、变换运动方向、检测零件尺寸、液面控制及用做无触点按钮等。与行程开关相比，接近开关具有定位精度高、工作可靠、寿命长、操作频率高以及能适应恶劣工作环境等优点。但接近开关在使用时，一般需要有触点继电器作为输出器。

按工作原理来分，接近开关有高频振荡型、感应电桥型、霍尔效应型、光电型、永磁及磁敏元件型、电容型和超声波型等多种类型，高频振荡型的接近开关电路原理如图1-25所示。

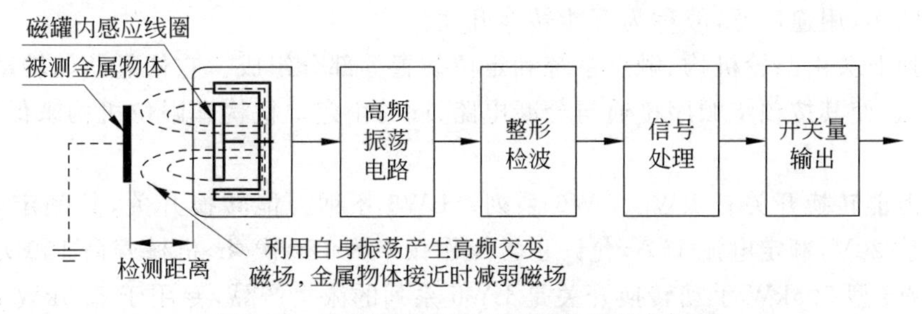

图1-25 高频振荡型接近开关的原理方框图

高频振荡型接近开关的工作原理为：当有金属物体靠近一个以一定频率稳定振荡的高频

振荡器的感应头时，由于感应作用，该物体内部会产生涡流及磁滞损耗，以至于振荡回路因电阻增大、能耗增加而使振荡减弱，直至停止振荡。检测电路根据振荡器的工作状态控制输出电路的工作，输出信号去控制继电器或其他电器，以达到控制目的。

目前在工业生产中，LJ1、LJ2 等系列晶体管接近开关已逐步被 LJ、LXJ10 等系列集成电路接近开关所取代。LJ 系列集成电路接近开关是由德国西门子公司元器件组装而成的。其性能可靠，安装使用方便，产品品种规格齐全，应用广泛。

LJ 系列接近开关按供电方式可分为直流型和交流型，按输出形式又可分为直流两线制、直流三线制、直流四线制、直流五线制、交流两线制和交流五线制。交流两线接近开关的外形和接线方式如图 1-26 所示，接近开关在电路图中的符号如图 1-26(c)所示。

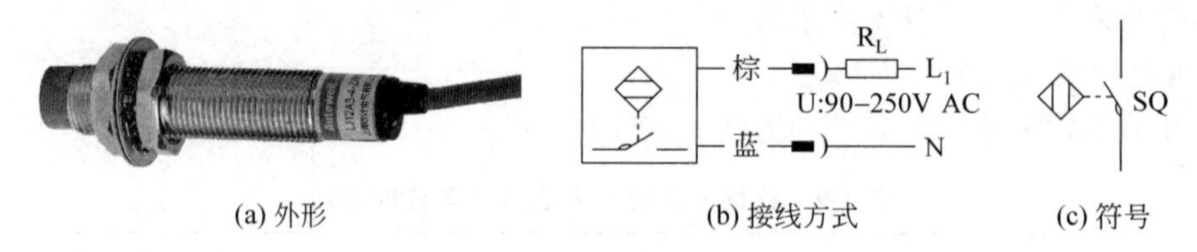

(a) 外形　　(b) 接线方式　　(c) 符号

图 1-26　交流两线接近开关的外形和接线方式

LJ 系列接近开关的型号及含义如下：

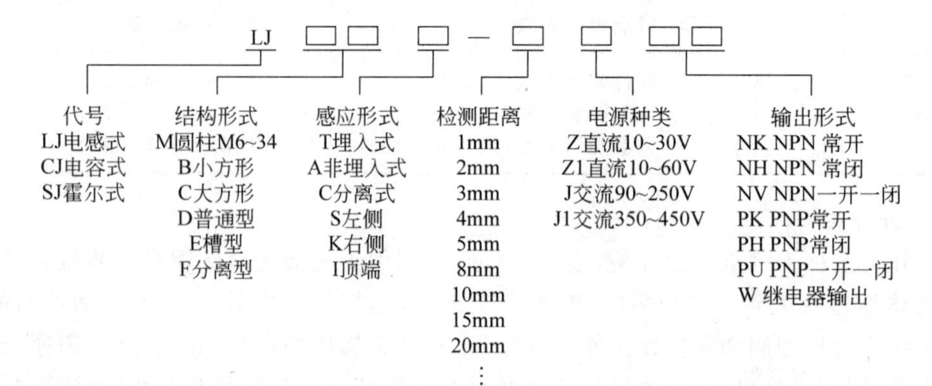

1.2.3　万能转换开关

万能转换开关是由多组相同结构的开关元件叠装而成的，是一种可以控制多回路的主令电器，可用于控制高压油断路器、空气断路器等操作机构的通断，各种配电设备中线路的换接、遥控和电流表、电压表的换相测量等；也可用于控制小容量电动机的启动、换向和调速。由于它换接的线路多，用途广泛，故称为万能转换开关。

万能转换开关由凸轮机构、触点系统和定位装置等部分组成。它依靠凸轮转动，用变换半径来操作触点，使其按预定顺序接通与分断电路；同时由定位机构和限位机构来保证动作的准确可靠。

常用的万能转换开关有 LW5、LW6 系列。LW5 系列万能转换开关，其额定电压为交流 380V 或直流 220V，额定电流 15A，允许正常操作频率为 120 次/h，机械寿命 100 万次，电寿命 20 万次。LW5 型 5.5kW 手动转换开关是 LW5 系列的派生产品，专用于 5.5kW 以下电动机的直接启动、正反转和双速电动机的变速。LW6 系列是一种适用于交流 50Hz，电压交流至 380V，直流至 220V，工作电流至 5A 的控制电路中，体积小巧的转换开关，也可用于不频繁地控制 2.2kW 以下的小型感应电动机。

1. 万能转换开关的型号及含义

常用的万能转换开关有 LW5、LW6、LW15 等系列。不同系列的万能转换开关的型号组成及含义有较大差别，LW5 系列的型号及含义如下：

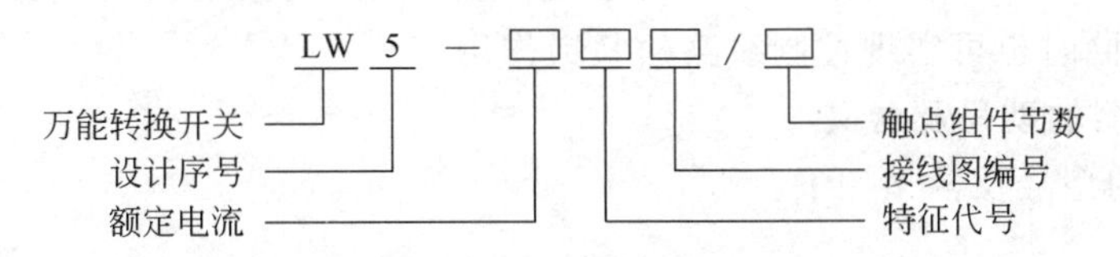

2. 万能转换开关的结构与工作原理

万能转换开关主要由接触系统、操作机构、转轴、手柄、定位机构等部件组成，并通过螺栓组装成一个整体。其外形及工作原理如图 1-27 所示。

万能转换开关的接触系统由许多接触元件组成，每一个接触元件均有一个胶木触点座，中间装有 1 对或 3 对触点，分别由凸轮通过支架操作。操作时，手柄带动转轴和凸轮一起旋转，则凸轮即可推动触点接通或断开，如图 1-27(b)所示。由于凸轮的形状不同，当手柄处于不同的操作位置时，触点的分合情况也不同，从而达到换接电路的目的。

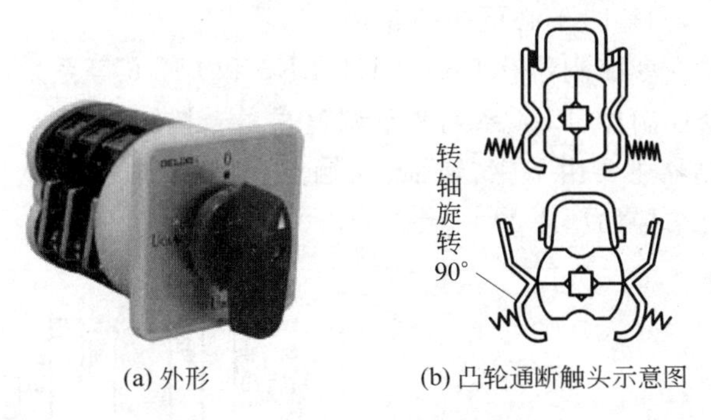

(a) 外形　(b) 凸轮通断触头示意图

图 1-27　LW5 系列万能转换开关

万能转换开关在电路图中的符号如图 1-28(a)所示。图中“⊸⊸”代表一对触点，竖的虚线表示手柄位置。当手柄置于某一个位置上时，就在处于接通状态的触点下方的虚线上标注黑点“•”。触点的通断也可用图 1-28(b)所示的触点分合表来表示。表中“×”号表示触点闭合，空白表示触点分断。

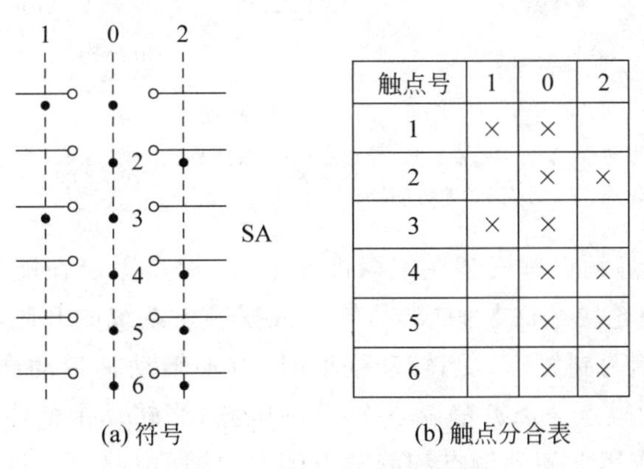

触点号	1	0	2
1	×	×	
2		×	×
3	×	×	
4		×	×
5		×	×
6		×	×

(a) 符号　(b) 触点分合表

图 1-28　万能转换开关的符号

1.2.4 主令控制器

主令控制器是按照预定程序换接控制电路接线的主令电器，主要用于电力拖动系统中，按照预定的程序分合触点，向控制系统发出指令，通过接触器以达到控制电动机的启动、制动、调速及反转的目的，同时也可实现控制线路的联锁作用。

1. 主令控制器的型号及含义

主令控制器的型号及含义如下：

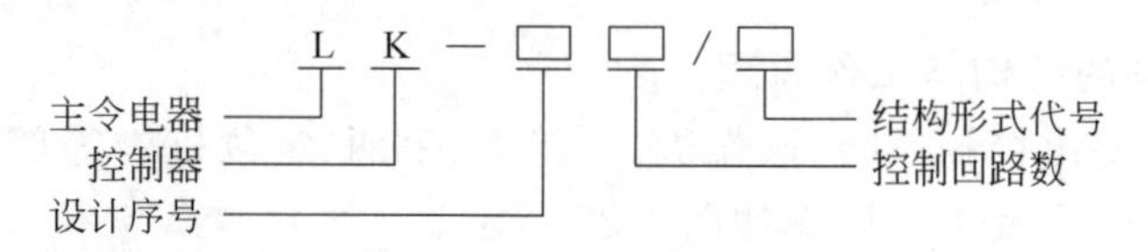

2. 主令控制器的结构与工作原理

主令控制器按结构形式分为凸轮调整式和凸轮非调整式两种。所谓非调整式主令控制器是指其触点系统的分合顺序只能按指定的触点分合表要求进行，在使用中用户不能自行调整，若需调整必须更换凸轮片。调整式主令控制器是指其触点系统的分合程序可随时按控制系统的要求进行编制及调整，调整时不必更换凸轮片。

目前生产中常用的主令控制器有 LK1、LK4、LK5 和 LK16 等系列，其中 LK1、LK5、LK16 系列属于非调整式主令控制器，LK4 系列属于调整式主令控制器。

LK1 系列主令控制器主要由基座、转轴、动触点、静触点、凸轮鼓、操作手柄、面板支架及外护罩组成。其外形及结构如图 1-29 所示。

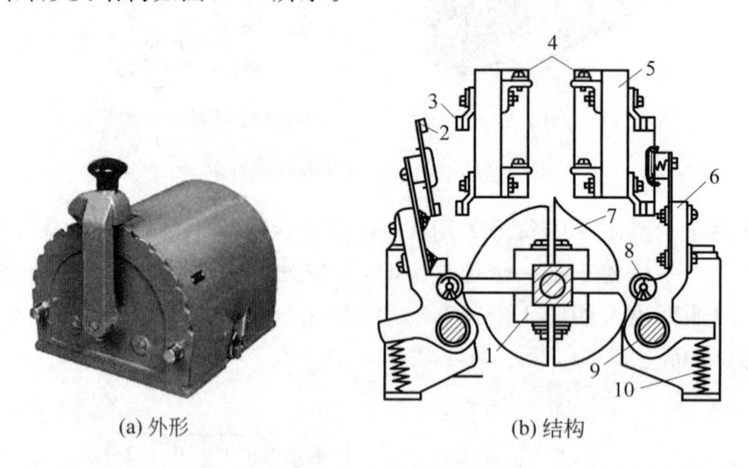

(a) 外形 (b) 结构

图 1-29 主令控制器

1—方形转轴；2—动触点；3—静触点；4—接线柱；5—绝缘板；6—支架；7—凸轮块；8—小轮；9—转动轴；10—复位弹簧

主令控制器所有的静触点都安装在绝缘板 5 上，动触点固定在能绕转动轴 9 转动的支架 6 上；凸轮鼓是由多个凸轮块 7 嵌装而成，凸轮块根据触点系统的开闭顺序制成不同角度的凸出轮缘，每个凸轮块控制两副触点。当转动手柄时，方形转动轴带动凸轮块转动，凸轮块的凸出部分压动小轮 8，使动触点 2 离开静触点 3，分断电路；当转动手柄使小轮 8 位于凸轮块 7 的凹处时，在复位弹簧的作用下使动触点和静触点闭合，接通电路。可见触点的闭合和分断顺序是由凸轮块的形状决定的。

LK1—12/90 型主令控制器在电路图中的符号如图 1-30 所示。其触点分合表见表 1-10。

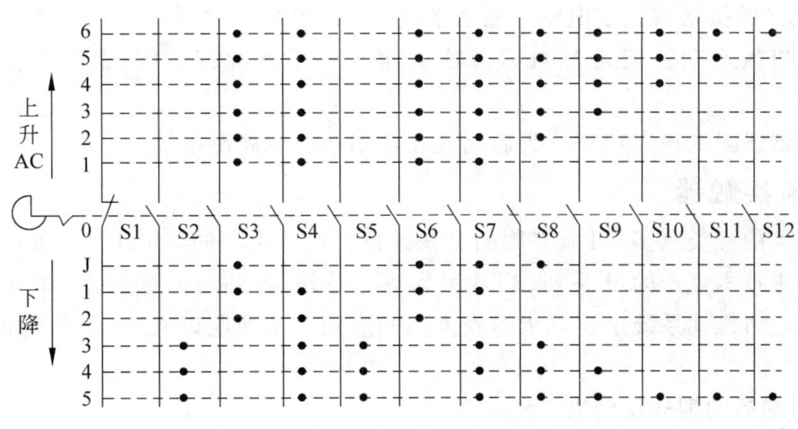

图 1-30　LK1—12/90 型主令控制器的符号

表 1-10　LK1—12/90 型主令控制器触点分合表

触点	下降						零位	上升					
	5	4	3	2	1	J	0	1	2	3	4	5	6
S1							×						
S2	×	×	×					×	×	×	×	×	×
S3				×	×	×		×	×	×	×	×	×
S4	×	×	×	×	×								
S5	×	×	×										
S6				×	×	×		×	×	×	×	×	×
S7	×	×	×		×	×		×	×	×	×	×	×
S8	×	×	×			×			×	×	×	×	×
S9	×	×								×	×	×	×
S10	×										×	×	×
S11	×											×	×
S12	×												×

课题 1.3　接触器

接触器是一种自动的电磁式开关，适用于远距离频繁地接通或断开交直流主电路及大容量控制电路。其主要控制对象是电动机，可用于控制其他负载，如电热设备、电焊机以及电容器组等。它不仅能实现远距离自动操作和欠电压释放保护功能，而且具有控制容量大、工作可靠、操作频率高、使用寿命长等优点，因而在电力拖动系统中得到了广泛应用。

接触器按驱动触头系统的动力不同分为电磁接触器、气动接触器、液压接触器等。电磁接触器由触头系统、电磁机构、弹簧、灭弧装置及支架底座等部分组成。按主触头控制电流的性质不同可分为直流接触器与交流接触器，而按电磁系统的励磁方式可分为直流励磁操作与交流励磁操作两种。

接触器的主要技术参数有接触器额定电压、额定电流、主触头接通与分断能力、电气寿命和机械寿命、线圈启动功率与吸持功率等。

根据我国电压标准，接触器额定电压为交流 380V、660V 及 110V，直流 220V、440V 及

660V。目前生产的接触器额定电流一般小于或等于 630A。

接触器的机械寿命一般可达数百万次甚至于一千万次;电气寿命一般是机械寿命的 5%~20%。

交流接触器线圈的视在功率分为启动视在功率和吸持视在功率。

1.3.1 交流接触器

交流接触器的种类很多,目前常用的有我国自行设计生产的 CJ0、CJ10 和 CJ20 等系列以及引进国外先进技术生产的 B 系列、3TB 系列等。另外,各种新型接触器,如真空接触器、固体接触器等在电力拖动系统中也逐步得到推广和应用。本课题以 CJ10 系列为例介绍交流接触器。

1. 交流接触器的型号及含义

交流接触器的型号及含义如下:

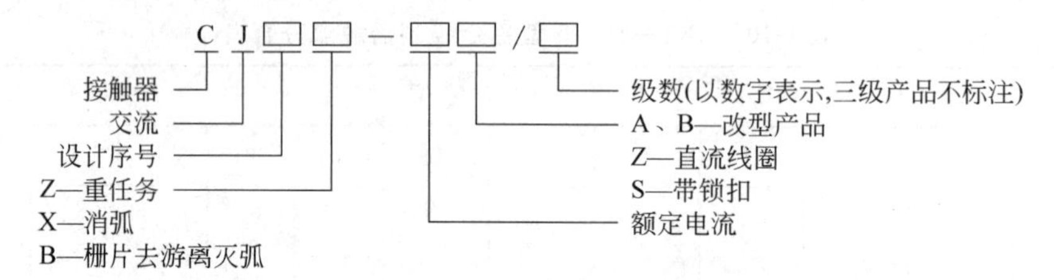

2. 交流接触器的结构

交流接触器主要由电磁系统、触头系统、灭弧装置及辅助部件等组成。CJ10—20 型交流接触器的结构和工作原理如图 1-31(a)所示。

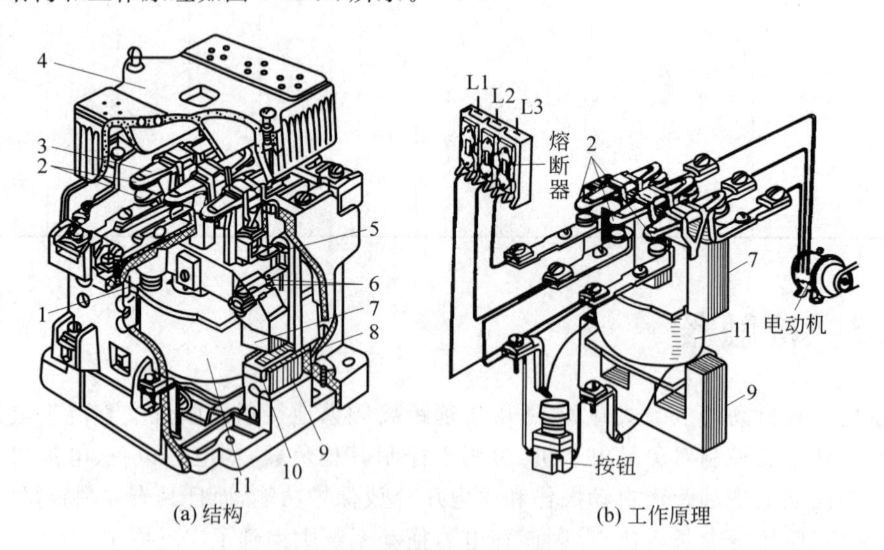

图 1-31 交流接触器的结构和工作原理

1—反作用弹簧;2—主触头;3—触头压力弹簧;4—灭弧罩;5—辅助常闭触点;6—辅助常开触点;7—动铁芯;8—缓冲弹簧;9—静铁芯;10—短路环;11—线圈

(1) 电磁系统

交流接触器的电磁系统主要由线圈、铁芯(静铁芯)和衔铁(动铁芯)3 部分组成。其作用是利用电磁线圈的通电或断电,使衔铁和铁芯吸合或释放,从而带动动触头与静触头闭合或分断,实现接通或断开电路的目的。

CJ10系列交流接触器的衔铁运动方式有两种，对于额定电流为40A及以下的接触器，采用图1-32(a)所示的衔铁直线运动的螺管式；对于额定电流为60A及以上的接触器，采用图1-32(b)所示的衔铁绕轴转动的拍合式。

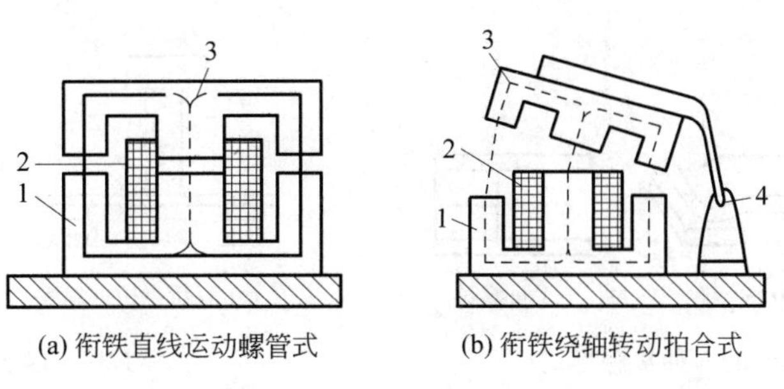

图1-32　交流接触器电磁系统结构图

1—铁芯；2—线圈；3—衔铁；4—轴

为了减少工作过程中交变磁场在铁芯中产生的涡流及磁滞损耗，避免铁芯过热，交流接触器的铁芯和衔铁一般用E形硅钢片叠压铆成。尽管如此，铁芯仍是交流接触器发热的主要部件。为增大铁芯的散热面积，又避免线圈与铁芯直接接触而受热烧毁，交流接触器的线圈一般做成粗而短的圆筒形，并且绕在绝缘骨架上，使铁芯与线圈之间有一定的间隙。另外，E形铁芯的中柱端面需留有0.1～0.2mm的气隙，以减小剩磁影响，避免线圈断电后衔铁粘住不能释放。

交流接触器在运行过程中，线圈中通入的交流电在铁芯中产生交变的磁通，因而铁芯与衔铁间的吸力也是变化的。这会使衔铁产生振动，发出噪声。为消除这一现象，在交流接触器铁芯和衔铁的两个不同端部各开一个槽，槽内嵌装一个用铜、康铜或镍铬合金材料制成的短路环，又称减振环或分磁环，如图1-33(a)所示。铁芯装短路环后，当线圈通以交流电时，线圈电流 I_1 产生磁通 Φ_1，Φ_1 的一部分穿过短路环，在环中产生感生电流 I_2，I_2 又会产生一个磁通 Φ_2，由电磁感应定律知，Φ_1 和 Φ_2 的相位不同，即 Φ_1 和 Φ_2 不同时为零，则由 Φ_1 和 Φ_2 产生的电磁吸力 F_1 和 F_2 不同时为零，如图1-33(b)所示。这就保证了铁芯与衔铁在任何时刻都有吸力，衔铁将始终被吸住，振动和噪声会显著减小。

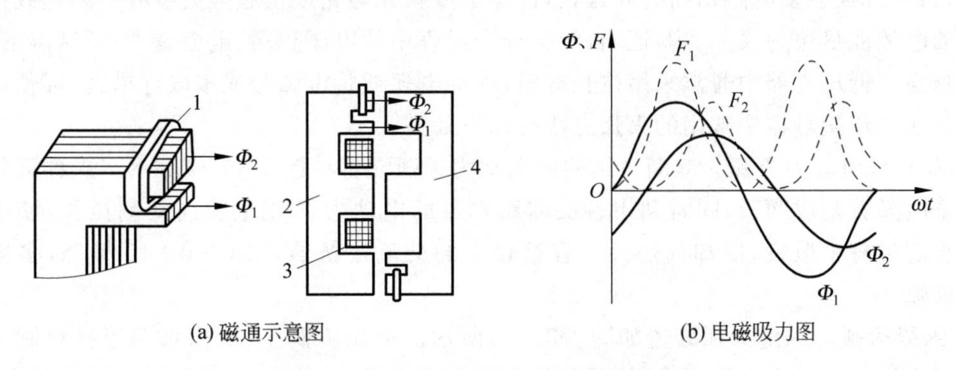

图1-33　加短路环后的磁通和电磁吸力图

1—短路环；2—铁芯；3—线圈；4—衔铁

(2) 触头系统

交流接触器的触头按接触情况可分为点接触式、线接触式和面接触式3种，分别如

图 1-34(a)～图 1-34(c)所示。按触头的结构形式划分，触头有双断点桥式触头和指形触头两种，如图 1-35 所示。

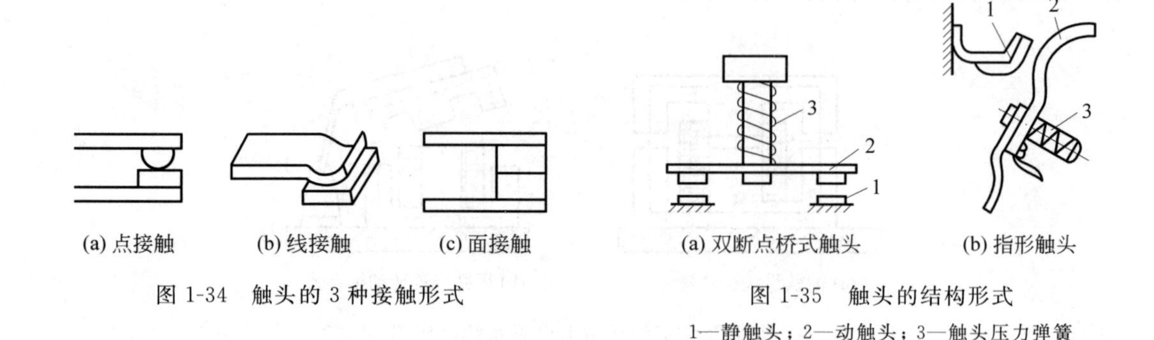

图 1-34 触头的 3 种接触形式

图 1-35 触头的结构形式

1—静触头；2—动触头；3—触头压力弹簧

CJ10 系列交流接触器的触头一般采用双断点桥式触头。其动触头用紫铜片冲压而成。由于铜的表面易氧化并形成一层导电性能很差的氧化铜，而银的接触电阻小且其黑色氧化物对接触电阻的影响不大，所以在触头桥的两端镶有银基合金制成的触头块。静触头一般用黄铜板冲压而成，一端镶焊触头块，另一端为接线座。在触头上装有压力弹簧以减小接触电阻并消除开始接触时产生的有害振动。

按通断能力划分，交流接触器的触头分为主触头和辅助触点。主触头用以通断电流较大的主电路，一般由 3 对接触面较大的常开触头组成。辅助触点用以通断电流较小的控制电路，一般由两对常开和两对常闭触点组成。所谓触点的常开和常闭，是指电磁系统未通电动作时触点的状态。常开触点和常闭触点是联动的。当线圈通电时，常闭触点先断开，常开触点随后闭合。而线圈断电时，常开触点首先恢复断开，随后常闭触点恢复闭合。两种触点在改变工作状态时，先后有个时间差，尽管这个时间差很短，但对分析线路的控制原理却很重要。

(3) 灭弧装置

交流接触器在断开大电流或高电压电路时，在动、静触头之间会产生很强的电弧。电弧是触头间气体在强电场作用下产生的放电现象。电弧的产生，一方面会灼伤触头，减少触头的使用寿命；另一方面会使电路切断时间延长，甚至造成弧光短路或引起火灾事故。因此我们希望触头间的电弧能尽快熄灭。实验证明，触头开合过程中的电压越高、电流越大、弧区温度越高，电弧就越强。低压电器中通常采用拉长电弧、冷却电弧或将电弧分成多段等措施，促使电弧尽快熄灭。在交流接触器中常用的灭弧方法有以下几种。

① 双断口电动力灭弧。双断口结构的电动力灭弧装置如图 1-36(a)所示。这种灭弧方法是将整个电弧分割成两段，同时利用触头回路本身的电动力 F 把电弧向两侧拉长，使电弧热量在拉长的过程中散发、冷却而熄灭。容量较小的交流接触器，如 CJ10—10 型等，多采用这种方法灭弧。

② 纵缝灭弧。纵缝灭弧装置如图 1-36(b)所示。由耐弧陶土、石棉水泥等材料制成的灭弧罩内每相有一个或多个纵缝，缝的下部较宽以便放置触头；缝的上部较窄，以便压缩电弧，使电弧与灭弧室壁有很好的接触。当触头分断时，电弧被外磁场或电动力吹入缝内，其热量传递给室壁，电弧被迅速冷却熄灭。CJ10 系列交流接触器额定电流在 20A 及以上的，均采用这种方法灭弧。

③ 栅片灭弧。栅片灭弧装置如图 1-37 所示。金属栅片由镀铜或镀锌铁片制成，形状一

般为“人”字形，栅片插在灭弧罩内，各片之间相互绝缘。当动触头与静触头分断时，在触头间产生电弧，电弧电流在其周围产生磁场。由于金属栅片的磁阻远小于空气的磁阻，因此电弧上部的磁通容易通过金属栅片而形成闭合磁路，这就造成了电弧周围空气中的磁场上疏下密。这一磁场对电弧产生向上的作用力，将电弧拉到栅片间隙中，栅片将电弧分割成若干个串联的短电弧。每个栅片成为短电弧的电极，将总电弧压降分成几段，栅片间的电弧电压都低于燃弧电压，同时栅片将电弧的热量吸收散发，使电弧迅速冷却，促使电弧尽快熄灭。容量较大的交流接触器多采用该方法灭弧，如 CJ0—40 型交流接触器。

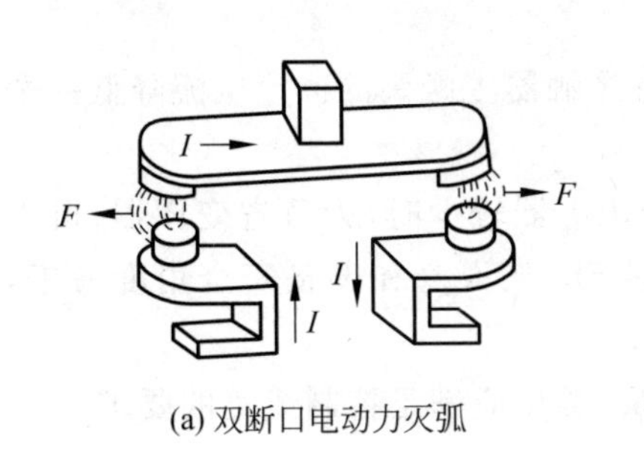

(a) 双断口电动力灭弧 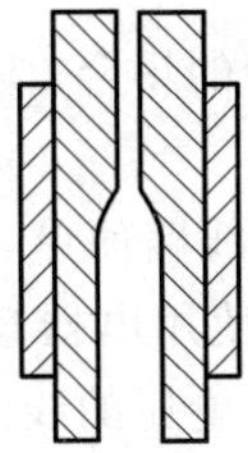　(b) 纵缝灭弧

图 1-36　灭弧装置

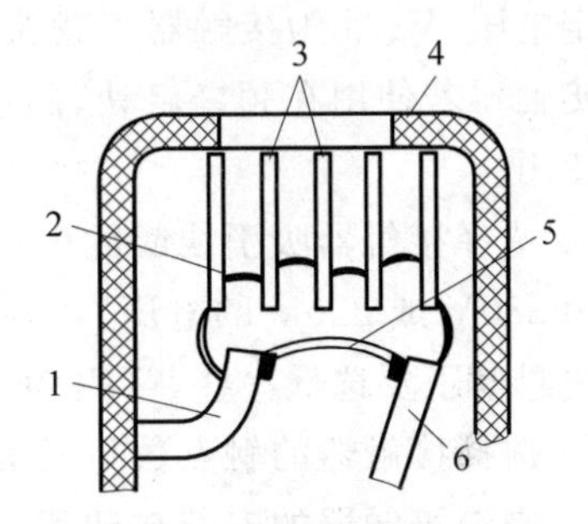

图 1-37　栅片灭弧装置

1—静触头；2—短电弧；3—灭弧栅片；4—灭弧罩；5—电弧；6—动触头

（4）辅助部件

交流接触器的辅助部件有反作用弹簧、缓冲弹簧、触头压力弹簧、传动机构、底座、接线柱等。

反作用弹簧安装在动铁芯和线圈之间，其作用是线圈断电后，推动衔铁释放，使各触头恢复原状态。缓冲弹簧安装在静铁芯与线圈之间，其作用是缓冲衔铁在吸合时对静铁芯和外壳的冲击力，保护外壳。触头压力弹簧安装在动触头上面，其作用是增加动、静触头间的压力，从而增大接触面积，以减小接触电阻，防止触头过热灼伤。传动机构的作用是在衔铁或反作用弹簧的作用下，带动动触头实现与静触头的接通或分断。

3. 交流接触器的工作原理

交流接触器的工作原理如图 1-31(b)所示。当接触器的线圈通电后，线圈中流过的电流产生磁场，使铁芯产生足够大的吸力，克服反作用弹簧的反作用力，将衔铁吸合，通过传动机构带动 3 对主触头和辅助常开触点闭合，辅助常闭触点断开。当接触器线圈断电或电压显著下降时，由于电磁吸力消失或过小，衔铁在反作用弹簧力的作用下复位，带动各触头恢复到原始状态。

常用的 CJ0、CJ10 等系列的交流接触器在 0.85～1.05 倍的额定电压下，能保证可靠吸合。电压过高，磁路趋于饱和，线圈电流会显著增大。电压过低，电磁吸力不足，衔铁吸合不上，线圈电流会达到额定电流的十几倍，因此，电压过高或过低都会造成线圈过热而烧毁。

交流接触器在电路图中的符号如图 1-38 所示。

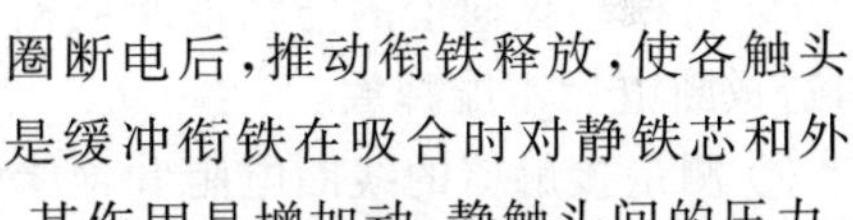

KM　KM　KM

(a) 线圈　(b) 常开触头　(c) 常闭触头

图 1-38　交流接触器的符号

4. 交流接触器的选用

电力拖动系统中，交流接触器可按下列方法选用：

① 选择接触器主触头的额定电压。接触器主触

头的额定电压应大于或等于控制线路的额定电压。

② 选择接触器主触头的额定电流。接触器控制电阻性负载时，主触头的额定电流应等于负载的额定电流。控制电动机时，主触头的额定电流应大于或稍大于电动机的额定电流，或按下列经验公式计算(仅适用于 CJ0、CJ10 系列)：

$$I_C = \frac{P_N \times 10^3}{kU_N} \tag{1-4}$$

式中，k 为经验系数，一般取 1～1.4；P_N 为被控制电动机的额定功率，kW；U_N 为被控制电动机的额定电压，V；I_C 为接触器主触头电流，A。

接触器若使用在频繁启动、制动及正反转的场合，应将接触器主触头的额定电流降低一个等级使用。

③ 选择接触器吸引线圈的电压。当控制线路简单，使用电器较少时，为节省变压器，可直接选用 380V 或 220V 的电压。当线路复杂，使用电器超过 5h，从人身和设备安全角度考虑，吸引线圈电压要选低一些，可用 36V 或 110V 电压的线圈。

④ 选择接触器的触点数量及类型。接触器的触点数量、类型应满足控制线路的要求。

5. 交流接触器的安装与使用

(1) 安装前的检查

① 检查接触器铭牌与线圈的技术数据(如额定电压、电流、操作频率等)是否符合实际使用要求。

② 检查接触器外观，应无机械损伤；用手推动接触器可动部分时，接触器应动作灵活，无卡阻现象；灭弧罩应完整无损，固定牢固。

③ 将铁芯极面上的防锈油脂或粘在极面上的铁垢用煤油擦净，以免多次使用后衔铁被粘住，造成断电后不能释放。

④ 测量接触器的线圈电阻和绝缘电阻。

(2) 交流接触器的安装

① 交流接触器一般应安装在垂直面上，倾斜度不得超过 5°；若有散热孔，则应将有孔的一面放在垂直方向上，以利散热，并按规定留有适当的飞弧空间，以免飞弧烧坏相邻电器。

② 安装和接线时，注意不要将零件失落或掉入接触器内部。安装孔的螺钉应装有弹簧垫圈和平垫圈，并拧紧螺钉以防振动松脱。

③ 安装完毕，检查接线正确无误后，在主触头不带电的情况下操作几次，然后测量产品的动作值和释放值，所测数值应符合产品的要求。

(3) 日常维护

① 应对接触器作定期检查，观察螺钉有无松动，可动部分是否灵活等。

② 接触器的触头应定期清扫，保持清洁，但不允许涂油，当触头表面因电灼作用形成金属小颗粒时，应及时清除。

③ 拆装时注意不要损坏灭弧罩。带灭弧罩的交流接触器绝不允许不带灭弧罩或带破损的灭弧罩运行，以免发生电弧短路故障。

6. 交流接触器的常见故障及其处理方法

交流接触器在长期使用过程中，由于自然磨损或使用维护不当，会产生故障而影响正常工作。下面对交流接触器常见的故障进行分析，由于交流接触器是一种典型的电磁式电器，它的某些组成部分，如电磁系统、触头系统，是电磁式电器所共有的。因此，这里讨论的内容，也适用于其他电磁式电器，如中间继电器、电流继电器等。

(1) 触头的故障及维修

交流接触器在工作时往往需要频繁地接通和断开大电流电路，因此它的主触头是较容易损坏的部件。交流接触器触头的常见故障一般有触头过热、触头磨损和主触头熔焊等。

① 触头过热。动、静触头间存在着接触电阻，有电流通过时便会发热，正常情况下触头的温升不会超过允许值。但当动、静触头间的接触电阻过大或通过的电流过大时，触头发热严重，使触头温度超过允许值，造成触头特性变坏，甚至产生触头熔焊。导致触头过热的主要原因有：

- 通过动、静触头间的电流过大。交流接触器在运行过程中，触头通过的电流必须小于其额定电流，否则会造成触头过热。触头电流过大的原因主要有系统电压过高或过低；用电设备超负荷运行；触头容量选择不当和故障运行。
- 动、静触头间接触电阻过大。接触电阻是触头的一个重要参数，其大小关系到触头的发热程度。造成触头间接触电阻增大的原因有：一是触头压力不足，遇此情况，首先应调整压力弹簧，若经调整后压力仍达不到标准要求，则应更换新触头。二是触头表面接触不良，造成触头表面接触不良的原因主要有：油污和灰尘在触头表面形成一层电阻层；铜质触头表面氧化；触头表面被电弧灼伤、烧毛，使接触面积减小等。触头表面的油污，可用煤油或四氯化碳清洗；铜质触头表面的氧化膜应用小刀轻轻刮去；但对银或银基合金触头表面的氧化层可不做处理，因为银氧化膜的导电性能与纯银相差不大，不影响触头的接触性能；电弧灼伤的触头，应用刮刀或细锉修整；用于大、中电流的触头表面，不要求修整得过分光滑，过分光滑会使接触面减小，接触电阻反而增大。

② 触头磨损。触头在使用过程中，其厚度会越用越薄，这就是触头磨损。触头磨损有两种：一种是电磨损，这是由于触头间电弧或电火花的高温使触头金属气化造成的；另一种是机械磨损，是由于触头闭合时的撞击及触头接触面的相对滑动摩擦等所造成的。

一般当触头磨损至超过原有厚度的1/2时，应更换新触头。若触头磨损过快，应查明原因，排除故障。

③ 触头熔焊。动、静触头接触面熔化后焊在一起不能分断的现象，称为触头熔焊。当触头闭合时，由于撞击而产生振动，在动、静触头间的小间隙中产生短电弧，电弧产生的高温(可达3000～6000℃)使触头表面被灼伤甚至烧熔，熔化的金属冷却后便将动、静触头焊在一起。发生触头熔焊的常见原因有：接触器容量选择不当，使负载电流超过触头容量；触头压力弹簧损坏使触头压力过小；因线路过载使触头闭合时通过的电流过大等。实验证明，当触头通过的电流大于其额定电流10倍以上时，将使触头熔焊。触头熔焊后，只有更换新触头才能消除故障。如果因为触头容量不够而产生熔焊，则应选用容量较大的接触器。

(2) 电磁系统的故障及维修

① 铁芯噪声大。电磁系统在运行中发出轻微的嗡嗡声是正常的，若声音过大或异常，可判定电磁系统发生故障。其原因有：

- 衔铁与铁芯的接触面接触不良或衔铁歪斜。衔铁与铁芯经多次碰撞后，使接触面磨损或变形，或接触面上有锈垢、油污、灰尘等，都会造成接触面接触不良，导致吸合时产生振动和噪声，使铁芯加速损坏，同时会使线圈过热，严重时甚至会烧毁线圈。

如果振动由铁芯端面上的油垢引起，应拆下清洗。如果是由端面变形或磨损引起，可用细砂布平铺在平铁板上，来回推动铁芯将端面修平整。对E形铁芯，维修中应注意铁芯中柱接触面间要留有 0.1～0.2mm 的防剩磁间隙。

- 短路环损坏。交流接触器在运行过程中，铁芯经多次碰撞后，嵌装在铁芯端面内的短路环有可能断裂或脱落，此时铁芯产生强烈的振动，发出较大噪声。短路环断裂多发生在槽外的转角和槽口部分，维修时可将断裂处焊牢或照原样重新更换一个，并用环氧树脂加固。
- 机械方面的原因。如果触头压力过大或因活动部分受到卡阻，使衔铁和铁芯不能完全吸合，都会产生较强的振动和噪声。

② 衔铁吸不上。当交流接触器的线圈接通电源后，衔铁不能被铁芯吸合，应立即断开电源，以免线圈被烧毁。

衔铁吸不上的原因主要有：一是线圈引出线的连接处脱落，线圈断线或烧毁；二是电源电压过低或活动部分卡阻。若线圈通电后衔铁没有振动和发出噪声，多属第一种原因；若衔铁有振动和发出噪声，多属于第二种原因。应根据实际情况排除故障。

③ 衔铁不释放。当线圈断电后，衔铁不释放，此时应立即断开电源开关，以免发生意外事故。

衔铁不能释放的原因主要有：触头熔焊；机械部分卡阻；反作用弹簧损坏；铁芯端面有油垢；E 形铁芯的防剩磁间隙过小导致剩磁增大等。

④ 线圈的故障及其修理。线圈的主要故障是由于所通过的电流过大导致线圈过热甚至烧毁。线圈电流过大的原因主要有：

- 线圈匝间短路。由于线圈绝缘损坏或受机械损伤，形成匝间短路或局部对地短路，在线圈中会产生很大的短路电流，产生热量将线圈烧毁。
- 铁芯与衔铁闭合时有间隙。交流接触器线圈两端电压一定时，它的阻抗越大，通过的电流越小。当衔铁在分开位置时，线圈阻抗最小，通过的电流最大。铁芯吸合过程中，衔铁与铁芯的间隙逐渐减小，线圈的阻抗逐渐增大，当衔铁完全吸合后，线圈阻抗最大，电流最小。因此，如果衔铁与铁芯间不能完全吸合或接触不紧密，会使线圈电流增大，导致线圈过热以至烧毁。
- 线圈两端电压过高或过低。线圈电压过高，会使电流增大，甚至超过额定值；线圈电压过低，会造成衔铁吸合不紧密而产生振动，严重时衔铁不能吸合，电流剧增使线圈烧毁。

线圈烧毁后，一般应重新绕制。如果短路的匝数不多，短路又在靠近线圈的端部，而其余部分尚完好无损，则可拆去已损坏的几圈，其余的可继续使用。

线圈需重绕时，可从铭牌或手册上查出线圈的匝数和线径，也可从烧毁线圈中测得匝数和线径。线圈绕好后，先放入 105～110℃的烘箱中预烘 3h，冷却至 60～70℃后，浸绝缘漆，滴尽余漆后放入 110～120℃的烘箱中烘干，冷却至常温即可使用。

1.3.2 直流接触器

直流接触器是用于远距离接通和分断直流电路及频繁地操作和控制直流电动机的一种自动控制电器。其结构及工作原理与交流接触器基本相同，但也有一些区别。目前生产中常用的直流接触器有 CZ0、CZ17、CZ18、CZ21 等多个系列，其中 CZ0 系列具有结构紧凑、体积小、重量轻、维护检修方便和零部件通用性强等优点，得到了广泛应用。

1. 直流接触器的型号及含义

直流接触器的型号及含义如下：

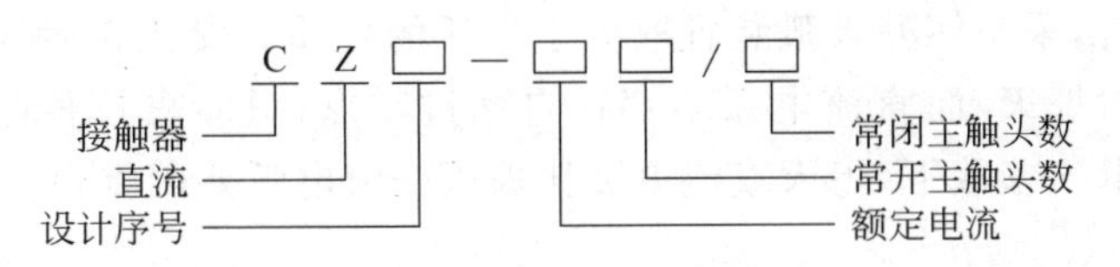

2. 直流接触器的结构

直流接触器主要由电磁系统、触头系统和灭弧装置3部分组成，其结构如图1-39所示。

(1) 电磁系统

直流接触器的电磁系统由线圈、铁芯和衔铁组成。其电磁系统采用衔铁绕棱角转动的拍合式。由于线圈通过的是直流电，铁芯中不会因产生涡流和磁滞损耗而发热，因此铁芯可用整块铸钢或铸铁制成，铁芯端面也不需嵌装短路环。为保证线圈断电后衔铁能可靠释放，在磁路中常垫有非磁性垫片，以减少剩磁影响。

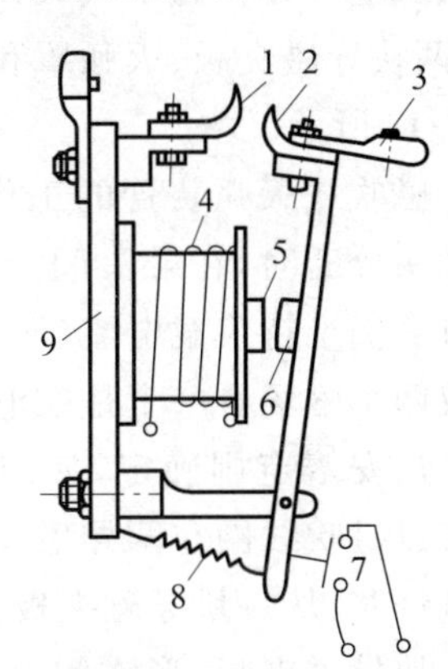

图1-39 直流接触器的结构图

1—静触头；2—动触头；3—接线柱；4—线圈；5—铁芯；6—衔铁；7—辅助触点；8—反作用弹簧；9—底板

直流接触器线圈的匝数比交流接触器多，电阻值大，铜损大，是接触器中发热的主要部件。为使线圈散热良好，通常把线圈做成长而薄的圆筒形，且不设骨架，使线圈与铁芯间距很小，以借助铁芯来散发部分热量。

(2) 触头系统

直流接触器的触头也有主、辅之分。由于主触头接通和断开的电流较大，多采用滚动接触的指形触头，以延长触头的使用寿命，其结构如图1-40所示。在触头闭合过程中，动触头与静触头先在A点接触，然后经B点滑动过渡到C点。辅助触点的通断电流小，多采用双断点桥式触点，可有若干对。

为了减小运行时的线圈功耗及延长吸引线圈的使用寿命，容量较大的直流接触器线圈往往采用串联双绕组，其接线如图1-41所示。接触器的一个常闭触点与保持线圈并联。在电路刚接通瞬间，保持线圈被常闭触点短路，可使启动线圈获得较大的电流和吸力。当接触器动作后，启动线圈和保持线圈串联通电，由于电压不变，所以电流较小，但仍可保持衔铁被吸合，从而达到省电的目的。

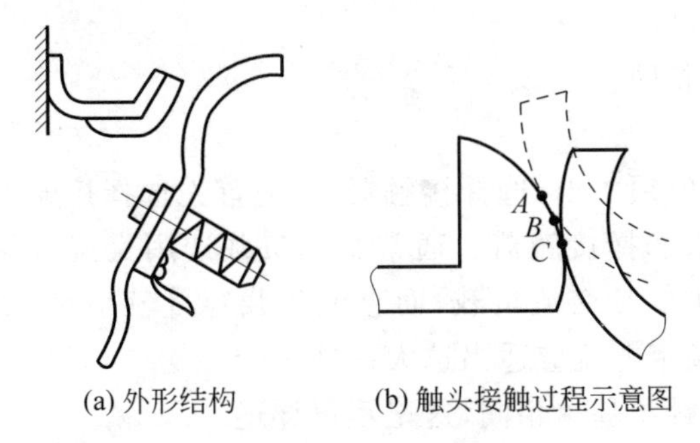

图1-40 滚动接触的指形触点

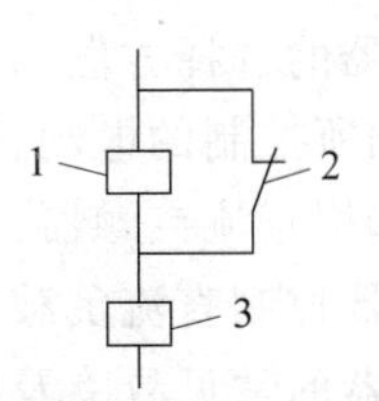

图1-41 直流接触器双绕组线圈接线图

1—保持线圈；2—常闭辅助触头；3—启动线圈

(3) 灭弧装置

直流接触器的主触头在分断较大直流电流时，会产生强烈的电弧，必须设置灭弧装置以迅速熄灭电弧。

对开关电器而言，采用何种灭弧装置取决于电弧的性质。交流接触器触头间产生的电弧在电流过零时能自然熄灭，而直流电弧不存在自然过零点，只能靠拉长电弧和冷却电弧来灭弧。因此在同样的电气参数下，熄灭直流电弧比熄灭交流电弧要困难，直流灭弧装置一般比交流灭弧装置复杂。

直流接触器一般采用磁吹式灭弧装置结合其他灭弧方法灭弧。磁吹式灭弧装置主要由磁吹线圈、铁芯、两块导磁夹板、灭弧罩和引弧角等组成，其结构如图1-42所示。

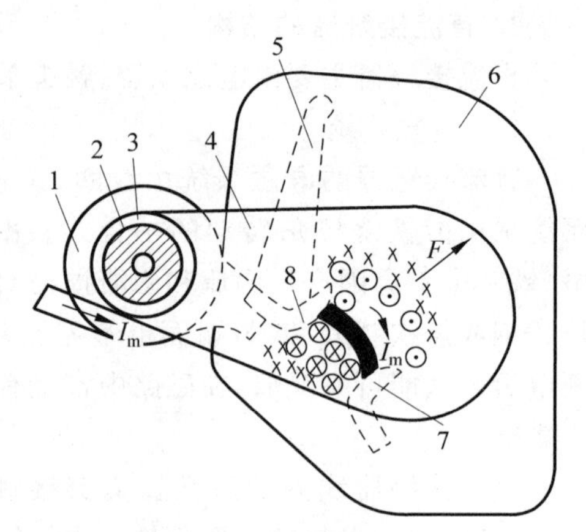

图1-42 磁吹式灭弧装置

1—磁吹线圈；2—铁芯；3—绝缘套筒；4—导磁夹板；5—引弧角；6—灭弧罩；7—动触头；8—静触头

磁吹式灭弧装置的工作原理是：当接触器的动、静触头分断时，在触头间产生电弧，短时间内电弧通过自身仍维持负载电流，该电流便在电弧未熄灭之前形成两个磁场。一个是在电弧周围形成的磁场，其方向可用安培定则确定，如图1-42所示。另一个是电流流过磁吹线圈在两导磁夹板间形成的磁场，该磁场经过铁芯，从一块导磁夹板穿过夹板间的空气隙进入另一块导磁夹板，形成闭合磁路，磁场的方向可由安培定则确定，如图1-42所示。可见，在电弧的上方，导磁夹板间的磁场与电弧周围的磁场方向相反，磁场强度削弱；在电弧下方两个磁场方向相同，磁场强度增强。因此，电弧将从磁场强的一边被拉向弱的一边，于是电弧向上运动。电弧在向上运动的过程中被迅速拉长并和空气发生相对运动，使电弧温度降低；同时电弧被吹进灭弧罩上部时，电弧的热量又被传递给灭弧罩，进一步降低了电弧温度，促使电弧迅速熄灭。另外，电弧在向上运动的过程中，在静触头上的弧根将逐渐转移到引弧角上，从而减轻了触头的灼伤。引弧角引导弧根向上移动又使电弧被继续拉长，当电源电压不足以维持电弧燃烧时，电弧就熄灭。

这种串联式磁吹灭弧装置，其磁吹线圈与主电路是串联的，且利用电弧电流本身灭弧，所以磁吹力的大小决定于电弧电流的大小，电弧电流越大，吹灭电弧的能力越强。而当电流的方向改变时，由于磁吹线圈产生的磁场方向同时改变，磁吹力的方向不变，即磁吹力的方向与电弧电流的方向无关。

直流接触器在电路图中的符号与交流接触器相同。

3. 直流接触器的选择

直流接触器的选择方法与交流接触器相同。但须指出，选择接触器时，应首先选择接触器的类型，即根据所控制的电动机或负载电流类型来选择接触器。通常交流负载选用交流接触器，直流负载选用直流接触器。如果控制系统中主要是交流负载，而直流负载容量较小时，也可用交流接触器控制直流负载，但交流接触器的额定电流应适当选大一些。

直流接触器的常见故障及处理方法与交流接触器基本相同，这里不再详述。

1.3.3 几种常见接触器简介

1. CJ20系列交流接触器

CJ20系列交流接触器是我国在20世纪80年代初统一设计的产品。该系列产品的结构合理，体积小，重量轻，易于维修保养，具有较高的机械寿命，主要适用于交流50Hz，电压660V及以下（部分产品可用于1140V），电流在630A及以下的电力线路中。

全系列产品均采用直动式立体布置结构，主触头采用双断点桥式结构，触头材料选用银基合金，具有较高的抗熔焊和耐电磨性能。辅助触点可全系列通用，额定电流在160A及以下的为两常开、两常闭，250A及以上的为四常开、两常闭，但可根据需要变换成三常开、三常闭或两常开、四常闭，并且还备有供直流操作专用的大超程常闭辅助触点。灭弧罩按其额定电压和电流不同分为栅片式和纵缝式两种；其电磁系统有两种结构形式，CJ20—40及以下的采用E形铁芯，CJ20—63及以上的采用双线圈的U形铁芯。吸引线圈的电压，交流50Hz有36V、127V、220V和380V，直流有24V、48V、110V和220V等多种。CJ20—63型交流接触器的结构如图1-43所示。

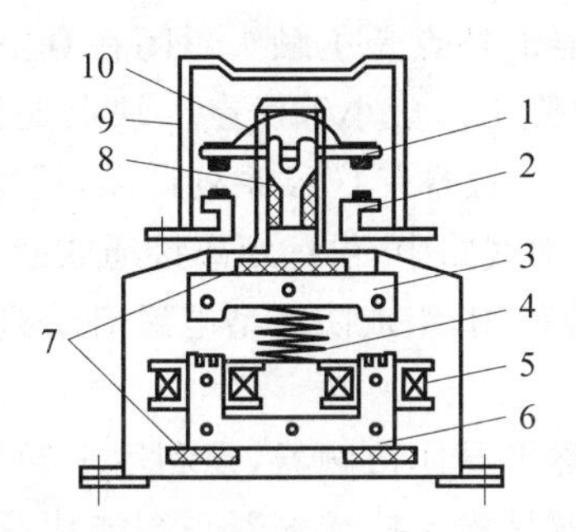

图1-43　CJ20—63型交流接触器的结构

1—动触头；2—静触头；3—衔铁；4—缓冲弹簧；5—线圈；6—铁芯；
7—热毡；8—触头弹簧；9—灭弧罩；10—触头压力簧片

2. B系列交流接触器

B系列交流接触器是通过引进德国BBC公司的生产技术和生产线生产的新型接触器，可取代我国现生产的CJ0、CJ8及CJ10等系列产品，是很有推广和应用价值的更新换代产品。

B系列交流接触器有交流操作的B型和直流操作的BE/BC型两种，主要适用于交流50Hz或60Hz、电压660V及以下、电流475A及以下的电力线路中，供远距离接通或分断电路及频繁地启动和控制三相异步电动机之用。其工作原理与前面讨论的CJ10系列基本相同，但由于采用了合理的结构设计，各零部件按其功能选取较合适的材料和先进的加工工艺，故产品有较高的经济技术指标。B系列交流接触器的外形如图1-44所示。

图1-44　B系列交流接触器的外形

B系列交流接触器在结构上有以下特点。

(1) 有“正装式”和“倒装式”两种结构布置形式。

① 正装式结构，即触头系统在上面，磁系统在下面。

② 倒装式结构，即触头系统在下面，磁系统在上面。由于这种结构的磁系统在上面，更换线圈很方便，而主接线板靠近安装面，使接线距离缩短，接线方便。另外，便于安装多种附件，

扩大使用功能。

(2) 通用件多,这是 B 系列接触器的一个显著特点。许多不同规格的产品,除触头系统外,其余零部件基本通用。各零部件和组件的连接多采用卡装或螺钉连接,给制造和使用维护提供了方便。

(3) 配有多种附件供用户按用途选用,且附件的安装简便。例如可根据需要选配不同组合形式的辅助触点。

此外,B 系列交流接触器有多种安装方式,可安装在卡规上,也可用螺钉固定。

3. 真空接触器

真空交流接触器的特点是主触头封闭在真空灭弧室内。因而具有体积小、通断能力强、可靠性高、寿命长和维修工作量小等优点。缺点是目前价格较高。

常用的交流真空接触器有 CJK 系列产品,适用于交流 50Hz、额定电压至 660V 或 1140V、额定电流至 600A 的电力线路中,供远距离接通或断开电路及启动和控制交流电动机之用,并适宜与各种保护装置配合使用,组成防爆型电磁启动器。CKJ5 真空接触器的外形如图 1-45 所示。

4. 固体接触器

固体接触器又称半导体接触器,是利用半导体开关电器来完成接触功能的电器。其中固态复合型交流接触器是磁保持继电器与智能化晶闸管的组合,普通接触器导通压降小但分断负载时有电弧,晶闸管分断负载无电弧但高压大电流负载时导通压降高,复合型交流接触器融合了二者的优点,具备无弧分断、零压接通、零流关断的特点,可避免容性负载接通瞬间大电流的冲击和感性负载关断过程产生的过大反电势,大大提高接触器的可靠性和使用寿命,复合无弧交流接触外形如图 1-46 所示。目前生产的固体接触器多数由晶闸管构成,如 CJW1—200A/N 型晶闸管交流接触器柜是由 5 个晶闸管交流接触器组装而成的。

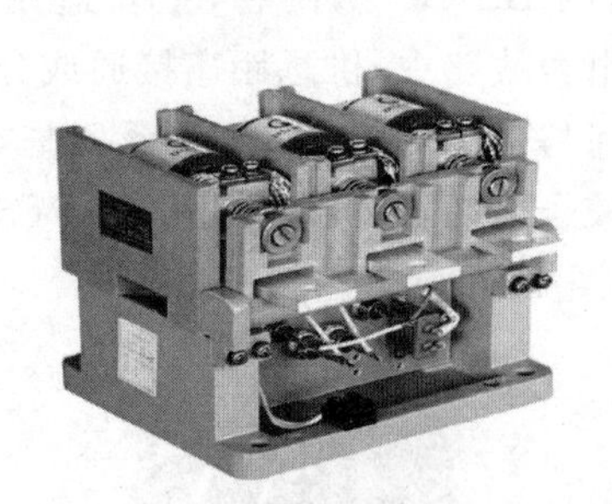

图 1-45 CKJ5 真空接触器的外形

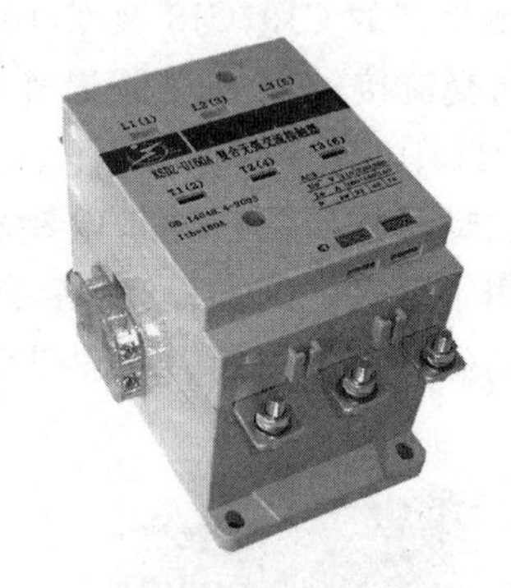

图 1-46 复合无弧交流接触外形

课题 1.4 继电器

继电器是一种根据输入信号(电量或非电量)的变化,接通或断开小电流电路,实现自动控制和保护电力拖动装置的电器。一般情况下不直接控制电流较大的主电路,而是通过接触器或其他电器对主电路进行控制。同接触器相比,继电器具有触头分断能力小、结构简单、体积小、重量轻、反应灵敏、动作准确、工作可靠等特点。

继电器主要由感测机构、中间机构和执行机构 3 部分组成。感测机构把感测到的电量或非电量传递给中间机构,并将它与预定值(整定值)相比较,当达到预定值(过量或欠量)时,中间机构便使执行机构动作，从而接通或断开电路。

继电器的分类方法有多种，按输入信号的性质可分为电压继电器、电流继电器、速度继电器、压力继电器等；按工作原理可分为电磁式继电器、电动式继电器、感应式继电器、晶体管式继电器和热继电器等；按输出方式可分为有触点式继电器和无触点式继电器。下面介绍几种在电力拖动系统中常用的继电器。

1.4.1 电流、电压继电器

1. 电流继电器

反映输入量为电流的继电器称电流继电器。使用时，电流继电器的线圈串联在被测电路中，根据通过线圈电流值的大小而动作。为了使串入电流继电器线圈后不影响电路正常工作，电流继电器线圈的匝数要少，导线要粗，阻抗要小。

电流继电器分为过电流继电器和欠电流继电器两种。

(1) 过电流继电器

当继电器中的电流超过预定值时，引起开关电器有延时或无延时动作的继电器称为过电流继电器。它主要用于频繁启动和重载启动的场合，作为电动机和主电路的过载和短路保护。

① 型号及含义。常用的过电流继电器有JT4系列交流通用继电器和JL14系列交直流通用继电器，其型号及含义分别如下：

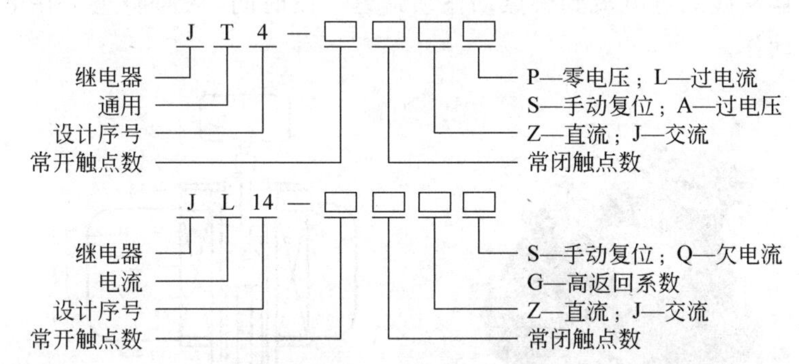

② 结构及工作原理。JT4系列过电流继电器的外形结构及工作原理如图1-47所示。它主要由线圈、圆柱形静铁芯、衔铁、触点系统和反作用弹簧等组成。

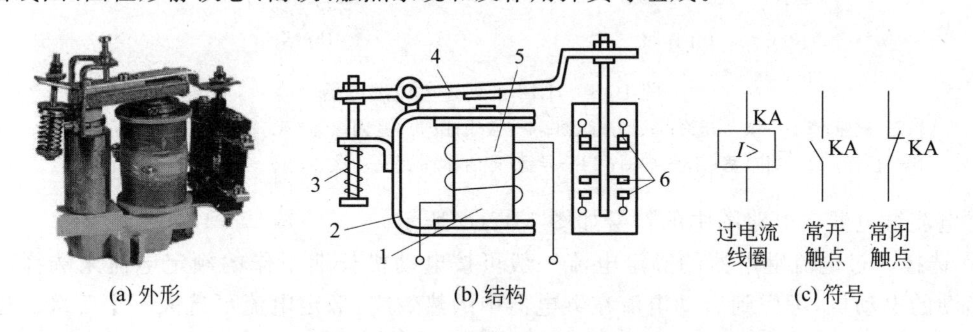

(a) 外形 (b) 结构 (c) 符号

图1-47 JT4系列过电流继电器

1—铁芯；2—磁轭；3—衔铁；4—反作用弹簧；5—线圈；6—触点

当线圈通过的电流为额定值时，它所产生的电磁吸力不足以克服反作用弹簧的反作用力，此时衔铁不动作。当线圈通过的电流超过整定值时，电磁吸力大于弹簧的反作用力，铁芯吸引衔铁动作，带动常闭触头断开，常开触头闭合。调整反作用弹簧的作用力，可整定继电器的动作电流值。该系列中有的过电流继电器带有手动复位机构，这类继电器过电流动作后，当电流再减小甚至到零时，衔铁也不能自动复位，只有当操作人员检查并排除故障后，手动松掉锁扣机构，衔铁才能在复位弹簧作用下返回，从而避免重复过电流事故的发生。

JT4 系列为交流通用继电器，在这种继电器的磁系统上装设不同的线圈，便可制成过电流、欠电流、过电压或欠电压等继电器。

常用的过电流继电器还有 JL14 等系列。JL14 系列是一种交直流通用的新系列电流继电器，可取代 JT4—L 和 JT4—S 系列。其结构与工作原理与 JT4 系列相似。主要结构部分交、直流通用，区别仅在于交流继电器的铁芯上开有槽，以减少涡流损耗。

JT4 和 JL14 系列都是瞬动型过电流继电器，主要用于电动机的短路保护。生产中还会用到一种具有过载和启动延时、过电流迅速动作保护特性的过电流继电器，如 JL12 系列，其外形和结构如图 1-48 所示。它主要由螺管式电磁系统（包括线圈、磁轭、动铁芯、封帽、封口塞等）、阻尼系统（包括导管、硅油阻尼剂和动铁芯中的钢珠）和触头（微动开关）等组成。当通过继电器线圈的电流超过整定值时，导管中的动铁芯受到电磁力作用开始上升，而当动铁芯上升时，钢珠关闭油孔，使动铁芯的上升受到阻尼作用，动铁芯须经过一段时间的延迟后才能推动顶杆，使微动开关的常闭触头分断，切断控制回路，使电动机得到保护。触点延时动作的时间由继电器下端封帽内装有的调节螺钉调节。当故障消除后，动铁芯因重力作用返回原来位置。这种过电流继电器从线圈过电流到触点动作须延迟一段时间，从而防止了在电动机启动过程中继电器发生误动作。

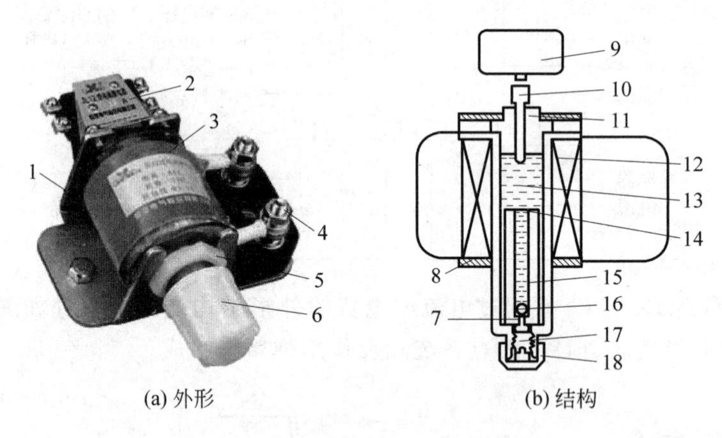

(a) 外形　　(b) 结构

图 1-48　JL12 系列过电流继电器

1、8—磁轭；2、9—微动开关；3、12—线圈；4—接线桩；5—紧固螺母；6、18—封帽；7—油孔；10—顶杆；11—封口塞；13—硅油；14—导管（即油杯）；15—动铁芯；16—钢珠；17—调节螺钉

过电流继电器在电路图中的符号如图 1-47(c)所示。

③ 选择。过电流继电器的额定电流一般可按电动机长期工作的额定电流来选择。对于频繁启动的电动机，考虑到启动电流在继电器中的热效应，额定电流可选大一个等级。过电流继电器的触点种类、数量、额定电流及复位方式应满足控制线路的要求。过电流继电器的整定值一般为电动机额定电流的 1.7～2 倍，频繁启动场合可取 2.25～2.5 倍。

④ 安装与使用。安装前应检查继电器的额定电流及整定值是否与实际使用要求相符。继电器的动作部分是否动作灵活、可靠。外罩及壳体是否有损坏或缺件等情况。安装后应在触点不通电的情况下，使吸引线圈通电操作几次，看继电器动作是否可靠。定期检查继电器各零部件是否有松动及损坏现象，并保持触点的清洁。

过电流继电器的常见故障及其处理方法与接触器相似,可参看课题1.3的有关内容。

(2) 欠电流继电器

当通过继电器的电流减小到低于其整定值时动作的继电器称为欠电流继电器。在线圈电流正常时这种继电器的衔铁与铁芯是吸合的。它常用于直流电动机励磁电路和电磁吸盘的弱磁保护。

常用的欠电流继电器有JL14—Q等系列产品,其结构与工作原理和JT4系列继电器相似。这种继电器的动作电流为线圈额定电流的30%～65%,释放电流为线圈额定电流的10%～20%。因此,当通过欠电流继电器线圈的电流降低到额定电流的10%～20%时,继电器即释放复位,其常开触点断开,常闭触点闭合,给出控制信号,使控制电路作出相应的反应。

欠电流继电器在电路图中的符号如图1-49所示。

2. 电压继电器

反映输入量为电压的继电器称为电压继电器。使用时电压继电器的线圈并联在被测量的电路中,根据线圈两端电压的大小而接通或断开电路。因此这种继电器线圈的导线细、匝数多、阻抗大。

根据实际应用的要求,电压继电器分为过电压继电器、欠电压继电器和零电压继电器。过电压继电器是当电压大于其整定值时动作的电压继电器,主要用于对电路或设备作过电压保护,常用的过电压继电器为JT4—A系列,其动作电压可在105%～120%额定电压范围内调整。欠电压继电器是当电压降至某一规定范围时动作的电压继电器;零电压继电器是欠电压继电器的一种特殊形式,是当端电压降至或接近消失时才动作的电压继电器。可见欠电压继电器和零电压继电器在线路正常工作时,铁芯与衔铁是吸合的,当电压降至低于整定值时,衔铁释放,带动触点动作,对电路实现欠电压或零电压保护。常用的欠电压继电器和零电压继电器有JT4—P系列,欠电压继电器的释放电压可在40%～70%额定电压范围内整定,零电压继电器的释放电压可在10%～35%额定电压范围内调节。

电压继电器的选择,主要依据继电器的线圈额定电压、触点的数目和触点的种类进行。

电压继电器在电路图中的符号如图1-50所示。

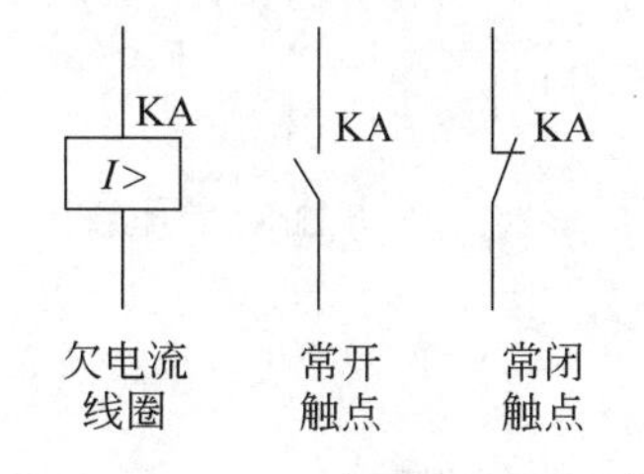

图1-49　欠电流继电器图形符号

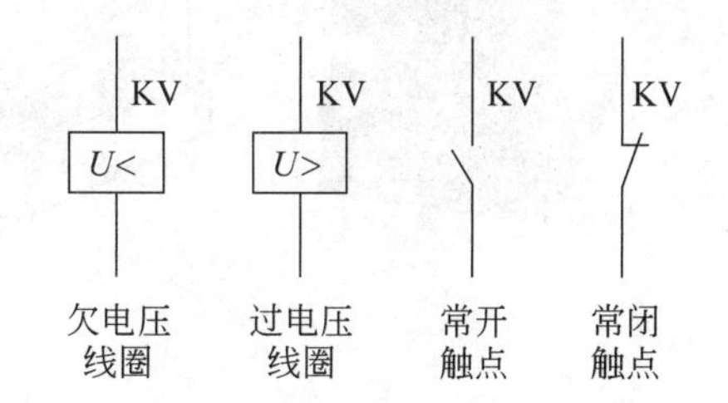

图1-50　电压继电器的图形符号

1.4.2　中间继电器

中间继电器是用来增加控制电路中的信号数量或将信号放大的继电器。其输入信号是线圈的通电和断电,输出信号是触点的动作,由于触点的数量较多,所以可用来控制多个元件或回路。

1. 中间继电器的型号及含义

中间继电器的型号及含义如下:

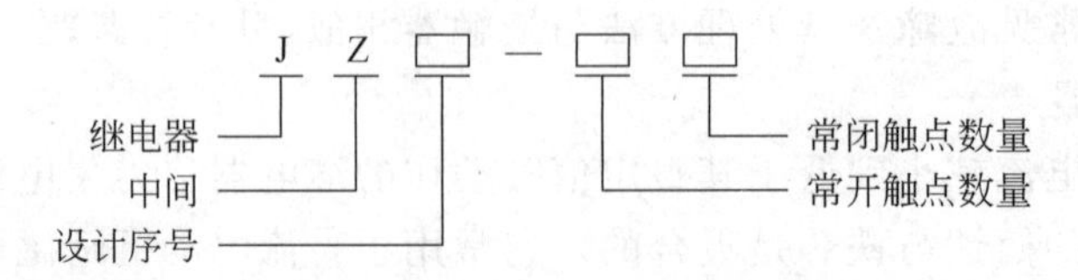

2. 中间继电器的结构及工作原理

中间继电器的结构及工作原理与接触器基本相同，因而中间继电器又称接触器式继电器。但中间继电器的触点对数多，且没有主辅之分，各对触点允许通过的电流大小相同，多数为5A。因此，对于工作电流小于5A的电气控制线路，可用中间继电器代替接触器实施控制。

常用的中间继电器有JZ7、JZ14等系列，JZ7系列为交流中间继电器，其结构如图1-51(a)所示。

JZ7系列中间继电器采用立体布置，由铁芯、衔铁、线圈、触点系统、反作用弹簧和缓冲弹簧等组成。触点采用双断点桥式结构，上下两层各有四对触点，下层触点只能是常开触点，故触点系统可按八常开、六常开、两常闭及四常开、四常闭组合。继电器吸引线圈额定电压有12V、36V、110V、220V、380V等。

JZ14系列中间继电器有交流操作和直流操作两种，采用螺管式电磁系统和双断点桥式触头，其基本结构为交直流通用，只是交流铁芯为平顶形，直流铁芯与衔铁为圆锥形接触面，触点采用直列式分布，对数达八对，可按六常开、两常闭；四常开、四常闭或两常开、六常闭组合。该系列继电器带有透明外罩，可防尘埃进入内部而影响工作的可靠性。

中间继电器在电路图中的符号如图1-51(b)所示。

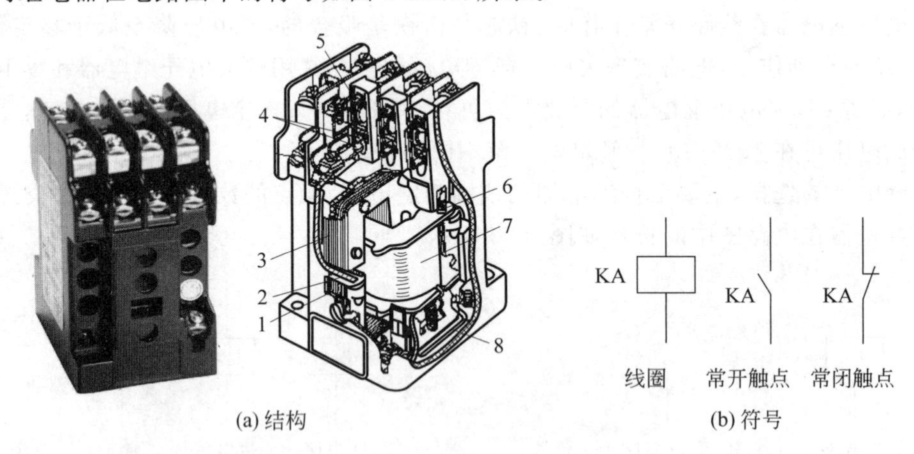

(a) 结构　　(b) 符号

图1-51　JZ7系列中间继电器

1—静铁芯；2—短路环；3—衔铁；4—常开触点；5—常闭触点；6—反作用弹簧；7—线圈；8—缓冲弹簧

3. 中间继电器的选用

中间继电器主要依据被控制电路的电压等级、所需触点的数量、种类、容量等要求来选择。中间继电器的安装、使用、常见故障及其处理方法与接触器类似，可参看课题1.3有关内容。

1.4.3 时间继电器

自得到动作信号起至触点动作或输出电路产生跳跃式改变有一定延时时间，该延时时间又符合其准确度要求的继电器称为时间继电器。时间继电器广泛用于需要按时间顺序进行控制的电气控制线路中。

常用的时间继电器主要有电磁式、电动式、空气阻尼式、晶体管式等。其中，电磁式时间继电器的结构简单，价格低廉，但体积和重量较大，延时较短（如JT3型只有0.3～5.5s），且只能用于直流断电延时；电动式时间继电器的延时精度高，延时可调范围大（由几分钟到几小时），但结构复杂，价格贵。目前在电力拖动线路中应用较多的是空气阻尼式时间继电器。随着电子技术的发展，近年来晶体管式时间继电器的应用日益广泛。

1. 直流电磁式时间继电器

直流电磁式时间继电器是利用电磁系统在电磁线圈断电后磁通延缓变化的原理工作。为达到延时目的，常在继电器电磁系统中增设阻尼圈来实现。延时的长短由磁通衰减速度决定，它取决于阻尼圈的时间常数L/R。因此为了获得较大的延时，总是设法使阻尼圈的电感尽可能大，电阻尽可能小。对要求延时达到3s的继电器，采用在铁芯上套铝管的方法；对要求延时达到5s的继电器，则采用铜管。为了扩大延时范围，还可采用释放时将线圈短接的方法。此时，为防止电源短路，应在线圈回路中串一电阻R，由于工作线圈也参与阻尼作用，故其延时可进一步加长。改变安装在衔铁上的非磁性垫片的厚度及反力弹簧的松紧程度，也可调节延时的长短。

电磁式时间继电器具有结构简单、运行可靠、寿命长、允许通电次数多等优点，但也存在许多缺点，如仅适用于直流电路、仅能在断电时获得延时、延时时间较短、延时精度低、体积大等，这就限制了它的应用。

常用的直流电磁式时间继电器有JT18系列。

2. 电动式时间继电器

电动式时间继电器是由微型同步电动机拖动减速机构，经机械机构获得触点延时动作的时间继电器，其常用的有JS11系列。

JS11系列电动式时间继电器由微型同步电动机、离合电磁铁、减速齿轮组、差动轮系、复位游丝、触点系统、脱扣机构和延时整定装置等部分组成。它具有通电延时型与断电延时型两种，这里所指的通电与断电是在微型同步电动机接通电源之后，离合电磁铁线圈的通电与断电。图1-52为JS11系列通电延时型电动式时间继电器外形及结构示意图。

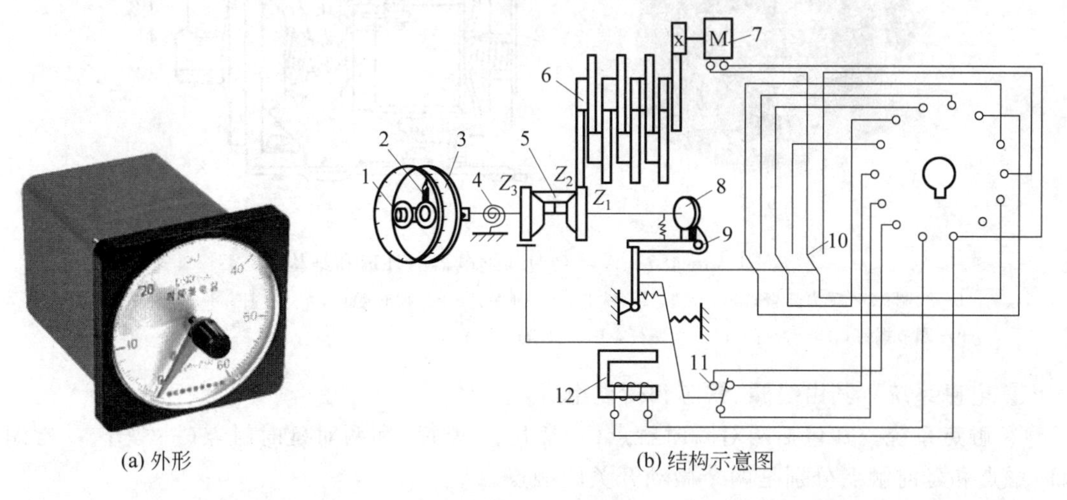

(a) 外形　　(b) 结构示意图

图1-52　JS11通电延时型电动式时间继电器外形及结构示意图

1—延时调整处；2—指针；3—刻度盘；4—复位游丝；5—差动轮系；6—减速齿轮；7—同步电动机；8—凸轮；9—脱扣机构；10—延时触点；11—瞬动触点；12—离合电磁铁

延时长短可通过改变整定装置中定位指针位置，即改变凸轮的初始位置来实现，但定位指针的调整对于通电延时型时间继电器应在离合电磁铁线圈断电的情况下进行。

由于应用机械延时原理，所以电动式时间继电器延时范围宽。以 JS11 系列为例，其延时可在 0～72h 范围内调整，而且延时的整定偏差和重复偏差较小，一般在最大整定值的±1%之内。

同其他类型的时间继电器相比，电动式时间继电器具有延时值不受电源电压波动及环境温度变化的影响；延时范围大，延时直观等优点。其主要缺点有机械结构复杂，成本高，不适宜频繁操作，延时误差受电源频率影响等。

3. JS7—A 系列空气阻尼式时间继电器

空气阻尼式时间继电器又称气囊式时间继电器，是利用气囊中的空气通过小孔节流的原理来获得延时动作的。根据触点延时的特点，空气阻尼式时间继电器可分为通电延时动作型和断电延时复位型两种。

(1) 型号及含义

空气阻尼式时间继电器型号及含义如下：

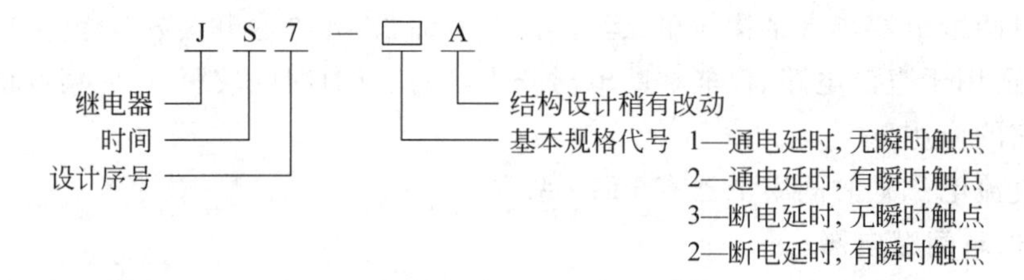

(2) 结构

JS7—A 系列时间继电器的外形和结构如图 1-53 所示，它主要由以下几部分组成：

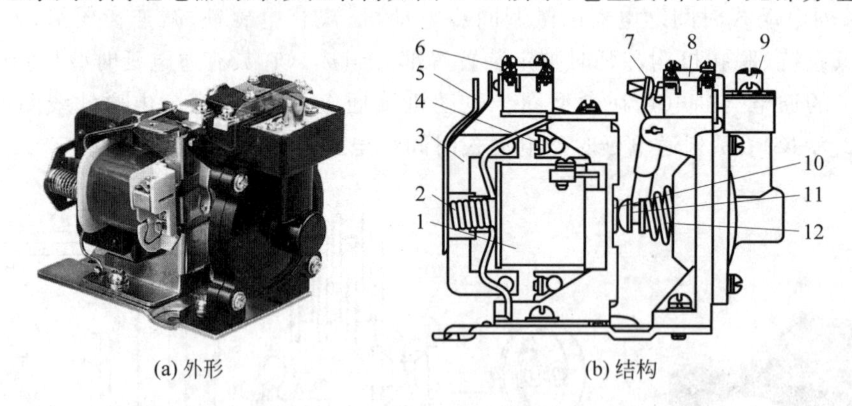

图 1-53 JS7—A 系列时间继电器的外形和结构

1—线圈；2—反力弹簧；3—衔铁；4—铁芯；5—弹簧片；6—瞬时触点；7—杠杆；8—延时触点；9—调节螺钉；10—推杆；11—活塞杆；12—宝塔形弹簧

① 电磁系统。其由线圈、铁芯和衔铁组成。

② 触点系统。其包括两对瞬时触点（一常开、一常闭）和两对延时触点（一常开、一常闭），瞬时触点和延时触点分别是两个微动开关的触点。

③ 空气室。空气室为一空腔，由橡皮膜、活塞等组成。橡皮膜可随空气的增减而移动，顶部的调节螺钉可调节延时时间。

④ 传动机构。由推杆、活塞杆、杠杆及各种类型的弹簧等组成。

⑤ 基座。其由金属板制成,用以固定电磁机构和气室。

(3) 工作原理

JS7—A 系列时间继电器的工作原理示意图如图 1-54 所示,其中图 1-54(a)所示为通电延时型,图 1-54(b)所示为断电延时型。

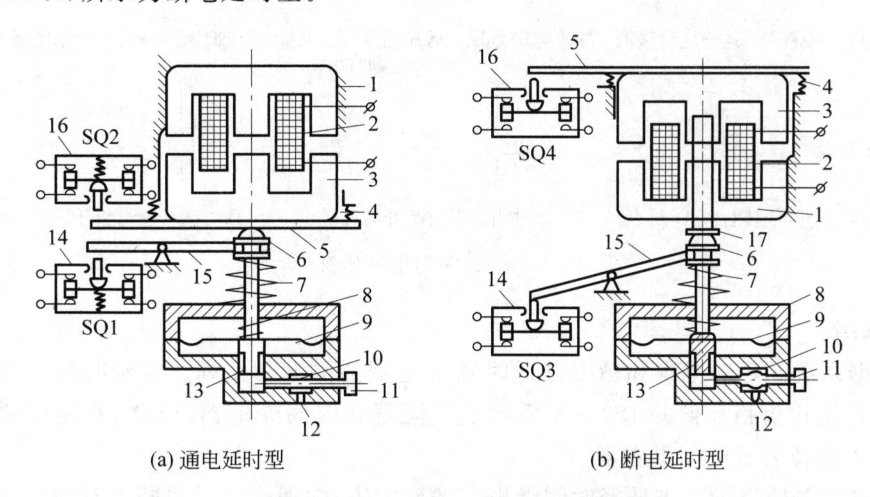

图 1-54　JS7—A 系列时间继电器的结构

1—铁芯;2—线圈;3—衔铁;4—反力弹簧;5—推板;6—活塞杆;7—宝塔形弹簧;8—弱弹簧;9—橡皮膜;10—螺旋;11—调节螺钉;12—进气孔;13—活塞;14、16—微动开关;15—杠杆;17—推杆

① 通电延时型时间继电器的工作原理。当线圈 2 通电后,铁芯 1 产生吸力,衔铁 3 克服反力弹簧 4 的阻力与铁芯吸合,带动推板 5 立即动作,压合微动开关 SQ2,使其常闭触点瞬时断开,常开触点瞬时闭合。同时活塞杆 6 在宝塔形弹簧 7 的作用下向上移动,带动与活塞 13 相连的橡皮膜 9 向上运动,运动的速度受进气孔 12 进气速度的限制。这时橡皮膜下面形成空气较稀薄的空间,与橡皮膜上面的空气形成压力差,对活塞的移动产生阻尼作用。活塞杆带动杠杆 15 只能缓慢地移动。经过一段时间,活塞才完成全部行程而压动微动开关 SQ1,使其常闭触点断开,常开触点闭合。由于从线圈通电到触点动作需延时一段时间,因此 SQ1 的两对触点分别被称为延时闭合瞬时断开的常开触点和延时断开瞬时闭合的常闭触点。这种时间继电器延时时间的长短取决于进气的快慢,旋动调节螺钉 11 可调节进气孔 12 的大小,即可达到调节延时时间长短的目的。JS7—A 系列时间继电器的延时范围有 0.4～60s 和 0.4～180s 两种。

当线圈 2 断电时,衔铁 3 在反力弹簧 4 的作用下,通过活塞杆 6 将活塞推向下端,这时橡皮膜 9 下方腔内的空气通过橡皮膜 9、弱弹簧 8 和活塞 13 局部所形成的单向阀迅速从橡皮膜上方的气室缝隙中排掉,使微动开关 SQ1、SQ2 的各对触点均瞬时复位。

② 断电延时型时间继电器。JS7—A 系列断电延时型和通电延时型时间继电器的组成元件是通用的。如果将通电延时型时间继电器的电磁机构翻转 180°安装即成为断电延时型时间继电器。其工作原理读者可自行分析。

空气阻尼式时间继电器的优点是:延时范围较大(0.4～180s),且不受电压和频率波动的影响;可以做成通电和断电两种延时形式;结构简单、寿命长、价格低。其缺点是延时误差大,难以精确地整定延时值,且延时值易受周围环境温度、尘埃等的影响,因此,对延时精度要求较高的场合不宜采用时间继电器。

时间继电器在电路图中的符号如图1-55所示。

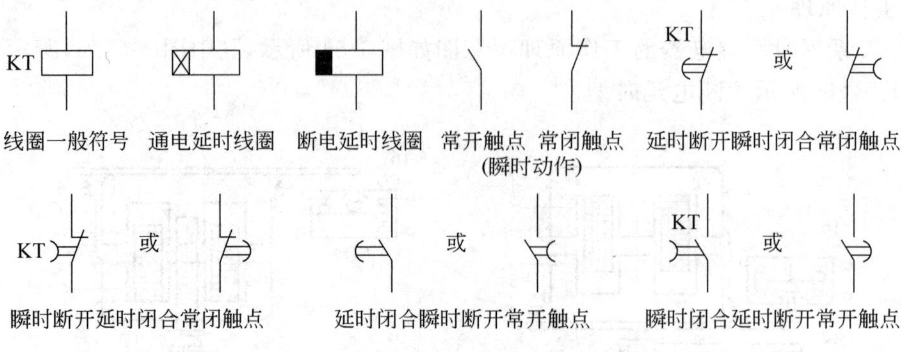

图1-55　时间继电器的符号

(4) 选用

① 根据系统的延时范围和精度选择时间继电器的类型和系列。在延时精度要求不高的场合,一般可选用价格较低的JS7—A系列空气阻尼式时间继电器,反之,对精度要求较高的场合,可选用晶体管式时间继电器。

② 根据控制线路的要求选择时间继电器的延时方式(通电延时或断电延时)。同时,还必须考虑线路对瞬时动作触点的要求。

③ 根据控制线路电压选择时间继电器吸引线圈的电压。

(5) 安装与使用

① 时间继电器应按说明书规定的方向安装。无论是通电延时型还是断电延时型,都必须使继电器在断电后,释放时衔铁的运动方向垂直向下,其倾斜度不得超过5°。

② 时间继电器的整定值,应预先在不通电时整定好,并在试车时校正。

③ 时间继电器金属底板上的接地螺钉必须与接地线可靠连接。

④ 通电延时型和断电延时型可在整定时间内自行调换。

⑤ 使用时,应经常清除灰尘及油污,否则延时误差将更大。

(6) 常见故障及处理方法

JS7—A系列空气阻尼式时间继电器的触点系统和电磁系统的故障及其处理方法可参看课题1.3有关内容。其他常见故障及其处理方法见表1-11。

表1-11　JS7—A系列空气阻尼式时间继电器常见故障及其处理方法

故障现象	可能的原因	处理方法
延时触点不动作	(1) 电磁线圈断线 (2) 电源电压过低 (3) 传动机构卡住或损坏	(1) 更换线圈 (2) 调高电源电压 (3) 排除卡住故障或更换部件
延时时间缩短	(1) 气室装配不严,漏气 (2) 橡皮膜损坏	(1) 修理或更换气室 (2) 更换橡皮膜
延时时间变长	气室内有灰尘,使气道阻塞	清除气室内灰尘,使气道畅通

4. 晶体管时间继电器

晶体管时间继体器又称半导体时间继电器或电子式时间继电器，具有机械结构简单、延时范围广、精度高、消耗功率小、调整方便及寿命长等优点，所以其发展迅速，应用越来越广泛。晶体管时间继电器按结构分为阻容式和数字式两类；按延时方式分为通电延时型、断电延时型及带瞬动触点的通电延时型。常用的JS20系列晶体管时间继电器是全国推广的统一设计产品，适用于交流50Hz、电压380V及以下或直流110V及以下的控制电路，作为时间控制元件，按预定的时间延时，周期性地接通或分断电路。

(1) 型号及含义

晶体管时间继电器的型号及含义如下：

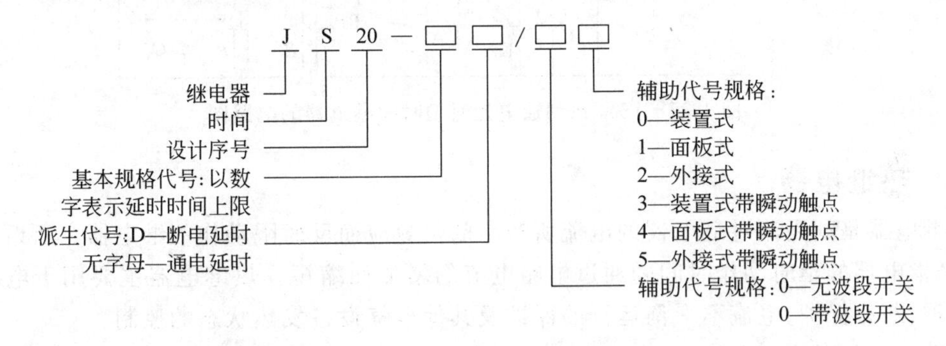

(2) 结构

JS20系列时间继电器的外形如图1-56(a)所示。继电器具有保护外壳，其内部结构采用印刷电路组件。安装和接线采用专用的插接座，并配有带插脚标记的下标牌作接线指示，上标盘上还带有发光二极管作为动作指示。结构形式有外接式、装置式和面板式3种。外接式的整定电位器可通过插座用导线接到所需的控制板上；装置式具有带接线端子的胶木底座；面板式采用通用八大脚插座，可直接安装在控制台的面板上，另外还带有延时刻度和延时旋钮供整定延时时间用。JS20系列通电延时型时间继电器的接线示意图如图1-56(b)所示。

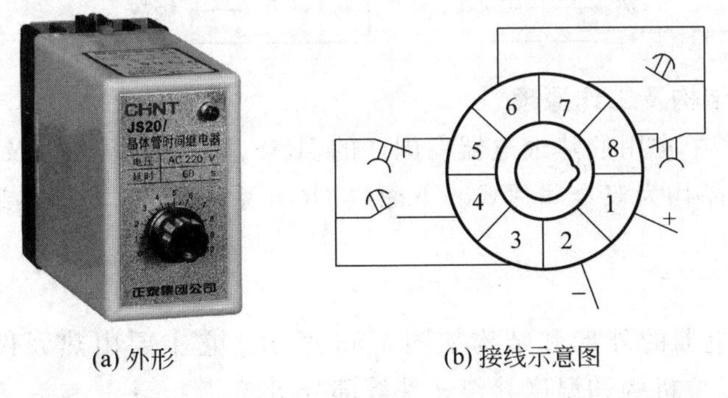

(a) 外形　　(b) 接线示意图

图1-56 JS20系列通电延时型时间继电器的外形与接线

(3) 工作原理

JS20系列通电延时型时间继电器的线路如图1-57所示。它由电源、电容充放电电路、电压鉴别电路、输出电路和指示电路5部分组成。电源接通后，经整流滤波和稳压后的直流电经过RP1和R_2向电容C_2充电。当场效应管V6的栅源电压U_{GS}低于夹断电压U_p时，V6截止，因而V7、V8也处于截止状态。随着充电的不断进行，电容C_2的电位按指数规律上升，当满足U_{GS}高于U_p时，V6导通，V7、V8也导通，继电器KA吸合，输出延时信号。同时电容C_2通过

R_8 和 KA 的常开触点放电，为下次动作做好准备。当切断电源时，继电器 KA 释放，电路恢复原始状态，等待下次动作。调节 RP1 和 RP2 即可调整延时时间。

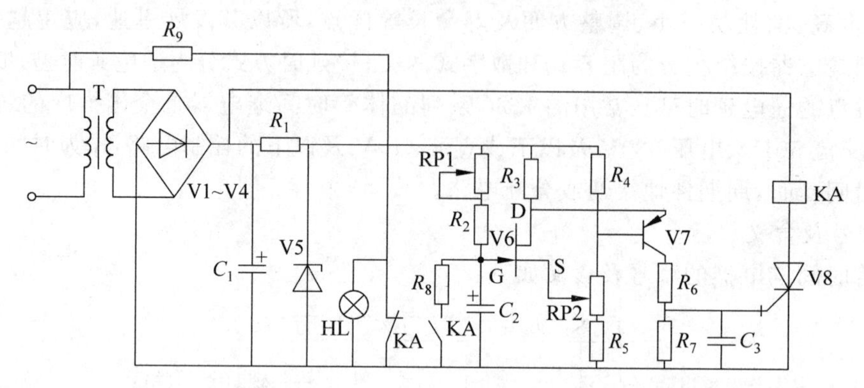

图 1-57 JS20 系列通电延时型时间继电器的电路图

1.4.4 热继电器

热继电器是利用流过继电器的电流所产生的热效应而反时限动作的继电器。所谓反时限动作，是指电器的延时动作时间随通过电路电流的增加而缩短。热继电器主要用于电动机的过载保护、断相保护、电流不平衡运行的保护及其他电气设备发热状态的控制。

热继电器的形式有多种，其中双金属片式应用最多。按极数划分热继电器可分为单极、两极和三极 3 种，其中三极的又包括带断相保护装置的和不带断相保护装置的；按复位方式分，有自动复位式(触点动作后能自动返回原来位置)和手动复位式。

1. 热继电器的型号及含义

热继电器的型号及含义如下：

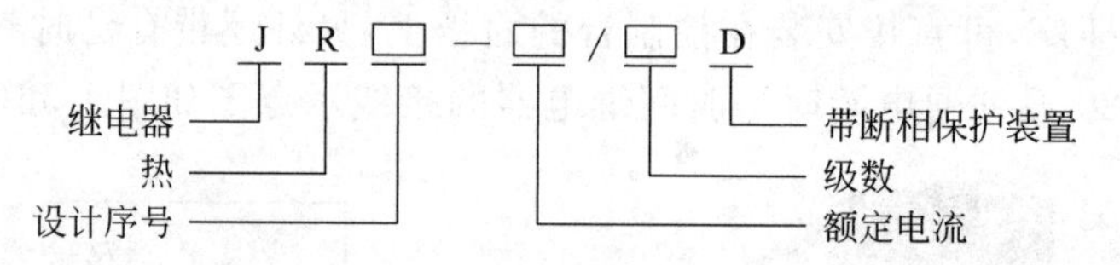

2. 热继电器的结构及工作原理

目前我国在生产中常用的热继电器有国产的 JR36、JR20 等系列以及引进的 T 系列、3UA 系列等产品，这些产品均为双金属片式。下面以 JR16 系列为例，介绍热继电器的结构及工作原理。

(1) 结构

JR36 系列热继电器的外形和结构如图 1-58 所示。它主要由热元件、动作机构、触点系统、电流整定装置、复位机构和温度补偿元件等部分组成。

① 热元件。热元件是热继电器的主要组成部分，由主双金属片和绕在外面的电阻丝组成。主双金属片由两种热膨胀系数不同的金属片复合而成，金属片的材料多为铁镍铬合金和铁镍合金。电阻丝一般用康铜或镍铬合金等材料制成。

② 动作机构和触点系统。动作机构利用杠杆传递及弓簧式瞬跳机构来保证触点动作的迅速、可靠。触点为单断点弓簧跳跃式动作，一般为一个常开触点、一个常闭触点。

③ 电流整定装置。通过旋钮和电流调节凸轮调节推杆间隙，改变推杆移动距离，从而调节整定电流值。

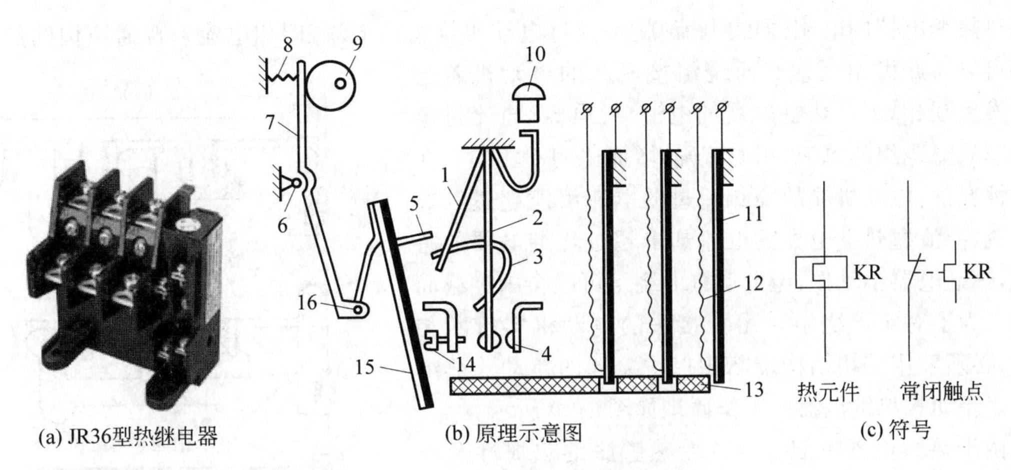

图 1-58　JR36 系列热继电器结构原理示意图

1、2—片簧；3—弓簧；4—触点；5—推杆；6—固定转轴；7—杠杆；8—压簧；9—凸轮；10—手动复位按钮；11—主双金属片；12—热元件；13—导板；14—调节螺钉；15—补偿双金属片；16—固定转轴

④ 温度补偿元件。温度补偿元件也为双金属片，其受热弯曲的方向与主双金属片一致，它能保证热继电器的动作特性在－30～＋40℃的环境温度范围内基本上不受周围介质温度的影响。

⑤ 复位机构。复位机构有手动和自动两种形式，可根据使用要求通过复位调节螺钉来自由调整选择。一般自动复位的时间不大于 5min，手动复位时间不大于 2min。

(2) 工作原理

使用时，主双金属片 11 与热元件 12 串联，通电后主双金属片受热向左弯曲，推动导板 13 向左推动补偿双金属片 15，补偿双金属片与推杆 5 固定在一起，它可绕固定转轴 16 顺时针方向转动，推杆推动片簧向右，当向右推动到一定位置后，弓簧 3 的作用方向改变，使片簧 2 向左运动，将触点 4 分断。由片簧 1、2 及弓簧 3 构成一组跳跃机构。

凸轮 9 用来调节动作电流，旋转调节凸轮 9 的位置，将使杠杆 7 的位置改变，同时使补偿双金属片 15 与导板 13 之间的距离改变，也就改变了使继电器动作所需的双金属片的挠度，即调整了热继电器的动作电流。

补偿双金属片为补偿周围介质温度变化用。如果没有补偿双金属片，当周围介质温度变化时，主双金属片的起始挠度随之改变，导板 13 的推动距离随之改变。有了补偿双金属片后，当周围介质温度变化时，主双金属片与补偿双金属片同时向同一方向弯曲，使导板与补偿双金属片之间的推动距离保持不变。这样，继电器的动作特性将不受周围介质温度变化的影响。

热继电器可用调节螺钉 14 将触点调成自动复位或手动复位。若要手动复位时，则将调节螺钉向左拧出，此时触点动作后就不会自动恢复原位，必须将复位按钮下按，迫使片簧 1 退回原位，片簧 2 立即向右动作，触点 4 闭合。若需自动复位时，则将调节螺钉 14 向右旋入一定位置即可。

(3) 带断相保护装置的热继电器

JR36 系列热继电器有带断相保护装置的和不带断相保护装置的两种类型。三相异步电动机的电源或绕组断相是导致电动机过热烧毁的主要原因之一，普通结构的热继电器能否对电动机进行断相保护，取决于电动机绕组的连接方式。

对定子绕组采用Y连接的电动机而言，若运行中发生断相，通过另外两相的电流会增大，而流过热继电器的电流(即线电流)就是流过电动机绕组的电流(即相电流),普通结构的热继电器都可以对此做出反应。而绕组接成△的电动机若运行中发生断相,流过热继电器的电流(线电流)与流过电动机非故障绕组的电流(相电流)的增加比例不相同。在这种情况下,电动机非故障相流过的电流可能超过其额定电流,而流过热继电器的电流却未超过热继电器的整定值,热继电器不动作,但电动机的绕组可能会因过载而烧毁。为了对定子绕组采用△接法的电动机实行断相保护,必须采用三相结构带断相保护装置的差动式热继电器。差动式热继电器的工作原理如图 1-59 所示。

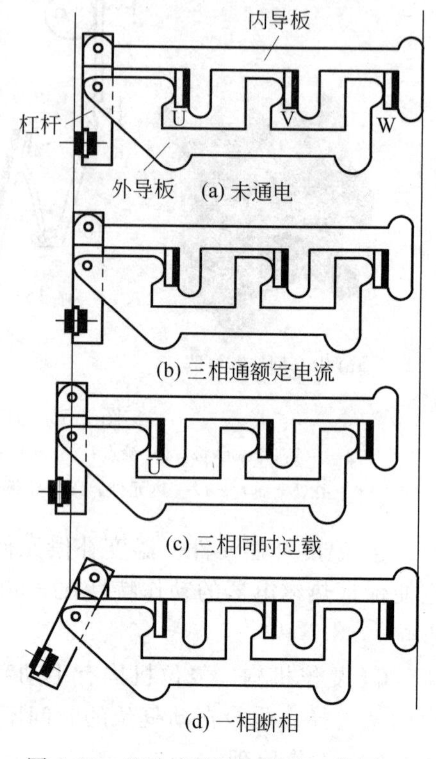

图 1-59 差动式热继电器的工作原理

由于热继电器主双金属片受热膨胀的热惯性及动作机构传递信号的惰性原因,热继电器从电动机过载到触头动作需要一定的时间,也就是说,即使电动机严重过载甚至短路,热继电器也不会瞬时动作,因此热继电器不能作短路保护。但也正是这个热惯性和机械惰性,保证了热继电器在电动机启动或短时过载时不会动作,从而满足了电动机的运行要求。

热继电器在电路图中的符号如图 1-58(c)所示。

(4) JR20 系列热继电器

JR20 系列双金属片式热继电器适用于交流 50Hz、额定电压 660V、电流 630A 及以下的电力拖动系统中,作为三相笼型异步电动机的过载和断相保护之用,并可与 CJ20 系列交流接触器配套组成电磁启动器。

该系列产品采用三相立体布置式结构,如图 1-60 所示。其采用拉簧式跳跃动作机构,且

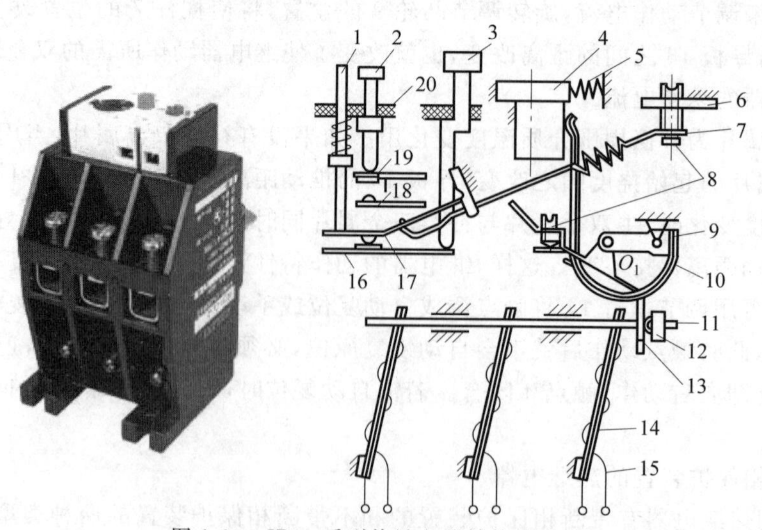

图 1-60 JR20 系列热继电器结构示意图

1—动作指示件;2—复位按钮;3—断开/校验按钮;4—电流调节按钮;5—弹簧;6—支撑件;7—拉簧;8—调整螺钉;9—支持件;10—补偿双金属片;11—导板;12—动杆;13—杠杆;14—主双金属片;15—发热元件;16、19—静触点;17、18—动触点;20—外壳

全系列通用。当发生过载时，发热元件受热使双金属片向左弯曲，并通过导板和动杆推动杠杆绕 O_1 点沿顺时针方向转动，顶动拉力弹簧使之带动触点动作。同时动作指示件弹出，显示热继电器已动作。

JR20 系列热继电器具有以下特点。

① 除具有过载保护、断相保护、温度补偿以及手动和自动复位功能外，还具有动作脱扣灵活性检查、动作指示及断开检验等功能。动作灵活检查可实现不打开盖板、不通电就能方便地检查热继电器内部的动作情况；动作指示器可清晰地显示出热继电器动作与否；按动检验按钮，断开常闭触点，可检查控制电路的动作情况。

② 通过专用的导电板可安装在相应电流等级的交流接触器上。由于设计时充分考虑了 CJ20 系列交流接触器各电流等级的相间距离、接线高度及外形尺寸，因此可与 CJ20 很方便地配套安装。

③ 电流调节旋钮采用“三点定位”固定方式，消除了在旋动电流调节旋钮时所引起的热继电器动作性能多变的弊端。

3. 热继电器的选用

选择热继电器主要根据所保护电动机的额定电流来确定热继电器的规格和热元件的电流等级。

① 根据电动机的额定电流选择热继电器的规格。一般应使热继电器的额定电流略大于电动机的额定电流。

② 根据需要的整定电流值选择热元件的编号和电流等级。一般情况下，热元件的整定电流为电动机额定电流的 0.95～1.05 倍。但如果电动机拖动的是冲击性负载或启动时间较长及拖动的设备不允许停电的场合，热继电器的整定电流值可取电动机额定电流的 1.1～1.5 倍。如果电动机的过载能力较差，热继电器的整定电流可取电动机额定电流的 0.6～0.8 倍。同时，整定电流应留有一定的上下限调整范围。

③ 根据电动机定子绕组的连接方式选择热继电器的结构形式，即定子绕组做Y连接的电动机选用普通三相结构的热继电器，而做△连接的电动机应选用三相结构带断相保护装置的热继电器。

1.4.5　速度继电器

速度继电器是反映转速和转向的继电器，其主要作用是以旋转速度的快慢为指令信号，与接触器配合实现对电动机的反接制动控制，故又称反接制动继电器。常用的速度继电器有 JY1 型和 JMP—S_2 型电子速度继电器，其外形如图 1-61 所示。

(a) JY1型

(b) JMP—S_2型

图 1-61　速度继电器的外形

1. 速度继电器的型号及含义

速度继电器的型号及含义如下：

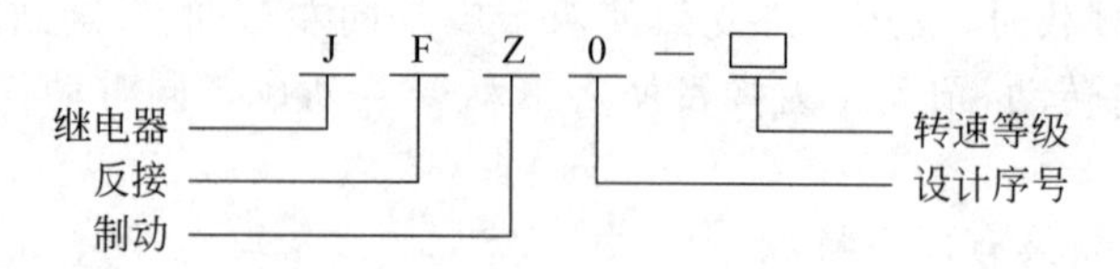

2. 速度继电器的结构及工作原理

JY1型速度继电器的结构和工作原理如图1-62所示。它主要由定子、转子、可动支架、触点系统及端盖等部分组成。转子由永久磁铁制成，固定在转轴上；定子由硅钢片叠成并装有笼型短路绕组，能作小范围偏转；触点系统由两组转换触点组成，一组在转子正转时动作；另一组在转子反转时动作。

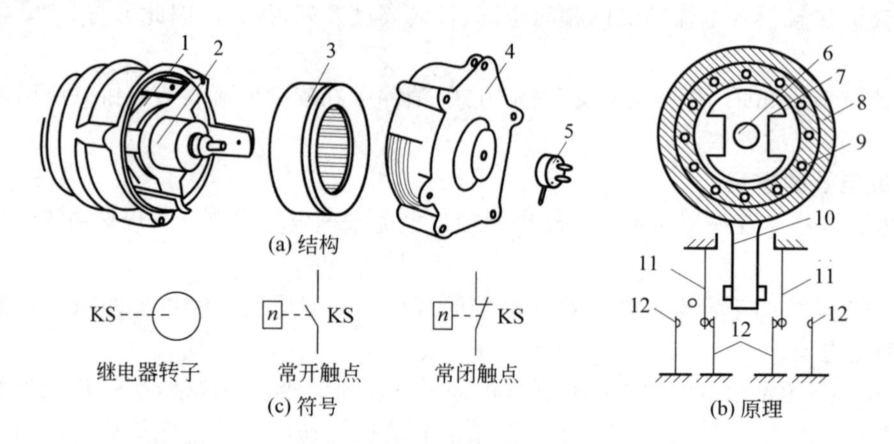

图1-62 JY1型速度继电器

1—可动支架；2—转子；3、8—定子；4—端盖；5—连接头；6—电动机轴；7—转子(永久磁铁)；9—定子绕组；10—胶木摆杆；11—簧片(动触点)；12—静触点

速度继电器的工作原理为：当电动机旋转时，带动与电动机同轴连接的速度继电器的转子旋转，相当于在空间中产生一个旋转磁场，从而在定子笼型短路绕组中产生感应电流，感应电流与永久磁铁的旋转磁场相互作用，产生电磁转矩，使定子随永久磁铁转动的方向偏转，与定子相连的胶木摆杆也随之偏转。当定子偏转到一定角度，胶木摆杆推动簧片，使继电器的触点动作。

当转子转速减小到接近零时，由于定子的电磁转矩减小，胶木摆杆恢复原状态，触点随即复位。速度继电器的动作转速一般不低于100r/min，复位转速在100r/min以下。常用的速度继电器中，JY1型能在3000r/min以下可靠地工作，额定工作转速有300～1000r/min和1000～3600r/min两种。

速度继电器在电路图中的符号如图1-62(c)所示。

3. 速度继电器的安装与使用

① 速度继电器的转轴应与电动机同轴连接，使两轴的中心线重合。速度继电器的轴可用联轴器与电动机的轴连接，如图1-63所示。

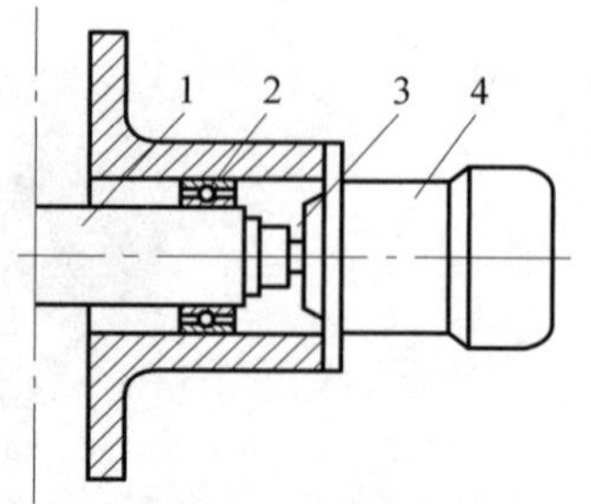

图1-63 速度继电器的安装

1—电动机轴；2—电动机轴承；3—联轴器；4—速度继电器

② 速度继电器安装接线时，应注意正反向触点不能接错，否则不能实现反接制动控制。

③ 速度继电器的金属外壳应可靠接地。

课题1.5　其他常用电器

1.5.1　电磁铁

电磁铁是利用电磁吸力来操纵牵引机械装置，以完成预期的动作，或用于钢铁零件的吸持固定、铁磁物体的起重搬运等，因此它是将电能转化为机械能的一种低压电器。

电磁铁主要由铁芯、衔铁、线圈和工作机构4部分组成。

按线圈中通过电流的种类，电磁铁可分为交流电磁铁和直流电磁铁。

1. 交流电磁铁

线圈中通以交流电的电磁铁称为交流电磁铁。交流电磁铁在线圈工作电压一定的情况下，铁芯中的磁通幅值基本不变，因而铁芯与衔铁间的电磁吸力也基本不变。但线圈中的电流主要取决于线圈的感抗，在电磁铁吸合的过程中，随着气隙的减小，磁阻减小，线圈的感抗增大，电流减小。实验证明，交流电磁铁在开始吸合时电流最大，一般比衔铁吸合后的工作电流大几倍到十几倍。因此，如果交流电磁铁的衔铁被卡住不能吸合时，线圈会很快因过热而烧坏。同时，交流电磁铁也不允许操作太频繁，以免线圈因不断受到启动电流的冲击而烧坏。为减小涡流与磁滞损耗，交流电磁铁的铁芯和衔铁用硅钢片叠压铆成，并在铁芯端部装有短路环。

交流电磁铁的种类很多，按电流相数分为单相、二相和三相；按线圈额定电压可分为220V和380V；按功能可分为牵引电磁铁、制动电磁铁和起重电磁铁。制动电磁铁按衔铁行程又分为长行程(大于10mm)和短行程(小于5mm)两种。下面只简单分析交流短行程制动电磁铁。

交流短行程制动电磁铁为转动式，制动力矩较小，多为单相或两相结构。常用的有MZD1系列，其型号及含义如下。

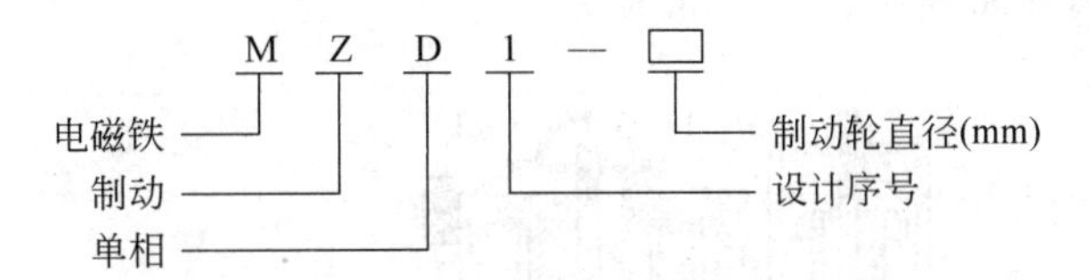

该系列电磁铁常与TJ2型闸瓦制动器配合使用，共同组成电磁抱闸制动器，其结构如图1-64所示。

图1-64　MZD1型制动电磁铁与TJ2型闸瓦制动器

制动电磁铁由铁芯、衔铁和线圈3部分组成。闸瓦制动器包括闸轮、闸瓦、杠杆和弹簧等部分。闸轮装在被制动轴上，当线圈通电后，U形衔铁绕轴转动吸合，衔铁克服弹簧拉力，迫使制动杠杆带动闸瓦向外移动，使闸瓦离开闸轮，闸轮和被制动轴可以自由转动。而当线圈断电后，衔铁会释放，在弹簧作用下，制动杠杆带动闸瓦向里运动，使闸瓦紧紧抱住闸轮完成制动。

不同种类的电磁铁在电路图中的符号不同,常用电磁铁的符号如图 1-65 所示。

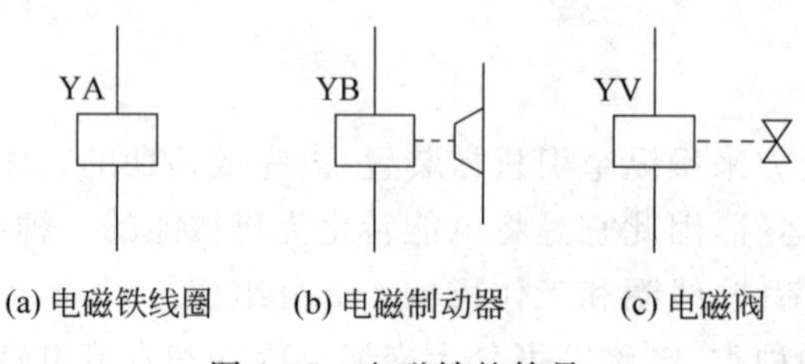

(a) 电磁铁线圈 (b) 电磁制动器 (c) 电磁阀

图 1-65 电磁铁的符号

2. 直流电磁铁

线圈中通以直流电的电磁铁称为直流电磁铁。

直流电磁铁的线圈电阻为常数,在工作电压不变的情况下,线圈的电流也是常数,在吸合过程中不会随气隙的变化而变化,因此允许的操作频率较高。它在吸合前,气隙较大,磁路的磁阻也较大,磁通较小,因而吸力也较小。吸合后,气隙很小,磁阻也很小,磁通最大,电磁吸力也最大。实验证明,直流电磁铁的电磁吸力与气隙大小的平方成反比。衔铁与铁芯在吸合的过程中电磁吸力是逐渐增大的。

直流长行程制动电磁铁是常见的一种电磁铁,主要用于闸瓦制动器,其工作原理与交流制动电磁铁相同。常用的直流长行程制动电磁铁有 MZZ2 系列,其型号及含义如下:

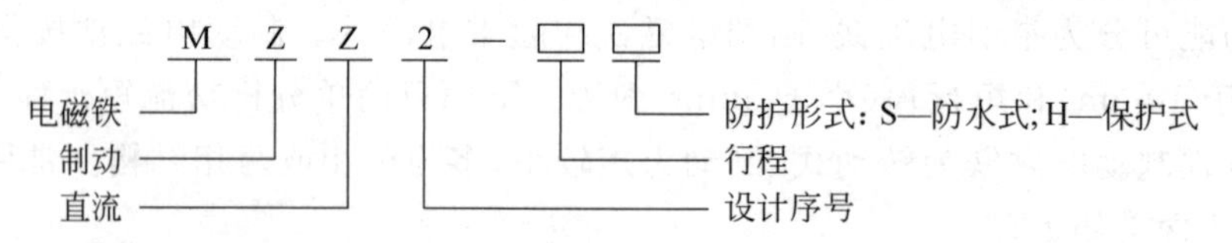

MZZ2—H 型电磁铁的结构如图 1-66 所示。

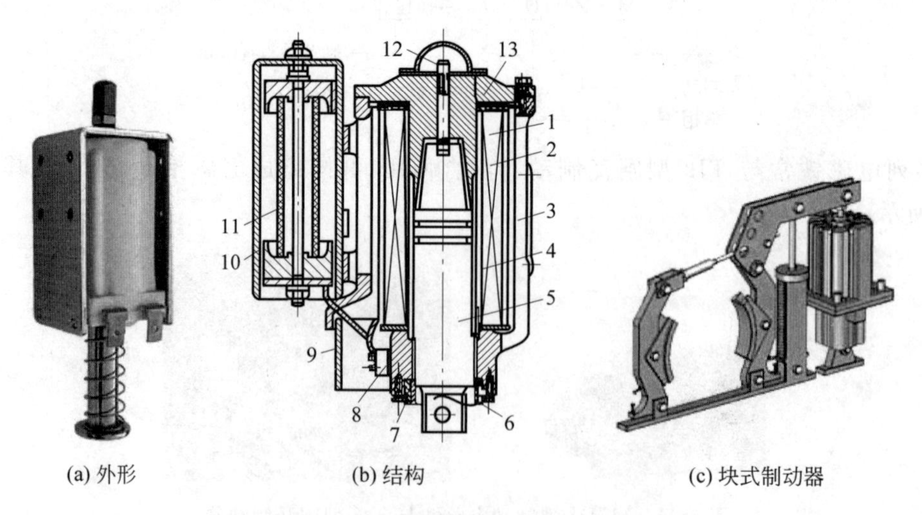

(a) 外形 (b) 结构 (c) 块式制动器

图 1-66 MZZ2—H 型电磁铁的结构

1—黄铜线圈; 2—线圈; 3—外壳; 4—导向管; 5—衔铁; 6—法兰; 7—油封; 8—接线板; 9—盖; 10—箱体; 11—管型电阻; 12—缓冲螺钉; 13—钢盖

该型号为直流并励长行程电磁铁,用于操作负荷动作的闸瓦式制动器,要求安装在空气流通的设备中。其衔铁具有空气缓冲器,它能使电磁铁在接通和断开电源时延长动作的时间,避免发生急剧的冲击。

3. 电磁铁的选择

① 根据机械负载的要求选择电磁铁的种类和结构形式。

② 根据控制系统电压选择电磁铁线圈电压。

③ 电磁铁的功率应不小于制动或牵引功率。对于制动电磁铁，当制动器的型号确定后，应根据规定正确选配电磁铁。

4. 电磁铁的安装与使用

① 安装前应清除灰尘和脏物，并检查衔铁有无机械卡阻。

② 电磁铁要牢固地固定在底座上，并在紧固螺钉下放弹簧垫圈锁紧。制动电磁铁要调整好制动电磁铁与制动器之间的连接关系，保证制动器获得所需的制动力矩和力。

③ 电磁铁应按接线图接线，并接通电源操作数次，检查衔铁动作是否正常。

④ 定期检查衔铁行程的大小，该行程在运行过程中由于制动面的磨损而增大。当衔铁行程达到正常值时，即进行调整，以恢复制动面和转盘间的最小空隙。不让行程增加到正常值以上，因为这样可能引起吸力的显著下降。

⑤ 检查连接螺钉的旋紧程度，注意可动部分的机械磨损。

1.5.2 凸轮控制器

凸轮控制器就是利用凸轮来驱动动触头动作的控制器，主要用于容量不大于 30kW 的中小型绕线转子异步电动机线路中，借助其触头系统直接控制电动机的启动、停止、调速、反转和制动。具有线路简单、运行可靠、维护方便等优点，在桥式起重机等设备中得到广泛应用。

常用的凸轮控制器有 KTJ1、KTJ15、KT10、KT12 及 KT14 等系列，下面以 KTJ1 系列为例进行介绍。

1. 凸轮控制器的型号及含义

凸轮控制器的型号及含义如下：

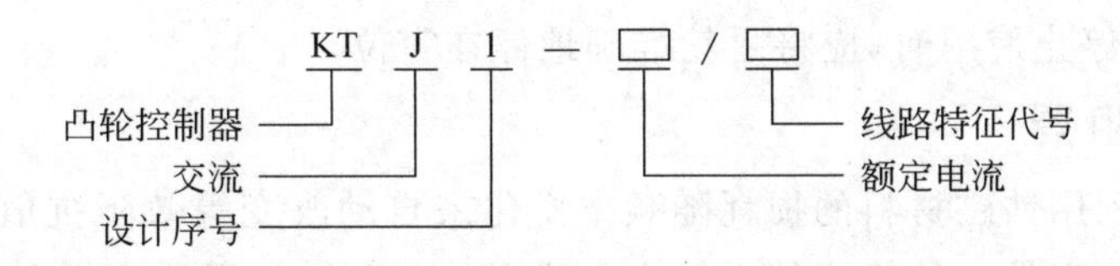

2. 凸轮控制器的结构及工作原理

KTJ1—50/1 型凸轮控制器外形与结构如图 1-67 所示。它主要由手柄(或手轮)、触点系统、转轴、凸轮和外壳等部分组成。其触点系统共有 12 对触点，9 常开、3 常闭。其中，4 对常开触点接在主电路中，用于控制电动机的正反转，配有石棉水泥制成的灭弧罩，其余 8 对触头用于控制电路中，不带灭弧罩。

凸轮控制器的工作原理为：动触点与凸轮固定在转轴上，每个凸轮控制一个触点。当转动手柄时，凸轮随轴转动，当凸轮的凸起部分顶住滚轮时，动、静触点分开；当凸轮的凹处与滚轮相碰时，动触点受到触点弹簧的作用压在静触点上，动、静触点闭合。在方轴上叠装形状不同的凸轮片，可使各个触头按预定的顺序闭合或断开，从而实现不同的控制目的。

3. 凸轮控制器的选用

凸轮控制器主要根据所控制电动机的容量、额定电压、额定电流、工作制和控制位置数目等来选择。

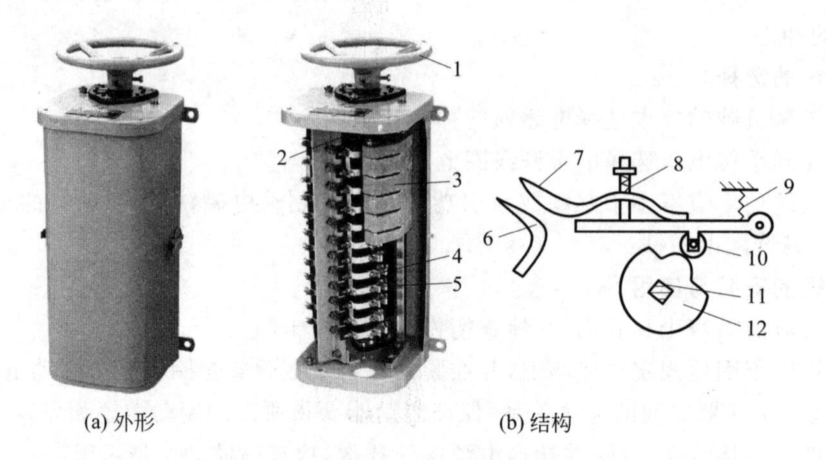

图 1-67 KTJ1—50/1 型凸轮控制器

1—手轮；2、11—转轴；3—灭弧罩；4、7—动触点；5、6—静触点；8—触点弹簧；9—弹簧；10—滚轮；12—凸轮

4. 凸轮控制器的安装与使用

① 凸轮控制器在安装前应检查外壳及零件有无损坏，并清除内部灰尘。

② 安装前应操作控制器手柄不少于 5 次，检查有无卡滞现象，检查触头的分合顺序是否符合规定的分合表要求及每一对触头是否动作可靠。

③ 凸轮控制器必须牢固可靠地安装在墙壁或支架上，其金属外壳上的接地螺钉必须与接地线可靠连接。

④ 应按触头分合表或电路图要求接线，经反复检查，确认无误后才能通电。

⑤ 凸轮控制器安装结束后，应进行空载试验。启动时若凸轮控制器的手轮或手柄从"0"位挡扳到"2"位挡(凸轮控制器的手柄位置)后电动机仍未转动，则应停止启动，检查线路。

⑥ 启动操作时，手轮不能转动太快，应逐级启动，防止电动机的启动电流过大。

⑦ 凸轮控制器停止使用时，应将手轮准确地停在零位。

1.5.3 频敏变阻器

频敏变阻器是利用铁磁材料的损耗随频率变化来自动改变等效阻抗值，以使电动机达到平滑启动的变阻器。它是一种静止的无触点电磁元件。频敏变阻器实质上是一个铁芯损耗非常大的三相电抗器，适用于绕线转子异步电动机的转子回路，作启动电阻用。在电动机启动时，将频敏变阻器串接在转子绕组中，由于频敏变阻器的等效阻抗随转子电流频率减小而减小，从而减小机械和电流的冲击，实现电动机的平稳无级启动。

常用的频敏变阻器有 BP1、BP2、BP3、BP4 和 BP6 等系列，每一系列都有其特定用途。下面对 BP1 系列做一简要介绍。

1. 频敏变阻器的型号及含义

频敏变阻器的型号及含义如下：

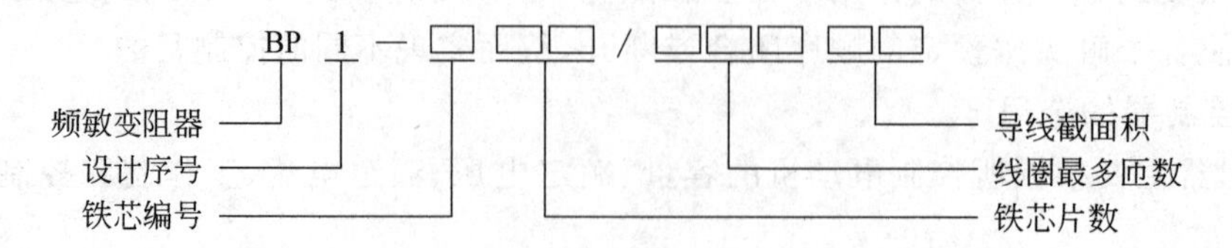

BP1 系列频敏变阻器分为偶尔启动用(BP1—200 型、BP1—300 型)和重复短时工作制(BP1—400 型、BP1—500 型)两类。

2. 频敏变阻器的结构及工作原理

频敏变阻器的结构为开启式,类似于没有二次绕组的三相变压器。BP1 系列频敏变阻器的外形如图 1-68 所示。它主要由铁芯和绕组两部分组成。铁芯由数片 E 形钢板叠成,上、下铁芯用 4 根螺栓固定。拧开螺栓上的螺母,可在上、下铁芯间增减非磁性垫片,以调整空气隙长度。出厂时上、下铁芯间的空气隙为零。绕组有 4 个抽头,一个在绕组背面,标号为 N;另外三个在绕组正面,标号分别为 1、2、3。抽头 1-N 之间为 100%匝数,2-N 之间为 85%匝数,3-N 之间为 71%匝数。出厂时三组线圈均接在 85%匝数抽头处,并接成星形。

(a) 外形

(b) 符号

图 1-68 频敏变阻器

频敏变阻器的工作原理如下:三相绕组通入电流后,由于铁芯是用厚钢板制成的,交变磁通在铁芯中产生很大涡流,产生很大的铁芯损耗。频率越高,涡流越大,铁损也越大。交变磁通在铁芯中的损耗可等效地看做电流在电阻中的损耗,因此,频率变化时相当于等效电阻的阻值在变化。在电动机刚启动的瞬间,转子电流的频率最高(等于电源的频率),频敏变阻器的等效阻抗最大,限制了电动机的启动电流;随着转子转速的升高,转子电流的频率逐渐减小,频敏变阻器的等效阻值也逐渐减小,从而使电动机转速平稳地上升到额定转速。

用频敏变阻器启动绕线转子异步电动机的优点是:启动性能好,无电流和机械冲击,结构简单,价格低廉,使用、维护方便。但功率因数较低,启动转矩较小,不宜用于重载启动。

频敏变阻器在电路图中的符号如图 1-68(b)所示。

3. 频敏变阻器的选用

① 根据电动机所拖动的生产机械的启动负载特性和操作频繁程度,选择频敏变阻器。

② 按电动机功率选择频敏变阻器的规格。在确定了所选择的频敏变阻器系列后,根据电动机的功率查有关技术手册,即可确定配用的频敏变阻器规格。

4. 频敏变阻器的安装与使用

① 频敏变阻器应牢固地固定在基座上,当基座为铁磁物质时应在中间垫入 10mm 以上的非磁性垫片,以防影响频敏变阻器的特性,同时变阻器还应可靠接地。

② 连接线应按电动机转子额定电流选用相应截面的电缆线。

③ 试车前,应先测量对地绝缘电阻,若阻值小于 1MΩ,则须先进行烘干处理后方可使用。

④ 试车时,如发现启动转矩或启动电流过大或过小,应对频敏变阻器进行调整。

⑤ 使用过程中应定期清除尘垢,并检查线圈的绝缘电阻。

思考题与习题

1-1 什么是电器？什么是低压电器？

1-2 按动作方式不同，低压电器可分为哪几类？

1-3 如何选用开启式负荷开关？

1-4 封闭式负荷开关的操作机构有什么特点？

1-5 在安装和使用封闭式负荷开关时，应注意哪些问题？

1-6 组合开关的用途有哪些？如何选用？

1-7 组合开关能否用来分断故障电流？为什么？

1-8 DZ5—20 型低压断路器主要由哪几部分组成？

1-9 低压断路器有哪些保护功能？分别由低压断路器的哪些部件完成？

1-10 简述低压断路器的选用原则。

1-11 如果低压断路器不能合闸，可能的故障原因有哪些？

1-12 画出负荷开关、组合开关及低压断路器的图形符号，并注明文字符号。

1-13 什么是熔体的额定电流？它与熔断器的额定电流是否相同？

1-14 常用的熔断器有哪几种类型？

1-15 螺旋式熔断器有何特点？适用于哪些场合？

1-16 RM10 系列无填料封闭管式熔断器的结构有何特点？

1-17 自复式熔断器的基本工作原理是什么？它有哪些优点和缺点？

1-18 如何正确选用熔断器？

1-19 在安装和使用熔断器时，应注意哪些问题？

1-20 主令电器的作用是什么？常用的主令电器有哪几种类型？

1-21 如何正确选用按钮？

1-22 行程开关的触点动作方式有哪几种？各有什么特点？

1-23 什么是接近开关？它有什么特点？

模块 2

电气控制电路的基本环节

※知识点

1. 电气图基本知识。
2. 电动机基本控制电路的组成及其电气图。

※学习要求

1. 具备识读电气原理图的能力。
2. 具备绘制继电器-接触器控制电路的能力。
3. 具备三相异步电动机的启动、运行、制动与调速电路的理解能力。
4. 掌握电气控制系统常用的保护环节。

工厂的各种生产机械，大都以电动机为动力来进行拖动，继电器-接触器控制是最常见的控制方式，称为电气控制。

电气控制电路是将各种有触点的继电器、接触器、按钮、行程开关等电器元件，按一定方式连接起来组成的控制电路。其作用是实现对电力拖动系统的启动、反向、制动和调速等运行性能的控制，实现对电力拖动系统的保护，满足生产工艺要求，实现生产加工自动化。

不同机械的电气控制系统具有不同的电气控制电路，但是任何复杂的电气控制电路都是由基本的控制环节组合而成的。在进行控制电路的原理分析和故障判断时，一般都从这些基本的控制环节入手，逐步掌握电气控制电路的分析阅读方法。因此，掌握这些基本的控制原则和控制环节对学习电气控制电路的工作原理和维修是至关重要的。

课题 2.1 电气图基本知识

用电气图形符号、带注释的围框或简化外形表示电气系统或设备中组成部分之间相互关系及其连接关系的一种图，称为电气图。电气控制系统是由电气控制元件按一定要求连接而成的。为了清晰地表达生产机械电气控制系统的组成及工作原理，便于电气元件的安装、调试和维修，故将电气控制系统中的各电器元件用一定的图形符号和文字符号表示，再将其连接情况用一定的图形表达出来，这种图形称为电气控制系统图。

常用的电气控制系统图有电气控制原理图、电器元件布置图和电气安装接线图等。

2.1.1 电气图的图形符号、文字符号及接线端子标记

电气控制系统图是工程技术的通用语言，它由电器元件的图形符号、文字符号等要素组

成。为了设计、研究分析以及安装维修时阅读方便，在绘制电气图时，必须使用国家统一规定的电气图形符号和文字符号。常用电气图形符号和文字符号，见附录。

1. 图形符号

目前，我国已有一整套图形符号国家标准，如GB/T 24340—2009《工业机械电气图用图形符号》等。在绘制电气图时必须遵守。在标准中规定了各类图形符号和符号要素、限定符号和常用的其他符号。对符号的大小、取向、引出线位置等可按照使用规则作某些变化，以达到图面清晰、减少图线交叉或突出某个电路的目的。对标准中没有规定的符号，可选取标准或其规范性引用文件中给定的一般符号、符号要素和限定符号，按其中规定的原则进行组合。一般符号指简单地代表一类元件的符号，符号要素，限定符号，是对某一元件的一个说明。

① 一般符号。它是用来表示一类产品和此类产品特征的一种通常很简单的符号。

② 符号要素。它是一种具有确定意义的简单图形，不能单独使用。符号要素必须同其他图形组合后才能构成一个设备或概念的完整符号。

③ 限定符号。它是用以提供附加信息的一种加在其他符号上的符号。通常它不能单独使用。有时一般符号也可用作限定符号，如电容器的一般符号加到扬声器符号上即构成电容式扬声器符号。

2. 文字符号

文字符号用于电气技术领域中技术文件的编制，也可表示在电气设备、装置和元件上或旁边，以标明电气设备、装置和元件的名称、功能、状态和特征。

文字符号分为基本文字符号和辅助文字符号。

(1) 基本文字符号

基本文字符号包括单字母符号与双字母符号。

单字母符号是按拉丁字母将各种电气设备、装置和元件划分为23大类，每一大类用一个专用单字母符号表示，如K为继电器类元件这一大类。

双字母符号是由一个表示大类的单字母符号与另一个表示器件某些特性的字母组成，其组合形式应以单字母符号在前，另一字母在后的次序列出。只有当用单字母符号不能满足要求，需要将大类进一步划分时，才采用双字母符号，以便较详细和更具体地表述电气设备、装置和元件。如KT表示继电器类器件中的时间继电器，KM表示继电器类器件中的接触器。

(2) 辅助文字符号

辅助文字符号是用来表示电气设备、装置和元器件以及电路的功能、状态和特征。如“SYN”表示同步，“L”表示限制，“RD”表示红色等。辅助文字的符号也可以放在表示种类的单字母符号后面组成双字母符号，如“SP”表示压力传感器，“YB”表示电磁制动器。若辅助文字符号由两个以上字母组成时，为使文字符号简化，允许只采用第一位字母进行组合，如“MS”表示同步电动机等。辅助字母还可以单独使用，如“ON”表示接通，“M”表示中间线，“PE”表示保护接地等。

(3) 补充文字符号的原则

当国家标准中已规定的基本文字符号和辅助文字符号不适合使用时，可按JB/T 2626—2004《电力系统继电器、保护及自动化装置常用电气技术的文字符号》及其规范性引用文件如GB/T 7159《电气技术中的文字符号制定通则》中规定的文字符号的组成和补充文字符号的原则进行。这些原则是：

① 在不违背国家标准文字符号编制原则下，可采用国际标准中规定的电气技术文字

符号。

② 在优先采用标准中规定的单字母符号、双字母符号和辅助文字符号前提下，可补充国家标准中未列出的双字母符号和辅助文字符号。

③ 文字符号应按有关电气名词术语国家标准或专业标准中规定的英文术语缩写而成。

④ 基本文字符号不得超过两位字母，辅助文字符号一般不能超过 3 个字母。文字符号的字母采用拉丁字母大写正体字。且拉丁字母中的“J”、“I”、“O”不允许单独作为文字符号使用。

电气图常用图形符号及文字符号见附录。

3. 接线端子标记

电气图中各电器接线端子用字母数字符号标记。按国家标准 GB/T 22112—2008《工业自动化仪表 接线端子的排列和标志》和 GB/T 4026—2004《人机界面标志标识的基本方法和安全规则-设备端子和特定导体终端标识及字母数字系统的应用通则》等相关规定执行。其基本原则为：

三相交流电源引入线用 L1、L2、L3、N、PE 标记。直流系统的电源正、负、中间线分别用 L_+、L_- 与 M 标记。

三相动力电器引出线分别按 U、V、W 顺序标记。三相感应电动机的绕组首端分别用 U1、V1、W1 标记，绕组尾端分别用 U2、V2、W2 标记，电动机绕组中间抽头分别用 U3、V3、W3 标记。

对于多台电动机，在字母前冠以数字来区别。如对 M1 电动机其三相绕组接线端标记 1U、1V、1W，对 M2 电动机其三相绕组接线端标记 2U、2V、2W 来区别。三相供电系统的导线与三相负荷之间有中间单元时，其相互连接线用字母 U、V、W 后面加数字来表示，且数字从上到下由小至大。

控制电路各线号采用数字标志，其顺序一般为从左到右、从上到下，凡是被线圈、触点、电阻、电容等元件所间隔的接线端点，都应标以不同的线号。

2.1.2 电气图的种类及绘制原则

常用的电气图有系统图、框图、电气控制原理图、电器元件布置图与电气安装接线图等。在保证图面布置紧凑、清晰和使用方便的前提下，图样幅面应按国家标准 JB/T 2740—2008《工业机械电气设备电气图、图解和表的绘制》推荐的两种尺寸系列，即基本幅面尺寸和加长幅面尺寸系列选取，见表 2-1。

表 2-1　电气图幅面尺寸系列

基本幅面尺寸系列		加长幅面尺寸系列	
代　号	尺寸/mm	代　号	尺寸/mm
A0	841×1189	A3×3	420×891
A1	594×841	A3×4	420×1189
A2	420×594	A4×3	297×630
A3	297×420	A4×4	297×841
A4	210×297	A4×5	297×1051

当图是绘制在几张图样上时，为了便于装订，应尽量使用同一幅面的图样。

1. 系统图或框图

系统图或框图是用符号或带注释的框概略地表示系统或分系统的基本组成、相互关系及其主要特征的一种电气图。在国家标准 JB/T 2740—2008《工业机械电气设备电气图、图解和表的绘制》具体规定了系统图和框图的要求和绘制方法。

该标准要求系统图或框图应能概括地表示电气系统各基本组成单元及其主要特性和相互间的功能关系。其绘制方法为:

① 采用以方框符号为主的一些符号或带注释的框绘制,框内可用符号、文字或两者结合注释;

② 根据需要可对绘图对象逐级分解,划分层次,绘制不同层次的框图;

③ 框图的布局应能清晰表明信息的流向;

④ 框图中各框内应标注相应的项目代号;

⑤ 必要时,加注各种形式的注释和说明,如标注集成组件的电源端、输入端、输出端等。

2. 电气控制原理图

将各种电气元件用它们的图形符号和文字符号表示,并按动作顺序绘制的表明电气控制的图称为电气原理图。电气原理图表示电气控制的工作原理以及各电气元件的作用和相互关系,而不考虑各电气元件实际安装的位置和实际连线情况。

电气原理图绘制的原则如下。

(1) 电气原理图的绘制标准

图中所有的元件都应该采用国家统一规定的图形符号和文字符号。

(2) 电气原理图的组成

电气控制电路分为主电路和控制电路。一般主电路图在左侧或上方,控制电路图在右侧或下方。主电路和控制电路可以绘制在一张图纸上,也可以分开画。主电路是从电源到电动机的电路,其中有刀开关、熔断器、接触器主触头、热继电器热元件与电动机等。辅助电路包括控制电路、照明电路、信号电路及保护电路等,这些电路由继电器、接触器的线圈,继电器、接触器的辅助触点,控制按钮,其他控制元件的触点、控制变压器、熔断器、照明灯、信号灯及控制开关等组成。

(3) 电源线的画法

电气原理图中,直流电源用水平线画出,一般直流电源的正极画在图纸上方,负极画在图纸的下方。三相交流电电源线画在图面上方,相序自上而下依次为 L1、L2、L3,中性线(N 线)和保护接地线(PE)排在相线之下。耗电元件(如接触器、继电器的线圈、电磁铁线圈、照明的灯、信号灯等)画在最右侧或最下侧,控制触点画在电源线和耗电元件之间。

(4) 电气原理图中电器元件的画法

在原理图中各电器元件均不画实际的外形图,只画出电器元件的带电部件,同一电器元件上的不同带电部件是按电路图中的连接关系画出的,但必须采用国家规定的统一标准图形符号,并用同一文字符号标明。对于几个同类的电器,在表示名称的文字符号之后加上数字序号,以示区别。

(5) 电气原理图中电气触点的画法

电气原理图中所有的电器设备的触点均在常态下绘出,即对于继电器、接触器、制动器和离合器等按处在非激励状态绘制;机械控制的行程开关应按其未受机械压合的状态绘制。

(6) 电气原理图的布局

电气原理图按功能布置,即同一功能的电器元件集中在一起,尽可能按动作顺序从上到下或从左到右的原则绘制。

(7) 电路连接点、交叉点的绘制

在电路图中，对需要测试和拆接的外部引线的端子，采用"空心圆"表示，有直接电联系的交叉导线的连接点(即导线交叉处)要用"实心圆"表示。无直接电联系的交叉导线，交叉处不能画黑圆点，但是在电气图中尽量避免线条的交叉。

(8) 原理图绘制要求

原理图的绘制要层次分明，各电器元件及触点的安排要合理，既要做到所用元件、触点最少，耗能最少，又要保证电路运行可靠，节省连接导线以及安装、维修方便。图 2-1 为 CW6132 型车床电路图。

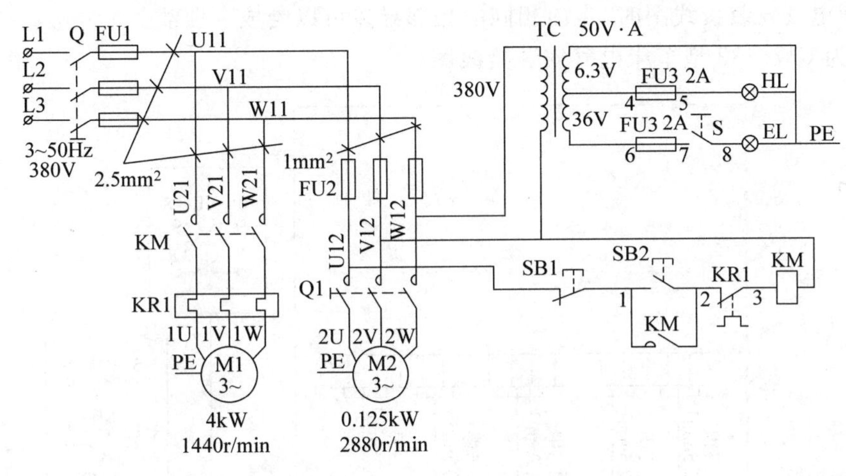

图 2-1　CW6132 型车床电路图

3. 电器元件布置图

电器元件布置图主要是表明电气设备上所有电器元件的实际安装位置，为电气设备的安装及维修提供必要的资料。电器元件布置图可根据电气设备的复杂程度集中绘制或分别绘制。图中不需标注尺寸，但是各电器代号应与有关图纸和电器清单上所有的元器件代号相同，在图中往往留有 10%以上的备用面积及导线管(槽)的位置，以供改进设计时用。电器元件布置图的绘制原则为：

① 绘制电器元件布置图时，机床的轮廓线用细实线或点画线表示，电器元件均用粗实线绘制出简单的外形轮廓。

② 绘制电器元件布置图时，电动机要和被拖动的机械装置画在一起；行程开关应画在获取信息的地方；操作手柄应画在便于操作的地方。

③ 绘制电器元件布置图时，各电器元件之间，上、下、左、右应保持一定的间距，并且应考虑器件的发热和散热因素，应便于布线、接线和检修。

图 2-2 为 CW6132 型车床电器元件布置图。

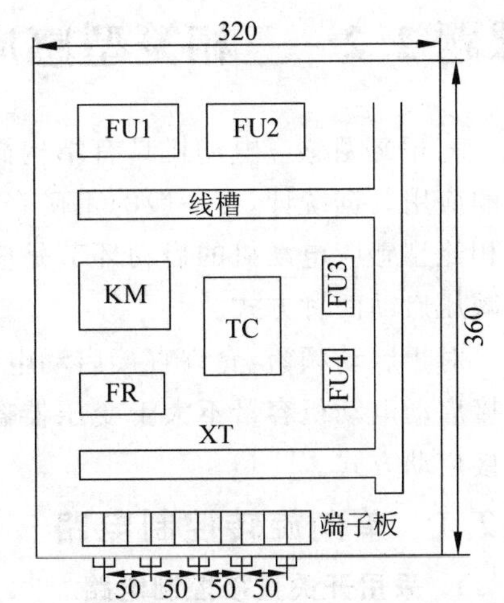

图 2-2　CW6132 型车床电器元件布置图

4. 安装接线图

电气安装接线图主要用于电气设备的安装配线、电路检查、电路维修和故障处理。在图中要表示出各电气设备、电器元件之间的实际接线情况，并标注出外部接线所需的数据。在电气安装接线图中各电器元件的文字符号、元件连接顺序、电路号码编制都必须与电气原理图一致。电气安装接线图的绘制原则为：

① 绘制电气安装接线图时，各电器元件均按其在安装底板中的实际位置绘出。元件所占图面按实际尺寸以统一比例绘制。

② 绘制电气安装接线图时，一个元件的所有部件绘在一起，并用点画线框起来，有时将多个电器元件用点画线框起来，表示它们是安装在同一安装底板上的。

③ 绘制电气安装接线图时，安装底板内外的电器元件之间的连线通过接线端子板进行连接，安装底板上有几条接至外电路的引线，端子板上就应绘出几个引线的连接点。

④ 绘制电气安装接线图时，走向相同的相邻导线可以绘成一股线。

图 2-3 为 CW6132 型车床电气安装接线图。

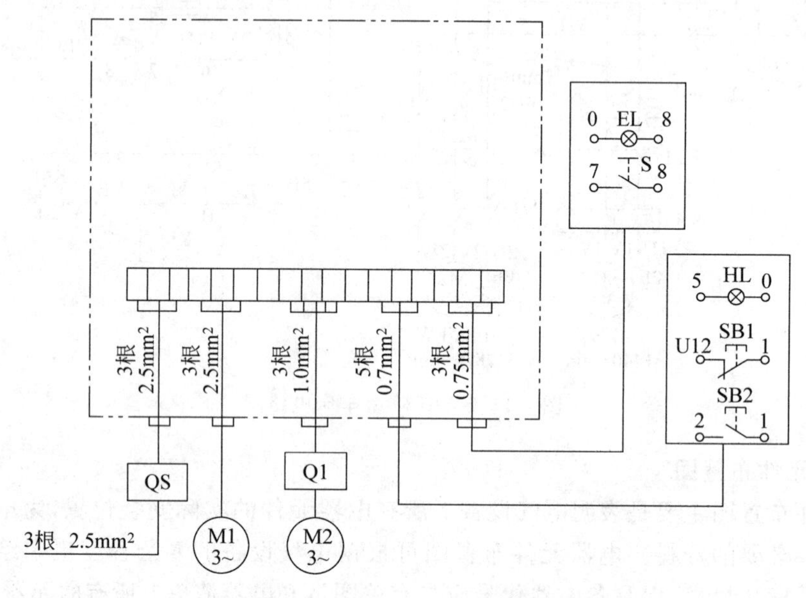

图 2-3 CW6132 型车床电气安装接线图

课题 2.2 三相笼型感应电动机全压启动控制电路

三相笼型感应电动机具有结构简单、价格便宜、坚固耐用、维修方便等优点，故其获得了广泛的应用。据统计，在一般的工矿企业中，三相笼型感应电动机占电力拖动设备的 85%左右。三相笼型感应电动机的启动环节是应用最广泛也是最基本的控制电路之一。一般有直接启动与减压启动两种方式。

对于启动频繁，允许直接启动电动机容量不大于变压器容量的 20%；对于不经常启动的，直接启动电动机容量不大于变压器容量的 30%。通常容量小于 11kW 的笼型电动机可采用直接启动方式。

2.2.1 单向旋转控制电路

1. 采用开关直接控制电路

图 2-4 所示为电动机单向旋转开关控制电路，其中图 2-4(a)所示为刀开关控制电路；

图 2-4(b)所示为断路器控制电路。它们适用于不频繁启动的小容量电动机，但不能实现远距离控制和自动控制。

2. 接触器控制电路

(1) 点动控制电路

图 2-5 所示为电动机点动控制电路。图中 Q 为电源开关，FU1、FU2 分别为主电路和控制电路的熔断器，KM 为接触器，SB 为控制按钮，M 为三相笼型感应电动机。电路工作原理介绍如下。

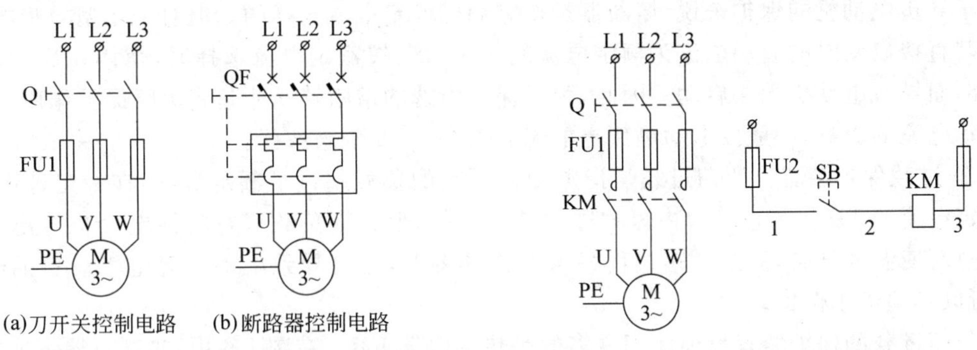

(a)刀开关控制电路 (b)断路器控制电路

图 2-4 电动机单向旋转接触器控制电路

图 2-5 电动机点动控制电路

启动时，合上电源开关 Q，按下按钮 SB，其常开触点闭合，接触器 KM 线圈得电吸合，KM 主触头闭合，电动机接通三相电源，启动运行。

停止时，松开按钮 SB，接触器 KM 线圈断电释放，其所有触点都断开，切断电动机的主电路和控制电路，电动停止运行。

(2) 连续运行控制电路

图 2-6 所示为电动机单向旋转接触器控制电路。图中 Q 为电源开关，FU1、FU2 为主电路与控制电路的熔断器，KM 为交流接触器，KR 为热继电器，SB1、SB2 分别为停止按钮和启动按钮，M 为三相笼型感应电动机。电路工作原理介绍如下。

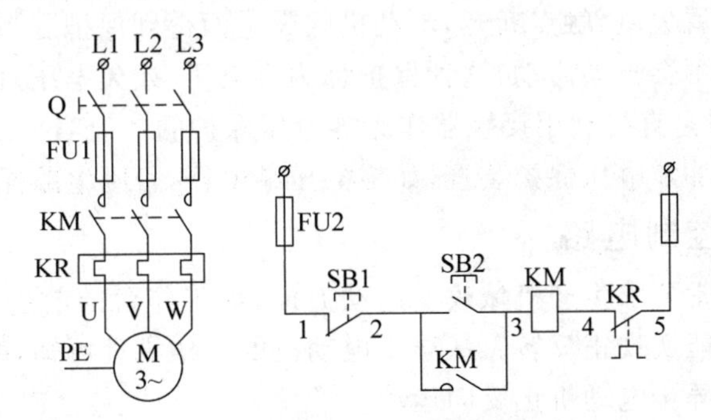

图 2-6 电动机单向旋转接触器控制电路

启动时，合上电源开关 Q，按下启动按钮 SB2，SB2 的常开触点(2-3)闭合，接触器 KM 线圈通电，KM 主触头闭合，电动机接通三相电源，启动运行。同时 KM 辅助常开触点(2-3)闭合，使 KM 线圈保持得电，电动机保持连续运行。这种依靠接触器自身的辅助触点保持线圈通电的电路，称为自锁电路，其常开辅助触点称为自锁触点。

停止时，按下停止按钮 SB1，接触器 KM 线圈断电释放，其所有触点都复位，切断电动机的主电路和控制电路，电动机停止运行。

(3) 电路的保护装置简介

① 短路电流保护装置。短路电流保护的作用在于防止电动机突然流过短路电流而引起电动机绕组、导线绝缘层及机械上的严重损坏，或防止电源损坏。出现短路电流时，保护装置应立即可靠地使电动机与电源断开。常用的短路保护装置有熔断器、过电流继电器、自动开关等。

熔断器的规格一般根据电路的工作电压和额定电流来选择；对一般电路、直流电动机和线绕转子异步电动机的保护来说，熔断器是按它们的额定电流选择的。但对于笼型异步电动机，因为其直接启动时的启动电流为额定电流的4～7倍，按额定电流选择时，熔体在启动时就可能熔断而导致电动机无法启动。因此，为了保证所选的熔断器既能起到短路保护作用，又能免除启动电流的影响，一般按电动机额定电流的1.5～2.5倍来选择。

② 过载保护装置。所谓过载是指电动机所带的负载超过了额定负载，在一定范围(电动机额定电流的115%～125%)内短时过载是允许的，但长期负载运行将使电动机等电气设备因发热而使温度升高，甚至会超过设备所允许的温升，这将导致电动机等电气设备的绝缘损坏，所以必须给予保护。

长期过载的保护装置目前使用最多的是热继电器KR。在图2-6中，热继电器KR的发热元件串联在电动机的主回路中，而其触点串联在控制电路的接触器线圈回路中。当电动机过载时，热继电器的发热元件就会发热，达到一定时限时其驱动元件使在控制电路内的常闭触点断开，切断接触器线圈回路，接触器线圈失电后使其串接在主电路中的主触头断开，电动机脱离电源而停转，因此起到保护作用。在重复短期工作的情况下，由于热继电器和电动机的特性很难一致，所以一般不采用热继电器，而选用过电流继电器作过载保护。

③ 零电压(或欠电压)保护。零电压或欠电压保护的作用在于防止因电源电压消失或降低而可能发生的不允许的故障。如在车间内常因某种原因造成变电所的开关跳闸，暂时停止供电，对于手控电器，此时若未拉开刀开关或转换开关，当电源恢复供电时，电动机就会自行启动，将造成设备毁坏或人身伤害事故。在图2-6所示的自动控制电路中，若电源暂停供电或电压降低时，接触器线圈就失电，触点断开，电动机因失电而得到保护。当电源电压恢复时，不重按启动按钮，电动机就不会自动启动，这种保护称为零电压(或欠电压)保护。

图2-6所示的电路是直接利用接触器作为零电压保护的。但当控制电路中采用主令控制器和转换开关时，必须加零电压保护装置，如零电压继电器，否则电路无零电压保护性能。

2.2.2 可逆旋转控制电路

在实际生产中，常常要求生产机械改变运动方向，如工作台的前进与后退，电梯的上升与下降，这就要求电动机能实现正反转。从异步电动机的工作原理可知，改变异步电动机交流电源的相序，就可以控制异步电动机正反向运动。

1. 倒顺转换开关可逆旋转控制电路

图2-7所示为倒顺转换开关控制电动机正反转控制电路。

其中图2-7(a)所示为用直接操作倒顺开关实现电动机正反转的电路，由于倒顺开关无灭弧装置，所以仅适用于电动机容量为5.5kW以下的控制电路。对于容量大于5.5kW的电动机，则用图2-7(b)所示的电路控制，在此倒顺开关仅用来预选电动机的旋转方向，而由接触器KM来接通与断开电源，控制电动机的启动与停止。由于采用接触器控制，并且接入热继电器KR，所以电路具有长期过载保护、欠电压与零电压保护功能。

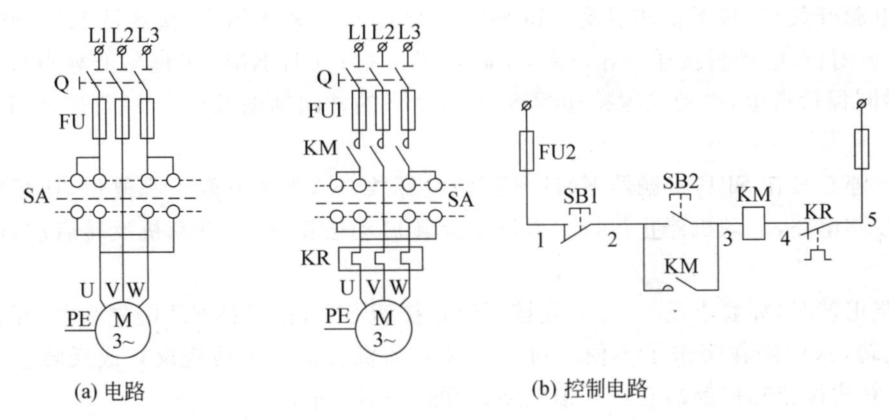

(a) 电路　　(b) 控制电路

图 2-7　倒顺转换开关控制电动机正反转电路

2. 按钮控制的可逆旋转控制电路

图 2-8 所示为用按钮控制电动机正反转控制电路。图中 Q 为电源开关,FU1、FU2 为主电路与控制电路的熔断器,KM1、KM2 为同型号、同规格、同容量的交流接触器,用于控制电动机的正反转运行,KR 为热继电器,SB1 为停止按钮,SB2、SB3 分别为正反转启动按钮,M 为三相笼型感应电动机。

如图 2-8(a)所示,KM1、KM2 两个接触器的主触点接线的相序不同,KM1 按 U-V-W 相序接线,KM2 按 W-V-U 相序接线,即将 U、W 两相对调,两个接触器分别工作时,电动机的旋转方向不一样,实现了电动机的可逆运转。电路中如果 KM1、KM2 主触头同时闭合,会造成电源短路,为避免这种事故发生,在控制电路中采用互锁触点控制。即利用两个接触器(或继电器)的常闭辅助触点进行相互制约,保证两个接触器不同时得电,这种互锁称为电气互锁,其触点称为互锁触点。电路工作原理介绍如下。

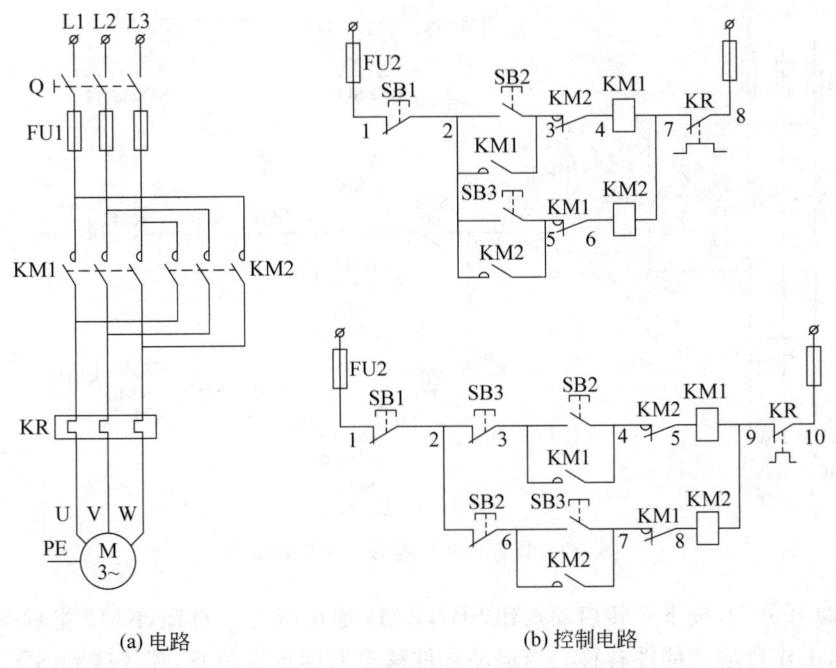

(a) 电路　　(b) 控制电路

图 2-8　按钮控制电动机正反转控制电路

合上电源开关 Q，按下正转启动按钮 SB2，SB2 的常开触点闭合，接触器 KM1 线圈得电，KM1 主触头闭合，电动机接通三相电源，正转启动运行；同时 KM1 辅助常开触点(3-4)闭合，使 KM1 线圈保持得电，电动机保持连续运行。KM1 的常闭辅助触点(7-8)断开，使 KM2 线圈不能得电。

先按下停止按钮 SB1，接触器 KM1 线圈断电释放，KM1 所有触点都复位，切断电动机的主电路和控制电路，电动机停止运行。再按下反转启动按钮 SB3，电动机反转启动，原理分析同正转。

该电路正转时，如要求反转，必须先按下停止按钮 SB1，让接触器线圈先断电，互锁触点复位，才能反转，这给操作带来了不便。对于要求电动机直接由正转变反转或反转直接变正转时，可采用复式按钮和接触器触点互锁电路，如图 2-8(b)所示。

图 2-8(b)是在图 2-8(a)的基础上增加了启动按钮的常闭触点作互锁，构成具有电气、按钮双互锁的控制电路。这样，当电动机需要反转时，只需要按下反转按钮 SB3，SB3 的常闭触点(2-3)便会断开 KM1 电路，KM1 起互锁作用的触点(7-8)复位，SB3 的常开触点(6-7)闭合后，接通 KM2 线圈的控制电路，电动机反转。停止时，按下停止按钮 SB1 即可。

3. 具有自动往返的可逆旋转电路

在生产机械中，许多工作部件的往返自动循环，也可以通过控制拖动电动机的正反转来实现。如龙门刨床工作台的前进与后退，根据工艺的要求，工作台在行程范围内，需自动实现启动、停止、反向的控制，这就需要按行程进行自动控制，为了实现这种控制，就要有测量位移的元件，即行程开关。

如图 2-9 所示，图中 SQ1 为反向转正向行程开关，SQ2 为正向转反向行程开关，行程开关 SQ3、SQ4 用以限位保护，避免工作台超越最大允许的位置。电路工作原理介绍如下。

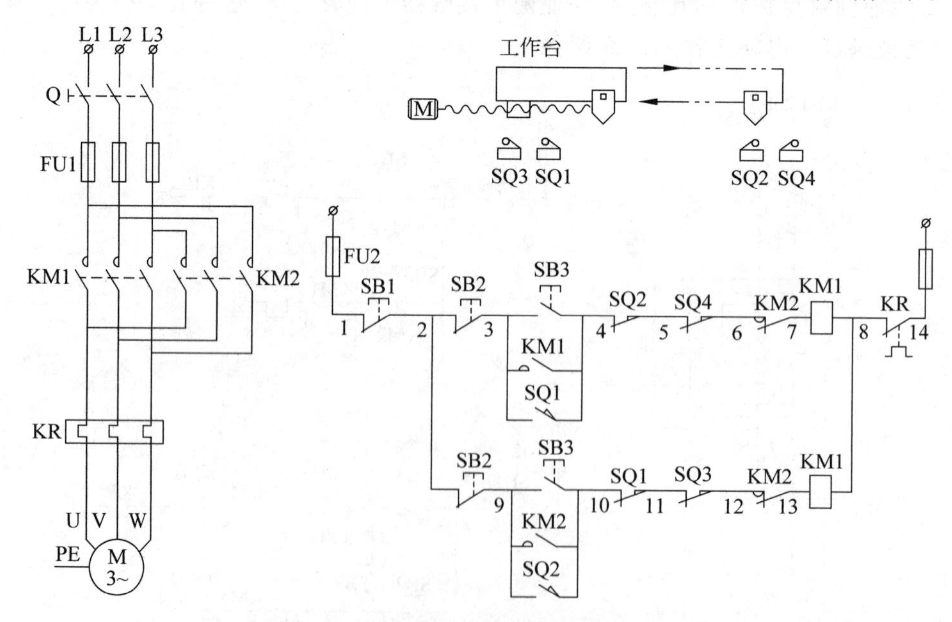

图 2-9 具有自动往返的可逆旋转电路

合上电源开关 Q，按下正转启动按钮 SB2，KM1 通电吸合并自锁，KM1 主触头闭合，电动机正转，带动工作台运动部件右移。当运动部件移至右端预定位置，挡块碰到 SQ2 时，将 SQ2 压下，SQ2 常闭触点(4-5)断开，KM1 线圈断电，触点复位，电动机正转停止，同时 SQ2 常开触点(9-10)闭合,KM2 线圈通电并自锁,此时电动机由正向旋转变为反向旋转,带动运动部件向左移动,直到压下 SQ1 限位开关,电动机由反转又变成正转,这样驱动运动部件进行往复的循环运动。电路中 SQ3 和 SQ4 作为限位保护。

2.2.3　点动与连续运行混合控制电路

在生产实践中,机械设备有时需要长时间运行,有时需要间断工作,因而控制电路需要有连续工作和点动两种工作状态。

图 2-10 所示为电动机点动与连续运行控制电路。其中图 2-10(a)所示为主电路,图 2-10(b)、图 2-10(c)、图 2-10(d)所示均为既可以点动又可以连续运行的控制电路。电路工作原理介绍如下。

图 2-10(b)所示电路为采用两个按钮,分别实现连续与点动的控制电路,SB2 为连续运转启动按钮,SB3 为点动启动按钮。当按动按钮 SB2 时,接触器 KM 得电,KM 的常开辅助触点(2-5)闭合,与复式按钮 SB3 的常闭触点(5-3)串联组成自锁电路,电动机能够连续运行。而按下点动按钮 SB3 时,SB3 的常开触点(2-3)闭合,接触器 KM 线圈得电,电动机工作,SB3 常闭触点(5-3)断开,自锁电路断开,KM 的常开触点(2-5)虽闭合而不能自保,当松开按钮 SB3 时,SB3 的常开触点先断开,常闭触点后闭合,等 SB3 的常闭触点闭合时,接触器的常开触点已经断开,因而没有自锁功能,电动机停止运行,因此该电路实现电动机的点动运行。

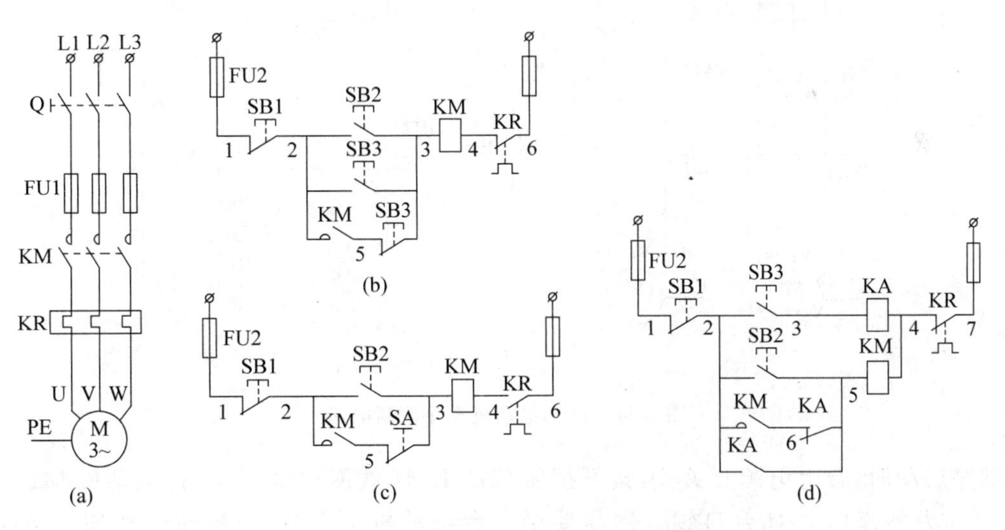

图 2-10　电动机点动与连续运行控制电路

图 2-10(c)中,由手动开关 SA 选择点动或连续运行。合上电源开关 Q,接通电源,SA 闭合,按下启动按钮 SB2,接触器 KM 线圈得电,KM 常开辅助触点(2-5)闭合,实现自锁,KM 主触头闭合,电动机连续运行,按下停止按钮 SB1,KM 线圈断电释放,KM 主触头断开,电动机停止运行;断开 SA,按下启动按钮 SB2,接触器 KM 线圈得电,电动机运行,由于支路(5-3)断开,没有自锁,松开按钮 SB2,KM 线圈断电,因此电动机实现点动。

图 2-10(d)所示电路采用中间继电器 KA 进行控制。SB2 为连续运转启动按钮,SB3 为点动启动按钮。按下 SB3 时,KA 线圈得电,KA 的常开触点(2-5)闭合,使接触器 KM 线圈得电,电动机运行,同时 KA 的常闭触点(6-5)断开,切断自锁电路,松开 SB3,KA 线圈断电,KA 的触点复位,KM 线圈断电,电动机停止运行,实现点动。若按下 SB2 时,接触器 KM 线圈得

电并自锁，电动机连续运行。

2.2.4 顺序与多地控制电路

1. 顺序控制电路

目前，生产机械上已广泛采用多台电动机拖动，即在一台生产机械上采用几台，甚至十几台电动机拖动各个部件，而各个运动部件之间是相互联系的，为实现复杂的工艺要求和保证可靠地工作，各部件常常需要按一定的顺序工作。使用机械方法来完成这项工作将使机构异常复杂，有时还不易实现，而采用电气控制却极为简单。

图 2-11 所示为两台电动机顺序控制电路。该图所示电路能实现电动机 M1 先启动，而后 M2 才能启动；M1、M2 同时停止。

图 2-11(b)所示为按钮实现的顺序启动电路。SB1 为总停止按钮，SB2 为第一台电动机的启动按钮，SB3 为第二台电动机的启动按钮，SB4 为第二台电动机的停止按钮，KR1、KR2 为热继电器。KM1、KM2 分别控制第一台、第二台电动机。

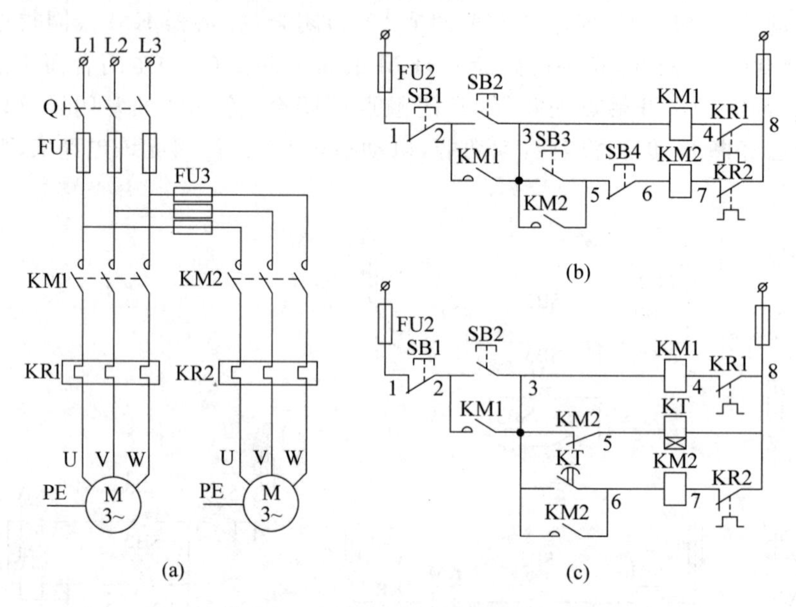

图 2-11 两台电动机顺序控制电路

顺序启动时，合上电源开关 Q，按下按钮 SB2，KM1 线圈得电，第一台电动机 M1 工作，KM1 的常开触点(2-3)闭合自锁。到需要第二台电动机工作时，只要按下按钮 SB3，KM2 线圈便得电并自锁，第二台电动机 M2 启动工作。按下按钮 SB1，两台电动机同时停止。在需要第二台电动机单独停止时，再按下按钮 SB4，KM2 线圈断电，M2 电动机可以停止运行。

如果第二台电动机需要在第一台电动机启动后定时启动，可采用图 2-11(c)所示电路。

启动时，合上电源开关 Q，按下按钮 SB2，KM1 线圈得电并自锁，电动机 M1 工作。同时 KT 线圈得电，延时一定的时间，KT 的延时常开触点(3-6)闭合，使 KM2 的线圈得电并自锁，M2 电动机启动工作。KM2 的常闭触点(3-5)断开，将时间继电器断电。按下停止按钮 SB1，两台电动机同时停止。

2. 多地控制电路

对于大型机床，为了操作的方便，常常要求在两个或两个以上的地点都能进行操作。实现这种要求的电路如图 2-12 所示。即在各操作地点各安装一套按钮，其接线的组成原则是各启动按钮的常开触点并联，而各停止按钮的常闭触点串联。

在图 2-12 所示的两地两点控制电路中，只要按下按钮 SB3 或 SB4，KM 线圈都可以得电，电动机都能够启动；按下 SB1 或 SB2，KM 线圈都可以失电，电动机都能够停止。

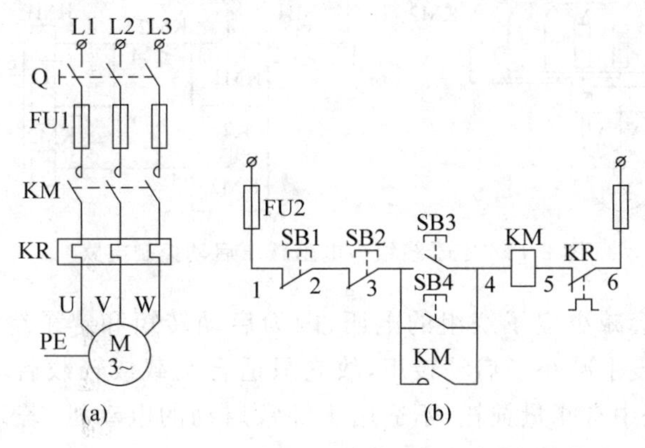

图 2-12 多地控制电路

课题 2.3 三相笼型电动机减压启动控制电路

三相笼型电动机直接启动控制电路具有电路简单、经济、操作方便等优点。但对于容量较大的电动机来说，由于启动电流大，电网电压波动大，为限制电动机较大的启动电流对电网的影响，一般采用减压启动的方式启动。

所谓减压启动，即在启动时将电源电压适当降低，再加到电动机定子绕组上，启动完毕再将电压恢复到额定值运行，以减小启动电流对电网和电动机本身的冲击。

机床上常用的减压启动方法有定子串电阻减压启动、Y-△减压启动、自耦变压器减压启动、延边三角形减压启动等。

2.3.1 定子绕组串接电阻（或电抗）的减压启动控制

三相笼形感应电动机定子绕组串电阻启动不受电动机接线形式的限制，其设备简单、经济，故获得广泛应用。

在电动机定子端串联电阻实现降压启动的方式，即在电动机启动时，将电阻串入定子电路，使启动电流减小；待转速上升到一定程度后，将启动电阻切除，使电动机在额定电压下运行。

图 2-13 所示为定子绕组串电阻减压启动控制电路。Q 为电源开关，KM1 为电动机启动时的接触器，KM2 为电动机正常运行时的接触器，Rst 为启动电阻，KT 为从启动到正常运行时的转换时间继电器。电路工作原理介绍如下。

合上电源开关 Q，按下启动按钮 SB2，KM1 线圈得电并自锁，KM1 主触头闭合，电动机串联电阻 Rst 后启动；KM1 常开触点(2-3)闭合，KT 线圈得电，时间继电器开始延时，延时时间到达后，KT 延时常开触点(2-5)闭合，KM2 线圈得电并自锁，KM2 主触点闭合，短接电阻，电动机全压运行。KM2 的常闭触点(3-4)断开，KM1、KT 线圈断电释放，也就是说，电动机在正常工作时，只有 KM2 吸合。这样既保证了工作可靠，又节约了电能。

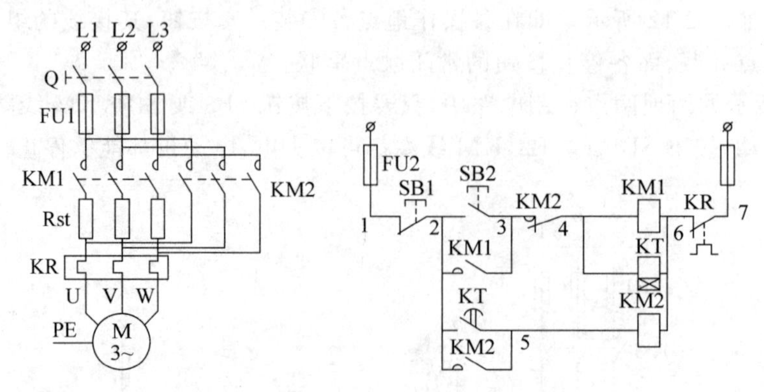

图 2-13　定子绕组串电阻减压启动控制电路

在定子串入电阻,会减小定子绕组的电压,因为启动转矩和定子绕组的电压的平方成正比,这种方法在很大程度上减小了启动转矩,故它只适合空载或轻载启动的场合。另外,由于串接的电阻在启动过程中有能量损耗,不适用于经常启动的电动机,若采用电抗代替电阻,可以减少能量损耗,但是所需设备费用较高,且体积大。

2.3.2 自耦变压器减压启动控制

电动机自耦变压器减压启动是将自耦变压器一次侧接在电网上,启动时定子绕组接在自耦变压器的二次侧上。这样,启动时电动机接入的电压为自耦变压器的二次电压。待电动机转速接近电动机的额定转速时,再将电动机定子绕组接在电网上,即电动机在额定电压上进入正常运转。这种减压启动方式适用于较大容量电动机的空载或轻载启动。自耦变压器二次绕组一般有 3 个抽头,用户可根据电网允许的启动电流和机械负载所需的启动转矩来选择。

图 2-14 所示为 XJ01 系列的自耦减压启动控制电路图。图中 KM1 为减压启动接触器,KM2 为全压运行接触器,KA 为中间继电器,KT 为减压启动时间继电器,HL1 为电源指示灯,HL2 为减压启动指示灯,HL3 为正常运行指示灯。表 2-2 列出了部分 XJ01 系列自耦减压启动器技术数据。电路工作原理介绍如下。

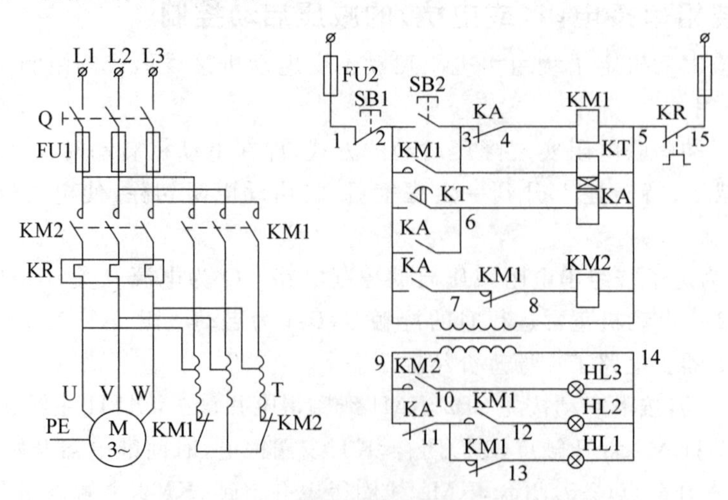

图 2-14　XJ01 系列自耦减压启动控制电路

表 2-2　XJ01 系列自耦减压启动器技术数据

型　　号	被控制电动机功率/kW	最大工作电流/A	自耦变压器功率/kW	电流互感器电流比	热继电器整定电流/A
XJ01—14	14	28	14	—	32
XJ01—20	20	40	20	—	40
XJ01—28	28	58	28	—	63
XJ01—40	40	77	40	—	85
XJ01—55	55	110	55	—	120
XJ01—75	75	142	75	—	142
XJ01—80	80	152	115	300/5	2.8
XJ01—95	95	180	115	300/5	3.2
XJ01—100	100	190	115	300/5	3.5

合上电源开关 Q，HL1 灯亮，表明电源电压正常。按下启动按钮 SB2，KM1、KT 线圈同时通电并自锁，将自耦变压器接入，电动机由自耦变压器二次电压供电做减压启动，同时指示灯 HL1 灭，HL2 灯亮，显示电动机正进行减压启动。当电动机转速接近额定转速时，时间继电器 KT 延时闭合触点(2-6)闭合，使 KA 线圈通电并自锁，KA 常闭触点(3-4)断开 KM1 线圈电路，KM1 线圈断电释放，将自耦变压器从电路切除；KA 的另一对常闭触点(9-11)断开，HL2 指示灯灭；KA 的常开触点(2-7)闭合，使 KM2 线圈通电吸合，电源电压全部加在电动机定子上，电动机在额定电压下进入正常运转，同时 HL3 指示灯亮，表明电动机减压启动结束，电动机在额定电压下正常运行。由于自耦变压器星形连接部分的电流为自耦变压器一、二次电流之差，故用 KM2 辅助触点来连接。

2.3.3　星形-三角形(Y-△)减压启动控制电路

对于正常运行时三相定子绕组接成三角形运转的三相笼型感应电动机，都可采用Y-△减压启动。启动时，定子绕组先接成星形，待电动机转速上升到接近额定转速时，将定子绕组接成三角形，电动机便进入全压下的正常运行。由于启动时每相绕组的电压下降到正常工作电压的 $1/\sqrt{3}$，故启动电流则下降到全压启动时的 1/3，其启动转矩也只有全压启动时的 1/3，所以该启动方式一般只适用于轻载启动。

Y-△启动电路有多种，现仅介绍两个有代表性的电路，如图 2-15 所示，其中图 2-15(a)为用于 13kW 以下电动机的启动电路，图 2-15(b)为用于 13kW 以上电动机的启动电路。

① 用于 13kW 以下电动机启动电路的工作原理如下。合上图 2-15(a)所示电路的电源开关 Q，为启动做准备。按下启动按钮 SB2，KM1、KT 线圈同时通电吸合并自保，KM1 主触头闭合接入三相交流电源，由于触点 KM1(8-9)断开，使 KM2 线圈处于断电状态，电动机联结成Y形，减压启动并升速。当电动机转速接近额定转速时，时间继电器 KT 动作，触点 KT(3-7)断开，触点 KT(3-8)闭合。前者使 KM1 线圈断电释放，其主触头断开，切断电动机电源，而触点 KM1(8-9)闭合。KT(3-8)的闭合，使 KM2 线圈通电吸合并自锁，其主触头将电动机定子联结成△形，其辅助触点断开，使电动机三相绕组末端脱离短接状态，同时触点 KM2(3-4)断开，使 KT 线圈断电释放。由于触点 KT(3-7)闭合，使 KM1 线圈重新通电吸合，于是电动机在△接线下全压运转。

由于电动机主电路中采用 KM2 常闭辅助触点来短接电动机三相绕组末端，其触头容量

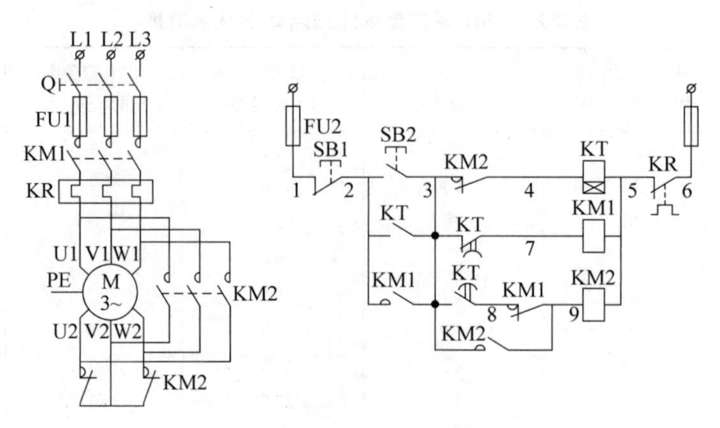

(a) 13kW以下电动机Y-△启动控制电路

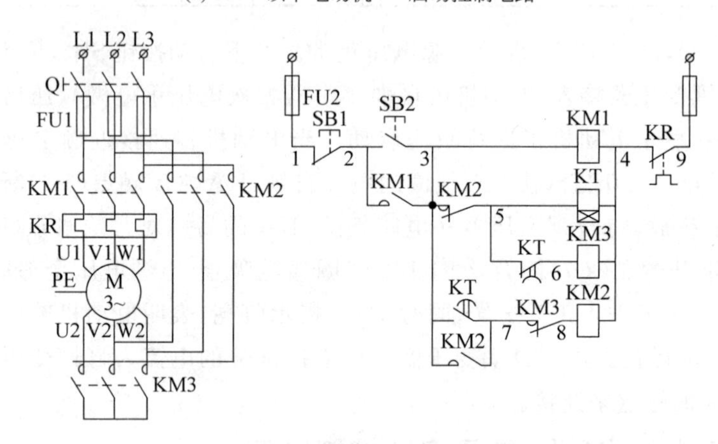

(b) 13kW以上电动机Y-△启动控制电路

图 2-15 电动机Y-△启动控制电路

有限,故该控制电路仅适用于13kW以下电动机的启动控制。该控制电路在Y-△切换过程中,为避免KM2常闭辅助触点通过较大电流,先将KM1线圈断电,再由KM2完成Y-△转换后KM1线圈再次通电,对KM2的辅助常闭触点起到了保护作用。

② 用于13kW以上电动机启动电路的工作原理如下。

合上图2-15(b)所示电路的电源开关Q,按下启动按钮SB2,KM1、KT、KM3线圈通电并自锁,电动机三相定子绕组接成星形,电动机减压启动;当电动机的转速接近额定转速时,时间继电器KT动作,KT的常闭触点(5-6)断开,KM3线圈断电释放;同时KT常开触点(3-7)闭合,KM2线圈通电吸合并自锁,电动机绕组接成三角形全压运行。当KM2通电吸合后,KM2常闭触点(3-5)断开,使时间继电器KT线圈断电,避免时间继电器长期工作。KM2常闭触点(3-5)和KM3常闭触点(7-8)为互锁触点,以防止同时得电造成电源短路。

由于该电路所控制的电动机功率较大,为降低成本,将热继电器接于三角形内部。

常用的自动Y-△启动器有QX3系列和QX4系列,QX4系列自动Y-△启动器技术数据见表2-3。

表 2-3　QX4 系列自动Y-△启动器技术数据

型　号	被控制电动机功率/kW	额定电流/A	热继电器整定电流/A	时间继电器整定值/s
QX4-17	13 17	26 33	15 19	11 13
QX4-30	22 30	42.5 58	25 34	15 17
QX4-55	40 55	77 105	45 61	20 24
QX4-75	75	142	85	30
QX4-125	125	260	100～160	14～60

2.3.4　延边三角形减压启动控制电路

前面介绍的Y-△减压启动可以在不增加专用启动设备的情况下实现减压启动，不足的是启动转矩太小，只为额定电压下启动转矩的 1/3。如果要求兼取星形连结启动电流小、三角形连结启动转矩大的优点，则可以采用延边三角形减压启动法。

延边三角形减压启动适用于定子绕组特别设计的电动机。这种电动机的定子每相绕组有 3 个端子，整个定子绕组共有 9 个出线端，其端子的连结方式如图 2-16 所示。

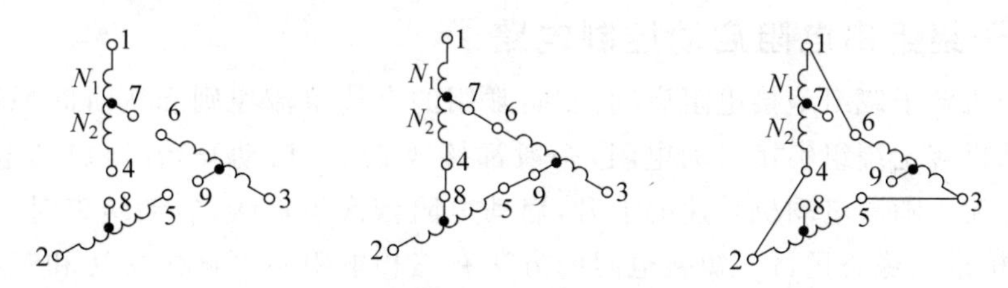

图 2-16　延边三角形-三角形端子的连结方式

启动时，将电动机定子绕组接成延边三角形，启动结束后，再换成三角形接法，转入全压运行。控制电路如图 2-17 所示。

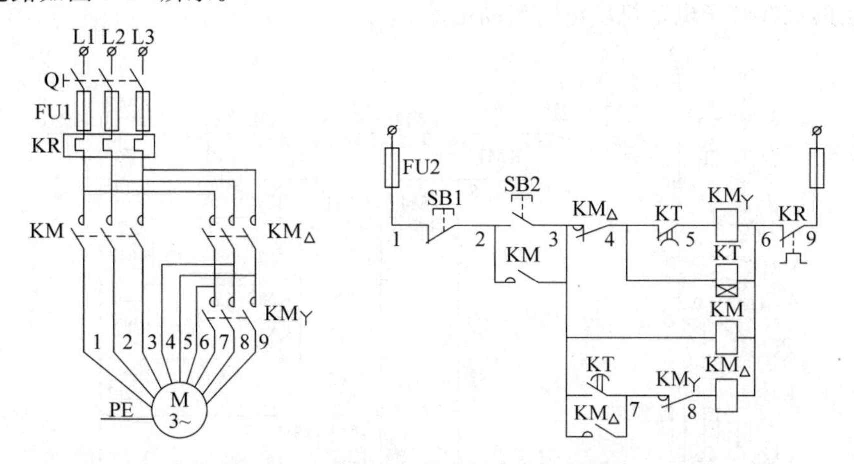

图 2-17　延边三角形减压启动控制电路

Q 为电源开关，SB1 为停止按钮，SB2 为启动按钮，KM_Y 为延边三角形连结接触器，KM 为电路接触器，$KM_△$ 为三角形连结接触器，KT 为时间继电器。电路工作原理介绍如下。

合上电源开关 Q，按下启动按钮 SB2，KM 线圈得电并自锁，KM 主触头闭合，电动机定子绕组端子 1、2、3 接电源；KM_Y线圈得电，KM_Y主触头闭合，电动机绕组端子 4、5、6 与端子 8、9、7 相接，电动机接成延边三角形减压启动；KT 线圈得电，延时后，延时断开常闭触点(4-5)断开，KM_Y线圈断电，延时闭合常开触点(3-7)闭合，$KM_\triangle$线圈得电，$KM_\triangle$主触头闭合，电动机绕组端子 1-6、2-4、3-5 连接成三角形，电动机全压运行。

停止时，按下 SB1，KM、$KM_\triangle$线圈断电，电动机断电停止。

延边三角形减压启动，其启动转矩大于Y-△降压启动的转矩，不需要专门的启动设备，电路结构简单，但电动机引出线多(有 9 个出线头)，制造难度相对要大些，在一定程度上限制了它的使用范围。

课题 2.4　三相绕线转子感应电动机启动控制电路

对于三相笼型感应电动机来说，在容量较大且需要重载启动的场合，增大启动转矩与限制启动电流的矛盾十分突出。为此，在桥式起重机等要求启动转矩大的设备中，常采用绕线转子电动机。

绕线转子电动机可以在转子绕组中通过集电环串接外加电阻或频敏变阻器启动，达到减小启动电流、提高转子电路功率因数和增大启动转矩的目的。

2.4.1　转子绕组串电阻启动控制电路

绕线电动机转子绕组串接电阻启动控制，常用的有按电流原则和按时间原则两种控制电路。绕线电动机转子绕组串接启动电阻，一般都接成Y形。启动开始时，启动电阻全部接入，以减少启动电流。随着电动机转速的上升，启动电阻依次被短接，启动结束时，启动电阻全部被短接，电动机进入稳态运行。短接电阻的方法有三相电阻不平衡短接法和三相电阻平衡短接法两种。所谓不平衡短接法是每一相的各级启动电阻是轮流被短接的。而平衡短接法是三相中的各级启动电阻同时被短接。本节仅介绍用接触器控制平衡短接转子启动电阻的电路。

图 2-18 所示为按时间原则控制的绕线转子电动机串电阻启动电路。图 2-19 所示为按电流原则控制的绕线转子电动机串电阻启动电路。

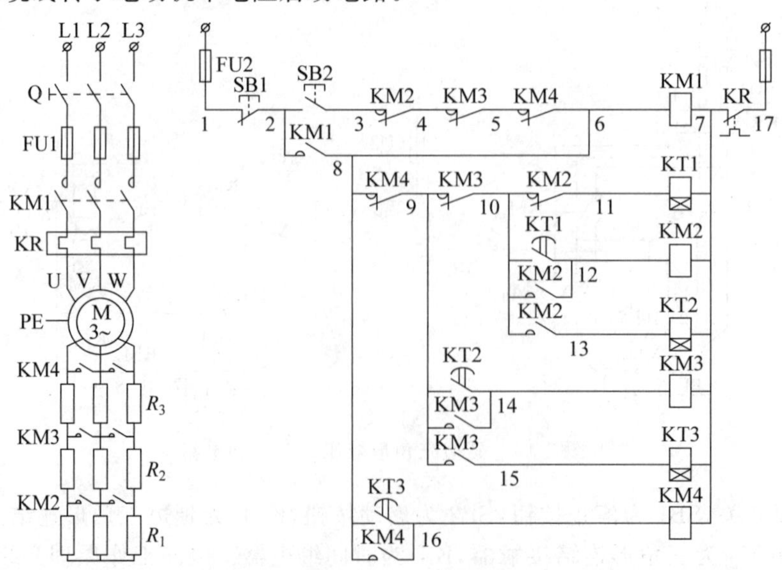

图 2-18　按时间原则控制的绕线转子电动机串电阻启动电路

图 2-18 所示中，R_1、R_2、R_3 为启动电阻，KM1 为电路接触器，KM2、KM3、KM4 为短接电阻启动接触器，KT1、KT2、KT3 为短接电阻时间继电器。电路工作原理介绍如下。

合上电源开关 Q，按下启动按钮 SB2，接触器 KM1 线圈得电并自锁，电动机在串入全部电阻的情况下启动。KM1 线圈通电后，时间继电器 KT1 线圈经 KM1 自锁触点(2-8)通电吸合，经过一段时间延时后，KT1 延时闭合的常开触点(10-12)闭合，使接触器 KM2 线圈通电并自锁，KM2 主触头闭合，切除启动电阻 R_1；KM2 的一对常闭辅助触点(10-11)断开，切断时间继电器 KT1 线圈回路；KM2 的一对常开辅助触点(10-13)闭合，接通时间继电器 KT2 线圈电路，KT2 通电吸合，经过一段时间延时后，KT2 延时闭合的常开触点(9-14)闭合，使接触器 KM3 线圈通电并自锁，KM3 主触头闭合，切除启动电阻 R_2；KM3 的一对常闭辅助触点(9-10)断开，使 KM2、KT2、KT1 线圈电路断开；KM3 的一对常开辅助触点(10-14)闭合，接通时间继电器 KT3 线圈电路，KT3 通电吸合，经过一段时间延时后，KT3 延时闭合的常开触点(8-16)闭合，使接触器 KM4 线圈通电并自锁。KM4 主触头闭合，切除全部启动电阻；KM4 的一对常闭辅助触点(8-9)断开，使 KM2、KT2、KT3、KM3 线圈电路断开。停止时，按下停止按钮 SB1 即可。

值得注意的是，电动机启动后进入正常运行时，只有 KM1、KM4 两个接触器长期处于通电状态，而 KT1、KT2、KT3、KM2、KM3 线圈的通电时间均压缩到最低限度，这样可以节省电能，延长电器元件的使用寿命，更重要的是减少电路故障，保证电路安全可靠地工作。但电路也存在一些问题，如果时间继电器损坏，电路无法实现电动机的正常启动和运行；在启动过程中，由于逐级短接电阻，将使电动机电流与电磁转矩突然增大，产生机械冲击。

图 2-19 中所示的 KA1、KA2、KA3 为欠电流继电器，其线圈串接在电动机转子电路中，并调节其吸合电流相同，而释放电流不同，其中 KA1 释放电流最大，KA2 次之，KA3 释放电流最小。刚启动时，启动电流较大，KA1、KA2、KA3 同时吸合动作，使全部电阻接入。随着转速升高，电流减小，KA1、KA2、KA3 依次释放，分别短接电阻，直到转子串接电阻全部短接。电路工作原理介绍如下。

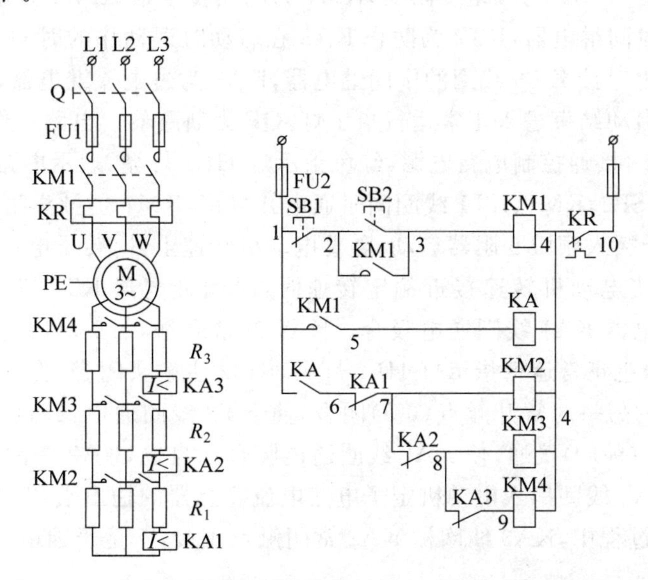

图 2-19　按电流原则控制的绕线转子电动机串电阻启动电路

合上电源开关 Q，按下启动按钮 SB2，KM1 线圈得电并自锁，KM1 主触头闭合，电动机转子串接全部电阻启动。KM1 辅助常开触点(2-3)闭合，中间继电器 KA 线圈得电，为 KM2、

KM3、KM4 通电做准备，随着电动机转速升高，转子电流逐渐减小，KA1 最先释放，其常闭触点(6-7)闭合，KM2 线圈得电，主触头闭合，短接第一级电阻 R_1；电动机转速升高，转子电流又减小，KA2 释放，其常闭触点(7-8)闭合，KM3 线圈得电，主触头闭合，短接第二级电阻 R_2；电动机转速再升高，转子电流再减小，KA3 释放，其常闭触点(7-9)闭合，KM4 线圈得电，主触头闭合，短接第三级电阻 R_3，电动机启动过程结束。停止时，按下停止按钮 SB1，KM1、KA、KM2、KM3、KM4 均断电释放，电动机断电停止。

说明：中间继电器 KA 是为保证电动机启动时，转子电路串入全部电阻而设计的。若无 KA，在电动机启动时，转子电流由零上升但不能达到电流继电器的吸合电流值，KA1、KA2、KA3 不能吸合，接触器 KM2、KM3、KM4 同时通电，转子电阻全部被短接，电动机处于直接启动状态。有了 KA，从 KM1 线圈得电到 KA 常开触点闭合需要一段时间，这段时间能保证电流达到最大值，使 KA1、KA2、KA3 全部吸合，其常闭触点全部断开，KM2、KM3、KM4 均断电，确保电动机串入全部电阻启动。

2.4.2 转子绕组串接频敏变阻器启动控制电路

在转子串电阻启动中，由于电阻是逐级切除的，启动电流和转矩突变，产生一定的机械冲击力，而且电阻本身粗笨，体积较大，能耗大，控制电路复杂。频敏变阻器的阻抗能随着电动机转速的上升而自动平滑地减小，使电动机能平稳地启动，常用于较大容量绕线转子电动机的启动。频敏变阻器见课题 1.5。

频敏变阻器启动控制箱(柜)由断路器、接触器、频敏变阻器、电流互感器、时间继电器、电流继电器和中间继电器等元器件组合而成。常用的有 XQP 系列频敏启动控制箱、CTT6121 系列频敏启动控制柜、TG1 系列控制柜等。其中，TG1 系列控制柜广泛应用于冶金、矿山、轧钢、造纸、纺织等厂矿企业。

图 2-20 所示为 TG1-K21 型启动控制柜电路，这可用来控制低压 45～280kW 绕线转子感应电动机的启动。图中 RF 为频敏变阻器，KM1 为电路接触器，KM2 为短接频敏变阻器的接触器，KT1 为启动时间继电器，KT2 为防止 KA3 在启动时误动作的时间继电器，KA1 为启动中间继电器，KA2 为短接 KA3 线圈的中间继电器，KA3 为过电流继电器，HL1 为红色电源指示灯，HL2 为绿色启动结束进入正常运行指示灯，QF 为断路器。电路工作原理介绍如下。

合上断路器 QF，接通控制电路电源，红色指示灯 HL1 灯亮，表示电路电压正常。

按下启动按钮 SB2，KM1、KT1 线圈同时通电并自锁，KM1 主触头闭合，电动机定子接通三相交流电源，转子接入频敏变阻器启动，随着电动机转速上升，转子电流频率减小，频敏变阻器阻抗随之下降。当电动机转速接近额定转速时，时间继电器 KT1 动作，其延时闭合触点(4-5)接通，中间继电器 KA1 线圈通电吸合。KA1 的常开触点(6-7)闭合，使 KM2 线圈同时通电并自锁，同时绿色正常运行指示灯 HL2 灯亮，KM2 主触头闭合，将频敏变阻器短接，电动机启动结束；KA1 的另一对常开触点(6-8)闭合，使 KT2 线圈通电，经过一段延时后，KT2 动作，其延时闭合触点(9-10)接通，使 KA2 线圈通电吸合并自锁，KA2 常闭触点(主电路)断开，将过电流继电器 KA3 线圈串入电动机定子电路电流互感器的输出端，对电动机进行过电流保护。在电动机启动过程中，KA3 线圈被 KA2 常闭触点短接，不至于因电动机启动电流大从而使 KA3 发生误动作。

时间继电器 KT1 延时时间要略大于电动机的实际启动时间，一般比电动机启动时间多 2～3s 为最佳。过电流继电器 KA3 出厂时按电路接触器 KM1 的额定电流来整定，其使用时，可根据电动机实际负载大小来调整，以便起到过电流速断保护的作用。

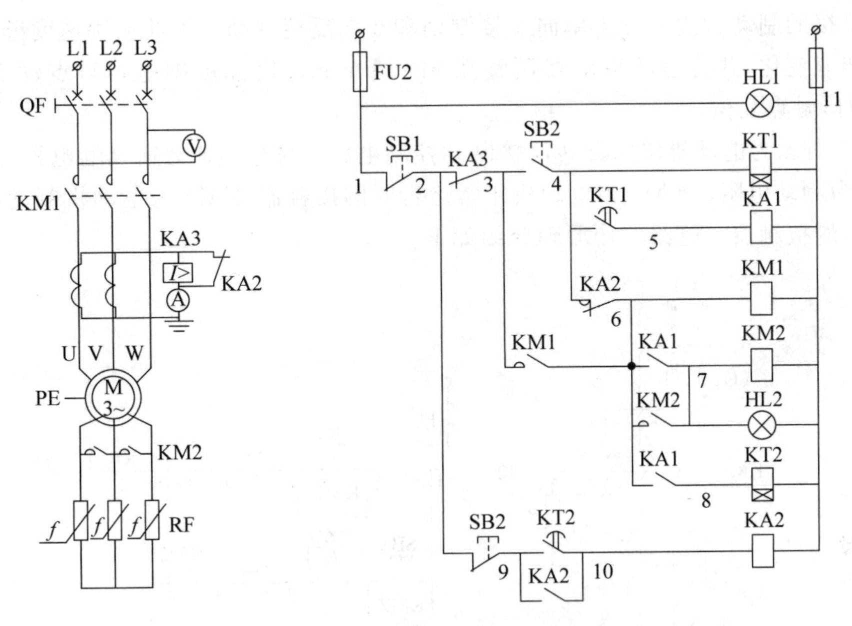

图 2-20　TG1-K21 型启动控制柜电路

频敏变阻器结构简单，占地面积小，运行可靠，无须经常维修，但其功率因数低，启动转矩小，对于要求有低速运转和启动转矩大的机械不宜采用。当电动机反接时，频敏变阻器的等效阻抗最大。在反接制动到反向启动过程中，其等效阻抗随转子电流频率的减小而减小，使电动机在反接过程中转矩也接近恒定。

频敏变阻器尤为适用于反接制动和需要频繁正反转工作的机械。

课题 2.5　三相感应电动机电气制动控制电路

三相感应电动机从切除电源到完全停止，由于机械惯性，总需要经过一定的时间，这往往不能满足生产机械要求迅速停车的要求，也影响生产率的提高。因此，应对电动机进行制动控制，制动控制的方法有机械制动和电气制动。所谓的机械制动是用机械装置产生机械力来强迫电动机迅速停车；电气制动是使电动机的电磁转矩方向与电动机旋转方向相反，起制动作用。电气制动有反接制动、能耗制动、再生制动，以及派生的电容制动等。这些制动方法各有特点，适用不同的场合，本部分介绍几种典型的制动控制电路。

2.5.1　反接制动控制电路

三相感应电动机反接制动有两种情况：一种是在负载转矩作用下使正转接线的电动机出现反转的倒拉反接制动，这一制动不能实现电动机转速为零。另一种是电源反接制动，使电动机转速迅速下降。当电动机转速接近零时应迅速切断三相电源，否则电动机将反向启动。另外，反接制动时，制动电流相当于电动机全压启动时启动电流的 2 倍。一般应在电动机定子电路中串入反接制动电阻。反接制动电阻的接法有对称接法与不对称接法两种。

1. 电动机单向运转反接制动控制电路

如果正常运行时电动机三相电源的相序突然改变，即电源反接，这就改变了旋转磁场的方向，产生一个反向的电磁转矩，在转速下降接近于零时，迅速将三相电源切除，以免引起反向启动。电源反接的制动方式又分为单向反接制动和双向反接制动。为此采用速度继电器来检测电动机的转速变化，并将速度继电器调整在 $n>130$r/min 时速度继电器触点动作，而当 $n<100$r/min 时，触点复位。

图 2-21 所示为电动机单向旋转反接制动控制电路。图中 KS 为速度继电器，和电动机同轴安装，R 为制动电阻。KM1 为电动机正常运行时的接触器，KM2 为电动机制动时将电动机电源反接时的接触器。电路工作原理介绍如下。

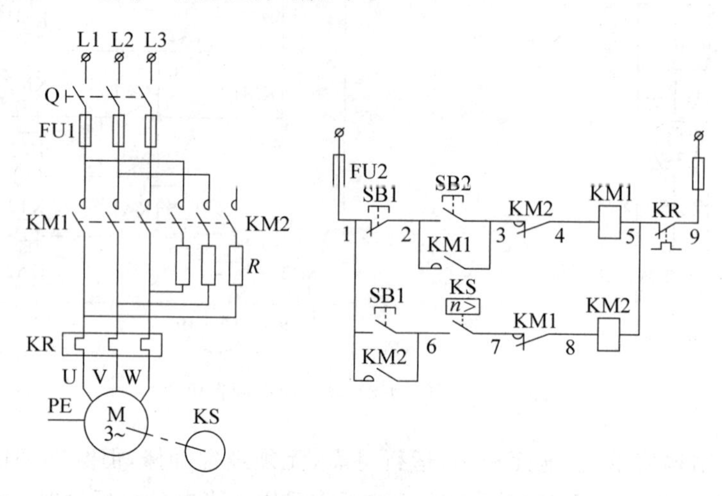

图 2-21　电动机单向旋转反接制动控制电路

合上电源开关 Q，按下启动按钮 SB2，接触器 KM1 线圈得电，KM1 的常开触点(2-3)闭合并自锁，电动机正常运行，速度继电器 KS 的常开触点(6-7)闭合，为制动做准备；当按下停止按钮 SB1 时，接触器 KM1 线圈断电，同时 KM2 线圈得电并自锁，电动机电源反接，反向磁场产生一个制动转矩，电动机的转速迅速降低，当转速低于 100r/min 时，速度继电器的常开触点(6-7)断开，接触器 KM2 线圈断电，反接制动完成，电动机停止运行。

由于反接制动时电流很大，因此鼠笼式电动机常在定子电路中串接电阻；绕线式电动机则在转子电路中串接电阻。反接制动时的控制可以不用速度继电器，而改用时间继电器。如何控制，读者可以自己思考。

2. 电动机可逆运行反接制动电路

图 2-22 所示为电动机可逆运行反接制动电路。

图中 KM1、KM2 为电动机正反转接触器，KM3 为短接制动电阻接触器，KA1、KA2、KA3 为中间继电器，KS 为速度继电器，其中，KS-1 为正转触点，KS-2 为反转触点，R 为反接制动电阻。电阻 R 具有限制启动电流和反接制动电流的双重作用；停车制动时必须将停止按钮 SB1 按到底，否则将无反接制动效果。电路图工作原理介绍如下。

合上电源开关 Q，按下正转启动按钮 SB2，控制正转的接触器 KM1 线圈通电并自锁，电动机定子串入电阻 R，电动机正向减压启动，当电动机转速 $n>130$r/min 时，速度继电器动作，其正转触点 KS-1(1-11)闭合，使 KM3 线圈通电，短接电阻，电动机在全压下正转运行。

当电动机在正转运行状态下须停车时，按下停止按钮 SB1，其常闭触点(1-2)断开，KM1、KM3 线圈相继断电释放，电动机正向电源切断。当按钮 SB1 的常开触点(1-17)闭合时，KA3 线圈通电，KA3 的常闭触点(12-13)再次切断 KM3 电路，确保 KM3 线圈处于断电状态，保证反接制动电阻的接入；KA3 另一常开触点(11-15)闭合，由于此时电动机因惯性使其转速仍大

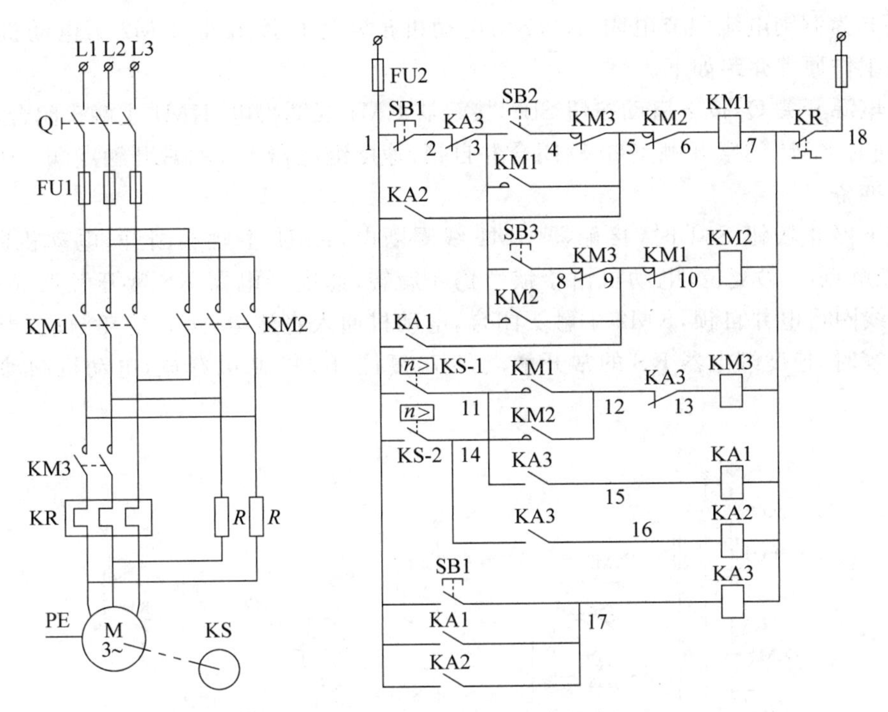

图 2-22　电动机可逆运行反接制动电路

于速度继电器的释放值,触点 KS-1(1-11)仍处于闭合状态,从而使 KA1 线圈经 KS-1 触点(1-11)通电吸合,KA1 的常开触点(1-17)闭合,确保停止按钮 SB1 松开后 KA3 线圈仍保持通电状态,KA1 的另一常开触点(1-9)闭合,又使 KM2 线圈通电。电动机定子串入反接制动电阻,且电源相序反接,实现反接制动,使电动机转速迅速下降,当电动机转速低于 100r/min 时,速度继电器释放,触点 KS-1(1-11)复位,KA1、KA3、KM2 线圈相继断电,反接制动结束,电动机停止。

电动机反向启动和反接制动停车时 ,控制电路工作情况与上述情况相似,读者可自行分析。

电动机反接制动效果与速度继电器触点反力弹簧调整的松紧程度有关。当反力弹簧调得过紧时,过早切断反接制动电路,使反接制动效果明显减弱;若反力弹簧调得过松,则速度继电器触点断开过于迟缓,使电动机制动停止后可能出现短时反转现象。因此,必须适当调整速度继电器反力弹簧的松紧程度。

反接制动的优点是制动力矩大,制动效果好。但电动机在反接制动时旋转磁场的相对速度很大,对传动部件的冲击大,能量消耗也大,只适用于不经常启动、制动的设备,如铣床、镗床、中型车床主轴等。

2.5.2　能耗制动控制电路

能耗制动也称直流制动,它是在运行中的电动机需停车时,首先切断交流电源,然后将一直流电源接入电动机定子绕组,以获得大小和方向不变的恒定磁场,从而产生一个与电动机实际旋转方向相反的制动转矩以实现制动。当电动机转速下降到零时,再切除直流电源。根据制动控制的原则,有时间继电器控制与速度继电器控制两种形式。

1. 按速度原则控制的电动机单向运行能耗制动电路

图 2-23 所示为电动机单向旋转能耗制动控制电路。图中 KS 为速度继电器,和电动机同

轴安装，RP 为制动电流调节电阻，KM1 为电动机正常运行接触器，KM2 为电动机制动接触器。电路工作原理介绍如下。

合上电源开关 Q，按下启动按钮 SB2，接触器 KM1 线圈得电，KM1 主触头闭合，电动机正常运行，同时 KM1 的常开触点(2-3)闭合并自锁，速度继电器 KS 的常开触点(6-7)闭合，为能耗制动做准备。

当按下停止按钮 SB1 时，接触器 KM1 线圈断电，KM1 主触头断开，电动机断电，同时 KM1 互锁触点(7-8)复位，电动机由于惯性仍在旋转，速度继电器 KS 常开触点(6-7)仍在闭合，KM2 线圈得电并自锁，KM2 主触头闭合，电动机通入直流电，进行能耗制动，当电动机的转速接近零时，速度继电器 KS 的常开触点(6-7)复位，KM2 断电释放，电动机制动结束停止运行。

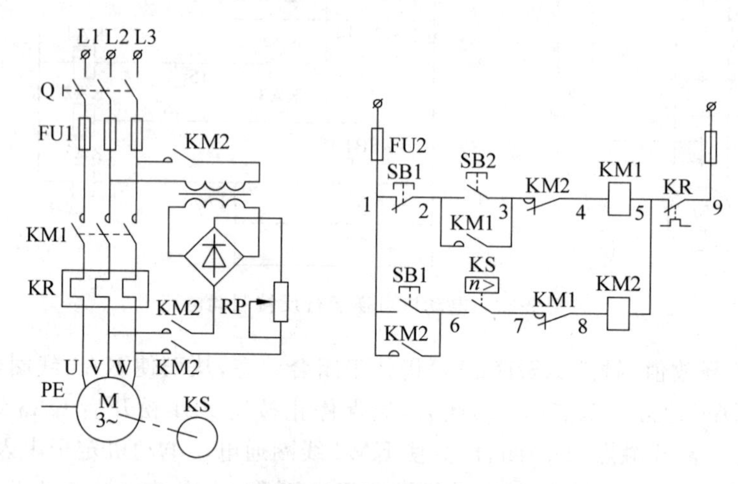

图 2-23 电动机单向旋转能耗制动控制电路

2. 按时间原则控制电动机单向运行能耗制动控制电路

图 2-24 所示为按时间原则控制电动机单向运行能耗制动控制电路。图中，整流装置由变压器和整流元件组成，提供制动用整流直流电。KM2 为制动用接触器，KT 为时间继电器，控制制动时间的长短。SB2 为启动按钮，SB1 为停止按钮。电路工作原理介绍如下。

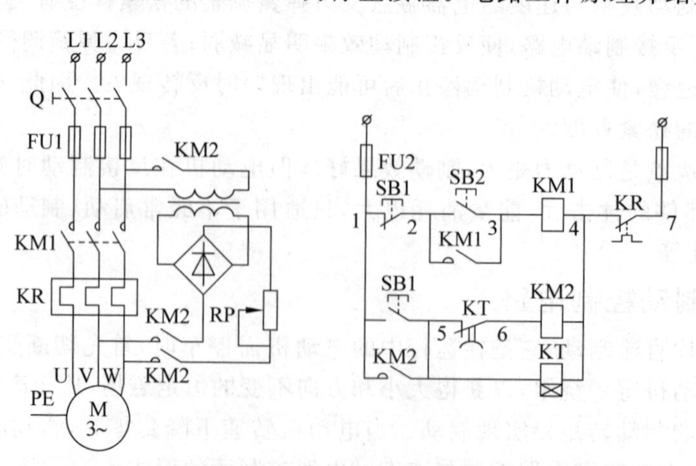

图 2-24 按时间原则控制电动机单向运行能耗制动控制电路

启动时,合上电源开关 Q 接通电源,按下启动按钮 SB2,KM1 线圈得电并自锁,KM1 主触点闭合,电动机 M 启动运行。

停止时,按下停止按钮 SB1,SB1 的常闭触点(1-2)断开,KM1 线圈断电,KM1 主触头断开,电动机断电,靠惯性运转;SB1 的常开触点(1-5)闭合,KM2 线圈得电,KM2 主触头闭合,直流电通入电动机定子绕组,电动机进入能耗制动过程;同时,KT 线圈得电,开始延时,延时时间到达后,KT 常闭触点(5-6)断开,KM2 线圈断电,KM2 主触头断开,切断电动机直流电源,制动结束,电动机停止运行。

3. 按时间原则控制电动机可逆运行能耗制动控制电路

图 2-25 所示为按时间原则控制电动机可逆运行能耗制动控制电路。图中,接触器 KM1、KM2 分别控制电动机的正反转,KM3 用于接通直流电源。SB2 为正转启动按钮,SB3 为反转启动按钮,SB1 为停止按钮。电路工作原理介绍如下。

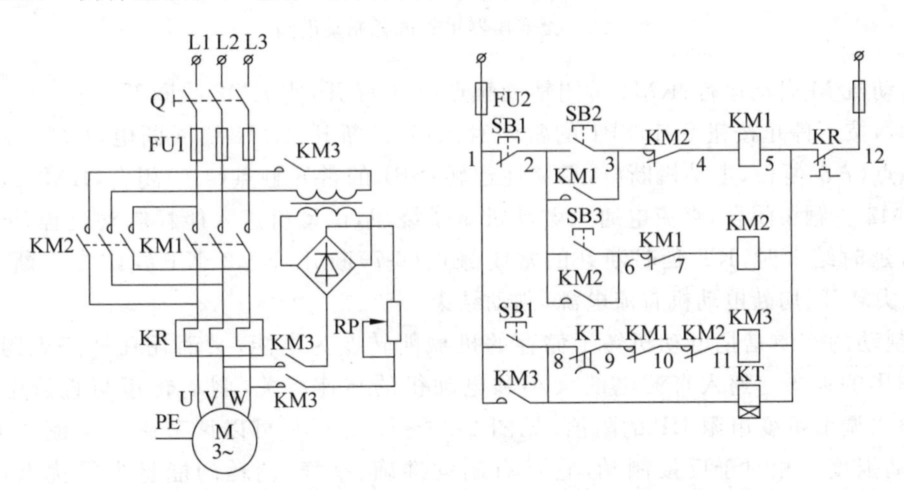

图 2-25　按时间原则控制电动机可逆运行能耗制动控制电路

合上电源开关 Q,按下正转启动按钮 SB2,控制正转的接触器 KM1 线圈得电并自锁,电动机正转运行。停止时,其制动过程如下:按下停止按钮 SB1,SB1 的常闭触点(1-2)先断开,KM1 线圈断电,其主触头断电释放,切断电动机电源;SB1 常开触点(1-8)后闭合,KM3 线圈得电并自锁,KM3 主触头闭合,电动机定子绕组通入直流电,对电动机进行正向能耗制动;同时 KT 线圈得电,开始延时,当电动机转速接近零时,KT 延时断开的常闭触点(8-9)断开,KM3、KT 线圈相继断电释放,电动机制动结束。

电动机处于反向运行时的能耗制动过程与正向运行时类同,请读者自行分析。

按时间原则控制的能耗制动,一般适用于负载转矩和负载转速较为稳定的电动机,这样对时间继电器的调整值比较固定。而对于那些能够通过传动系统来实现负载速度变换的生产机械,采用速度原则控制较为合适。

4. 无变压器的单管能耗制动电路

上述能耗制动控制电路均需要变压器降压、全波整流,其制动效果较好,对于功率较大的电动机则应采用三相整流电路,所需设备多,投资成本高。而对于 10kW 以下的电动机,在制动要求不高的场合,为减少设备,降低成本,减小体积,可采用无变压器的单管能耗制动。图 2-26 所示为无变压器单管能耗制动电路。电路工作原理介绍如下。

启动时,合上电源开关 Q 接通电源,按下启动按钮 SB2,KM1 线圈得电并自锁,KM1 主触

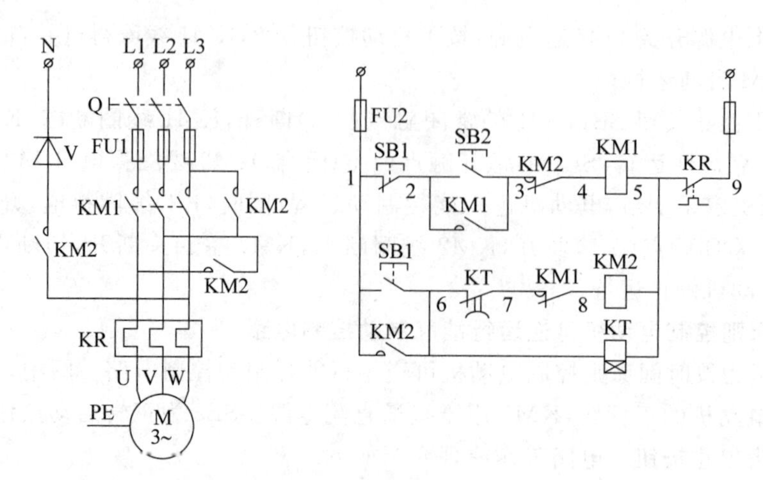

图 2-26　无变压器单管能耗制动电路

头闭合，电动机 M 启动运行；KM1 常闭辅助触点(7-8)断开，使 KM2 线圈不得电。

制动时，按下停止按钮 SB1，SB1 的常闭触点(1-2)断开，KM1 线圈断电，KM1 主触头断开，辅助触点(7-8)复位，电动机断电，靠惯性运转；SB1 的常开触点(1-6)闭合，KM2 线圈得电并自锁，KM2 主触头闭合，直流电通入电动机定子绕组，电动机进入能耗制动过程；同时，KT 线圈得电，延时结束时，KT 延时断开的常闭触点(6-7)断开，KM2、KT 线圈先后断电释放，KM2 主触头断开，切断电动机直流电源，制动结束。

能耗制动的实质是把电动机转子储存的机械能转变为电能，又消耗在回路电阻上。显然，制动作用的强弱与通入直流电的大小和电动机的转速有关(制动转矩与直流电流的平方成正比)。调节可变电阻 RP 的阻值(见图 2-23～图 2-25)，可以调节制动电流的大小，从而调节制动强度。相对于反接制动，它具有制动准确、平稳，消耗的能量少等优点，但需增加一套整流装置。一般来说，能耗制动适用于电动机容量较大、对制动要求较高及启、制动频繁的场合，如磨床、龙门刨床等机床的控制电路中。

2.5.3　电容制动和双流制动控制电路

1. 电容制动

电容制动又称电容器制动，它是再生发电制动的派生制动方法，其主电路如图 2-27 所示。接触器 KM 断开电源后，电动机接线端通过电容器而成闭合状态。电动机在降速过程中，电容器产生的自励电流建立一个磁场，这个磁场与转子感应电流相作用，产生一个与旋转方向相反的制动转矩。紧接着 KM 常闭触点恢复闭合，电动机定子绕组进行短接，实现短接制动。所以这种制动又可称为电容-短接制动。这种制动多用于 10kW 以下的小容量电动机。

2. 双流制动

双流制动主电路如图 2-28 所示，由运行转入制动时，KM2 使电机反相序接上电源，并串入整流二极管，电动机由于二极管的整流作用，其交流成分产生反接制动转矩，其直流成分产生直流制动转矩，故称为双流制动，也称为混合制动。因此双流制动既避免了能耗制动力量不足，又避免了反接制动不能准确停车的缺点。

双流制动能使电机迅速制动，进入反向低速稳定运行，其低速约为电动机同步转速的 1%～2%，可在适当时间切断 KM2 进行准确定位。

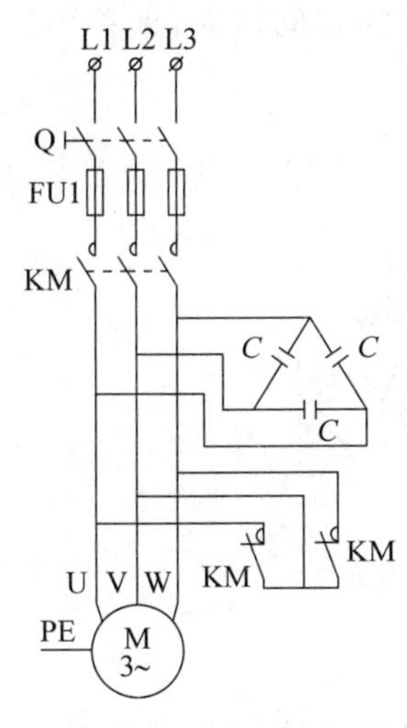

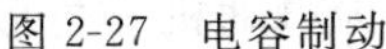

图 2-27　电容制动

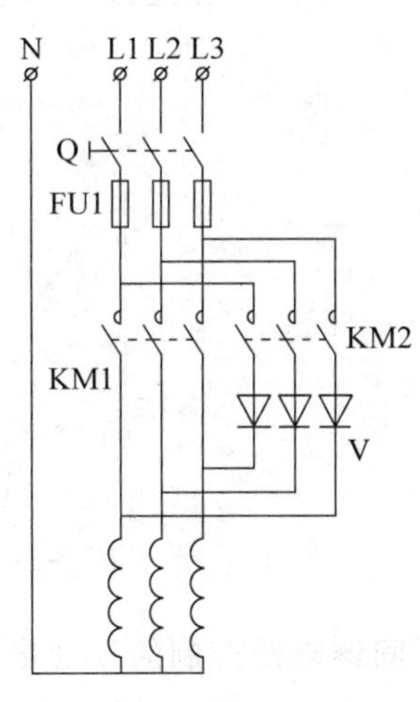

图 2-28　双流制动

课题 2.6　三相感应电动机调速控制电路

由三相感应电动机的转速 $n=\frac{60f_1}{p}(1-s)$ 可知，感应电动机的调速方法主要有：改变定子绕组的联结方式的变极调速、变转差率及变频调速三种。其中变极调速一般仅适用于笼型异步电动机；变转差率调速可通过调节定子电压、改变转子电路中串联电阻的阻值以及采用串级调速和电磁转差离合器调速等来实现；变频调速是现代电气传动的一个主要发展方向，是通过变频器改变电源频率来实现转速的调整。本课题对变极调速和电磁转差离合器控制电路进行分析。

2.6.1　变极调速控制电路

在一些机床中，为了获得较宽的调速范围，采用了双速电动机，如 T68 型卧式镗床的主轴电动机等，在某些车床、铣床、磨床中也有应用。也有的机床选用三速、四速电动机，来获得更宽的调速范围，其原理和控制方法基本相同。这里以双速异步电动机为例进行分析。

采用变极调速，原则上对笼型感应电动机与绕线转子感应电动机都适用，但对绕线转子感应电动机而言，要改变转子磁极对数与定子磁极对数一致，其结构相当复杂，故一般不采用。而笼型感应电动机转子的极对数具有自动与定子极对数相等的能力，因而只要改变定子极对数就可以了，所以变极调速仅适用于三相笼型感应电动机。

1. 双速异步电动机定子绕组的联结方法

双速异步电动机三相定子绕组的接法常用的有Y-YY与△-YY变换，它们都是改变各相的一半绕组的电流方向来实现变极的。△-YY变换具有近似恒功率调速性质；Y-YY变换具有近似恒转矩调速性质。

图 2-29 所示为△-YY变换时的三相绕组接线图。其中图 2-29(a)为三角形(四极，低速)连结，图 2-29(b)为双星形(二级，高速)连结。转速的改变是通过改变定子绕组的连结方式，从而改变磁极对数来实现的，故称为变极调速。

需要指出，在图 2-29(a)的 L1、L2、L3 分别与 U1、V1、W1 相连接，图 2-29(b)的 L1、L2、

L3 分别与 V3、U3、W3 相连接，实现电动机在低速和高速时的相同转向，即称为同转向原则接线。

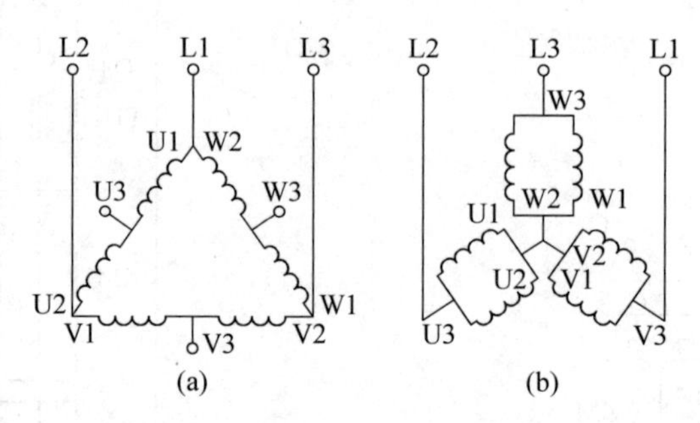

图 2-29 △-YY变换时的三相绕组接线图

2. 用时间继电器控制的双速电动机控制电路

图 2-30 所示为双速电动机变极调速控制电路。图中 KM1 为电动机三角形连结接触器，对应低速挡；KM2、KM3 为电动机双星形连结接触器，对应高速挡；KT 为时间继电器，SA 为高、低速选择开关，它有 3 个位置，"上"为低速，"下"为高速，"中间"为停止。为了避免"高速"挡启动电流对电网的冲击，本电路在"高速"挡时，先以"低速"启动，待电流回落后，再自动切换到"高速"挡。电路工作原理介绍如下。

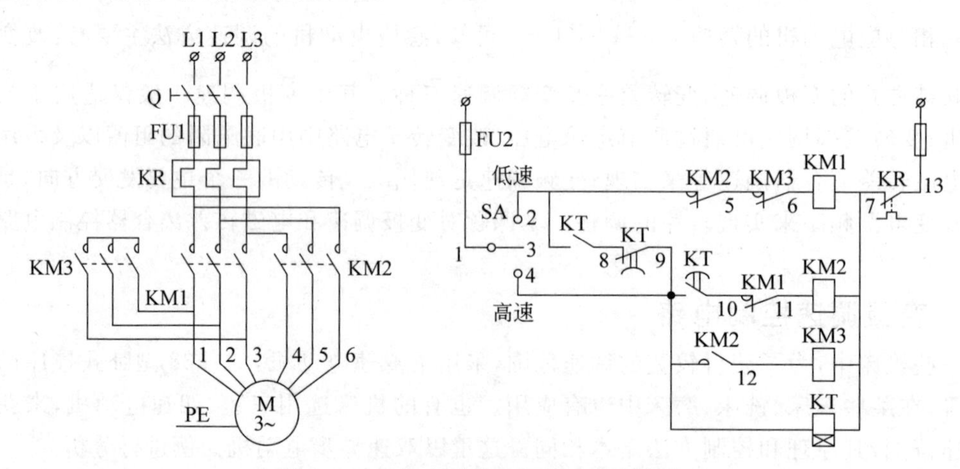

图 2-30 双速电动机变极调速控制电路

启动时，合上电源开关 Q 接通电源。SA 是具有三个挡位的转换开关。当扳到中间位置(1-3)时，为停止位，电动机不工作；当扳到"低速"挡位置(1-2)时，接触器 KM1 线圈得电，主触头闭合，电动机定子绕组的三个出线端 U1、V1、W1 与电源相接，定子绕组接成三角形，电动机低速运转；当扳到"高速"挡位置(1-4)时，时间继电器 KT 线圈首先得电动作，其瞬动常开触点(2-8)闭合，接触器 KM1 线圈得电动作，电动机定子绕组接成三角形低速启动。延时结束时，KT 延时断开的常闭触点(8-9)断开，KM1 线圈断电释放，KT 延时闭合的常开触点(9-10)闭合，接触器 KM2 线圈得电动作，KM2 的常开触点(9-12)闭合，KM3 线圈也得电动作，电动机定子绕组被 KM2、KM3 的主触头换接成双星形，电动机以高速运行。

2.6.2 电磁滑差离合器调速控制电路

变极调速不能实现连续平滑调速，只能得到几种特定的转速。但是在很多机械中，要求转速能够连续无级调节，并且有较大的调速范围。这里对应用较多的电磁转差离合器调速系统进行分析。

1. 电磁转差离合器的结构及工作原理

电磁转差离合器调速系统是在普通异步电动机轴上安装一个电磁转差离合器，由晶闸管控制装置控制离合器绕组的励磁电流来实现调速的。异步电动机本身并不调速，调节的是离合器的输出转速。电磁转差离合器(又称滑差离合器)基本原理就是基于电磁感应原理，实际上就是一台感应电动机，其结构如图 2-31 所示。

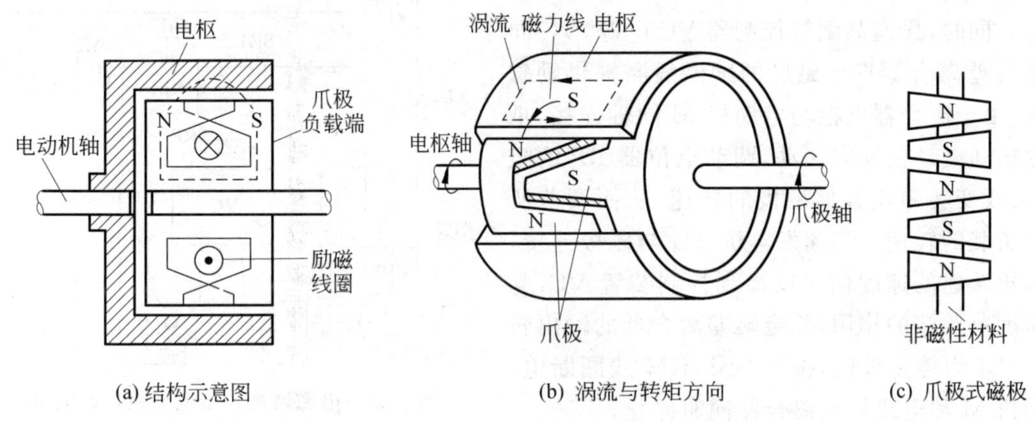

图 2-31　爪极式转差离合器结构示意图

电磁转差离合器由电枢和磁极两个旋转部分组成，两者无机械联系，都可自由旋转。电枢由电动机带动，称主动部分；磁极用联轴节与负载相连，称从动部分。电枢用铸钢材料制成圆筒形，相当于无数根鼠笼条并联，与异步电动机一起转动或停止。

当励磁绕组通以直流电，电枢被电动机拖动以恒速定向旋转时，在电枢中产生感应电动势并形成涡流，涡流与磁极的磁场作用产生电磁力，形成的电磁转矩使磁极跟着电枢同方向旋转。

由上可知，当励磁电流为零时，磁极不会跟随电枢转动，这就相当于电枢与磁极“离开”；一旦线圈加上励磁电流，磁极即刻转动，相当于磁极与电枢“合上”，因此称为“离合器”。又因它是基于电磁感应原理工作的，而且磁极与电枢之间一定要有转速差才能产生涡流与电磁转矩，因此称为“电磁转差离合器”。又因其工作原理与三相感应电动机相似，所以，又常将它连同拖动它的三相感应电动机统称为“电磁滑差电动机”。

电磁转差离合器的结构形式有多种，目前我国应用较多的是磁极为爪极的形式，如图 2-31 所示。当线圈中通有励磁电流时，磁通则由左端爪极经气隙进入电枢，再由电枢经气隙回到右端爪极形成回路。由于爪极与电枢间的气隙远小于左、右两端爪极之间的气隙，因此 N 极与 S 极之间不会被短路。

转差离合器从动部分的转速与励磁电流的大小有关。励磁电流越大，建立的磁场越强，在一定的转差下产生的转矩越大，输出的转速越高。因此，调节转差离合器的励磁电流，就可以调节转差离合器的输出转速。由于输出轴的转向与电枢转向一致，要改变输出轴的转向，必须改变异步电动机的转向。

电磁转差离合器调速系统的优点是结构简单、维护方便、运行可靠，能平滑调速，采用闭环调速系统可扩大调速范围。缺点是调速效率低，在低速时尤为突出，不宜长期低速运行，且控制功率小。由于其机械特性较软，不能直接用于速度要求比较稳定的工作机械上，必须在系统中接入速度负反馈，才能使转速保持稳定。

2. 电磁调速异步电动机的控制

电磁调速异步电动机的控制电路如图 2-32 所示。VC 为晶闸管控制器，其作用是将单相交流电变换成可调直流电，供转差离合器调节输出转速。电路工作原理介绍如下。

合上电源开关 Q，按下启动按钮 SB2，接触器 KM 线圈得电并自锁，主触头闭合，电动机 M 运行。同时，接通晶闸管控制器 VC 电源，VC 向电磁转差离合器爪形磁极的励磁线圈提供励磁电流，由于离合器电枢与电动机 M 同轴连接，爪形磁极随电动机同向转动，调节电位器 RP 的阻值，可改变转差离合器磁极的转速，从而调节所拖动负载的转速。测速发电机 TG 与磁极连接，将输出转速的速度信号反馈到控制装置 VC，起到速度负反馈的作用，稳定转差离合器的输出转速。SB1 为停止按钮，按下 SB1，KM 线圈断电，电动机 M 和电磁转差离合器同时停止。

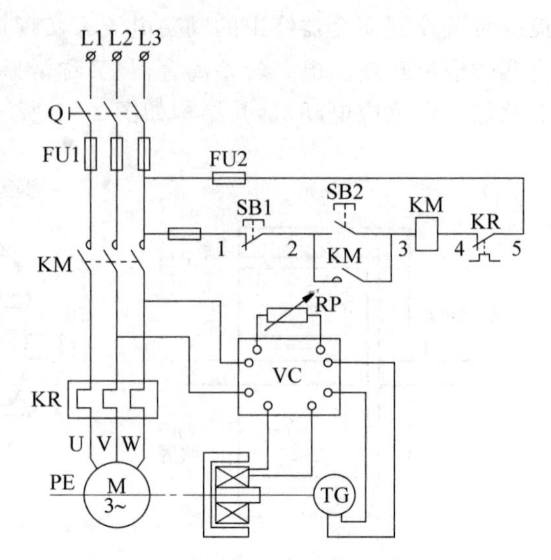

图 2-32 电磁调速异步电动机控制电路

思考题与习题

2-1 常用的控制系统有哪三种？

2-2 绘制电气原理图应遵循哪些原则？

2-3 三相感应电动机直接启动有哪些常用的方法？有什么不同？

2-4 三相感应电动机减压启动有哪些常用的方法？有什么不同？

2-5 三相感应电动机制动有哪些常用的方法？有什么不同？

2-6 绕线转子电动机有哪些启动方法？有什么不同？

2-7 电动机常用的保护环节有哪些？它们各由哪些电器来实现？

2-8 电动机的短路保护、过载保护、过电流保护有什么不同？

2-9 试指出图 2-33 所示电路图的错误。这些错误会出现什么现象？如何改正？

2-10 试按要求设计控制电路：

(1) 两台电动机 M1、M2，启动时，M2 先启动，M1 后启动；

(2) 停止时，M1 先停止，M2 后停止；

(3) M1 可点动；

(4) 两台电动机均有过载和短路保护。

2-11 图 2-19 中，中间继电器 KA 起什么作用？如果 KA 线圈断线，在操作时会发生什么现象？

2-12 图 2-21 中，如果不用速度继电器 KS，还可以用什么方法实现反接制动控制？

2-13 分析图 2-22 电路工作原理。

2-14 试按要求设计控制电路：

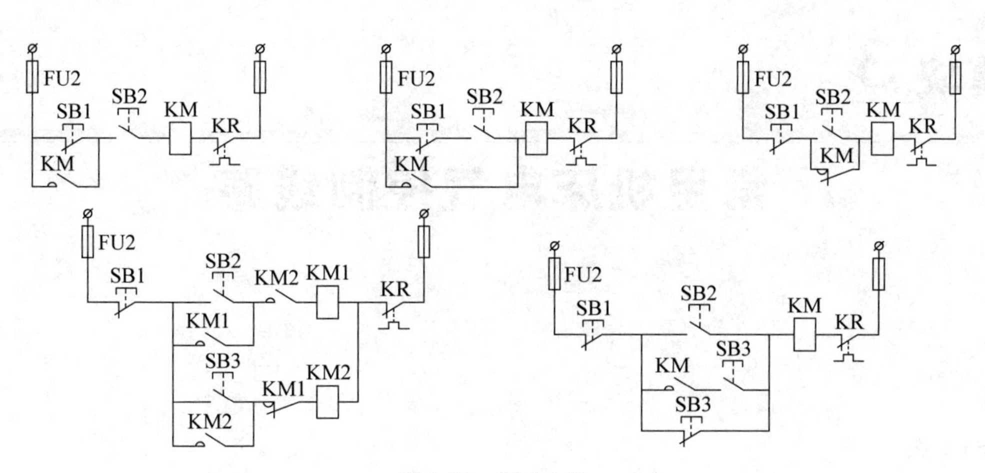

图2-33　题2-9图

(1) 三台电动机M1、M2、M3，启动时，M1先启动，10s后M2启动；

(2) 再经过5s，M3启动，M1停止；

(3) 再运行10s后，M2、M3停止。

模块 3

常用机床电气控制线路

※知识点

1. 普通车床的运动形式及电气控制线路工作原理。
2. 平面磨床的运动形式及电气控制线路工作原理。
3. 摇臂钻床的运动形式及电气控制线路工作原理。
4. 万能铣床的运动形式及电气控制线路工作原理。
5. 卧式镗床的运动形式及电气控制线路工作原理。

※学习要求

1. 具备常用机床工作过程、结构组成及运动形式分析能力。
2. 具备常用机床控制电路工作原理的分析能力。
3. 具备常用机床控制电路的可能故障原因分析及故障排除能力。

课题 3.1　车床电气控制线路

车床是切削加工的主要设备。车床的加工范围较广，适用于加工内、外圆柱面、圆锥表面、车端面、切槽、切断、车螺纹、钻孔、扩孔、铰孔、盘绕弹簧等。因此，在机械制造工业中，车床是一种应用最广的金属切削机床。

3.1.1　车床的结构及运动形式

1. 车床的主要结构

图 3-1 所示为 C650—2 型卧式车床的外形和结构。它的床身固定在左右床脚上，用以支撑车床的各个部件，使它们保持准确的相对位置。主轴变速箱固定在床身的左端，内部装有主轴和变速传动机构。工件通过卡盘等夹具装夹在主轴的前端，由主轴带动工件按照规定的转速旋转，以实现主运动。在床身的右端装有尾座，其上可装后顶尖，以支撑长工件的另一端，也可安装孔加工刀具，进行孔加工。尾座可沿床身顶面的导轨作纵向移动，以适应不同长度工件的加工。刀架部件由纵向、横向溜板和小刀架组成，可带动夹持的刀具做纵、横向进给运动。进给箱固定在床身的左前侧，是进给运动传动链中主要的传动比变换装置，其功能是改变机动进给的进给量和被加工螺纹的螺距。溜板箱固定在纵向溜板的底部，可带动刀架一起作纵向运动，其功能是把进给箱传来的运动传递给刀架，使刀架实现纵向进给、横向进给、快速移动或车削螺纹。在溜板箱上装有各种操纵手柄和按钮，工作时，操作人员可以方便地操作。

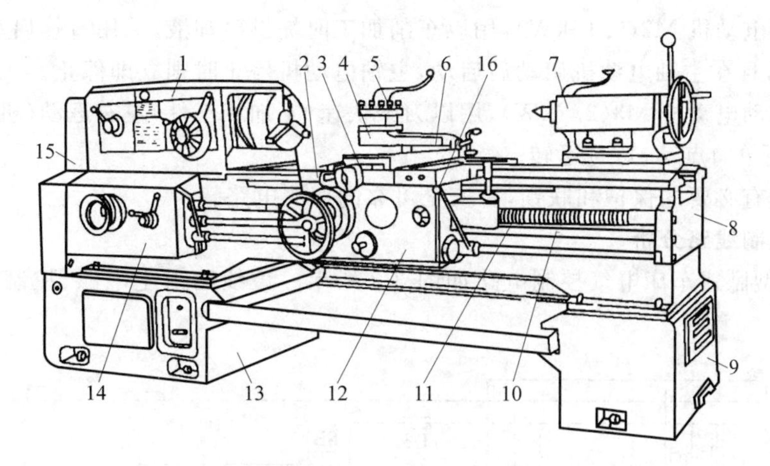

图 3-1 C650—2 型卧式车床的外形和结构

1—主轴变速箱；2—纵溜板；3—横溜板；4—转盘；5—刀架；6—小溜板；
7—尾座架；8—床身；9—右床座；10—光杠；11—丝杠；12—溜板箱；
13—左床座；14—进给箱；15—挂轮架；16—操纵于柄

2. 车床的运动形式

车床的主运动为工件的旋转运动。它由主轴通过卡盘带动工件旋转。车削加工时，应根据被加工零件的材料性质、工件尺寸、刀具几何参数、加工方式以及冷却条件来选择切削速度，这就要求主轴能在较大范围内实现调速，普通车床一般采用机械调速。车削加工时，一般不要求主轴反转，但在加工螺纹时，为避免乱扣，要求反向退刀，再纵向进刀继续加工，这时就要求主轴能实现正反转。主轴的旋转由主轴电动机经传动机构来拖动。

车床的进给运动是指刀架的横向或纵向直线运动。其运动方式有手动和机动两种。加工螺纹时工件的旋转和刀具的移动之间有严格的比例关系，所以主运动和进给运动采用同一台电动机来拖动。车床主轴箱输出轴经挂轮箱传给进给箱，再经丝杠传入溜板箱，以获得纵横两个方向的进给运动。

主运动与进给运动由一台电动机拖动。有的车床刀架的快速移动由一台单独的进给电动机拖动。

辅助运动包括刀架的快速进给与快速退回、尾座的移动与工件的夹紧与松开等。

车削加工时，要求主轴能在相当大的范围内调速。目前大多数中小型车床主轴的变速是靠齿轮箱的机械有级调速来实现的。加工螺纹时，要求工件旋转速度与刀具的移动速度之间有严格的比例关系。为此，车床溜板箱与主轴变速箱之间通过齿轮传动来连接。另外，进行车削加工时，刀具的温度高，需备有一台冷却泵。有的车床还专门设有润滑泵电动机。

3.1.2 C650—2 型卧式车床的电气控制线路

1. 电气拖动的特点及控制要求

C650—2 型卧式车床是一种中型车床，它的控制特点是：

① 主轴电动机 M1(20kW)采用全压下的空载直接启动，能实现正、反转连续运行。为了便于对工件作调整运动，即对刀操作，要求主轴电动机能实现单方向的点动控制。

主轴电动机停车时，由于加工工件转动惯量较大，采用反接制动。加工过程中为显示电动机工作电流设有电流监视环节。主轴能在较大的范围内调速(机械变速)。进给运动与主轴由同一台电动机拖动。

② 冷却泵电动机 M2(0.15kW)，用以车削加工时提供冷却液，采用直接启动，此电动机只需单方向旋转，且在主轴电动机启动后启动，主轴电动机停止时则立即停止。

③ 快速移动电动机 M3(2.2kW)，用以刀架快速(不加工工件)左右运动(机械换向)，提高工作效率，采用单向点动、短时运转。

④ 电路应有必要的保护和联锁，有安全可靠的照明电路。

2. 电气控制线路分析

C650—2 型卧式车床电气控制电路如图 3-2 所示。该线路由主电路、控制电路和照明电路 3 部分组成。

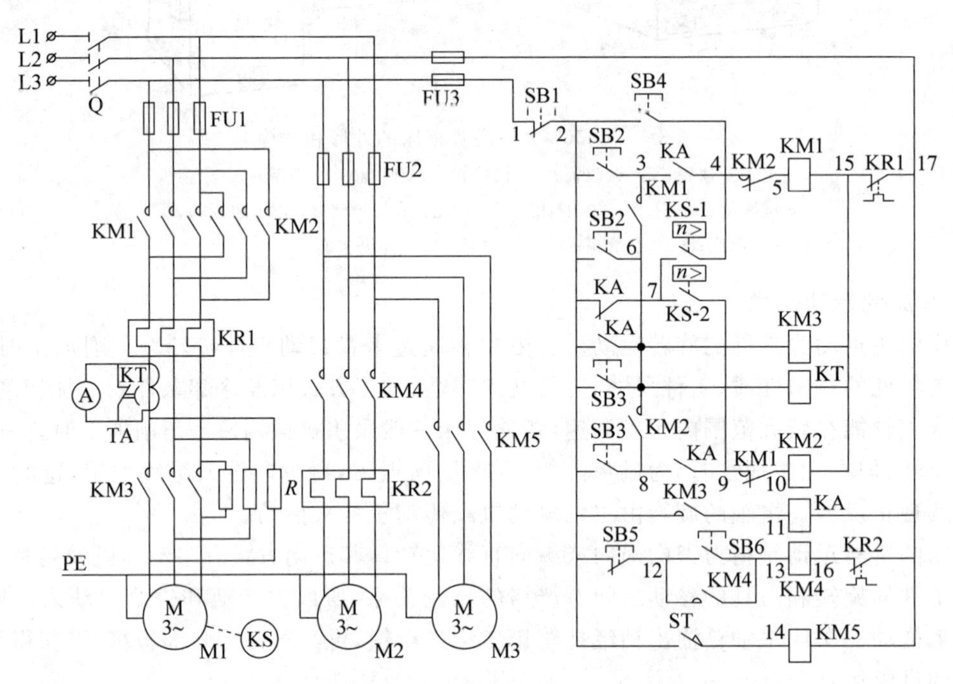

图 3-2　C650—2 型卧式车床电气控制电路

(1) 主电路分析

带脱扣器的低压断路器 Q 将三相电源引入，FU1 为主轴电动机 M1 短路保护用熔断器，KR1 为 M1 的过载保护热继电器。*R* 为限流电阻，限制反接制动时的电流冲击。通过电流互感器 TA 接入电流表以监视主轴电动机线电流。KM1、KM2 为主轴电动机正、反转接触器，KM3 为制动限流接触器。

冷却泵电动机 M2 由接触器 KM4 控制单向连续运转，FU2 为短路保护用熔断器，KR2 为过载保护用热继电器。

快速移动电动机 M3 由接触器 KM5 控制单向旋转点动控制，FU2 为短路保护用熔断器。

(2) 控制电路分析

控制电路电源直接接到主电路任意两相上，FU3 为控制电路短路保护用熔断器。

① 主电动机的点动调整控制。M1 的点动控制由点动按钮 SB4 控制，按下 SB4(2-4)，接触器 KM1 线圈通电吸合，KM1 主触点闭合，M1 定子绕组经限流电阻 *R* 与电源接通，电动机低电压下正向启动。当转速达到速度继电器 KS 动作值时，KS 正转触点 KS-2(7-9)闭合，为点

动停止反接制动做准备。松开 SB4,KM1 线圈断电,KM1 触点复原,因 KS-2(7-9)仍闭合,使 KM2 线圈通电,M1 经反接制动电阻反相序接通电源进行反接制动停车,当转速达到 KS 释放转速时,KS-2(7-9)触点断开,反接制动结束。

② 主电动机的正反转控制。主电动机的正转由正向启动按钮 SB2 控制,按下 SB2(2-6),接触器 KM3 线圈首先通电吸合,其主触头闭合将限流电阻 R 短接,KM3(2-11)常开辅助触点闭合,使中间继电器 KA 线圈通电吸合,触头 KA(3-4)闭合使接触器 KM1 通电吸合,电动机 M1 在全电压下直接启动。由于 KM1 的常开触点 KM1(3-6)闭合,KA(2-6)闭合,将 KM1 和 KM3 自锁,获得正向连续转动。

主电动机的反转由反向启动按钮 SB3 控制,控制过程与正转控制相同。KM1、KM2 的常闭辅助触头串接在对方线圈电路中起互锁作用。

③ 主电动机的反接制动控制。主电动机正、反转运行停车时均为反接制动,制动时电动机串入限流电阻。图中 KS-2 为速度继电器正转常开触点,KS-1 为反转常开触点。主电动机正转时,接触器 KM1、KM3、中间继电器 KA 已通电吸合且 KS-2 闭合。需正转停车时,按下停止按钮 SB1,KM3、KM1、KA 线圈同时断电释放。KM3 主触头断开,电阻 R 串入电机定子电路,KA 常闭触点 KA(2-7)复原闭合,KM1 主触头断开,断开电动机正相序三相交流电源。此时电动机靠惯性仍高速旋转,速度继电器触点 KS-2(7-9)仍闭合,当松开停止按钮 SB1 时,反转接触器 KM2 线圈经 1-2-7-9-10-15-17 线路通电吸合,电动机接入反相序三相电源,在串入制动电阻的情况下进行反接制动,电动机转速迅速下降,当 $n<100\text{r/min}$ 时,KS-2 触点断开,KM2 线圈断电,反接制动结束,自然停车至零。

反向停车制动与正向停车制动类似。

④ 刀架的快速移动和冷却泵控制。刀架的快速移动时,转动刀架手柄,压动行程开关 ST(2-14)使接触器 KM5 线圈通电吸合,电动机 M3 启动运转。冷却泵电动机 M2 的启动和停止是通过按钮 SB6、SB5 控制的。

⑤ 辅助电路。监视主回路电流的电流表是通过电流互感器 TA 接入的。为防止电动机启动、点动和制动电流对电流表的冲击,线路中接入一个时间继电器 KT,且 KT 线圈与 KM3 线圈并联。在启动时,KT 线圈通电吸合,但 KT 的延时断开的常闭触点尚未动作,将电流表短路。启动后,KT 延时断开的常闭触点才断开,电流表内才有电流流过。

⑥ 完善的联锁与保护。主电动机正反转有互锁;熔断器 FU1~FU3 实现短路保护;热继电器 KR1、KR2 实现 M1、M2 的过载保护;接触器 KM1、KM2 和 KM3 采用按钮与自锁控制方式,使 M1 与 M2 具有欠压与零压保护。

3. 电路特点

C650—2 型卧式车床电气控制电路特点如下:

① 采用三台电动机拖动,尤其是车床溜板箱的快速移动单独由一台电动机拖动。

② 主轴电动机不但有正、反向控制,还有单向低速点动的调整控制,正、反向停车时均具有反接制动控制。

③ 设有主轴电动机工作电流的检测环节。

④ 具有完善的保护与联锁。

课题 3.2 磨床电气控制线路

3.2.1 磨床的结构及运动形式

磨床是指用磨具或磨料加工工件各种表面的机床。一般用于对零件淬硬表面做磨削加工。通常，磨具的旋转为主运动，工件或磨具的移动为进给运动。其应用广泛、加工精度高、表面粗糙度小。

磨床种类很多，如外圆磨床、内圆磨床、平面磨床、多用磨床、专用磨床等。

本课题以 M1432A 型万能外圆磨床和 M7475B 型平面磨床为例分析磨床电气控制线路的构成和工作原理。

1. M1432A 主要结构及运动形式

M1432A 型万能外圆磨床是目前比较典型的一种普通精度级外圆磨床，可以用来加工外圆柱面及外圆锥面，利用磨床上配备的内圆磨具还可以磨削内圆柱面和内圆锥面，也能磨削阶梯轴的轴肩和端平面。

这种磨床的万能型程度较高，但自动化程度较低，故不适用于大批量生产，常用于单件、小批量生产或工具、修理车间。

M1432A 型万能外圆磨床的外形及结构如图 3-3 所示，它主要由床身、头架、工作台、内圆磨具、砂轮架、尾架、控制箱等部件组成。在床身上安装着工作台和砂轮架，并通过工作台支撑着头架及尾架等部件，床身内部用作液压油的储油池。头架用于安装及夹持工件，并带动工件旋转。砂轮架用于支撑并传动砂轮轴。砂轮架可沿床身上的滚动导轨前后移动，实现工作进给及快速进退。内圆磨具用于支撑磨内孔的砂轮主轴，由单独电动机经皮带传动。尾架用于支持工件，它和头架的前顶尖一起把工件沿轴线顶牢。

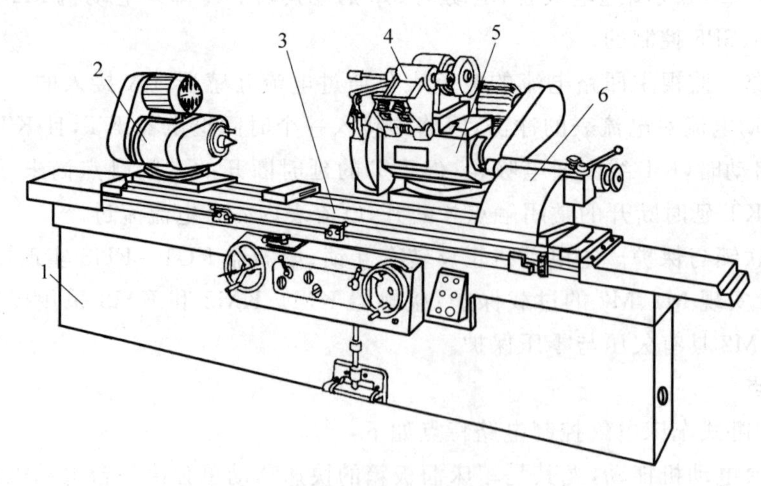

图 3-3 M1432A 型万能外圆磨床的外形及结构

1—床身；2—头架；3—工作台；4—内圆磨具；5—砂轮架；6—尾架

工作台由上工作台和下工作台两部分组成，上工作台可相对于下工作台偏转一定角度，用于磨削锥度较小的长圆锥面。

该磨床的主运动是砂轮架主轴带动砂轮作高速旋转运动；头架主轴带动工件作旋转运动；

工作台作纵向往复运动和砂轮架作横向进给运动。辅助运动是砂轮架的快速进退运动和尾架套筒的快速退回运动。

2. M7475B 型平面磨床主要结构及运动形式

M7475B 型平面磨床的外形及结构如图 3-4 所示。它主要由床身、圆工作台、砂轮架、立柱等部分组成。它采用立式磨头,用砂轮的端面进行磨削加工,用电磁吸盘固定工件。

M7475B 型平面磨床的主运动是砂轮电动机 M1 带动砂轮的旋转运动。进给运动是工作台转动电动机 M2 拖动圆工作台转动。辅助运动是工作台移动电动机 M3 带动工作台的左右移动和磨头升降电动机 M4 带动砂轮架沿立柱导轨的上下移动。

图 3-4 M7475B 型平面磨床的外形及结构
1—砂轮架；2—立柱；3—床身；
4—磨头；5—圆工作台

3.2.2 M1432A 型万能外圆磨床控制线路分析

1. 电力拖动的特点及控制要求

① 该磨床共用 5 台电动机:液压泵电动机 M1、头架电动机 M2、内圆砂轮电动机 M3、外圆砂轮电动机 M4、冷却泵电动机 M5。

② 头架电动机 M2 为双速电动机,使用△-YY以获得低速和高速,用转速选择开关 SA1 来选择高速、低速或停止。在高速或低速时都是通过行程开关 SQ1 来控制头架电动机 M2 的启动和停止。

③ 工作台的纵向往复运动采用了液压传动,以实现运动及换向的平稳和无级调速。

另外,砂轮架周期自动进给和快速进退、尾架套筒快速退回及导轨润滑等也是采用液压传动来实现的。液压泵电动机 M1 为液压系统提供压力油,要求只有油泵电动机启动后,其他电动机才能启动。

④ 内、外圆砂轮电动机 M3、M4 的控制由行程开关 SQ2 进行转换。内、外圆砂轮电动机 M3、M4 只需单方向旋转,这两台电动机不能同时运转。工作台轴向移动和砂轮架快速移动采用液压传动,在内圆磨头插入工件时,不允许砂轮架快速移动。

⑤ 冷却泵电动机 M5 拖动冷却泵旋转,供给砂轮和工件冷却液。

⑥ 要有照明设施。

2. 电气线路分析

M1432A 型万能外圆磨床的电路图如图 3-5 所示。该线路分为主电路、控制电路和照明与指示电路 3 部分。

(1) 主电路分析

主电路共有 5 台电动机,其中,M1 是油泵电动机,由接触器 KM1 控制;M2 是头架电动机,由接触器 KM2、KM3 实现低速和高速控制;M3 是内圆砂轮电动机,由接触器 KM5 控制;M4 是外圆砂轮电动机,由接触器 KM4 控制;M5 是冷却泵电动机,由接触器 KM6 控制。熔断器 FU1 作为线路总的短路保护,熔断器 FU2 作为 M1 和 M2 的短路保护,熔断器 FU3 作为 M3 和 M5 的短路保护。5 台电动机均用热继电器作过载保护。

(2) 控制电路分析

控制变压器 TC 将 380V 的交流电压降为 110V 供给控制电路,由熔断器 FU8 作短路

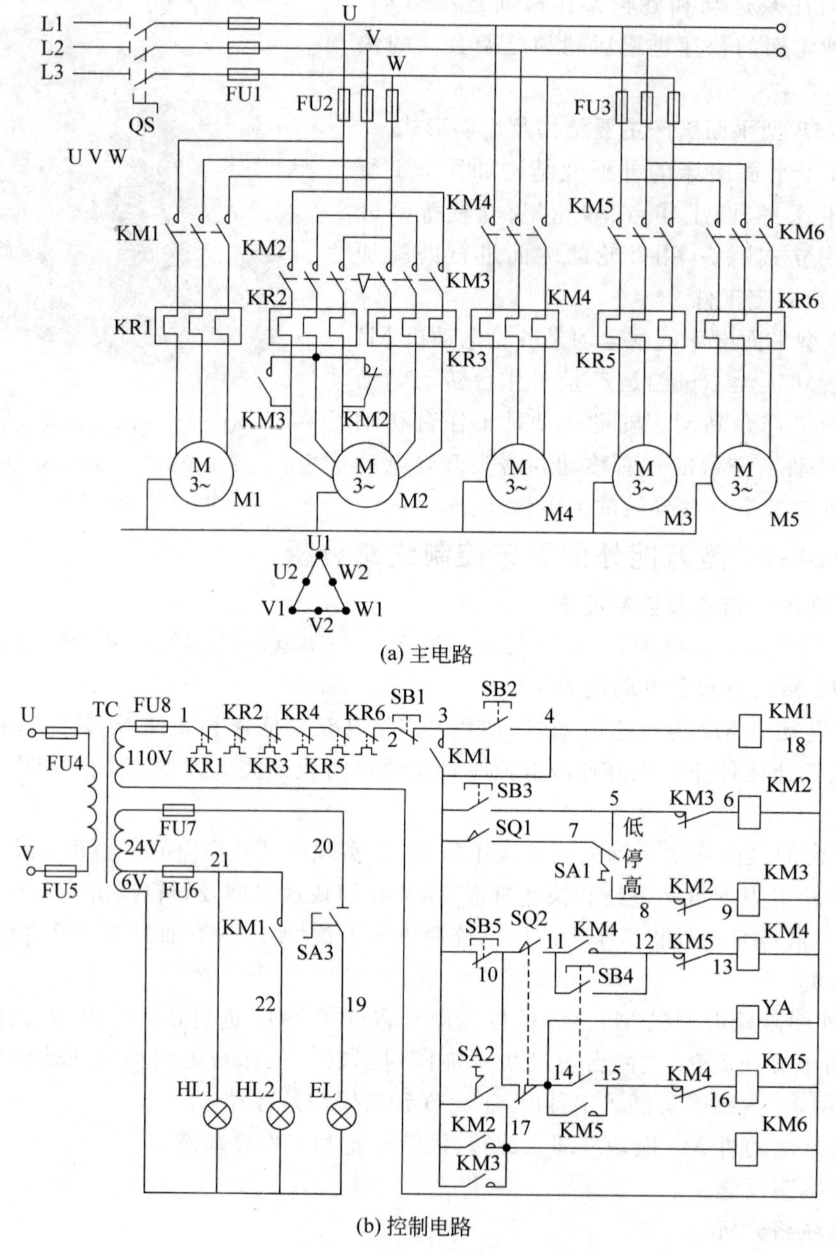

(a) 主电路

(b) 控制电路

图 3-5　M1432A 型万能外圆磨床电路图

保护。

① 油泵电动机 M1 的控制。按下启动按钮 SB2(3-4)，接触器 KM1 线圈得电，KM1(3-4)的常开触点闭合，油泵电动机 M1 启动运转，指示灯 HL2 亮。按下停止按钮 SB1(2-3)，接触器 KM1 线圈失电，KM1(3-4)的常开触点断开，电动机 M1 停转，灯 HL2 熄灭。

由于其他电动机与油泵电动机在控制电路实现了顺序控制，所以保证了只有当油泵电动机 M1 启动后，其他电动机才能启动的控制要求。

② 头架电动机 M2 的控制。SA1 是头架电动机 M2 的转速选择开关，分“低”、“停”、“高”三挡位置。如将 SA1 扳到“低”挡位置(5-7)，按下油泵电动机 M1 的启动按钮 SB2(3-4)，M1

启动，通过液压传动使砂轮架快速前进，当接近工件时，便压合位置开关 SQ1(4-7)，接触器 KM2 线圈得电，其主触头动作，头架电动机 M2 接成△形低速启动运转。同理，若将转速选择开关 SA1 扳到"高"挡位置(7-8)，砂轮架快速前进压合位置开关 SQ1(4-7)后，使接触器 KM3 线圈得电，KM3 主触头动作，头架电动机 M2 又接成YY形高速启动运转。

SB3(4-5)是点动控制按钮，以便对工件进行校正和调试。

磨削完毕，砂轮架退回原位，位置开关 SQ1(4-7)复位断开，电动机 M2 自动停转。

③ 内、外圆砂轮电动机 M3 和 M4 的控制。由于内、外圆砂轮电动机不能同时启动，故用位置开关 SQ2 对它们实行联锁控制。当进行外圆磨削时，把砂轮架上的内圆磨具往上翻，它的后侧压住位置开关 SQ2，这时，SQ2(10-14)的常闭触点断开，切断内圆砂轮的控制电路。SQ2(10-11)的常开触点闭合，按下启动按钮 SB4(11-12)，接触器 KM4 线圈得电，KM4 的主触点和自锁触点闭合，外圆砂轮电动机 M4 启动运转，KM4(15-16)联锁触点分断对 KM5 联锁。当进行内圆磨削时，将内圆磨具翻下，原被内圆磨具压下的位置开关 SQ2 复位，按下启动按钮 SB4(14-15)，接触器 KM5 得电动作，使内圆砂轮电动机 M3 启动运转。内圆砂轮磨削时，砂轮架不允许快速退回，因为此时内圆磨头在工件的内孔，砂轮架若快速移动，易造成损坏磨头及工件报废的严重事故。为此，内圆磨削与砂轮架的快速退回进行了联锁。当内圆磨具翻下时，由于位置开关 SQ2(10-14)复位，故电磁铁 YA 线圈得电动作，衔铁被吸下，砂轮架快速进退的操作手柄锁住液压回路，使砂轮架不能快速退回。

④ 冷却泵电动机 M5 的控制。冷却泵电动机 M5 可与头架电动机 M2 同时运转，也可以单独启动和停止。当控制头架电动机 M2 的接触器 KM2 或 KM3 得电动作时，KM2 或 KM3 常开辅助触点闭合，使接触器 KM6 得电动作，冷却泵电动机 M5 随之自动启动。

修整砂轮时，不需要启动头架电动机 M2，但要启动冷却泵电动机 M5，这时可用开关 SA2 来控制冷却泵电动机 M5。

(3) 照明及指示电路分析

控制变压器 TC 将 380V 的交流电压降为 24V 的安全电压供给照明电路，6V 的电压供给指示电路。照明灯 EL 由开关 SA3 控制，由熔断器 FU7 作短路保护。HL1 为刻度照明灯，HL2 为油泵指示灯，指示电路由熔断器 FU6 作短路保护。

3.2.3　M7475B 型平面磨床交流控制电路分析

1. 电力拖动的特点及控制要求

① 磨床的砂轮和工作台分别由单独的电动机拖动，5 台电动机都选用交流异步电动机，并用继电器、接触器控制。

② 砂轮电动机 M1 只要求单方向旋转，并采用Y-△降压启动以限制启动电流。

③ 工作台转动电动机 M2 选用双速异步电动机来实现工作台的高速和低速旋转，以简化传动机构。工作台低速转动时，电动机定子绕组接成△形，转速为 940r/min。工作台高速旋转时，电动机定子绕组接成Y形，转速为 1440r/min。

④ 为保证磨床安全和电源不会被短路，该磨床在工作台转动时与磨头下降、工作台快转与慢转、工作台左移与右移、磨头上升与下降的控制线路中都设有电气联锁，且在工作台的左、右移动和磨头上升控制中设有限位保护。

2. 交流电路控制分析

M7475B 型平面磨床的交流控制电路图如图 3-6 所示。该线路分为主电路、控制电路和照明与指示电路 3 部分。

(a) 主电路

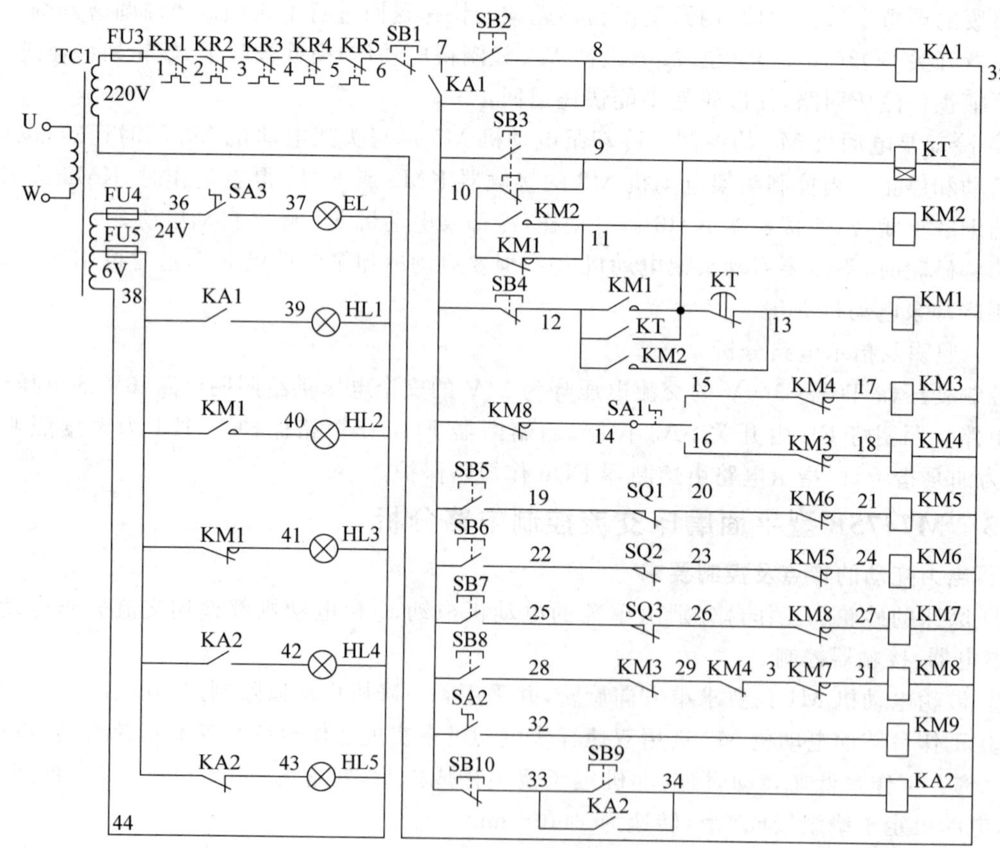

(b) 控制电路与照明电路

图 3-6　M7475B 型平面磨床的交流控制电路图

（1）主电路分析

M7475B 型平面磨床的三相交流电源由低压断路器 QF 引入，主电路中共有 5 台电动机。M1 是砂轮电动机，由接触器 KM1、KM2 控制实现Y-△降压启动，并由低压断路器 QF 兼做短路保护。M2是工作台转动电动机,由KM3和KM4控制其低速和高速运转,由熔断器FU1实现短路保护。M3是工作台转动移动电动机,由KM5和KM6控制其正反转,实现工作台的左右移动。M4是磨头升降电动机,由KM7、KM8控制其正反转。冷却泵电动机M5的启动与停止由插接器X、手动开关SA2和接触器KM9控制。5台电动机均用热继电器作过载保护。M3、M4和M5共用熔断器FU2作短路保护。

(2) 控制电路分析

控制电路由控制变压器TC1的一组抽头提供220V的交流电压,由熔断器FU3作短路保护。

① 零压保护。磨床中工作台转动电动机M2和冷却泵电动机M5的启动与停止采用无自动复位功能的开关操作,当电源电压消失后开关仍保持原状。为防止电压恢复时M2、M5自行启动,线路中设置了零压保护环节。在启动各电动机之前,必须先按下SB2(7-8),零压保护继电器KA1线圈得电自锁,其自锁常开触点接通控制电路电源。电路断电时,KA1释放;当在恢复供电时,KA1线圈不会自行得电,从而实现零压保护。

② 砂轮电动机M1的控制。合上电源开关QF,将工作台高、低速转换开关SA1置于零位,按下SB2(7-8)使KA1线圈通电吸合后,再按下启动按钮SB3(8-9),时间继电器KT和接触器KM1线圈同时得电动作,KM1(10-11)的辅助常闭触点断开对KM2联锁,KT瞬时动作触点和KM1(12-9)的辅助常开触点均闭合自锁,其主触头闭合使电动机M1的定子绕组接成Y形启动。

经过延时,时间继电器KT(9-13)延时断开的常闭触点断开,KM1线圈断电释放,M1失电作惯性运转。KM1(10-11)的辅助常闭触点闭合为KM2线圈得电并自锁(10-11),其主触头闭合使M1的定子绕组接成△形;而KM2(12-13)的另一对辅助常开触点闭合,KM1线圈重新得电动作,将电动机M1电源接通,使电动机定子绕组接成△形进入正常运行状态。

该控制线路在电动机M1的定子绕组Y-△转换的过程中,要求KM1线圈先断电释放,然后KM2线圈得电吸合,接着KM1线圈再得电吸合。其原因是接触器KM2的触头容量(40A)比KM1(75A)小,且线路中用KM2的辅助常闭触点将电动机M1的定子绕组接成Y形,而辅助触点的断流能力又远小于主触头。因此,首先使KM1释放,切断电源,使KM2在触头没有通电电流的情况下动作,将电动机定子绕组接成△形,再使KM1动作,重新接通电动机电源。如果KM1不先断电释放而直接使KM2动作,则KM2的辅助触点要断开大电流,这可能会将触点烧坏。更严重的是,由于在断开大电流时要产生强烈的电弧,而辅助触点的灭弧能力又差,到KM2的主触头闭合时,它的辅助触点间的电弧可能尚未熄灭,从而将产生相间短路事故。

停车时,按下停止按钮SB4(8-12),接触器KM1、KM2和时间继电器KT线圈断电释放,砂轮电动机M1失电停转。

③ 工作台转动电动机M2的控制。工作台转动电动机M2由转换开关SA1控制,有高速和低速两种旋转速度。将SA1扳到低速位置(14-15),接触器KM3线圈得电吸合,M2定子绕组接成△形低速运转,带动工作台低速转动。将SA1扳到高速位置(14-16),接触器KM4线圈得电吸合,M2定子绕组接成YY形,带动工作台高速转动。将SA1扳到中间位置,KM3或KM4线圈均失电,M2停止运转。

④ 工作台移动电动机M3的控制。工作台移动电动机采用点动控制,分别由按钮SB5、SB6控制其正反转。按下SB5,KM5线圈得电吸合,M3正转,带动工作台向左移动;按下

SB6,KM6 吸合,M3 反转,带动工作台向右移动。工作台的左移和右移分别用位置开关 SQ1 和 SQ2 作限位保护。当工作台移动到极限位置时,压动位置开关 SQ1 或 SQ2,断开 KM5 或 KM6 线圈电路,使 M3 失电停转,工作台停止移动。

⑤ 磨头升降电动机 M4 的控制。磨头升降电动机也采用点动控制。按下上升按钮 SB7,接触器 KM7 吸合,M4 得电正转,拖动磨头向上移动。按下下降按钮 SB8,接触器 KM8 吸合,M4 反转,拖动磨头向下移动。磨头的上限位保护由位置开关 SQ3 实现。

在磨头的下降过程中,不允许工作台转动,否则将发生机械事故。因此,在工作台转动控制线路中,串接磨头下降接触器 KM8 的辅助常闭触点,当 KM8 吸合磨头下降时,切断工作台转动控制电路。而在工作台转动时,不允许磨头下降,因此在磨头下降的控制电路中串接了 KM3 和 KM4 的辅助常闭触点,使工作台转动时切断磨头下降的控制电路,实现电气联锁。

⑥ 冷却泵电动机 M5 的控制。冷却泵电动机 M5 由接插器 X、手动开关 SA2 和接触器 KM9 控制。当加工过程中需要冷却液时,将接插器插好,然后将开关 SA2(8-32)接通,KM9 线圈通电吸合,M5 启动运转。断开 SA2,KM9 断电释放,M5 停转。

3.2.4 M7475B 型平面磨床电磁吸盘控制电路分析

电磁吸盘是用来固定加工工件的一种夹具。它与机械夹具比较,具有夹紧迅速,操作快速简便,不损伤工件,一次能吸牢多个小件,以及磨削中发热工件可自由伸缩、不会变形等优点。不足之处是只能吸住铁磁材料的工件,不能吸牢非铁磁材料的工件。

电磁吸盘 YH 的结构图如图 3-7 所示。它的外壳由钢制箱体和盖板组成。在箱体内部均匀排列的多个凸起的芯体上绕有线圈,盖板则用非磁性材料隔离成若干钢条。当线圈通入直流电后,凸起的芯体和隔离的钢条均被磁化而产生与磁盘相异的磁极将工件牢牢吸住。

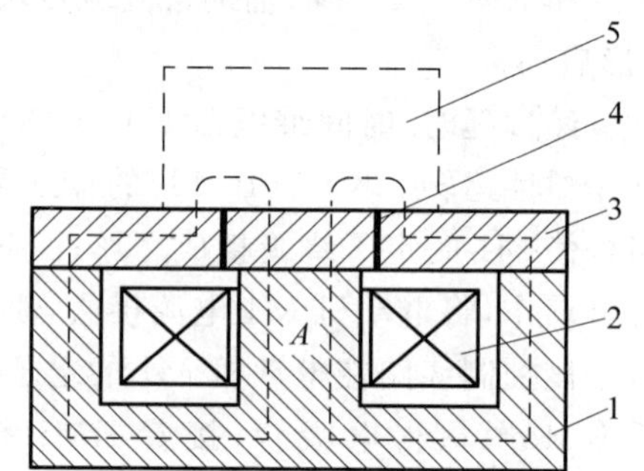

图 3-7 电磁吸盘 YH 结构图

1—钢制吸盘体;2—线圈;3—钢制盖板;4—隔磁层;5—工件

电磁吸盘的励磁、退磁采用电子线路控制。为了在加工后将工件取下,要求圆工作台的电磁吸盘在停止励磁后自动退磁。

1. 电磁吸盘励磁控制

M7475B 型平面磨床在进行磨削加工时,需要工作台将工件牢牢吸住,这要求晶闸管整流电路给电磁吸盘提供较大的电流,使电磁吸盘具有强磁性。

控制电路图如图 3-8 所示。按下励磁按钮 SB9(见图 3-6 中(33-34)),中间继电器 KA2 线圈通电吸合并自锁,其常闭触点(110-110a)断开,继电器 KA3 断电释放,它的常开触点(110-118、121-134、123-135)断开,晶体管 V1 因发射极断开而不能工作,V3、V4 因输出端断开而无信号输出,此时只有 V2 正常工作。

V2 是 PNP 型锗管,当它的发射极与基极间的电压 U_{EB} 大于 0.2V 时,V2 导通;U_{EB} 小于 0.2V 时,V2 截止。在 V2 的发射极、基极回路中有两个输入电压,一个是由 TS2(108-109)输入的 70V 交流电压经单相桥式整流、稳压管 V34 稳压、电容 C_{10} 滤波后,从电位器 RP3 上获得的给定电压 U_{EA};另一个是由同步变压器 TS2(106-107)22V 交流电压经电位器 RP2 取出通过二极管 V21 整流的电压 U_{BA},即电阻 R_{11} 两端的电压。在其正半周,正弦波电压被稳压管 V10

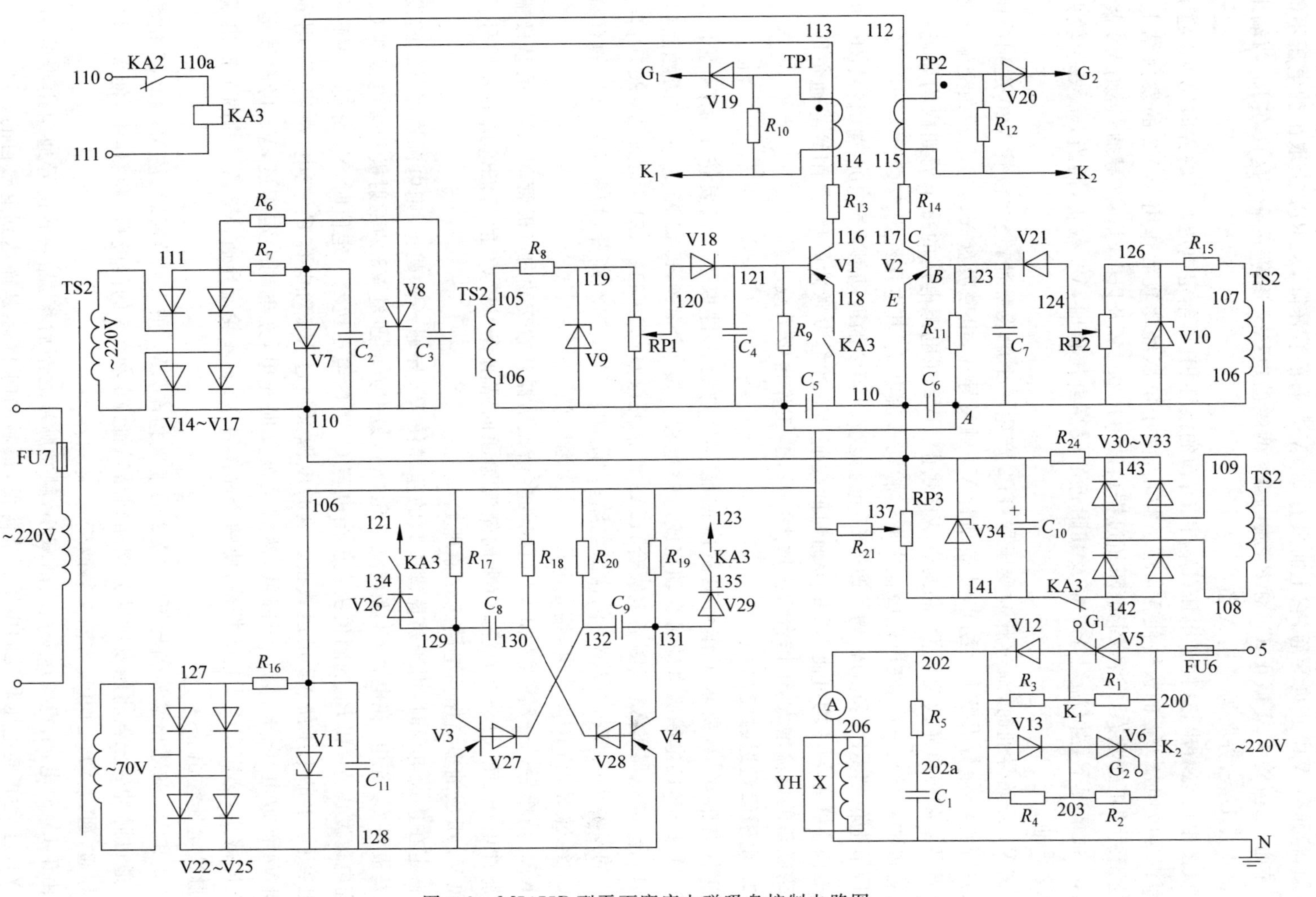

图3-8 M7475B型平面磨床电磁吸盘控制电路图

削成梯形波之后加在 RP2 上，并通过 V21 给电容 C_7 充电，使 C_7 两端的电压逐渐上升。在其负半周，稳压管 V10 正向导通，它上面只有 0.7V 左右的管压降，从 RP2 上取出的电压不能使 V21 导通，二极管 V21 截止，C_7 对 R_{11} 放电，C_7 两端的电压又逐渐下降。这样在 R_{11} 两端出现锯齿波电压 U_{BA}，方向为 B 正 A 负。

从图中可以看出，这两个电压（U_{EA} 和 U_{BA}）的极性相反，给定电压 U_{EA} 的方向使 V2 趋于导通，而锯齿波电压 U_{BA} 的极性使 V2 趋于截止，两个电压经比较后作用于 V2 的发射结上，使 V2 处于两种工作状态。当给定电压超过锯齿波电压 0.2V 及以上时，V2 导通；否则 V2 截止。可见，一般情况下，当 U_{BA} 处于峰值及其附近的较高电压值时，V2 截止，而当 U_{BA} 处于较低值时，V2 导通。

在 V2 开始导通时，通过脉冲变压器 TP2 产生一个触发脉冲，经二极管 V20 送到晶闸管 V6 的控制极 G_2 与阴极 K_2 之间，使晶闸管 V6 触发导通，电磁吸盘 YH 通电。在交流电源的正半周，V6 阳极电压改变极性，晶闸管 V6 截止。V2 在电源电压的每个周期内均导通一次，晶闸管也随着导通一次，在电磁吸盘中通过脉动直流电流，其电压约为 100V。

调节电位器 RP2 和 RP3 均可改变 U_{EA} 的大小。RP2 的滑动触点向 106 端调整、RP3 的滑动触点向 141 端调整均可使 V2 的导通时间提前，V6 的触发脉冲前移，晶闸管导通角增大，流过电磁吸盘的电流增大，工作台吸力增大。反之，工作台吸力减小。

2. 电磁吸盘退磁控制

工件磨削完毕，要求工作台退磁以便能容易地将工件取下。只要按下励磁停止按钮 SB10，M7475B 的电磁吸盘即可自动完成退磁过程。按下 SB10，KA2 断电，其常闭触点（110-110a）闭合，继电器 KA3 线圈通电吸合，KA3 的常开触点（110-118、121-134、123-135）闭合，接通 V1 的发射极电路和 V3、V4 的输出电路；常闭触点（141-142）断开，切断给定电压的直流电源。C_{10} 经过 R_{23} 和 RP3 放电，给定电压 U_{EA} 逐渐降低。

KA3 动作后，三极管 V3 和 V4 组成的多谐振荡器开始交替向三极管 V1、V2 的基极输送矩形脉冲电压，使 V1、V2 在正、负半周轮流导通向晶闸管 V5、V6 的门极输送触发信号。由 V3 和 V4 组成的多谐振荡电路工作原理如下。

假定在接通电源时，由于晶体管参数的差异使 V3 导通，V4 截止，则电源通过 V3 的发射极和基极对 C_9 充电，在电容 C_9 上建立电压 U_{C9}，另一方面通过 V3 的发射极和集电极对 C_8 充电，充电速度由 R_{17} 和 R_{18} 的阻值决定。当电容 C_8 上的电压达到一定值时，V4 导通。V4 导通后，电容 C_9 上的电压使 V3 迅速截止。这时电源又通过 V4 对电容 C_7 充电，电容 C_9 则通过 R_{20} 和 V4 而放电，电压 U_{C9} 逐渐降低，然后又被反向充电，充电到一定程度，V3 再次导通，而 V4 立即截止，这样产生了自激振荡，使两个晶体管 V3、V4 轮流导通，V3、V4 的两个输出端轮流有脉冲电压输出。

V3 和 V4 的输出端分别与 V1 和 V2 的基极相连。V3 或 V4 导通时，使 V1 和 V2 也轮流导通，通过脉冲变压器将触发脉冲分别加到晶闸管 V5 和 V6 的门极 G_1 和 G_2 上，使 V5 和 V6 轮流导通，通过 YH 的电流方向交替改变。

由于 C_{10} 放电，给定电压 U_{EA} 逐渐减小，触发脉冲逐渐后移，晶闸管的导通角逐步减小，故加在 YH 上的正向电压和反向电压逐步降低，最后趋向于零，从而达到退磁目的。

由于电磁吸盘是电感性负载，因而在其电路中并联电容 C_1 进行滤波，以减小电压脉冲成分。同时，采用 C_1 后，晶闸管在一次侧导通时的过电流现象较严重，所以电路中采用了快速熔断器 FU6 作过电流保护。

课题 3.3 钻床的电气控制线路

钻床是一种用途广泛的孔加工机床。主要用于钻削精度要求不太高的孔，另外还可用来扩孔、铰孔、镗孔，以及刮平面、攻螺纹等。

钻床的结构形式很多，有立式钻床、卧式钻床、深孔钻床及多轴钻床等。

3.3.1 钻床的结构及运动形式

本节以 Z3040 型摇臂钻床为例进行分析。

摇臂钻床是一种立式钻床，它适用于单件或批量生产中带有多孔大型零件的孔加工，是一般机械加工车间常用的机床。

摇臂钻床外形如图 3-9 所示。摇臂钻床主要由底座、内立柱、外立柱、摇臂、主轴箱、工作台等组成。内立柱固定在底座上，在它外面空套着外立柱，外立柱可绕着不动的内立柱回转一周。摇臂一端的套筒部分与外立柱滑动配合，借助于丝杆，摇臂可沿外立柱上下移动，但两者不能作相对转动，因此，摇臂只与外立柱一起相对内立柱回转。主轴箱是一个复合部件，它由主电动机、主轴和主轴传动机构、进给和进给变速机构以及机床的操作机构等部分组成。主轴箱安装在摇臂水平导轨上，它可借助手轮操作使其在水平导轨上沿摇臂作径向运动。当进行加工时，由特殊的夹紧装置将主轴箱紧固在摇臂导轨上，外立柱紧固在内立柱上，摇臂紧固在外立柱上，然后进行钻削加工。钻削加工时，钻头一面旋转进行切削，同时进行纵向进给。

图 3-9 Z3040 型摇臂钻床

1—底座；2—立柱；3—摇臂；4—主轴箱；5—主轴；6—工作台

摇臂钻床的主运动：主轴带着钻头的旋转运动。

辅助运动：摇臂连同外立柱围绕着内立柱的回转运动，摇臂在外立柱上的上升、下降运动，主轴箱在摇臂上的左右运动等。

进给运动：主轴的前进移动。

由于摇臂钻床的运动部件较多，为简化传动装置，常采用多电动机拖动。通常设有主电动机、摇臂升降电动机、夹紧放松电动机及冷却泵电动机。

主轴变速机构和进给变速机构都装在主轴箱里，所以主运动与进给运动由一台笼型感应电动机拖动。

摇臂钻床加工螺纹时，主轴需要正、反转，摇臂钻床主轴的正反转一般用机械方法变换，主轴电动机只作单方向旋转。为适应各种形式的加工，钻床的主运动与进给运动要有较大的调速范围。

3.3.2 Z3040 型摇臂钻床控制电路分析

1. 摇臂钻床的电力拖动特点及控制要求

① 由于摇臂钻床的运动部件较多，为简化传动装置，使用多电动机拖动，主电动机承担主钻削及进给任务，摇臂升降、夹紧放松和冷却泵各用一台电动机拖动。

② 为了适应多种加工方式的要求，主轴及进给应在较大范围内调速。但这些调速都是机

械调速,用手柄操作变速箱调速,对电动机无任何调速要求。从结构上看,主轴变速机构与进给变速机构应放在一个变速箱内,而且两种运动由一台电动机拖动是合理的。

③ 加工螺纹时要求主轴能正反转。摇臂钻床的正反转一般用机械方法实现,电动机只需单方向旋转。

④ 摇臂升降由单独电动机拖动,要求能实现正反转。

⑤ 摇臂的夹紧与放松以及立柱的夹紧与放松由一台异步电动机配合液压装置来完成,要求这台电动机能正反转。摇臂的回转和主轴箱的径向移动在中小型摇臂钻床上都采用手动。

⑥ 钻削加工时,为对刀具及工件进行冷却,需要一台冷却泵电动机拖动冷却泵输送冷却液。

2. 电气控制线路分析

Z3040 型摇臂钻床的控制电路图如图 3-10 所示。电路分为主电路、控制电路和照明与指示电路 3 部分。

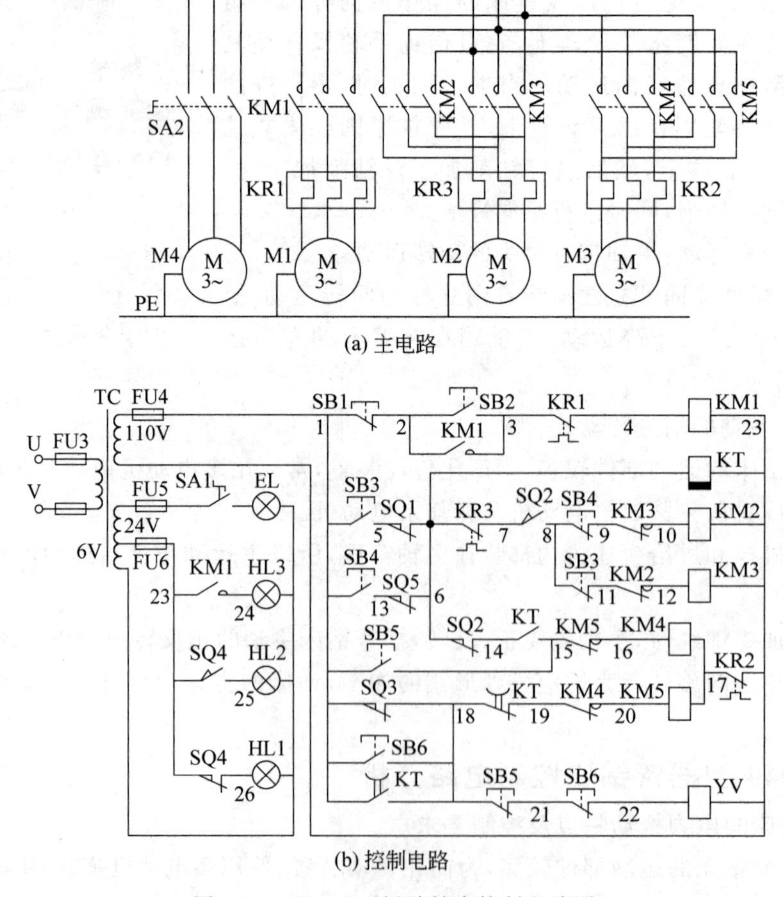

图 3-10 Z3040 型摇臂钻床控制电路图

(1) 主电路分析

Z3040 型摇臂钻床共有 4 台电动机，除冷却泵电动机采用开关直接启动外，其余 3 台异步电动机均采用接触器控制启动。

M1 是主轴电动机，由交流接触器 KM1 控制，只要求单方向旋转，主轴的正反转由机械手柄操作。M1 装在主轴箱顶部，带动主轴及进给传动系统，热继电器 KR1 是过载保护元件，短路保护由 FU1 完成。

M2 是摇臂升降电动机，装于主轴顶部，用接触器 KM2 和 KM3 控制正反转，由 KR3 实现过载保护。

M3 是液压油泵电动机，可以作正向转动和反向转动。正向旋转和反向旋转的启动与停止由接触器 KM4 和 KM5 控制。热继电器 KR2 是液压油泵电动机的过载保护电器。该电动机的主要作用是供给夹紧装置压力油，实现摇臂和立柱的夹紧和松开。

M4 是冷却泵电动机，功率很小，由开关直接启动和停止。

(2) 控制电路分析

① 开车前的准备工作。为了保证操作安全，本机床具有"开门断电"功能。所以开车前应将立柱下部及摇臂后部的电器箱门关好，才能接通电源。

② 主轴电动机 M1 的控制。按启动按钮 SB2(2-3)，则接触器 KM1 吸合并自锁，使主轴电动机 M1 启动运行，同时指示灯 HL3 点亮。按停止按钮 SB1，则接触器 KM1 释放，使主轴电动机 M1 停止旋转，同时指示灯 HL3 熄灭。

③ 摇臂升降控制。按上升按钮 SB3(1-5)，则时间继电器 KT 通电吸合，它的瞬时闭合的动合触点 KT(14-15)闭合，接触器 KM4 线圈通电，液压油泵电动机 M3 启动正向旋转，供给压力油。压力油经分配阀体进入摇臂的"松开油腔"，推动活塞移动，活塞推动菱形块，将摇臂松开。同时，活塞杆通过弹簧片先使位置开关 SQ3 触点(1-18)闭合，然后使 SQ2 的动断触点(6-14)断开，动合触点(7-8)闭合。前者切断了接触器 KM4 的线圈电路，KM4 的主触头断开，液压油泵电动机停止工作；后者使交流接触器 KM2 的线圈通电，主触头接通 M2 的电源，摇臂升降电动机启动正向旋转，带动摇臂上升，如果此时摇臂尚未松开，则位置开关 SQ2(7-8)常开触点不闭合，接触器 KM2 就不能吸合，摇臂就不能上升。

当摇臂上升到所需位置时，松开按钮 SB3(1-5)则接触器 KM2 和时间继电器 KT 同时断电释放，M2 停止工作，随之摇臂停止上升。

由于时间继电器 KT 断电释放，经 1～3s 时间的延时后，其延时闭合的常闭触点 KT(18-19)闭合，使接触器 KM5 吸合，液压油泵电动机 M3 反向旋转，随之泵内压力油经分配阀进入摇臂的"夹紧油腔"，摇臂夹紧。在摇臂夹紧的同时，活塞杆通过弹簧片使位置开关 SQ3(1-18)的动断触点断开，KM5 断电释放，最终停止 M3 工作，完成了摇臂的松开→上升→夹紧的整套动作。

按下降按钮 SB4(1-13)，则时间继电器 KT 通电吸合，其常开触点 KT(14-15)闭合，接通 KM4 线圈电源，液压油泵电动机 M3 启动正向旋转，供给压力油。与前面叙述的过程相似，先使摇臂松开，接着压动位置开关 SQ2，其常闭触点(6-14)断开，使 KM4 断电释放，液压油泵电机停止工作；其常开触点(7-8)闭合，使 KM3 线圈通电，摇臂升降电动机 M2 反向运转，带动摇臂下降。

当摇臂下降到所需位置时，松开按钮 SB4，则接触器 KM3 和时间继电器 KT 同时断电释放，M2 停止工作，摇臂停止下降。

由于时间继电器KT断电释放，经1～3s时间的延时后，其延时闭合的常闭触点KT(18-19)闭合，KM5线圈获电，液压泵电动机M3反向旋转，随之摇臂夹紧。在摇臂夹紧的同时，使行程开关SQ3(1-18)断开，KM5线圈断电释放，最终停止M3工作，完成了摇臂的松开→下降→夹紧的整套动作。

限位开关SQ1(5-6)和SQ5(13-6)用来限制摇臂的升降过程。当摇臂上升到极限位置时，SQ1(5-6)动作，接触器KM2线圈断电释放，M2停止运行，摇臂停止上升；当摇臂下降到极限位置时，SQ5(13-6)动作，接触器KM3线圈断电释放，M2停止运行，摇臂停止下降。

摇臂的自动夹紧由位置开关SQ3(1-18)控制。如果液压夹紧系统出现故障，不能自动夹紧摇臂，或者由于SQ3(1-18)调整不当，在摇臂夹紧后不能使SQ3(1-18)的常闭触点断开，都会使液压油泵电动机因长期过载运行而损坏。为此，电路中设有热继电器KR2，其整定值应根据液压油泵电动机M3的额定电流进行调整。

摇臂升降电动机的正反转控制继电器不允许同时得电动作，以防止电源短路。为避免因操作失误等原因而造成短路事故，在摇臂上升和下降的控制线路中采用了接触器的辅助触点互锁和复合按钮互锁两种保证安全的方法，确保电路安全工作。

④ 立柱和主轴箱的夹紧与松开控制。立柱和主轴箱均采用液压操纵夹紧与放松，两者是同时进行的，工作时要求二位六通阀YV不通电。松开与夹紧分别由松开按钮SB5(1-14)和夹紧按钮SB6(1-18)控制。指示灯HL1、HL2指示其动作。

按下松开按钮SB5(1-14)时，KM4线圈通电吸合，M3电动机正转，拖动液压泵送出压力油，此时电磁阀线圈YV不通电，其提供的高压油经二位六通电磁阀到另一油路，进入立柱与主轴箱松开油腔，推动活塞和菱形块使立柱和主轴箱同时松开。当立柱与主轴箱松开后，行程开关SQ4不受压复位，触点SQ4(23-26)闭合，指示灯HL1亮，表明立柱与主轴箱已松开。于是可以手动操作主轴箱在摇臂的水平导轨上移动。当移动到位，按下夹紧按钮SB6(1-18)时，KM5线圈通电吸合，M3电动机反转，拖动液压泵送出压力油至夹紧油腔，使立柱与主轴箱同时夹紧。当确已夹紧，压下SQ4，触点SQ4(23-26)断开，HL1灯灭，触点SQ4(23-26)闭合，HL2灯亮，指示立柱与主轴箱均已夹紧，可以进行钻削加工。

⑤ 冷却泵电动机M4的控制。M4电动机由开关SA1手动控制、单向旋转。

⑥ 联锁与保护环节。SQ1-SQ5行程开关实现摇臂上升与下降的限位保护。SQ2行程开关实现摇臂松开到位，开始升降的联锁。SQ3行程开关实现摇臂完全夹紧，液压油泵电动机M3停止运转的联锁。KT时间继电器实现升降电动机M2断开电源、待M2停止后再进行夹紧的联锁。M2电动机正反转具有双重互锁，M3电动机正反转具有电气互锁。

SB5、SB6立柱与主轴箱松开、夹紧按钮的常闭触点串接在电磁阀YV线圈电路中，实现立柱与主轴箱松开、夹紧操作时，压力油只进入立柱与主轴箱夹紧油腔而不进入摇臂夹紧油腔的联锁。熔断器FU1～FU6实现电路的短路保护。热继电器KR1、KR2、KR3为电动机M1、M3、M2的过载保护。

3. Z3040型摇臂钻床电气控制特点

① Z3040型摇臂钻床是机、电、液的综合控制。机床有两套液压系统：一套是由单向旋转的主轴电动机拖动齿轮泵送出压力油，通过操纵手柄来操纵机构实现主轴正、反转、停车制动、空挡、预选与变速的操纵机构液压系统；另一套是由液压泵电动机拖动液压泵送出压力油来实现摇臂的夹紧与松开、主轴箱和立柱的夹紧和放松的夹紧机构液压系统。

② 摇臂的升降控制与摇臂夹紧放松的控制有严格的程序要求，以确保先松开，再移动，移

动到位后自动夹紧。所以对 M3、M2 电动机的控制有严格程序要求，这些由电气控制电路控制，液压、机械配合来实现。

③ 电路具有完善的保护和联锁，有明显的信号指示。

课题 3.4 铣床的电气控制线路

3.4.1 铣床的结构及运动形式

铣床可用来加工平面、斜面、沟槽，装上分度头可以铣切直齿齿轮和螺旋面，装上圆工作台还可铣切凸轮和弧形槽，所以铣床在机械行业的机床设备中占有相当大的比重。铣床按结构和加工性能不同，可分为卧式铣床、立式铣床、龙门铣床、仿形铣床和各种专用铣床。

铣床所用的切削刀具为各种形式的铣刀。铣削加工一般有顺铣和逆铣两种形式，分别使用刃口方向不同的顺铣刀与逆铣刀。

万能卧式铣床如图 3-11 所示，它由床身 8、悬梁 2、主轴(刀杆)1、纵向工作台 4、横向工作台 6、刀杆托架 3、升降台 7 等组成。床身 8 固定在床座上。床身内装有主轴部件、主轴变速传动装置及其变速操作机构。悬梁 2 可在床身顶部的燕尾导轨上沿水平方向调整位置。悬梁上的刀杆托架 3 用于支承刀杆，提高刀杆的刚性。升降台 7 可沿床身前侧面的垂直导轨上、下移动，升降台内装有进给运动的变速传动装置、快速传动装置及其操纵机构。横向工作台 6 装在升降台的水平导轨上，床鞍可沿主轴轴线方向的移动。床鞍上装有回转工作台 5，回转工作台上的燕尾形导轨上装有纵向工作台 4。纵向工作台可沿导轨作垂直于主轴轴线方向的移动，而纵向工作台则通过回转工作台可绕垂直轴线在 45°范围内调整角度，以用于铣削螺旋表面。

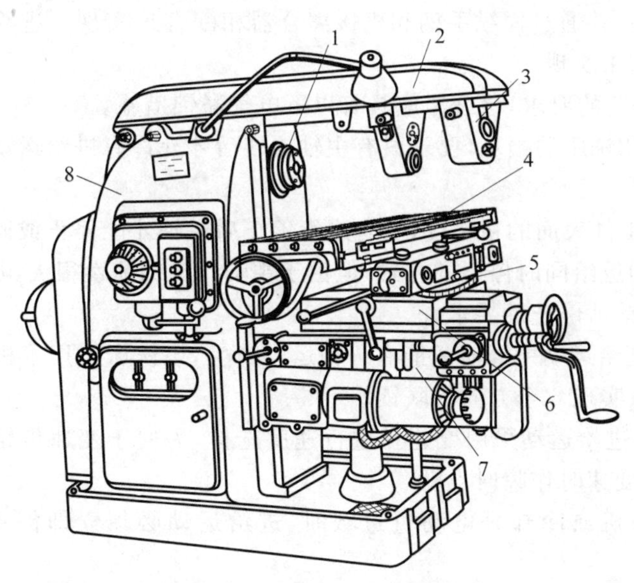

图 3-11 万能卧式铣床结构图

1—主轴；2—悬梁；3—刀杆托架；4—纵向工作台；
5—回转工作台；6—横向工作台；7—升降台；8—床身

万能卧式铣床的运动形式主要有以下几种。

- 主运动：铣刀的旋转运动，由主电动机拖动，为适应顺铣与逆铣的需要，主电动机应能正向或反向工作，为实现快速停车，往往主电动机采用电制动方式。

- 进给运动：工件在垂直铣刀轴线方向的直线运动，一般是工作台的上下、左右和前后6个方向的移动，为保证安全，在加工时只允许一种运动，所以这6个方向的运动应该设有互锁。
- 辅助运动：工件与铣刀相对位置的调整运动及工作台的回转运动。

铣床的主运动与进给运动间没有比例协调的要求，可采用两台电动机单独拖动，并且进给运动一定要在铣刀旋转之后才能进行，所以，主电动机与进给电动机之间应有可靠的顺序启动控制。

为了适应各种不同的切削要求，铣床的主轴与进给运动都应具有一定的调速范围。为便于变速时齿轮的啮合，应有低速冲动环节。

本课题以 XA62W 型万能铣床为例，来分析铣床的电气控制。

3.4.2 XA62W 型万能铣床控制电路分析

1. 电力拖动的特点及控制要求

该机床共用3台异步电动机拖动，它们分别是主轴电动机 M1、进给电动机 M2 和冷却泵电动机 M3。

(1) 铣削加工有顺铣和逆铣两种加工方式，所以要求主轴电动机能正反转，但考虑到正反转操作并不频繁(批量顺铣或逆铣)，因此在铣床床身下侧电气箱上设置一个组合开关，用来改变电源相序实现主轴电动机的正反转。由于主轴传动系统中装有避免振动的惯性轮，使主轴停车困难，故主轴电动机采用电磁离合器制动以实现准确停车。

(2) 铣床的工作台要求有前后、左右、上下6个方向的进给运动和快速移动，所以也要求进给电动机能正反转，并通过操纵手柄和机械离合器相配合来实现。进给的快速移动通过电磁离合器和机械挂挡来实现。

(3) 根据加工工艺的要求，该铣床应具有以下电气联锁措施。

① 为防止刀具和铣床的损坏，要求只有主轴旋转后才允许有进给运动和进给方向的快速移动。

② 为了减小加工件表面的粗糙度，只有进给停止后主轴才能停止或同时停止。该铣床在电气上采用了主轴和进给同时停止的方式，但由于主轴运动的惯性很大，实际上已保证了进给运动先停止、主轴运动后停止的要求。

③ 6个方向的进给运动中同时只能有一种运动产生，该铣床采用了机械操纵手柄和行程开关相配合的方式来实现6个方向的联锁。

(4) 主轴运动和进给运动采用变速盘进行速度选择，为便于变速齿轮进入良好的啮合状态，两种移动都要求变速时作瞬时点动。

(5) 当主轴电动机或冷却泵电动机过载时，进给运动必须立即停止，以免损坏刀具和铣床。

(6) 要求有冷却系统、照明设备及各种保护措施。

2. 电气控制线路分析

XA62W 型万能铣床的控制电路图如图3-12所示。线路由主电路、控制电路和照明电路3部分组成。

(1) 主电路分析

主电路中共有3台电动机，M1 是主轴电动机，拖动主轴带动铣刀进行铣削加工，SA3 作

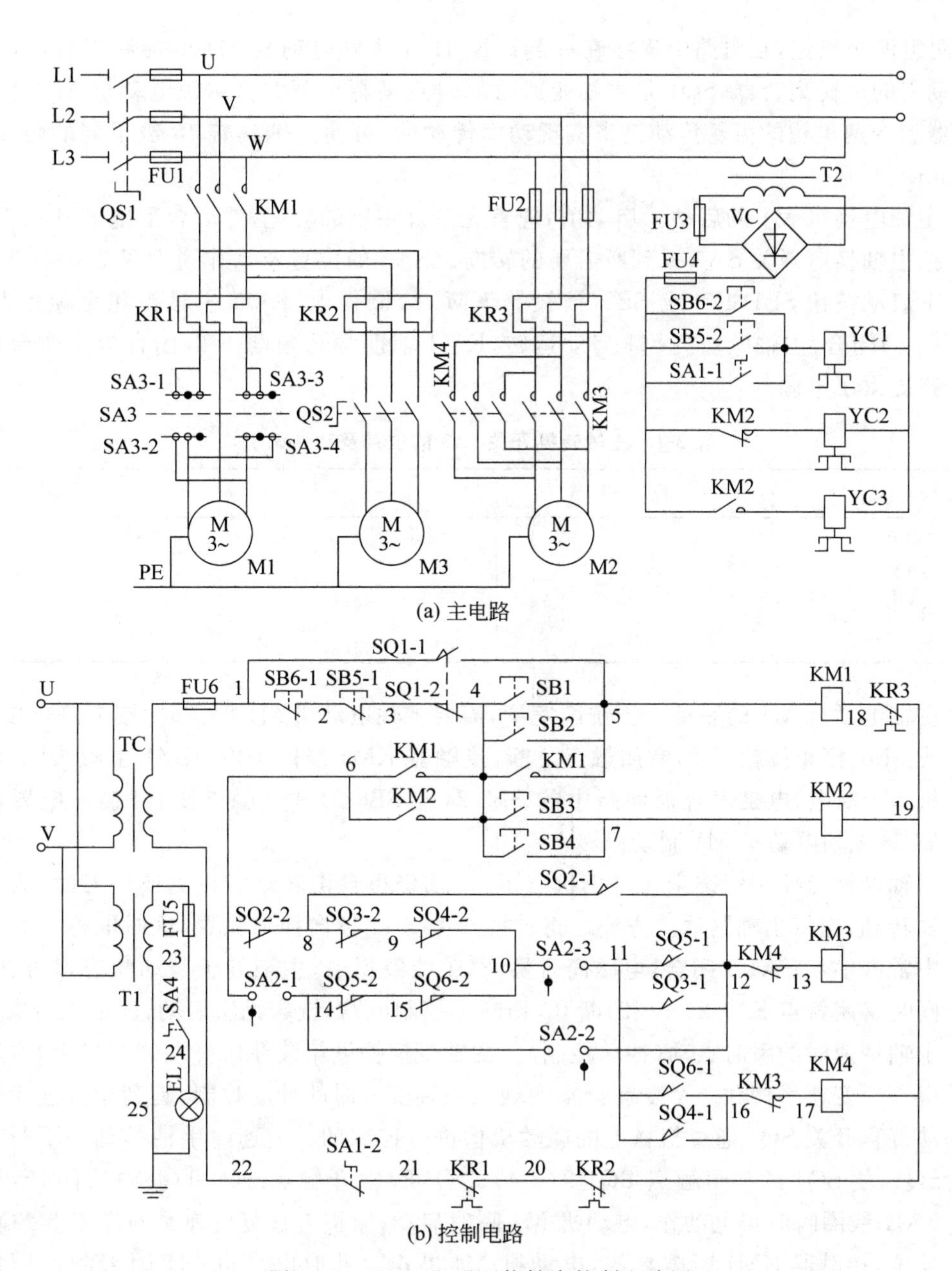

(a) 主电路

(b) 控制电路

图 3-12　XA62W 型万能铣床控制电路图

为 M1 的换向开关；M2 是进给电动机，通过操纵手柄和机械离合器的配合拖动工作台前后、左右、上下 6 个方向的进给运动和快速移动，其正反转由接触器 KM3、KM4 来实现；M3 是冷却泵电动机，供应冷却液，且当 M1 启动后 M3 才能启动，用手动开关 QS2 控制；M1 和 M3 共用熔断器 FU1 作短路保护，M2 由 FU2 实现短路保护，3 台电动机分别用热继电器 KR1、KR2、KR3 作过载保护。

（2）控制电路分析

控制电路的电源由控制变压器 TC 提供，其输出电压为 110V。

① 主轴电动机 M1 的控制。为方便操作，主轴电动机 M1 采用两地控制方式，一组安装在工作台上；另一组安装在床身上。SB1 和 SB2 是两组启动按钮，在电路中并接在一起，SB5 和

SB6是两组停止按钮，在电路中串接在一起。KM1是主轴电动机M1的控制接触器，YC1是主轴制动用的电磁离合器，SQ1是主轴变速时瞬时点动行程开关。主轴电动机M1是经过弹性联轴器和变速机构的齿轮传动链来实现动力传动的，可使主轴具有18级不同的转速(30～1500r/min)。

- 主轴电动机M1的启动。启动前，应首先选好主轴的转速，然后合上电源开关QS1，再把主轴换向开关SA3扳到所需要的转向。SA3的位置及动作说明见表3-1所示。按下启动按钮SB1(4-5)或SB2，接触器KM1线圈得电，KM1主触头和自锁触点KM1(4-5)闭合，主轴电动机M1启动运转，KM1辅助常开触点(4-6)闭合为工作台进给电路提供了电源。

表3-1 主轴转换开关SA3的位置及动作说明

位 置	反 转	停	正 转
SA3-1	+	−	−
SA3-2	−	−	+
SA3-3	−	−	+
SA3-4	+	−	−

- 主轴电动机M1的制动。当铣削完毕，需要主轴电动机M1停止时，按下停止按钮SB5或SB6，停止按钮(1-3)常闭触点分断，接触器KM1线圈失电，KM1主触头断开，电动机M1断电，电磁离合器回路中的SB5-2(或SB6-2)常开触点闭合，接通电磁离合器YC1，主轴电动机M1制动停转。
- 主轴换铣刀控制。铣床在停止状态下，主轴仍可自由转动。在更换铣刀时，为避免主轴转动，应将主轴制动。方法是将转换开关SA1扳向换刀位置，这时电磁离合器回路中常开触点SA1-1闭合，电磁离合器YC1线圈得电，主轴处于制动状态以方便换刀；同时常闭触点SA1-2(21-22)断开，切断了控制电路，铣床无法启动，保证人身安全。
- 主轴变速时的瞬时点动(冲动控制)。主轴变速操纵箱装在床身左侧窗口上，主轴变速由一个变速手柄和一个变速盘来实现。主轴变速时的冲动控制，是利用变速手柄与冲动行程开关SQ1通过机械上的联动机构进行控制的。变速时手柄推动一下行程开关SQ1，使SQ1的常闭触点SQ1-2(3-4)先分断，常开触点SQ1-1(1-5)后闭合，接触器KM1线圈瞬时得电动作，电动机M1瞬时启动；紧接着在复位弹簧的作用下SQ1触点复位，接触器KM1断电释放，电动机M1断电。此时电动机M1因未制动而惯性旋转，使齿轮系统抖动，在抖动时刻，将变速手柄先快后慢地推进去，齿轮便顺利地啮合。当瞬时点动过程中齿轮系统没有实现良好啮合时，可以重复上述过程直到啮合为止(注：变速前应先停车)。

② 进给电动机M2的控制。工作台的进给运动在主轴启动后方可进行。工作台的进给可在3个坐标的6个方向运动，即工作台在回转盘上的左右运动；工作台与回转盘一起在溜板上和溜板一起前后运动；升降台在床身的垂直导轨上作上下运动。这些进给运动是通过两个操作手柄和机械联动机构控制相应的行程开关使进给电动机M2正转或反转来实现的，并且6个方向的运动是联锁的，不能同时接通。

- 圆形工作台的控制。为了扩大铣床的加工范围，可在铣床工作台上安装附件圆形工作台，进行对圆弧或凸轮的铣削加工。当需要圆工作台旋转时，将开关SA2扳到接通位置，这时触点 SA2-1(6-14)和 SA2-3(10-11)断开，触点 SA2-2(12-14)闭合，电流经 6→8→9→10→15→14→12→13 路径，使接触器 KM3 线圈得电，电动机 M2 启动，通过一根专用轴带动圆形工作台作旋转运动。当不需要圆形工作台旋转时，转换开关 SA2 扳到断开位置，这时触点 SA2-1(6-14)和 SA2-3(10-11)闭合，触点 SA2-2(12-14)断开，以保证工作台在 6 个方向的进给运动，因此圆工作台的旋转运动和 6 个方向的进给运动也是联锁的。

- 工作台的左右进给运动。工作台的左右进给运动由左右进给操作手柄控制。操作手柄与行程开关 SQ5 和 SQ6 联动，有左、中、右三个位置，其控制关系见表 3-2。

表 3-2 工作台左右进给手柄位置及其控制关系

手柄位置	位置开关动作	接触器动作	电动机 M2 转向	传动链搭合丝杠	工作台运动方向
左	SQ5	KM3	正转	左右进给丝杠	向左
中	—	—	停止	—	停止
右	SQ6	KM4	反转	左右进给丝杠	向右

当手柄扳向中间位置时，位置开关 SQ5 和 SQ6 均未被压合，进给控制电路处于断开状态；当手柄扳向左或右位置时，手柄压下行程开关 SQ5 或 SQ6，使常闭触点 SQ5-2(14-15)或 SQ6-2(10-15)分断，常开触点 SQ5-1(11-12)或 SQ6-1(11-16)闭合，接触器 KM3 或 KM4 线圈得电动作，电动机 M2 正转或反转。由于在 SQ5 或 SQ6 被压合的同时，通过机械机构已将电动机 M2 的传动链与工作台下面的左右进给丝杠相搭合，所以电动机 M2 的正转或反转就拖动工作台向左或向右运动。当工作台向左或向右进给到极限位置时，由于工作台两端各装有一块限位挡铁，该挡铁碰撞手柄连杆使手柄自动复位到中间位置，行程开关 SQ5 或 SQ6 复位，电动机的传动链与左右丝杠脱离，电动机 M2 停转，工作台停止进给，实现了左右运动的终端保护。

- 工作台的上下和前后进给。工作台的上下和前后进给运动是由一个手柄控制的。该手柄与行程开关 SQ3 和 SQ4 联动，有上、下、前、后、中 5 个位置。其控制关系见表 3-3。当手柄扳至中间位置时，位置开关 SQ3 和 SQ4 均未被压合，工作台无任何进给运动；当手柄扳至下或前位置时，手柄压下行程开关 SQ3 使常闭触点 SQ3-2(8-9)分断，常开触点 SQ3-1(11-12)闭合，接触器 KM3 线圈得电动作，电动机 M2 正转，带动着工作台向下或向前运动；当手柄扳向上或后时，手柄压下行程开关 SQ4，使常闭触点 SQ4-2(9-10)分断。常开触点 SQ4-1(11-16)闭合，接触器 KM4 得电动作，电动机 M2 反转，带动着工作台向上或向后运动。这里，为什么进给电动机 M2 只有正反两个转向，而工作台却能够在 4 个方向进给呢？这是因为当手柄扳向不同的位置时，通过机械机构将电动机 M2 的传动链与不同的进给丝杠相搭合的缘故。当手柄扳向下或上时，手柄在压下行程开关 SQ3 或 SQ4 的同时，通过机械机构将电动机 M2 的传动链与升降台上下进给丝杠搭合，当 M2 得电正转或反转时，就带着升降台向下或向上运动；同理，当手柄扳向前或后时，手柄在压下行程开关 SQ3 或 SQ4 的同时，又通过机械机构将电动机 M2 的传动链与溜板下面的前后进给丝杠搭合，当 M2 得电正转或反转时，就又带着溜板向前或向后运动。和左右进给一样，当工作台在上、下、前、后 4 个方向的任一个方向进给到极限位置时，挡铁都会碰撞手柄连杆。使手柄自动复位到中间位置，位置开关 SQ3 或 SQ4 复位，上下丝杠或前后丝杠与电动机传动链脱离，电动机

表 3-3 工作台上、下、中、前、后进给手柄位置及其控制关系

手柄位置	位置开关动作	接触器动作	电动机 M2 转向	传动链搭合丝杠	工作台运动方向
上	SQ4	KM4	反转	上下进给丝杠	向上
下	SQ3	KM3	正转	上下进给丝杠	向下
中	—	—	停止	—	停止
前	SQ3	KM3	正转	前后进给丝杠	向前
后	SQ4	KM4	反转	前后进给丝杠	向后

和工作台就停止了运动。

由以上分析可见，两个操作手柄被置于某一方向后，只能压下 4 个位置开关 SQ3、SQ4、SQ5、SQ6 中的一个开关，接通电动机 M2 正转或反转电路，同时通过机械机构将电动机的传动链与三根丝杠（左右丝杠、上下丝杠、前后丝杠）中的 根丝杠相搭合，拖动工作台沿选定的进给方向运动，而不会沿其他方向运动。

- 左右进给手柄与上下前后进给手柄的联锁控制。在两个手柄中，只能进行其中一个进给方向上的操作，即当一个操作手柄被置定在某一进给方向后，另一个操作手柄必须置于中间位置，否则将无法实现任何进给运动，这是因为在控制电路中对两者进行了联锁保护。当把左右进给手柄扳向左时，若又将另一个进给手柄扳到向下进给方向，则行程开关 SQ5 和 SQ3 均被压下，触点 SQ5-2(14-15)和 SQ3-2(8-9)均分断，断开了接触器 KM3 和 KM4 线圈的通路，电动机 M2 只能停转，保证了操作安全。
- 进给变速时的瞬时点动。和主轴变速时一样，进给变速时，为使齿轮进入良好的啮合状态，也要进行变速后的瞬时点动。进给变速时，必须先把进给操纵手柄放在中间位置，然后将进给变速盘（在升降台前后）向外拉出，使进给齿轮松开，转动变速盘选定进给速度后，再将变速盘向里推回原位，齿轮便重新啮合。在推进的过程中，挡块压下行程开关 SQ2，使触点 SQ2-2(6-8)分断，SQ2-1(8-12)闭合，接触器 KM3 线圈得电动作，电动机 M2 启动；但随着变速盘复位，行程开关 SQ2 跟着复位，使 KM3 断电释放，M2 失电停转。这样使电动机 M2 瞬时点动一下，齿轮系统产生一次抖动，齿轮便顺利啮合了。
- 工作台的快速移动控制。为了提高劳动生产率，减少生产辅助工时，在不进行铣削加工时，可使工作台快速移动。6 个进给方向的快速移动是通过两个进给操作手柄和快速移动按钮配合实现的。安装好工件后，扳动进给操作手柄选定进给方向，按下快速移动按钮 SB3 或 SB4（两地控制），接触器 KM2 线圈得电，电磁离合器回路中的 KM2 常闭触点分断，电磁离合器 YC2 失电，将齿轮传动传动链与进给丝杠分离；KM2 两对常开触点闭合，一对使电磁离合器 YC3 得电，将电动机 M2 与结构丝杠直接搭合；另一对(4-6)使接触器 KM3 或 KM4 得电动作，电动机 M2 得电正转或反转，带动工作台沿选定的方向快速移动。由于工作台的快速移动采用的是点动控制，故松开 SB3(4-7)或 SB4(4-7)，快速移动停止。

③ 冷却泵及照明电路的控制。主轴电动机 M1 和冷却泵电动机 M3 采用的是顺序控制，即只有在主轴电动机 M1 启动后冷却泵电动机 M3 才能启动。冷却泵电动机 M3 由组合开关 QS2 控制。

铣床照明变压器 T1 供给 24V 安全电压，由转换开关 SA4 控制照明灯。熔断器 FU5 作照明电路的短路保护。

课题 3.5　镗床的电气控制线路

镗床通常用于加工尺寸较大且精度要求较高的孔，特别是分布在不同表面上、孔距和位置精度(平行度、垂直度和同轴度等)要求较严格的孔系，如各种箱体和汽车发动机缸体等零件上的孔系加工。

镗床的主要功能是用镗刀进行镗孔，即镗削工件上铸出或已粗钻出的孔。镗床除了镗孔，还可以进行钻孔、铣平面和车削等工作。镗床加工时的运动与钻床类似，但进给运动则根据机床类型和加工条件不同，或者由刀具完成，或者由工件完成。镗床有卧式镗床、坐标镗床和精镗床等类型。此外，还有立式镗床、深孔镗床和落地镗床等。

3.5.1　镗床的结构及运动形式

本课题以 T68 型卧式镗床为例进行分析。

卧式镗床除镗孔外，还可以用各种孔加工刀具进行钻孔、扩孔和铰孔；可安装端面铣刀铣削平面；可利用其上的平旋盘安装车刀车削端面和短的外圆柱面；利用主轴后端的交换齿轮可以车削内、外螺纹等。因此，卧式镗床能对工件一次安装后完成大部分或全部的加工工序。卧式镗床主要用于对形状复杂的大、中型零件如箱体、床身、机架等加工精度和孔距精度、形位精度要求较高的零件进行加工。

图 3-13　T68 型卧式镗床

1—后支架；2—后立柱；3—工作台；4—镗轴；5—平旋盘；6—径向刀具溜板；7—前立柱；8—主轴箱；9—后尾筒；10—下滑座；11—上滑座；12—床身

T68 型卧式镗床的结构如图 3-13 所示，主要由床身、前立柱、镗头架、后立柱、尾座、下溜板、上溜板、工作台等部分组成。

床身是一个整体的铸件，在它的一端固定有前立柱，在前立柱的垂直导轨上装有镗头架，镗头架可沿导轨垂直移动。镗头架上装有主轴、主轴变速箱、进给箱与操纵机构等部件。切削刀具固定在镗轴前端的锥形孔里，或装在平旋盘的刀具溜板上。在镗削加工时，镗轴一面旋转，一面沿轴向作进给运动。平旋盘只能旋转，装在其上的刀具溜板作径向进给运动。镗轴和平旋盘轴经由各自的传动链传动，因此可以独自旋转，也可以不同转速同时旋转。

在床身的另一端装有后立柱，后立柱可沿床身导轨在镗轴轴线方向调整位置。在后立柱导轨上安装有尾座，用来支撑镗轴的末端，尾座与镗头架同时升降，保证两者的轴心在同一水平线上。

安装工件的工作台安放在床身中部的导轨上，它由上溜板、下溜板与可转动的工作台组成。下溜板可沿床身导轨作纵向运动，上溜板可沿下溜板的导轨作横向运动，工作台相对于上溜板可作回转运动。

综上所述，T68 型卧式镗床具有下列运动形式。

① 镗杆的旋转主运动。

② 平旋盘的旋转主运动。

③ 镗杆的轴向进给运动。

④ 主轴箱垂直进给运动。

⑤ 工作台纵向进给运动。

⑥ 工作台横向进给运动。

⑦ 平旋盘上的径向刀架进给运动。

⑧ 辅助运动：主轴箱、工作台在进给方向上的快速调位运动、后立柱的纵向调位运动，后支架的垂直调位运动、工作台的转位运动。这些辅助运动可以手动，也可由快速电动机拖动。

3.5.2 T68型卧式镗床的电气控制电路分析

1. 电力拖动方式和控制要求

(1) 卧式镗床的主运动与进给运动由一台电动机拖动。主轴拖动要求恒功率调速，且要求正、反转。

(2) 为满足加工过程和调整工作的需要，主轴电动机应能实现正、反转点动的控制。

(3) 要求主轴制动迅速、准确，为此设有电气制动环节。

(4) 主轴及进给变速可在开车前预选，也可在加工过程中进行，为便于变速时齿轮的顺利啮合，应设有变速低速冲动环节。

(5) 为缩短辅助时间，机床各运动部件应能实现快速移动，并由单独快速移动电动机拖动。

(6) 镗床运动部件较多，应设置必要的联锁及保护环节，且采用机械手柄与电气开关联动的控制方式。

① 主电动机采用双速电运动机(△/YY)用以拖动主运动和进给运动。

② 主运动和进给运动的调速由机械变速机构实现。

③ 主电动机能正反转，采用电制动。

④ 主电动机低速采用全压启动，需高速工作时，先从低速启动，延时后自动转为高速。

⑤ 各进给部分的快速移动，采用一台快速移动电动机拖动。

T68型卧式镗床电路图如图3-14所示。

2. 主电路分析

电源经低压断路器QF引入，M1为主轴电动机，由接触器KM1、KM2控制其正、反转；KM6控制M1低速运转(定子绕组接成三角形，为4极)，KM7、KM8控制M1高速运转(定子绕组接成双星形，为2极)；KM3控制M1反接制动限流电阻。M2为快速移动电动机，由KM4、KM5控制其正反转。热继电器KR作M1的过载保护，M2为短时运行不需要过载保护。

3. 控制电路分析

控制变压器TC供给110V控制电压、36V局部照明电压及6.3V指示电路电压。

(1) 主电动机M1的点动控制

主电动机的点动控制有正向点动和反向点动，由主电动机正反转接触器KM1、KM2、正反转点动按钮SB3、SB4组成M1电动机的正反转点动控制电路。点动时，M1三相绕组接成三角形且串入电阻R实现低速点动。

需正向点动时，合上电源开关QF，按下SB3(5-15)按钮，接触器KM1线圈通电吸合，主触头接通三相正相序电源，KM1的辅助常开触点(4-14)闭合，使接触器KM6线圈通电吸合，三相电源经KM1的主触头，电阻R和KM6的主触头接通主电动机M1的定子绕组，接法为三角形，使电动机低速正向旋转。当松开SB3(5-15)按钮时，KM1、KM6相继断电，主电动机断

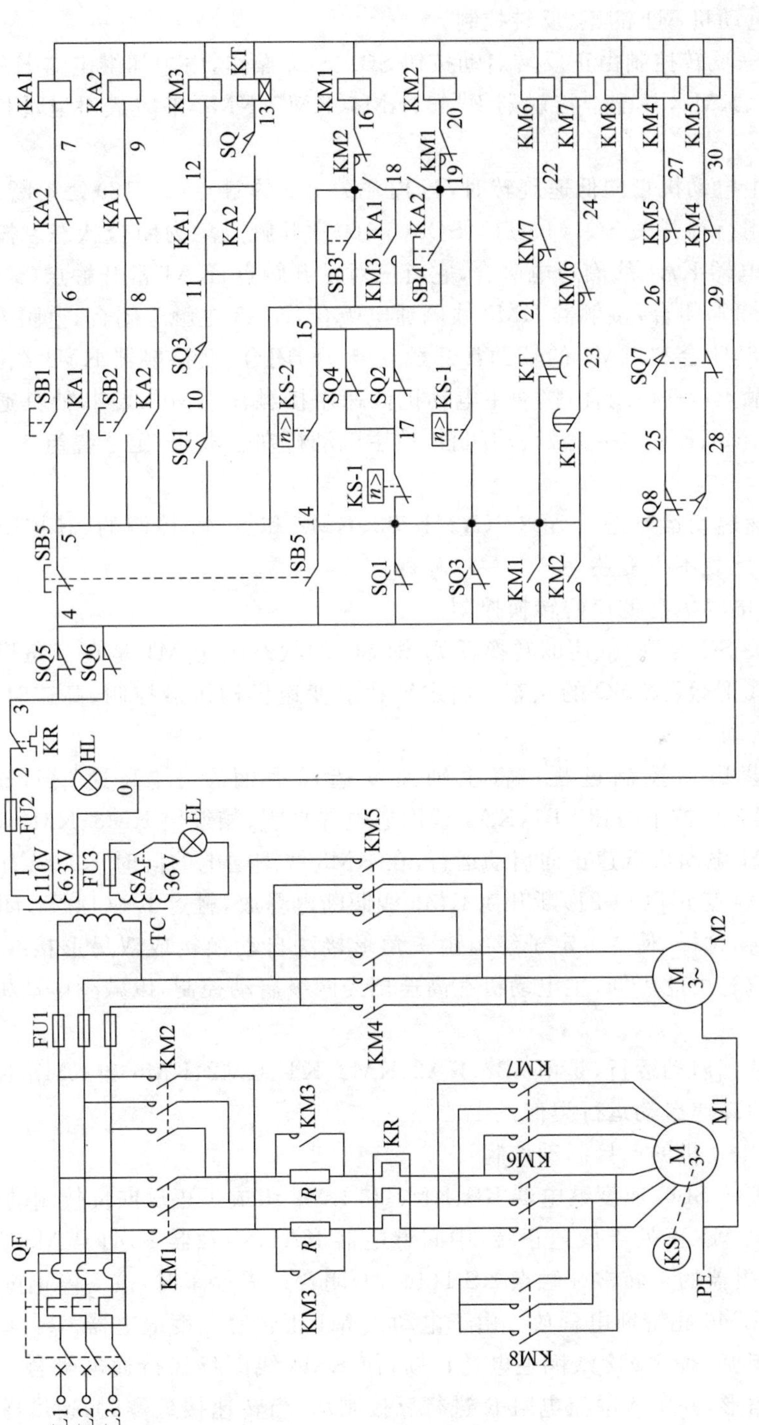

图 3-14　T68 型卧式镗床电路图

电而停车。

反向点动与正向点动控制过程相似，由按钮SB4、接触器KM2、KM6来实现。

(2) 主电动机M1的正、反转控制

M1的正、反转控制由正反转启动按钮SB1、SB2操作，由中间继电器KA1、KA2及正反转接触器KM1、KM2，并配合接触器KM3、KM6、KM7、KM8来完成对电动机M1的可逆运行控制。

当要求主电动机正向低速旋转时，行程开关SQ的触点(12-13)处于断开位置，主轴变速和进给变速用行程开关SQ1(10-11)、SQ3(5-10)常开触点均为闭合状态。按下正向启动按钮SB1，中间继电器KA1线圈通电吸合，它有三对常开触点，KA1常开触点(5-6)闭合自锁；KA1常开触点(11-12)闭合，接触器KM3线圈通电吸合，KM3主触头闭合，电阻R被短接；KA1常开触点(15-18)闭合和KM3的辅助常开触点(5-18)闭合，使接触器KM1线圈通电吸合，KM1的辅助常开触点(4-14)闭合，接通主电动机低速用接触器KM6线圈，使其通电吸合。由于接触器KM1、KM3、KM6的主触头均闭合，故主电动机在全电压、定子绕组三角形连接下直接启动，低速运行。

反向低速启动运行是由SB2、KA2、KM3、KM2和KM6控制的，其控制过程与正向低速运行相类似，此处不再复述。

(3) M1电动机高低速的转换控制

行程开关SQ是高、低速的转换开关，即SQ的状态决定M1是在三角形接线下运行还是在双星形接线下运行。SQ的状态是由主轴孔盘变速机构机械控制，高速时SQ被压动，低速时SQ不被压动。

正向高速启动控制过程。将主轴速度选择手柄置于“高速”挡，SQ被压动，触点SQ(12-13)闭合。按下按钮SB1，KA1线圈通电并自锁，相继使KM3、KM1和KM6线圈通电吸合，控制M1电动机低速正向启动运行；在KM3线圈通电的同时KT线圈通电吸合，待KT延时时间到，触点KT(14-21)断开使KM6线圈断电释放，触点KT(14-23)闭合使KM7、KM8线圈通电吸合，这样，使M1定子绕组由三角形接法自动换接成双星形接线，M1自动由低速变为高速运行。由此可知，主电动机在高速挡为两级启动控制，以减少电动机高速挡启动时的冲击电流。

反向高速挡启动运行，是由SB2、KA2、KM3、KT、KM2、KM6和KM7、KM8控制的，其控制过程与正向高速启动运行类似。

(4) M1电动机的反接制动控制

由停止按钮SB6、速度继电器KS、KM1和KM2组成了正反向反接制动控制电路。

设电动机M1正处于低速正转，中间继电器KA1、接触器KM1、KM3、KM6的线圈通电吸合，速度继电器的正转常开触点KS-1(14-19)闭合。需停车时，按下停止按钮SB5，使KA1、KM1、KM3、KM6相继断电释放。由于电动机M1正转时速度继电器KS-1(14-19)触点闭合，所以按下SB5后，使KM2线圈通电并自锁，使KM6线圈仍保持通电吸合。此时M1定子绕组仍接成三角形，并串入限流电阻R进行反接制动，当转速接近零时，速度继电器的正转常开触点KS-1(14-19)断开，KM2线圈断电，反接制动结束。

若M1为正向高速运行，即由KA1、KM3、KM1、KM7、KM8控制下使M1高速运转。欲停车时，按下按钮SB5，使KA1、KM3、KM1、KT、KM7、KM8线圈相继断电，于是KM2和KM6通电吸合，此时M1定子绕组接成角形，并串入不对称电阻R反接制动。

M1 电动机工作在低速及高速反转时的反接制动过程可仿上述内容自行分析。

(5) 主轴及进给变速控制

T68 型卧式镗床的主轴变速与进给变速可在停车时进行，也可在镗床运行中进行。变速时将变速手柄拉出，转动变速盘，选好速度后，再将变速手柄推回。拉出变速手柄时，相应的变速行程开关不受压；推回变速手柄时，相应的变速行程开关压下，SQ1、SQ2 为主轴变速用行程开关，SQ3、SQ4 为进给变速用行程开关。

① 停车变速。由 SQ1～SQ4、KT、KM1、KM2 和 KM6 组成主轴和进给变速时的低速冲动控制，以便齿轮更好地啮合。

当主轴变速时，将变速孔盘拉出，主轴变速行程开关 SQ1、SQ2 不受压，此时触点 SQ1(5-10)由闭合状态变为断开状态，SQ1(4-14)，SQ2(17-15)由断开状态变为接通状态，使 KM1 通电并自锁，同时也使 KM6 通电吸合，则 M1 串入电阻 R 低速正向启动。当电动机速度达到 140r/min 左右时，KS-1(14-17)常闭触点断开，KS-1(14-19)常开触点闭合，使 KM1 线圈断电释放，而 KM2 通电吸合，且 KM6 仍通电吸合。于是，M1 进行反接制动，当转速降到 100r/min 时，速度继电器 KS 释放，触头复原，KS-1(14-17)常闭触点由断开变接通，KS-1(14-19)常开触点由接通变断开，使 KM2 断电释放，KM1 再次通电吸合，KM6 仍通电吸合，M1 又正向低速启动。

由上述分析可知，当主轴变速手柄拉出时，M1 正向低速启动，而后又制动为缓慢脉动转动，以利齿轮啮合。当主轴变速完成后将主轴变速手柄推回原位时，主轴变速开关 SQ1、SQ2 压下，使 SQ1、SQ2 常闭触点断开，SQ1 常开触点闭合，则低速脉动转动停止。

进给变速时的低速脉动转动与主轴变速时类同，但此时起作用的是进给变速开关 SQ3 和 SQ4。

② 运行中变速控制。假设电动机 M1 在 KA1、KM3、KT、KM1 和 KM7、KM8 控制下高速运行。此时要进行主轴变速，需拉出主轴变速手柄，主轴变速开关 SQ1、SQ2 不再受压，此时 SQ1(5-10)触点由接通变为断开，SQ1(4-14)、SQ2(17-15)触点由断开变为接通，则 KM3、KT 线圈断电释放，KM1 断电释放，KM2 接通吸合，KM7、KM8 断电释放，KM6 通电吸合。于是 M1 定子绕组接为三角形连接，串入限流电阻 R 进行正向低速反接制动，使 M1 转速迅速下降，当转速下降到速度继电器 KS 的释放转速时，又由 KS 控制 M1 进行正向低速脉动转动，以利齿轮啮合。待推回主轴变速手柄时，SQ1、SQ2 行程开关压下，SQ1 常开触点由断开变为接通状态。此时 KM3、KT 和 KM1、KM6 接通吸合，M1 先正向低速(三角形连接)启动，后在时间继电器 KT 控制下，自动转为高速运行。

(6) 快速移动控制

该机床的快速移动，包括主轴箱、工作台或主轴的快速移动，它由快速手柄操纵快速移动电动机 M2 拖动完成。快速手柄操纵并联动 SQ7、SQ8 行程开关，控制接触器 KM4 或 KM5，进而控制快速移动电动机 M2 正反转来实现快速移动。将快速手柄扳在中间位置，SQ7、SQ8 均不被压动，M2 电动机停转。若将快速手柄扳到正向位置，SQ7 压下，KM4 线圈通电吸合，快速移动电动机 M2 正转，使相应部件正向移动。同理，若将快速手柄扳向反向快速位置，行程开关 SQ8 被压动，KM5 线圈通电吸合，M2 反转，相应部件获得反向快速移动。

(7) 联锁保护环节分析

T68 型卧式镗床电气控制电路具有完善的联锁与保护环节。

① 主轴箱或工作台与主轴机动进给联锁。为防止工作台或主轴箱机动进给时出现将主

轴或平旋盘刀具溜板也扳到机动进给的误操作，安装有与工作台、主轴箱进给操纵手柄有机械联动的行程开关SQ5，在主轴箱上安装了与主轴进给手柄、平旋盘刀具溜板进给手柄有机械联动的行程开关SQ6。

若工作台或主轴箱的操纵手柄扳在机动进给时，压下SQ5，其常闭触点SQ5(3-4)断开；若主轴或刀具溜板进给操纵手柄扳在机动进给时，压下SQ6，其常闭触点SQ6(3-4)断开，所以，当这两个进给操作手柄中的任一个扳在机动进给位置时，电动机M1和M2都可启动运行。但若两个进给操作手柄同时扳在机动进给位置时，SQ5、SQ6常闭触点都断开，切断了控制电路电源，电动机M1、M2无法启动，也就是避免了误操作造成事故的危险，实现了联锁保护作用。

② M1电动机正反转控制、高低速控制、M2电动机的正反转控制均设有互锁控制环节。

③ 熔断器FU1～FU3实现短路保护；热继电器KR实现M1过载保护；电路采用按钮、接触器或继电器构成的自锁环节具有欠压与零压保护作用。

4. 辅助电路分析

机床设有36V安全电压局部照明灯EL，由开关SA手动控制。电路还设有6.3V电源指示灯HL。

思考题与习题

3-1 C650—2型卧式车床制动回路上的KA常闭触点的作用是什么？

3-2 C650—2型卧式车床启动按钮SB2和SB3为什么要用双联按钮？

3-3 试分析M1432A型万能外圆磨床故障：

(1) 5台电动机都不能启动。

(2) 头架电动机的一挡能启动，另一挡不能启动。

(3) 两台电动机M1和M2不能启动。

3-4 试分析M7475B型平面磨床电气故障原因。

(1) 按下电磁吸盘励磁按钮SB9，熔断器FU6立即熔断。

(2) 电磁吸盘YH无吸力或吸力不足。

3-5 试述Z3040型钻床操作摇臂下降时电路的工作情况。

3-6 Z3040型钻床电路中，有哪些互锁与保护？为什么要有这几种保护环节？

3-7 试分析X62W型万能铣床电气故障原因。

(1) 工作台能向左、右进给，不能向前、后、上、下进给。

(2) 变速时不能冲动控制。

3-8 T68型卧式镗床电气控制中，主轴与进给电动机电气控制有何特点？

3-9 试述T68型卧式镗床主轴电动机M1高速启动控制的操作过程和电路工作情况。

模块 4

桥式起重机电气控制线路

※知识点

1. 桥式起重机的结构、分类及控制要求。
2. 桥式起重机的控制电路分析。
3. 桥式起重机的保护。

※学习要求

1. 具备桥式起重机的类型识别和结构特点分析能力。
2. 具备桥式起重机控制电路的特点和原理分析能力。
3. 具备桥式起重机保护电路的原理组成和常见故障的分析判断能力。

起重机是具有起重吊钩或其他取物装置(如抓斗、电磁吸铁、集装箱吊具等)在空间内实现垂直升降和短距离水平运移重物的起重机械。起重机的工作特点是:工作频繁,具有周期性和间歇性,要求工作可靠并确保安全。

起重机的类型很多,按其构造分,有桥架型起重机(如桥式起重机、龙门起重机等),缆索型起重机,臂架型起重机(如塔式起重机、流动式起重机、门座起重机、铁路起重机、浮动起重机、桅杆起重机等);按其取物装置和用途分为吊钩起重机、抓斗起重机,电磁起重机,冶金起重机,堆垛起重机,集装箱起重机,安装起重机,救援起重机等。它们广泛应用于工厂企业、港口、车站、仓库、料场、建筑、安装、水(火)电站等部门。

本模块以桥式起重机为例,对其控制电路进行分析。

课题 4.1　桥式起重机概述

4.1.1　桥式起重机的结构与分类

桥式起重机的结构示意图如图 4-1 所示。

桥式起重机主要由桥架、大车运行机构、装有起升机构和小车运行机构的小车及电气控制设备等组成。桥架是桥式起重机的基本构件,主要由主梁、端梁、走台等组成。

主梁上铺有钢轨供小车运行。一般在主梁外侧装有走台,一侧为安装和检修小车运行机构而设,另一侧为安装小车导电装置而设。主梁两端各与端梁相连接。

大车运行机构有分别驱动和集中驱动两种,目前我国生产的桥式起重机大都采用分别驱动方式。小车由起升机构和小车运行机构组成,小车运行机构采用集中驱动方式。桥式起重

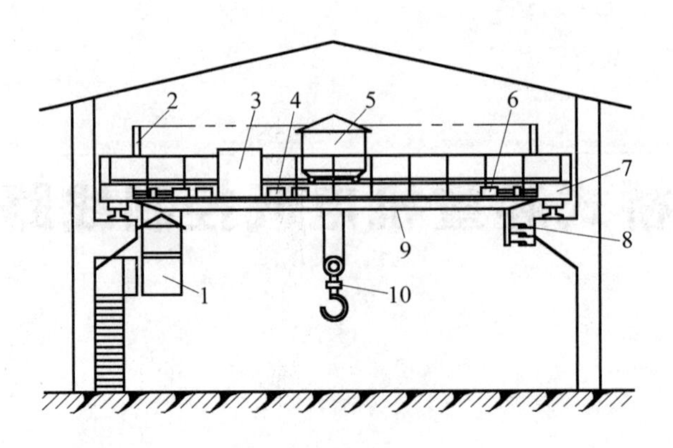

图 4-1　桥式起重机示意图

1—驾驶室；2—辅助滑线架；3—交流磁力控制屏；4—电阻箱；5—起重小车；
6—大车拖动电动机；7—端梁；8—主滑线；9—主梁；10—吊具

机的供电方式多采用角钢滑触导电与悬挂电缆导电的供电方式。

桥式起重机通常分为单主梁、双梁起重机两大类。按吊具不同又可分为吊钩、抓斗、电磁、两用(吊钩和可换的抓斗)桥式起重机。此外还有防爆、绝缘、双小车、挂梁桥式起重机等。

4.1.2　桥式起重机的主要技术参数

桥式起重机的主要技术参数有起重量、跨度、起升高度、起升速度、运行速度和工作级别等。

① 起重量。起重量是指被起升物的重量,有额定起重量和最大起重量两个参数。

额定起重量是指起重机允许吊起的物品连同可分离吊具重量的总和。最大起重量是指在正常工作条件下允许吊起的最大额定起重量。起重机械最大起重量在国家标准 GB/T 783—1987《起重机械最大起重量系列》中已有规定。

② 跨度。起重机主梁两端车轮中心线间的距离,即大车轨道中心线间的距离称为跨度。

③ 起升高度。吊具或抓取装置的上极限位置与下极限位置之间的距离,称为起升高度。

④ 工作速度。桥式起重机的工作速度包括起升速度及大、小车运行速度。起升速度指吊物(或其他取物装置)在稳定运动状态下,额定载荷时的垂直位移速度。中、小起重量的起重机起升速度一般为 8～20m/min。

小车运行速度为小车稳定运动状态下的运行速度,一般为 30～50m/min。跨度大的取较高值,跨度小的取较低值。

大车运行速度为起重机稳定运动状态下的运行速度,一般为 80～120m/min。起重机行程长可快些,行程短则慢些。

⑤ 工作级别。起重机的工作级别是根据起重机利用等级和载荷状态划分的,它反映了起重机的工作特性。若按工作级别使用起重机,可安全、充分发挥起重机的功能。关于工作级别可参阅 GB/T 3811—2008《起重机设计规范》中的有关规定。

4.1.3　桥式起重机对电力拖动和电气控制的要求

桥式起重机工作环境恶劣,粉尘大,温度高,空气潮湿,其工作性质为重复短时工作制。因此,拖动电动机经常处于启动、制动、调速、反转工作状态;同时,负载很不规律,经常承受大的过载和机械冲击。另外,起重机要求有一定的调速范围。为此,专门设计制造了 YZR 系列起重及冶金用三相感应电动机。目前,为了更好地满足起重行业更新桥式起重机配套电动机的需要，在 YZR 系列基础上运用计算机重新设计其电磁方案，提出了 YZR—Z 系列起重专用电动机并正式投产。

1. 起重用电动机的特点

① 电动机按断续周期工作制设计制造，其代号为 S3。在断续工作状态下，用负载持续率 $FC\%$ 表示。

$$FC\% = \frac{负载持续时间}{周期时间} \times 100\%$$

一个周期通常为 10min，标准的负载持续率有 15%、25%、40%、60%等几种。

② 具有较大的启动转矩和最大转矩，以适应重载下的启动、制动和反转。

③ 电动机转子制成细长形，转动惯量小，减小了启动、制动时的能量损耗。

④ 制成封闭型，具有较强的机械结构，有较大的气隙，以适应多尘土和较大机械冲击的工作环境；具有较高的耐热绝缘等级，允许温升较高。

我国生产的起重用电动机除 YZR 系列与 YZR—Z 系列三相绕线转子感应电动机外，还有 YZ 系列三相笼型感应电动机。各系列电动机对基准工作制的规定各有不同，如 YZR 系列的基准工作制为 S3-60%，YZR—Z 系列的基准工作制为 S3-25%，YZ 系列的基准工作制为 S3-40%等。

对于断续工作状态的电动机，其铭牌上标注有基准负荷持续率及对应的额定功率。而在实际使用时并不一定工作在基准负荷持续率下，为此，对于任意负荷持续率下工作时，电动机的功率按下式换算：

$$P'_{\mathrm{FC}} = \sqrt{\frac{FC\%}{FC\%'}} P_{\mathrm{FC}} \tag{4-1}$$

式中，P'_{FC} 为任意持续率下电动机的功率，kW；P_{FC} 为基准持续率下电动机的额定功率，kW；$FC\%'$ 为任意持续率；$FC\%$ 为电动机铭牌上标准的基准持续率。

2. 提升机构与移动机构对电力拖动自动控制的要求

为提高起重机的生产率和生产安全，对起重机提升机构电力拖动自动控制提出如下要求：

① 具有合理的升降速度。空载最快，轻载稍慢，额定负载时最慢。

② 具有一定的调速范围。由于受允许静差率的限制，所以普通起重机的调速范围为 2～3。

③ 为消除传动间隙，将钢丝绳张紧，以避免过大的机械冲击，提升的第一挡应作为预备级。该级启动转矩一般限制在额定转矩的一半以下。

④ 下放重物时，依据负载大小，拖动电动机可运行在下放电动状态（强力下放）、倒拉反接制动状态、超同步制动状态或单相制动状态。

⑤ 必须设有机械抱闸以实现机械制动。

大车运行机构和小车运行机构对电力拖动自动控制的要求比较简单，要求有一定的调速范围，分几挡进行控制，为实现准确停车，采用机械制动。

桥式起重机应用广泛，起重机的电气控制设备均已系列化、标准化。常用的电气设备有控制器、保护箱和控制站，可根据拖动电动机容量大小、工作频繁程度和对可靠性的要求来决定。

4.1.4 桥式起重机电动机的工作状态分析

1. 大车和小车运行机构的正、反向电动状态

起重机大车和小车运行机构电动机的负载转矩为运行传动机构和车轮滚动时的摩擦阻力

矩,其值为一常数,方向始终与运动方向相反(属于反抗性负载)。因此,大车与小车来回移动时,拖动电动机处于正向与反向电动状态运行。

提升机构电动机则不然,其负载转矩除一小部分由摩擦产生的阻转矩外,主要为重物产生的重力转矩。当提升重物时,重力转矩起阻转矩作用;下放重物时,重力转矩则起原动转矩作用。而在空钩或轻载下放时,还可能出现重力转矩小于摩擦力矩,需要强力下放。所以提升机构电动机将视重力负载大小不同、提升与下放的不同,电动机将运行在不同的运行状态下。

2. 提升重物时的正向电动状态

起重机在提升物品时,电动机负载转矩 T_L 由重力转矩 T_W 及提升机构摩擦阻转矩 T_f 两部分组成,当电动机电磁转矩 T_{em} 克服负载转矩 T_L 时,重物将被提升;当 $T_{em}=T_L$ 时,重物以恒定速度提升。特性曲线如图 4-2 所示。

3. 下放空钩或轻载时的反向电动状态

当空钩或轻载下放时,由于负载重力转矩 T_W 小于提升机构摩擦阻转矩 T_f,此时依靠重物自身重量不能下降。为此,电动机必须向着重物下降方向产生电磁转矩(产生 $-T_{em}$),并与重力转矩 T_W 一起共同克服摩擦阻转矩 T_f,强迫空钩或轻载下放,这在起重机中常称为强迫下降。电动机工作在反向电动状态,如图 4-3 所示。电动机以 $-n_A$ 速度下放重物。

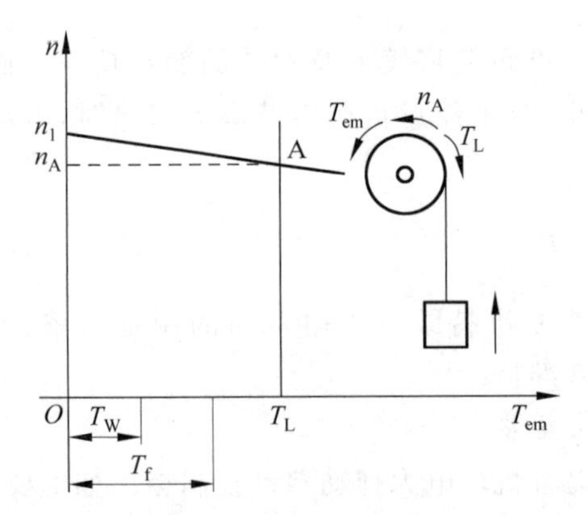

图 4-2 提升重物时的正向电动状态

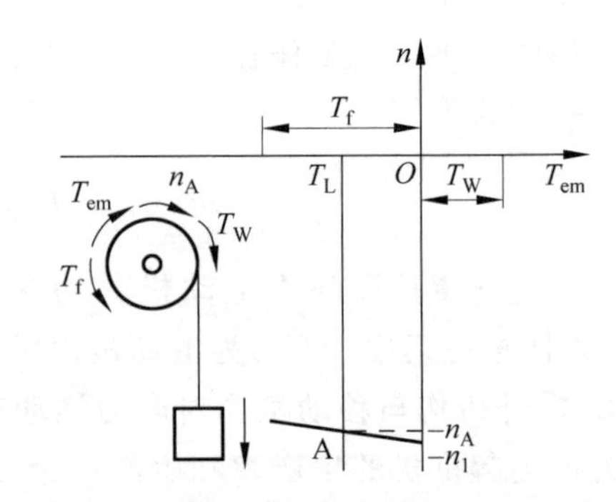

图 4-3 下放空钩或轻载时的反向电动状态

4. 长距离下放中载或重载时的再生制动状态

在需要长距离下降中载或重载时,可将提升电动机按反转相序接线,产生下降方向的电磁转矩 T_{em},此时 T_{em} 与重力转矩 T_W 的方向一致,如图 4-3 所示,使电动机很快加速并超过电动机的同步转速。此时,转子绕组内感应电动势和电流均改变方向,产生阻止重物下降的电磁转矩。当 $T_{em}=T_W-T_f$ 时,电动机以高于同步转速的速度稳定运行,所以又称超同步制动,如图 4-4 所示。电动机工作在再生制动状态下,以 $-n_A$ 转速下降重物。

5. 低速下放重载时的倒拉反接制动状态

在下放重型载荷时,为获得低速下降,确保起重机工作安全平稳,常采用倒拉反接制动。此时,电动机定子仍按正转提升相序接线,但在转子电路中串接较大电阻,这时电动机启动转矩 T_{st} 小于负载转矩 T_L,因此电动机被载荷拖动,迫使电动机反转,反转以后电动机的转差率增大,转子的电动势和电流都加大,转矩也随之加大,直至 $T_{em}=T_L$,如图 4-5 所示,在 A 点稳定运行。此时若处于轻载下放,即 $T_L<T'_W$ 时,将会出现不但不下降反而上升之后果,如图 4-5 中 B 工作点,以 n_B 转速上升。

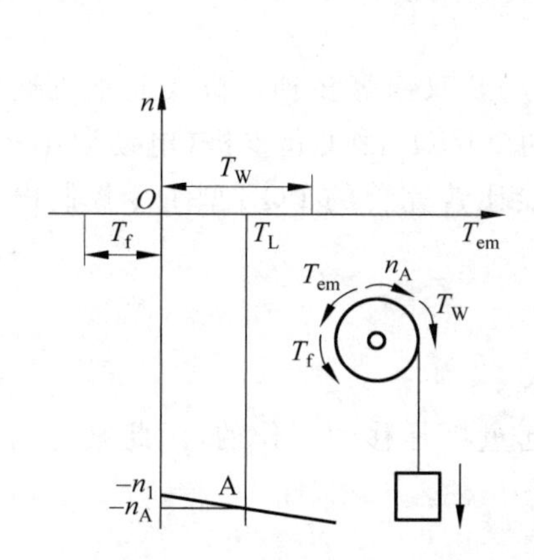

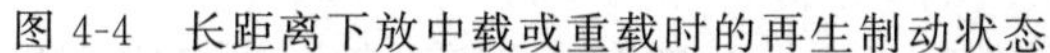

图 4-4 长距离下放中载或重载时的再生制动状态

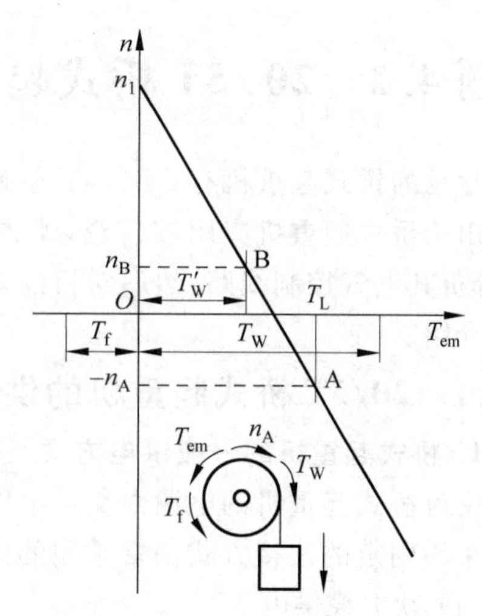

图 4-5 低速下放重载时的倒拉反接制动状态

6. 低速下放轻载时的单相制动状态

若将电动机定子三相绕组中的任意两相并联后与第三相绕组串联接在电源线电压上，使电动机构成单相接电状态。这时，电动机定子产生一个脉振磁场，将这个脉动磁场分解为两个转速相同、转向相反的旋转磁场。这两个旋转磁场都要产生感应电流和电磁转矩，电动机的电磁转矩将是这两个旋转磁场产生的转矩之和。图 4-6(a)中所示曲线 1、2 分别为正向和反向旋转磁场产生的机械特性，曲线 3 为合成机械特性。由曲线 3 可知，当 $n=0$ 时，$T_{em}=0$，故此时电动机通电后不能启动旋转，但若在外力作用下使电动机启动，可使电动机工作在Ⅰ、Ⅲ象限。如果加大电动机转子回路电阻，将使其正向和反向特性变软，则合成特性为一条通过坐标原点在Ⅱ、Ⅳ象限的直线，如图 4-6(b)所示，电动机在Ⅱ、Ⅳ象限工作时将处于制动状态。

对于起重机在下放重物时，电动机在重力负载作用下，将处于第Ⅳ象限的倒拉制动状态，称为单相倒拉制动，适用于轻载低速下降，如图 4-6(c)所示。与倒拉反接制动下放物件相比，不会出现轻载不但不下降反而上升之弊端。但不适用于重载下放，以防发生高速下降的飞车事故。

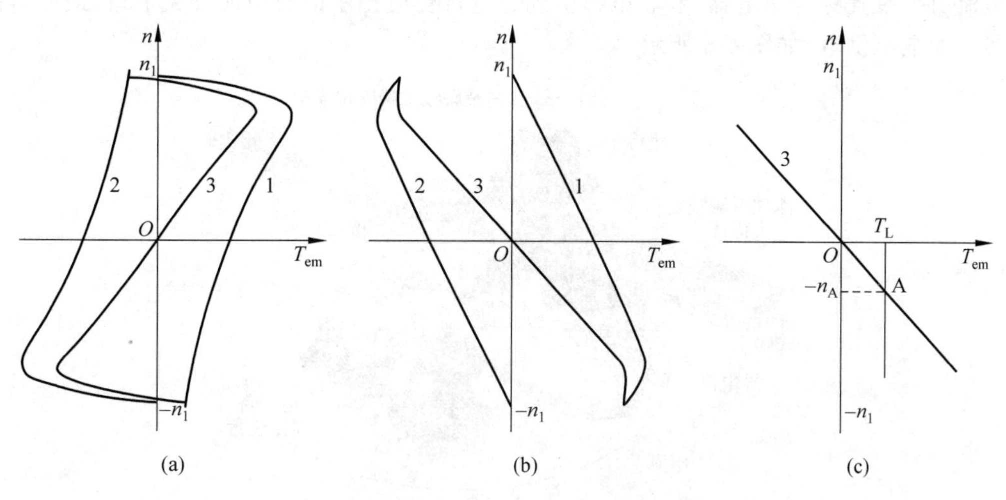

图 4-6 低速下放轻载时的单相制动状态

课题 4.2 20/5T 桥式起重机电气控制线路

常见的桥式起重机有 5T、10T 单钩及 15/3T、20/5T 双钩等多种。桥式起重机通称为天车。由于桥式起重机应用较广泛，本课题首先以普通 20/5T 桥式起重机（电动双梁吊车）为例，分析其电气控制线路，然后对目前常用且控制功能比较完善的 PQS 型主令控制电路进行简要介绍。

4.2.1 20/5T 桥式起重机的供电特点

1. 桥式起重机的一般供电方式

交流桥式起重机的电源由交流电网供电。由于起重机是移动工作的，因此其与电源之间不能采用固定的连接方式。常采用的供电方式有以下几种。

（1）软电缆供电

将电缆依次固定排列在滑动小车（电缆悬吊装置）上，小车安装在钢索、角钢或工字钢轨道上，并可沿着轨道的方向来回滑动，小车之间通过用钢绳或尼龙绳传递拉力或通过小车的碰撞传递推力达到电缆松弛或收紧的目的，小车通过与移动设备相连的钢绳或尼龙绳拖曳，沿定轨道行走，如图 4-7 所示。

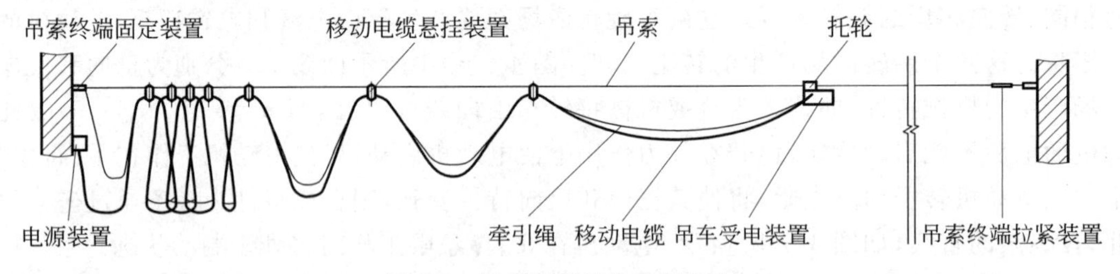

图 4-7 桥式起重机软电缆供电

（2）滑线与电刷供电

三相交流电源接到沿车间长度方向架设的 3 根主滑线上，再通过电刷（电刷与支撑装置组成的电流引导装置称为集电器）和软电缆引到起重机受电柜中的总电源开关上口，最后再向起重机各个配电柜供电，如图 4-8 所示。

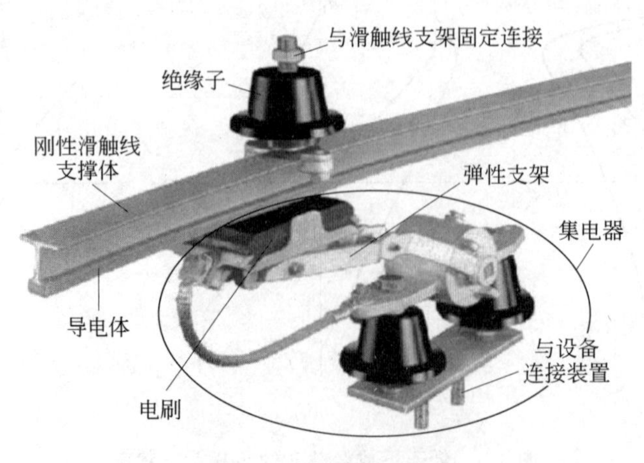

图 4-8 滑线与集电器

滑线通常由角钢、圆钢、V形钢或钢轨制成。当电流很大或滑线太长时，为了减少滑线的电压降，常将角钢(圆钢、V形钢或钢轨)与铝排逐段并联，以减小电阻值。在交流系统中，圆钢滑线由于电流的趋肤效应的影响，仅适用于线路不长而且工作负荷不大的场所。

(3) 防护式移动滑接输电装置供电

该供电方式是从国外引进的一种安全、可靠且具有绝缘防护功能的移动输电装置。它可以根据安装地点的环境安装成直线、弧线以及圆周轨道，还可以根据需要选择单极式和多极组合式，因此它的适用环境更为广泛。结构如图4-9所示。

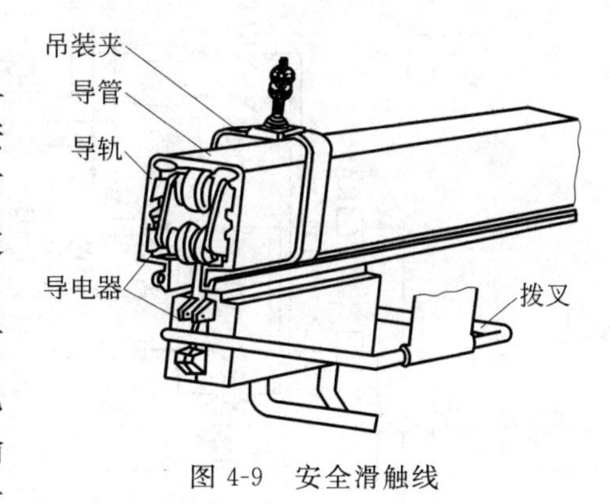

图4-9 安全滑触线

该种安全滑触线的导电体与滑触线支撑装置可靠绝缘，导管内嵌有输电导轨。导管内行走的集电器小车在移动设备的拖曳下与起重机同步行走。输电导轨电流由电刷通过集电器传入电缆，送入起重机受电柜。

2. 20/5T桥式起重机的一般供电方式

20/5T桥式起重机的电源电压为380V，由公共的交流电源供给，采用滑触线和集电刷供电。3根主滑触线是沿着平行于大车轨道的方向敷设在车间厂房的一侧。三相交流电源经由3根主滑触线与滑动的集电刷，引进起重机驾驶室内的保护控制柜上。

由于该桥式起重机的大车桥架跨度较大，在两侧均装置主动轮，分别由两台同规格电动机M3和M4拖动，沿大车轨道纵向两个方向同速运动。小车移动机构由一台电动机M2拖动，沿固定在大车桥架上的小车轨道横向两个方向运动。主钩升降由一台电动机M5拖动。副钩升降由一台电动机M1拖动。

另外，由于桥式起重机的运行机构和控制副钩电动机均采用凸轮控制器控制(凸轮控制器AC1、AC2、AC3分别控制副钩电动机M1、小车电动机M2、大车电动机M3和M4)，主钩采用主令控制器控制(主令控制器AC4配合交流磁力控制屏(PQR)完成对主钩电动机M5的控制)，因此在电源引入起重机驾驶室内的保护控制柜上以后，又从保护控制柜引出两相电源至凸轮控制器，另一相称为电源的公用相，它直接从保护控制柜接到各电动机的定子接线端。同时，起重机主钩和副钩设有上升限位开关SQ5和SQ6，主、副钩和小车的电磁抱闸制动器也需移动供电，所以为了便于供电和各电气设备之间的连接，在桥架的另一侧装设了21根辅助滑触线，20/5T桥式起重机的主电路如图4-10所示。

由图可知，3根主滑触线接于电网进线，其他21根辅助滑触线的作用分别是：

① 用于主钩部分10根，3根连接主钩电动机M5的定子绕组(5U、5V、5W)接线端子；3根连接M5的转子绕组与转子附加电阻5R；主钩电磁抱闸制动器YB5、YB6接交流磁力控制屏2根；另有两根用于主钩上升位置开关SQ5接交流磁力控制屏与主令控制器。

② 用于副钩部分6根，其中3根连接副钩电动机M1的转子绕组与转子附加电阻1R；2根连接定子绕组(1U、1W)接线端子与凸轮控制器AC1；另1根将副钩上升位置开关SQ6接在交流保护柜上。

③ 用于小车部分5根，其中3根连接小车电动机M2的转子绕组与转子附加电阻2R；2根连接M2定子绕组(2U、2W)接线端与凸轮控制器AC2。

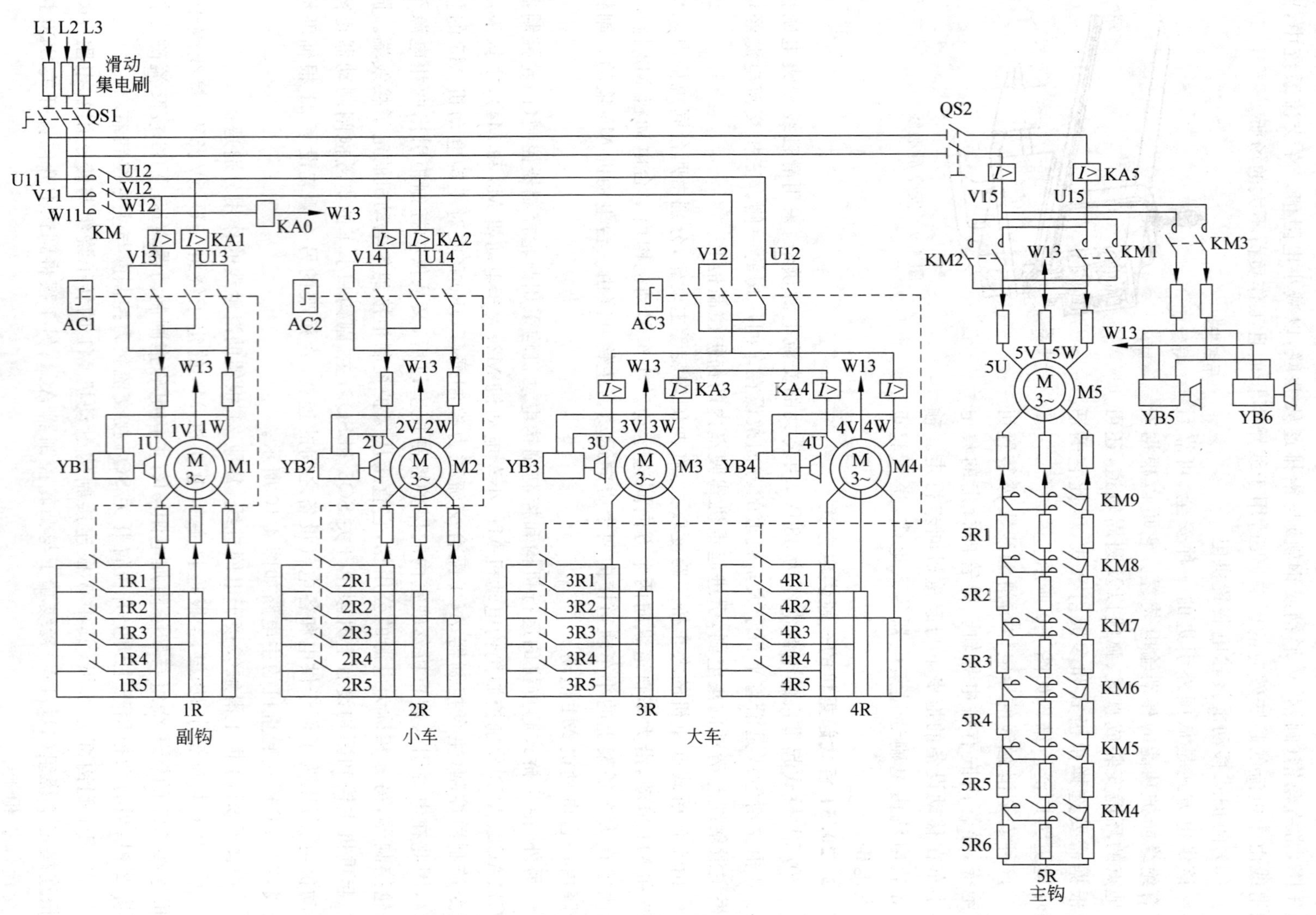

图 4-10　20/5T 桥式起重机的主电路

4.2.2　20/5T 桥式起重机电气控制电路分析

1. 凸轮控制器控制部分

由于 20/5T 桥式起重机的大车、小车和副钩的电动机容量都较小，故采用凸轮控制器 AC3、AC2 和 AC1 控制，各凸轮控制器的触头分合表如图 4-11 所示。其中大车由两台电动机 M3 和 M4 同时拖动，所以大车凸轮控制器 AC3 比 AC1 和 AC2 多用了 5 对常开触点，以供切除电动机 M4 的转子电阻 4R1～4R5 用。而该 3 个部分的控制过程基本相同，下面以副钩为例，对其控制电路及控制过程进行分析。

AC1触点分合表：控制副钩

	向下						向上				
	5	4	3	2	1	0	1	2	3	4	5
V13-1W							×	×	×	×	×
V13-1U	×	×	×	×	×						
U13-1U							×	×	×	×	×
U13-1W	×	×	×	×	×						
1R5	×	×	×	×				×	×	×	×
1R4	×	×	×						×	×	×
1R3	×	×								×	×
1R2	×										×
1R1	×										×
AC1-5						×	×	×	×	×	×
AC1-6	×	×	×	×	×	×					
AC1-7						×					

AC2触点分合表：控制小车

	向左						向右				
	5	4	3	2	1	0	1	2	3	4	5
V14-2W							×	×	×	×	×
V14-2U	×	×	×	×	×						
U14-2U							×	×	×	×	×
U14-2W	×	×	×	×	×						
2R5	×	×	×	×				×	×	×	×
2R4	×	×	×						×	×	×
2R3	×	×								×	×
2R2	×										×
2R1	×										×
AC2-5						×	×	×	×	×	×
AC2-6	×	×	×	×	×	×					
AC2-7						×					

AC3触点分合表：控制大车

	向后						向前				
	5	4	3	2	1	0	1	2	3	4	5
V12-3W,4U							×	×	×	×	×
V12-3U,4W	×	×	×	×	×						
U12-3U,4W							×	×	×	×	×
U12-3W,4U	×	×	×	×	×						
3R5	×	×	×	×				×	×	×	×
3R4	×	×	×						×	×	×
3R3	×	×								×	×
3R2	×										×
3R1	×										×
4R5	×	×	×	×				×	×	×	×
4R4	×	×	×						×	×	×
4R3	×	×								×	×
4R2	×										×
4R1	×										×
AC3-5						×	×	×	×	×	×
AC3-6	×	×	×	×	×	×					
AC3-7						×					

图 4-11　副钩、小车、大车凸轮控制器触头分合表

（1）电路特点

副钩凸轮控制器 AC1 共有 11 个位置，中间位置是零位，左、右两边各有 5 个位置，用来控制电动机 M1 在不同转速下的正、反转，即用来控制副钩的升、降。AC1 共用了 12 副触头，其中 4 对常开主触头控制 M1 定子绕组的电源，并换接电源相序以实现 M1 的正反转；5 对常开辅助触头控制 M1 转子电阻 1R 的切换；3 对常闭辅助触头作为联锁触头，其中 AC1-5 和 AC1-6 为 M1 正反转联锁触头，AC1-7 为零位联锁触头，实现零位保护。结合图 4-10 和图 4-11，可归纳其电路特点如下：

① 可逆对称电路。通过凸轮控制器触点来换接电动机定子电源相序，实现电动机正反转，在控制器上升、下降的对应挡位时，电动机工作情况完全相同。

② 基于凸轮控制器触点数量的限制，为获得尽可能多的调速级，电动机转子串接不对称电阻。

（2）控制过程

在总电源接通，主接触器 KM 线圈获电吸合的情况下，转动凸轮控制器 AC1 的手轮至向上的“1”位置时，AC1 的主触头 V13-1W 和 U13-1U 闭合，触头 AC1-5 闭合，AC1-6 和 AC1-7 断开，电动机 M1 正相序接通三相电源（此时电磁抱闸 YB1 获电，闸瓦与闸轮已分开），由于 5 对常开辅助触头 1R1～1R5 均断开，故 M1 转子回路中串接全部附加电阻 1R，此时电动机 M1 以最低转速带动副钩上升（重载时，副钩并不上升，该挡只作为预备级，应短时停留后转到下一挡位）。转动 AC1 手轮，依次到向上的“2”～“5”位时，5 对常开辅助触头依次闭合，短接

电阻 1R5～1R1，电动机 M1 的转速逐渐升高，直到预定转速，特性曲线如图 4-12 所示。

当凸轮控制器 AC1 的手轮转至向下挡位时，这时由于触头 V13-1U 和 U13-4W 闭合，接入电动机 M1 的电源相序改变，M1 反转，带动副钩下降。

若断电或将手轮转至“0”位时，电动机 M1 断电，同时电磁抱闸制动器 YB1 也断电，M1 被迅速制动停转。

(3) 注意事项

① 严禁采用快速推挡操作，只允许逐步加速，此时电动机从 $n=0$ 增速到 $n_A \approx n_0$，若加速时间太短，会产生过大的加速度，将给起升机构和桥架主梁造成强烈的冲击。为此，应逐级推挡，且每挡停留 1s 为宜。

一般不允许控制器手柄长时间置于第 1 挡位提升物件。因为在此挡位电动机的启动转矩较小，起升速度较低，特别对于提升距离较长时，采用该挡工作极不经济。

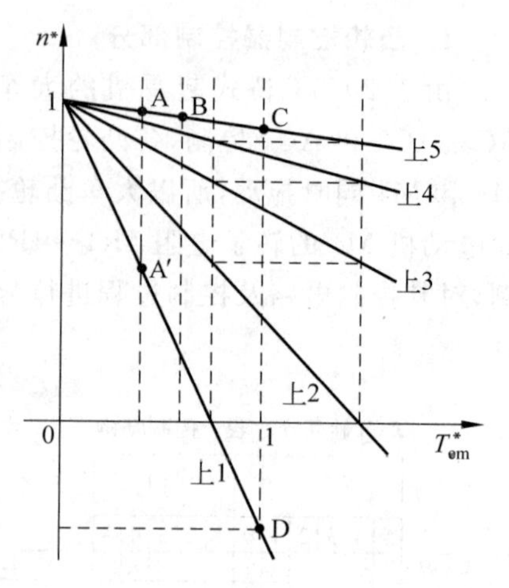

图 4-12　副钩电动机起升机械特性

当物件已提至要求高度需制动停车时，将控制器手柄逐级扳转回归“0”位，此时每挡亦应有 1s 左右的停留时间，使电动机逐渐减速，最后制动停车。

② 中型负载的起升操作。当起吊物件负载转矩 $T_L^*=0.5 \sim 0.6$ 时，由于物件质量较大，为避免因电动机转速增加过快而产生较大惯性力对起重机的冲击，控制器手柄可在上升“1”位停留 2s 左右，然后逐级加速，最后使电动机在图 4-12 中所示的 B 点稳定运行。

③ 重型负载的起升操作。当起吊物件的负载转矩 $T_L^*=1$，控制器手柄由“0”位推至上升“1”位时，由于电动机启动转矩小于负载转矩，故电动机不能启动运转。此时，应将手柄迅速通过“1”位而置于上升“2”位，然后再逐级加速，直至上升“5”位。在此负载下，电动机稳定运行在图 4-12 中所示的 C 点上。

在起吊重载过程中，无论在起吊过程，还是将已起吊的重物停在空中，在将手柄扳回“0”位时，控制器手柄都不能在上升“1”挡位有所停留，不然重物不但不上升，反而以倒拉反接制动状态下降，进而发生重物下降的误动作或重物在空中停不住的危险事故。所以，由上升“5”挡位扳回“0”挡位的正确操作是：在扳回的每一挡位应有适当的停留，一般为 1s。在上升“2”挡位时应停留稍长些，使速度逐级降低，然后再迅速扳回“0”位，制动停车。

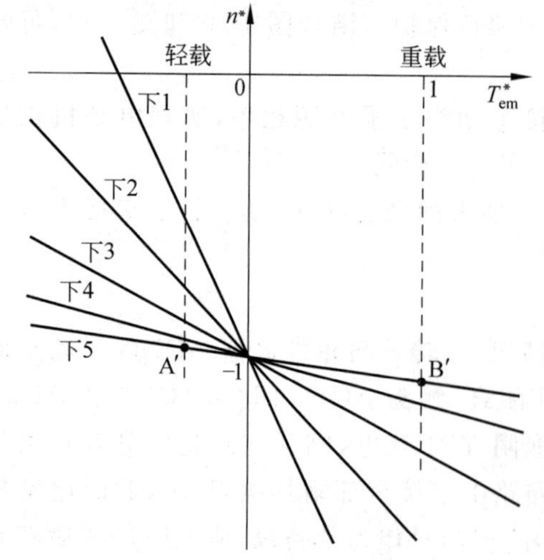

图 4-13　起升机构下降操作时的特性分析

无论是轻载还是重载，在正常起吊提升工作时，在平稳启动后都应把控制器手柄推至上升“5”挡，而不允许在其他挡位长时间提升吊物。这是由于在其他挡位工作时速度低，生产效率低，而且此时电动机转子长时间串入电阻运行，电能损耗在电阻上不经济。

④ 轻载载荷的下降操作。当下降轻载荷时，可将控制器手柄推到下降“1”挡位，从图 4-13 中可看出，此时电动机为反转电动运转。

⑤ 重型负载的下降操作。当下降重型负载时，由于电动机工作在再生制动状态，应将控制器

手柄从“0”位迅速至下降“5”挡位，使被吊物件以稍高于同步转速下降，并在图4-13中所示B′点运行。

2. 主令控制器控制部分

凸轮控制器控制的起重机电路接线简单、维护方便，但随着工业技术的发展，设备的容量不断增大，目前1200t的桥式起重机已经在三峡工程中投入使用，2万吨的固定式桥式起重机也已诞生，其起升机构用电动机的启动电流和工作电流是凸轮控制器触点所不能承受的，因此在多年前就已经出现了主令控制器控制的起重机电路，这种控制电路是利用主令控制器发出动作指令，使磁力控制屏(PQR、PQS等)中各相应接触器动作，来换接电路，控制起升机构电动机按与之相应的运行状态来完成各种起重吊运工作，20/5T桥式起重机的主钩就采用了这种控制方式。由于主令控制器与磁力控制屏组成的控制电路较复杂，使用元件多，成本相对较高，故一般在下列情况下采用：

① 拖动电动机容量大，凸轮控制器容量不够。

② 操作频率高，每小时通断次数接近或超过600次。

③ 起重机工作繁重，操作频繁，要求减轻司机劳动强度，要求电气设备具有较高的寿命。

④ 起重机要求有较好的调速、点动等运行性能。

(1) 电路特点

图4-14所示为20/5T桥式起重机主钩电动机M5的控制电路原理图和主令控制器AC4的触头分合表，由图可以看出，该主令控制器有12对触点，在提升与下降时各有6个工作位置，通过控制器操作手柄置于不同工作位置，使12对触点相应闭合与开断，进而控制电动机定子和转子回路的接触器主触头，实现电动机工作状态的改变，使物品获得上升与下降的不同速度。由于主令控制器为手动操作，所以电动机工作状态的变换由操作者掌握。

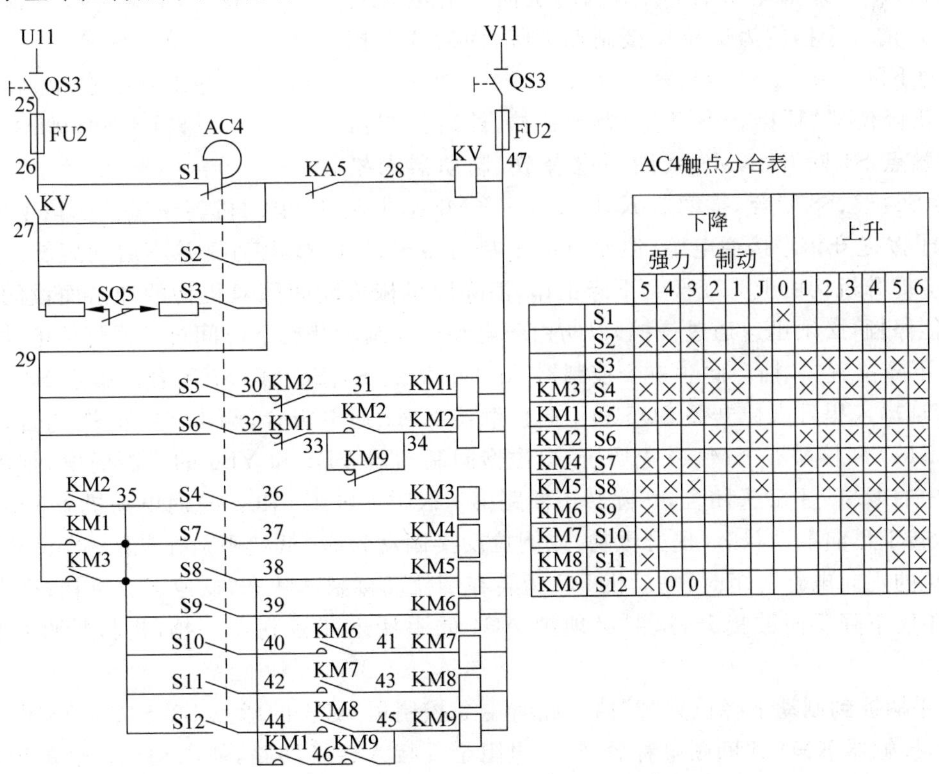

AC4触点分合表

		下降							上升					
		强力			制动									
		5	4	3	2	1	J	0	1	2	3	4	5	6
	S1							×						
	S2	×	×	×										
	S3				×	×	×		×	×	×	×	×	×
KM3	S4	×	×	×	×	×			×	×	×	×	×	×
KM1	S5	×	×	×										
KM2	S6				×	×	×		×	×	×	×	×	×
KM4	S7	×	×	×		×	×		×	×	×	×	×	×
KM5	S8	×	×	×			×			×	×	×	×	×
KM6	S9	×	×								×	×	×	×
KM7	S10	×										×	×	×
KM8	S11	×											×	×
KM9	S12	×	0	0										×

图4-14　20/5T桥式起重机主钩电动机控制电路

① 图中，正、反向接触器KM2、KM1用以换接电动机定子电源相序，实现电动机正、反转。

② 制动接触器KM3控制电动机三相电磁铁YB5和YB6。

③ 在电动机转子电路中设有6段对称连接的转子电阻，其中5R6为反接制动电阻，由KM4控制；5R5也为反接制动电阻，同时参与启动(预备级)过程，由KM5控制；后4段电阻5R4～5R1为启动调速电阻，由加速接触器KM6～KM9控制。

(2) 起升控制过程

提升控制共有6个挡位，在提升各挡位上，AC4的触点S3、S4、S6与S7始终闭合，于是将上升限位开关SQ5接入控制电路，实现上升限位保护；接触器KM3、KM2、KM4始终通电吸合，从上升1挡开始，电磁抱闸松开，短接5R6电阻，电动机按提升相序接通电源，产生提升方向电磁转矩，在上升"1"位启动转矩小，作为消除齿轮间隙的预备启动级。

当主令控制器手柄依次扳到上升"2"位至上升"6"位时，主令控制器触点S8～S12依次相继闭合，接触器KM5～KM9依次通电吸合，将5R5～5R1各段转子电阻逐级短接，当主令控制器手柄处于不同控制挡位时，获得相应的机械特性，如图4-15所示。在操作中，可根据各类负载进行起升操作。

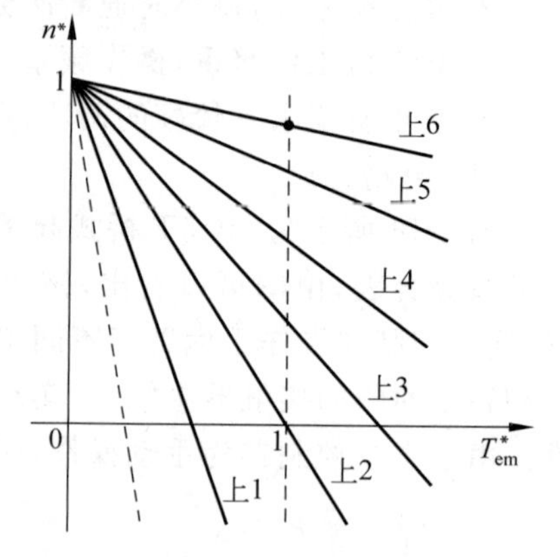

图4-15 PQR型控制屏控制起升电动机上升时的机械特性

(3) 下放重物的控制过程

主令控制器在下降控制时也有6个挡位，但在前3个挡位，正转接触器KM2通电吸合，电动机仍以提升相序接线，产生向上的电磁转矩。只有在下降后3个挡位，反转接触器KM1才通电吸合，电动机产生向下的电磁转矩。所以，前3个挡位为倒拉反接制动下降，而后3个挡位为强力下降。

① 下降位置"J"挡。下降"J"为预备挡，此时控制器AC4的触点S4断开，KM3线圈断电释放，制动器未松开；触点S6、S7、S8闭合，接触器KM4、KM5、KM2通电吸合，电动机转子短接两段电阻5R6、5R5，定子按提升相序接通电源，但此时由于制动器未打开，故电动机并不启动旋转。该挡位是为适应提升机构由上升变换到下降工作，消除因机械传动间隙对机构的冲击而设的。所以此挡不能停顿，必须迅速通过该挡，以防由于电动机在制动状态下时间过长而烧毁电动机。

② 下降位置"1"挡。此时主令控制器AC4的触点S3、S4、S6、S7闭合。触点S3和S6仍闭合，保证串入提升限位开关SQ5和正向接触器KM2通电吸合；触点S4和S7闭合，使制动接触器KM3和接触器KM4获电吸合，电磁抱闸制动器YB5和YB6的线圈通电，抱闸松开，主电路中的KM4主触头闭合，切除转子回路第一级附加电阻5R6。这时电动机M5能自由旋转，可运转于正向电动状态(提升重物)或倒拉反接制动状态(低速下放重物)。当负载转矩大于电动机的正向电磁转矩时，电动机M5运转在倒拉反接制动状态，低速下放重物；反之，则重物不但不能下降反而被提升，这时必须把AC4的手柄迅速扳到下一挡，机械特性如图4-16所示。

③ 手柄扳到制动下降位置"2"挡。此时主令控制器AC4的触点S3、S4、S6仍闭合，触点S7分断，接触器KM4线圈断电释放，附加电阻全部接入转子回路，使电动机产生的电磁转矩减小，重负载下降速度比"1"挡时加快。这样，操作者可根据重负载情况及下降速度要求，适当

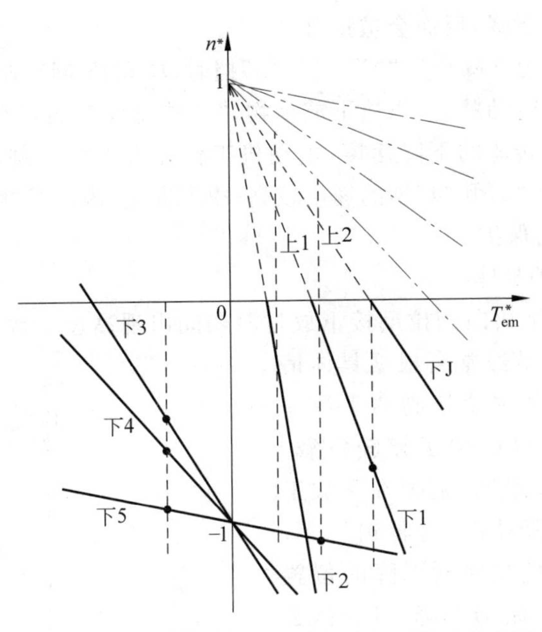

图 4-16 PQR 型控制屏控制起升电动机下降时的机械特性

选择“1”挡或“2”挡下降。

④ 手柄扳到强力下降位置“3”挡。主令控制器 AC4 的触点 S2、S4、S5、S7、S8 闭合。触点 S2 闭合，为下面通电做准备。因为“3”挡为强力下降，这时提升限位开关 SQ5 失去保护作用。控制电路的电源通路改由触点 S2 控制；触点 S5 和 S4 闭合，反向接触器 KM1 和制动接触器 KM3 线圈获电吸合，电动机 M5 定子绕组反相序接通电源，电磁抱闸 YB5 和 YB6 的抱闸松开，电动机 M5 产生反向电磁转矩；触点 S7 和 S8 闭合，接触器 KM4 和 KM5 线圈获电吸合，其转子回路中的主触头闭合，切除转子中两级电阻 5R6 和 5R5。这时，电动机 M5 运转在反向电动状态（强力下降重物），且下降速度与负载重量有关。若负载较轻（空钩或轻载），则电动机 M5 处于反向电动状态；若负载较重，下放重物的速度很高，使电动机转速超过同步转速，则电动机 M5 将进入再生发电制动状态。负载越重，下降速度越大，如图 4-16 所示，应注意操作安全。

⑤ 手柄扳到强力下降位置“4”挡。主令控制器 AC4 的触点除“下 3”挡闭合的以外，又增加了触点 S9 闭合，接触器 KM6 线圈获电吸合，转子附加电阻 5R4 被切除，电动机 M5 进一步加速运动，轻负载下降速度变快。另外，KM6 常开辅助触点（40-41）闭合，为使触器 KM7 线圈获电做准备。

⑥ 手柄扳到强力下降位置“5”挡。主令控制器 AC4 的触点除“下 4”挡闭合的以外，又增加了触点 S10、S11、S12 闭合，接触器 KM7～KM9 线圈依次获电吸合，转子附加电阻 5R3、5R2、5R1 依次逐级切除，电动机 M5 旋转速度逐渐增加，待转子电阻全部切除后，电动机以最高转速运行，负载下降速度最快。此挡若负载很重，使实际下降速度超过电动机的同步转速时，电动机进入再生发电制动状态，电磁转矩变成制动力矩，保证了负载的下降速度不致太快，且在同一负载下，“下 5”挡下降速度要比“下 4”和“下 3”挡速度低。

由以上分析可见，主令控制器 AC4 手柄置于制动下降位置“J”、“1”、“2”挡时，电动机 M5 加正序电压。其中“J”挡为准备挡。当负载较重时，“1”挡和“2”挡电动机都运转在倒拉反接制动状态，可获得重载低速下降，且“2”挡比“1”挡速度高。若负载较轻时，电动机会运转于正向电动状态，重物不但不能下降，反而会被提升。

当 AC4 手柄置于强力下降位置“3”、“4”、“5”挡时，电动机 M5 加负序电压。若负载较轻或空钩时，电动机工作在电动状态，强迫下放重物，“5”挡速度最高，“3”挡速度最低；若负载较重，则可以得到超过同步转速的下降速度，电动机工作在再生发电制动状态，且“3”挡速度最高，“5”挡速度最低。由于“3”和“4”挡的速度较高，很不安全，因而只能选用“5”挡速度。

(4) 电路中的联锁与保护

电路中的联锁与保护具体如下：

① 较重负载在强力下放向倒拉反接下放过渡期间出现高速下放现象的避免。桥式起重机在实际运行中，操作人员经常要根据具体情况选择不同的挡位。例如主令控制器手柄在强力下降位置“5”挡时，仅适用于较轻负载。如果采用强力下放较重负载时，需要在下放工作结束前获得较低的下降速度，这种情况下，就需要把主令控制器手柄扳回到下降的位置“1”挡或“2”挡，进行反接制动下降。这时，必然要通过“下 4”挡和“下 3”挡。为了避免在转换过程中可能发生过高的下降速度，在接触器 KM9 线圈电路中常用辅助常开触点 KM9 自锁。同时，为了不影响提升调速，还需在该支路中再串联一个反转接触器 KM1 的常开辅助触点。这样可以保证主令控制器手柄由强力下降位置向制动下降位置转换时，接触器 KM9 线圈始终有电，只有手柄扳至倒拉反接制动下降位置后，接触器 KM9 线圈才断电，其过渡过程将沿图 4-17 中的 A-B-C 进行。

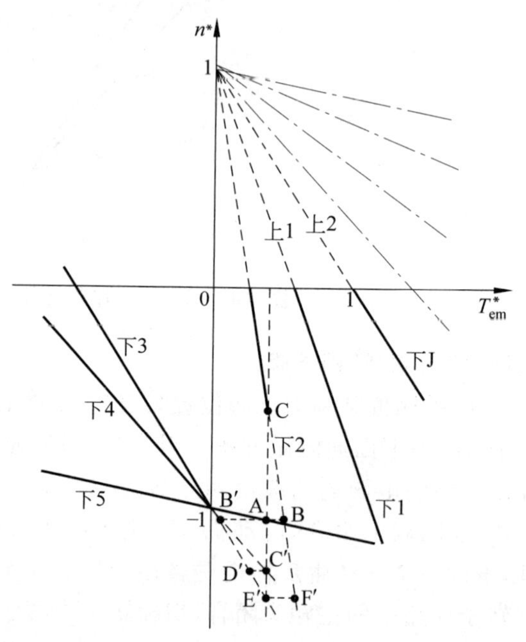

图 4-17 强力下放向倒拉反接制动下放的过渡过程

在主令控制器 AC4 触点分合表中可以看到，强力下降位置“4”挡、“3”挡上有“0”的符号，便表示手柄由“下 5”挡向“0”位回转时，触点 S12 接通。如果没有以上联锁装置，在手柄由强力下降位置向制动下降位置转换时，若操作人员不小心，误把手柄停在了“3”挡或“4”挡，那么正在高速下降的负载速度不但得不到控制，反而使下降速度增加，其过渡过程将沿图 4-17 中所示的 A-B′-C′-D′-E′-F′-C 进行，很可能出现危险高速，造成事故。

② 确保制动电阻串入转子回路情况下进入倒拉反接制动下放重物。串接在接触器 KM2 线圈支路中的 KM2(33-34)辅助常开触点与 KM9 辅助常开触点的并联，主要作用是当接触器 KM1 线圈断电释放后，只有在 KM9 线圈可靠断电释放情况下，接触器 KM2 线圈才允许获电并自锁，这就保证了只有在转子电路中串接一定附加电阻的前提下，才能进行反接制动，以防止反接制动时造成直接启动而产生过大的冲击电流。

③ 防止换挡时出现高速瞬间制动。主令控制器 AC4 在下降“2”挡和下降“3”挡时，接触器 KM3 线圈通电吸合，与 KM2 和 KM1 辅助常开触点并联的 KM3 的自锁触点(29-35)闭合，以保证主令控制器 AC4 进行下降“2”→“3”挡和下降“3”→“2”挡切换时，KM3 线圈仍通电吸合，YB5 和 YB6 处于非制动状态，防止换挡时出现高速瞬间制动而产生强烈的机械冲击。

④ 顺序联锁控制。在图 4-14 所示中，接触器 KM7～KM9 的线圈前面都串接了前一个接触器的辅助常开触点，故使其实现依次获电吸合，这样，转子附加电阻 5R3、5R2、5R1 也将依次逐级切除，可以避免过大的冲击电流，使电动机 M5 旋转速度逐渐增加。

3. 保护电路部分

20/5T 桥式起重机的保护环节由交流保护控制柜（GQR）和交流磁力控制屏（PQR）来实现。保护电路如图 4-18 所示。

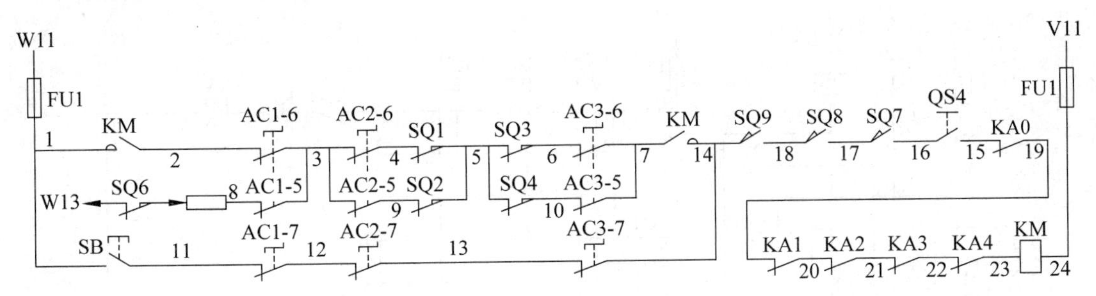

图 4-18 20/5T 桥式起重机的保护电路

结合图 4-10、图 4-14 所示并分析可知，各控制电路均用熔断器 FU1、FU2 作为短路保护；总电源及各台电动机分别采用过电流继电器 KA0、KA1、KA2、KA3、KA4、KA5 实现过载和过流保护；为了保障维修人员的安全，在驾驶室舱门盖上装有安全开关 SQ7；在横梁两侧栏杆门上分别装有安全开关 SQ8、SQ9；为了在发生紧急情况时操作人员能立即切断电源，防止事故扩大，在保护柜上还装有一只单刀单掷的紧急开关 QS4。上述各开关在电路中均使用常开触点，与副钩、小车、大车的过电流继电器及总过流继电器的常闭触点相串联，这样，当驾驶室舱门或横梁栏杆门开启时，主接触器 KM 线圈不能获电运行，或在运行中也会断电释放，使起重机的全部电动机都不能启动运转，保证了人身安全。

电源总开关 QS1、熔断器 FU1 与 FU2、主接触器 KM、紧急开关 QS4 以及过电流继电器 KA0～KA5 都安装在保护柜上。保护柜、凸轮控制器及主令控制器均安装在驾驶室内，以便于司机操作。

起重机各移动部分均采用位置开关作为行程限位保护。它们分别是位置开关 SQ1、SQ2 用于小车横向限位保护；位置开关 SQ3、SQ4 用于大车纵向限位保护；位置开关 SQ5、SQ6 分别用于主钩和副钩提升的限位保护。当移动部件的行程超过极限位置时，利用移动部件上的挡铁压开位置开关，使电动机断电并制动，保证了设备的安全运行。

起重机上的移动电动机和提升电动机均采用电磁抱闸制动器制动，它们分别是副钩制动用 YB1；小车制动用 YB2；大车制动用 YB3 和 YB4；主钩制动用 YB5 和 YB6。其中 YB1～YB4 为单相电磁铁（380V），YB5 和 YB6 为三相电磁铁。当电动机通电时，电磁抱闸制动器的线圈获电，使闸瓦与闸轮分开，电动机可以自由旋转；当电动机断电时，电磁抱闸制动器失电，闸瓦抱住闸轮使电动机被制动停转。

另外，图 4-14 中所示的电压继电器 KV 实现主令控制器 AC4 的零电压保护。起重机轨道及金属桥架有可靠的接地保护（图中未画出）。

4.2.3 PQS 型主令控制电路介绍

控制桥式起重机工作的操作电器主要有凸轮控制器、主令控制器和联动控制台，常用的控制屏和控制箱有 PQR/XQR、PQS、PQY 等多个系列，上述 20/5T 桥式起重机的起升机构采用了 PQR 系列控制屏，它是统一设计初期采用的型号，该系列中的 PQR1、PQR3、PQR5 为平移机构控制屏，PQR2、PQR4 为起升机构控制屏，PQR6 为抓斗控制屏，1974 年又将上述型号分别改为 PQS、PQY、PQZ，它们在控制原理上是相同的，但因与之配合的主令控制不同而使控制电路有所差别，下面以 PQS1 型为例对控制电路进行分析。其电路如图 4-19 所示。

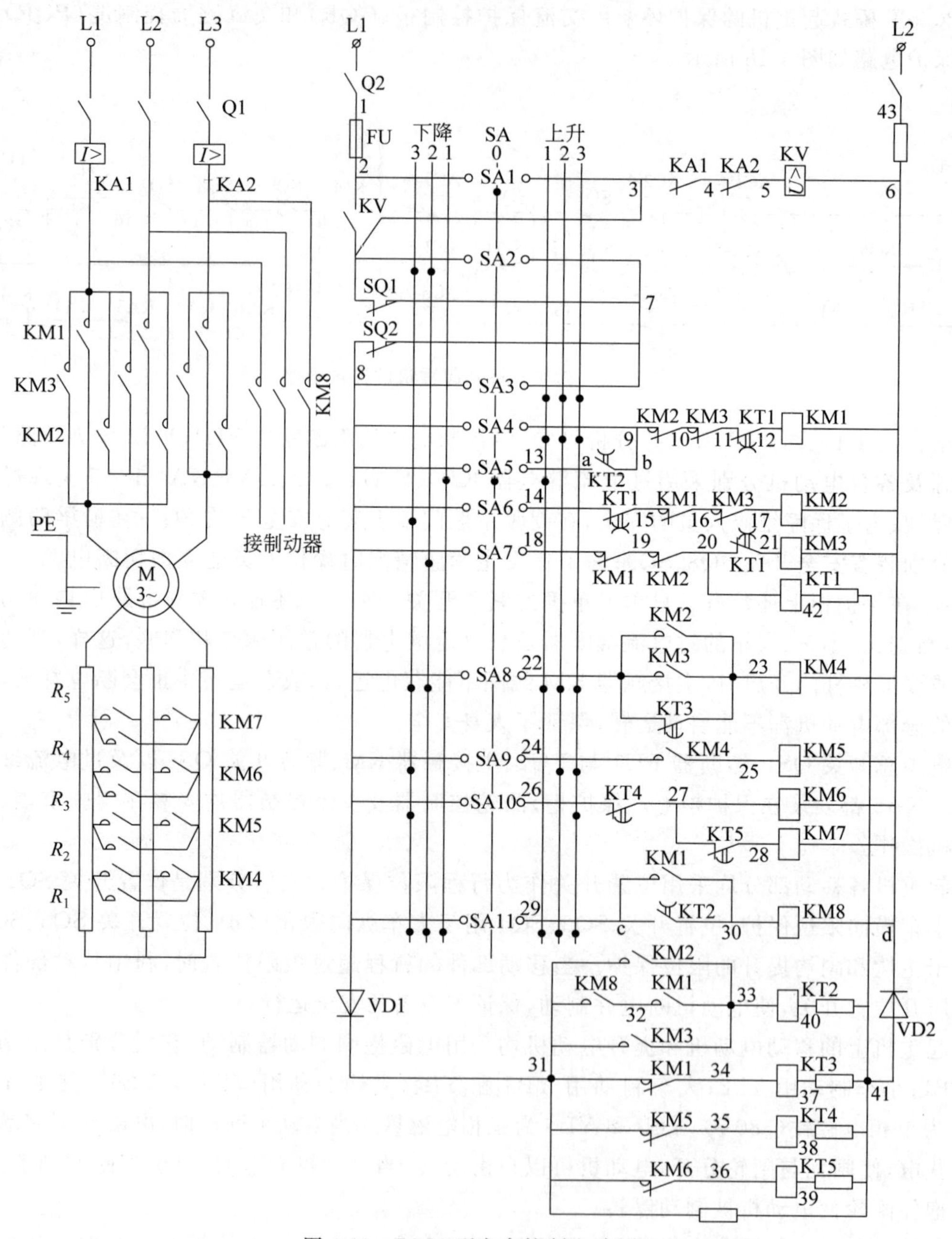

图 4-19　PQS1 型主令控制电路图

1. 控制电路特点

① 可逆不对称电路。

② 主令控制器挡数为 3-0-3，12 个回路。

③ 电动机转子串接电阻级数：当被控制电动机功率为 100kW 及其以下时为 4 级可短接

电阻，125kW 以上时为 5 级；其中第一、二级电阻系手动控制切除，其余由时间继电器自动控制切除，其延时整定值为 0.6s、0.3s、0.15s。

④ 下降"1"挡为倒拉反接制动挡，可实现重型负载的低速下降。当主令控制器手柄由"0"扳到下降"1"挡时，电路不动作，只有当控制器手柄由下降"2"或下降"3"挡返回下降"1"挡时，电路才动作，以避免轻载在该挡发生不但不下降反而上升的现象。

⑤ 下降"2"挡为单相制动挡，实现轻载时的低速下降。

⑥ 下降"3"挡为再生制动挡，可获得高于同步转速的高速下降。

⑦ 停车时，电路保证制动器驱动元件先于电动机 0.6s 停电，防止溜钩。

⑧ 采用时间继电器 KT1 延迟电动机可逆运行转换时间，防止接触器 KM1-KM3、KM3-KM2 可逆转换时可能造成的相间短路。同时，由于 KT1 的短暂延时，在控制器手柄由"0"位扳到下降"3"位时，接触器 KM3 不动作。

⑨ 重型载荷时，在某些场合需经常使用点动操作，为此可对控制器进行"0"—下降"2"—"0"的操作。为简化操作，可在图 4-19 中按图 4-21 电路所示加接 ab 与 cd 环节，此时可操作脚踏开关 SF，使 SF 常开触点闭合，然后扳动控制器手柄进行"0"—下降"1"—"0"的操作，即可实现点动控制。

2. 电路工作情况分析

合上电源开关 Q1、Q2，主令控制器 SA 置于"0"位，零电压继电器 KV 线圈通电吸合并自锁，直流电磁式时间继电器 KT3、KT4、KT5 通电吸合，其常闭触点瞬间断开，为断电延时做准备。控制器触点 SA5 闭合，但由于 KT2 并未通电，故接触器 KM1 并未通电吸合。

(1) 提升重物的控制

① 控制器手柄由"0"位扳至上升"1"位 此时，触点 SA1 断开，SA5 仍闭合，而 SA3、SA4、SA8、SA11 由断开转为闭合状态。SA3 闭合将下降限位开关 SQ2 短接，并且在提升三个挡位一直保持这一状态，使 SQ2 不起作用。此时接触器 KM1、KM8 相继通电吸合，提升电动机定子按正转相序接线，转子串入全部电阻，制动器松开。但由于触点 KM1(31-34)断开，使时间继电器 KT3 断电释放，其触点 KT3(22-23)经 0.6s 延时后闭合，使 KM4 通电吸合，短接一段转子电阻 R_1，电动机运行在图 4-20 所示的"上 1"特性曲线上。

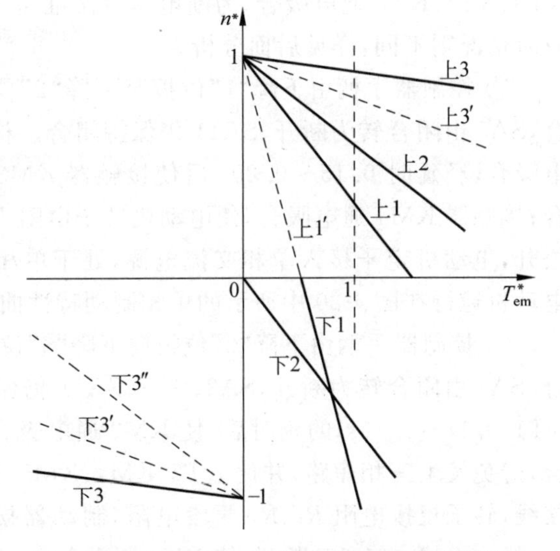

图 4-20 PQS1 型主令控制电路电动机机械特性

由此可知，在提升"1" 挡位时，开始电动机转子串入全部电阻，电动机定子按正转相序接通电源，产生提升电磁转矩，KM3 线圈通电松开制动器，起预备级作用，再经 0.6s 延时，自动短接 R_1，电动机从"上 1′"自动过渡到"上 1"特性上稳定运行。

另外，在 KM8 通电吸合后，经 KM8、KM1 触点使 KT2 通电吸合，触点 KT2(29-30)、KT2(9-13)瞬时闭合，前者为 KM8 延时断电、制动器延时闭合做准备，后者为 KM1 通电提供又一通道。

② 控制器手柄由提升"1"位扳到提升"2"位。此时控制器触点 SA3、SA4、SA8 及 SA11 仍保持闭合状态，而 SA5 由闭合转为断开，SA9 由断开转为闭合。由于 SA9 的闭合，使接触器 KM5 通电吸合，短接转子电阻 R_2，电动机运行在图 4-20 所示的"上 2"特性曲线上。同时，触点 KM5(31-35)断开，使时间继电器 KT4 断电释放，触点 KT4(26-27)经 0.3s 延时后闭合，为进一步提高转速做准备。

③ 控制器手柄由提升"2"位扳至提升"3"位。此时控制器触点 SA3、SA4、SA8、SA9、SA11 保持闭合，但触点 SA10 由断开转为闭合状态，使接触器 KM6 通电吸合，再短接一段转子电阻 R_3，进入图 4-20 所示"上 3′"特性上，但这并不是电动机稳定运行状态。因为此时触点 KM6(31-36)断开，使时间继电器 KT5 断电释放，经 0.15s 延时后又使接触器 KM7 通电吸合，再短接一段转子电阻 R_4，只剩下一段常串电阻 R_5，电动机稳定工作在图 4-20 所示的"上 3"特性曲线上。R_5 称为软化特性电阻。

由上可知，转子 4 段电阻，R_1 由控制器手柄操作，配合 KT3 延时控制；R_2 由控制器操作控制；R_3 与 R_4 由控制器操作，再由 KT4、KT5 时间继电器自动控制。

当控制器手柄由提升"3"位依次扳回提升"2"位与提升"1"位时，电动机相应工作在图 4-20 所示"上 2"、"上 1"特性上。但当由提升"1"位扳回"0"位时，电路保证 KM8 先断电，经 KT2 延时触点断开才使 KM1 断电释放，这就使制动器先进行制动，然后再切断电动机电源，保证有效地制动，防止溜钩。

(2) 下降重物的控制

① 控制器手柄由"0"位扳到下降"1"位。控制器触点 SA1 断开，SA11 闭合，SA5 仍保持闭合。此时，接触器 KM1、KM8 仍处于断电释放状态。所以，电动机未接电源，制动器未打开，不致引起重载下降，也不会引起轻载不但不下降反而上升的现象发生。但此时时间继电器 KT3、KT4、KT5 通电吸合，为断电延时做准备。但应注意，当手柄由下降"2"位扳回下降"1"位时情况则不同，详见后面分析。

② 控制器手柄由下降"1"位扳至下降"2"位。控制器触点 SA2、SA7、SA8 由断开转为闭合，SA5 由闭合转为断开，SA11 仍保持闭合。将上升限位开关 SQ1 短接；时间继电器 KT1 通电吸合，经延时 0.15～0.20s 后使接触器 KM3 通电吸合，相继使继电器 KT2、KM8 通电吸合；接触器 KM4 通电吸合，使电动机转子电阻 R_1 短接。在串入较大转子电阻情况下，制动器松开，电动机定子接入单相交流电源，处于单相制动状态运转，可实现轻型载荷的低速下降。电动机运行在图 4-20 中所示的单相制动特性曲线上，即"下 2"曲线上。

③ 控制器手柄由下降"2"位扳向下降"3"位。控制器触点 SA6、SA9、SA10 由断开转为闭合，SA7 由闭合转为断开，SA2、SA8、SA11 仍保持闭合状态，使 KM3、KT1 同时断电释放，经 KT1(0.11～0.16s)的延时后，使 KM2 通电吸合，以保证在 KM3 断电释放后，KM2 才通电吸合，避免发生三相短路，并使 KT2、KM4、KM5、KM8 相继通电吸合。电动机定子按下降相序接线，转子短接电阻 R_1、R_2 两段电阻，制动器松开，电动机运行在图 4-20"下 3″"特性上。另外，触点 KM5(31-35)断开，使 KT4 断电释放，经0.3s 延时使 KM6 通电吸合，短接转子电阻 R_3，电动机运行在图 4-20"下 3′"特性上，而触点 KM6(31-36)断开，又使 KT5 断电释放，经 0.15s 延时后，使 KM7 通电吸合，又短接一段电阻 R_4，电动机运行在图 4-20 所示"下 3"特性上。该挡可用于任何负载的强力下降或再生制动下降。

一般来说，对于重型载荷的短距离下降，可选择下降"1"挡，以倒拉反接制动下降为宜，对于轻型载荷的短距离下降，可选择下降"2"挡，以单相制动下降；对于轻型和中型载荷的长距离下降，可选择下降“3”，以强力或再生制动下降；对于重型载荷的长距离下降，可选将控制器手柄扳至下降“3”挡作高速下降，当距离落放点较近时，再将手柄扳回下降“1”挡，以低速来完成余下行程的下放，这样既安全、平稳，又经济。

④ 控制器手柄由下降“3”位扳到下降“2”位。此时电动机处于单相制动状态，获得低速下降。

⑤ 控制器手柄由下降“2”位扳回到下降“1”位。控制器触点SA2、SA7、SA8由闭合变为断开，SA5由断开转为闭合，SA11仍保持闭合状态。使KM3、KT1、KM4断电释放，KT2相继断电释放，但因触点KT2(13-9)延时0.6s才断开，触点KT1(11-12)经0.11～0.16s延时闭合，这就使KM1通电吸合，电动机按提升相序接通电源，转子电阻全部串入。同时，由于KM8相继通电吸合，在KM1、KM8辅助触点作用下，使KT2恢复通电吸合，又保持KM1、KM8的通电吸合。此时，电动机工作在倒拉反接制动状态，实现重型载荷的低速下降。

⑥ 控制器手柄由提升或下降各挡位扳回“0”位。控制器触点SA1、SA5闭合，其余触点全断开。于是KT2、KM8断电释放，制动器制动，但触点KT2(13-9)需经0.6s延时才断开，在延时期间KM1仍保持通电吸合，电动机仍产生提升的电磁转矩，在该转矩与制动器共同作用下防止溜钩现象。

⑦ 换向时间继电器KT1(动合延时0.11～0.16s，开断延时0.15～0.20s)，以延长可逆转换时间，防止接触器KM1→KM3、KM3→KM2可逆转换时可能造成的相间短路。同时，由于KT1的短暂延时，在主令控制器手柄快速由“0”位扳到下降“3”位途经下降“2”位时，KM3不动作，不会进行单相制动。

(3) 点动操作控制

PQS系列起重机控制系统为克服老系统在反接制动时会出现轻载上升的缺点，采用了单相制动。但主令控制器手柄由“0”位扳向下降“1”位操作时，电路不动作。为满足用户点动下降操作要求，在图4-19所示电路中按图4-21所示接入ab与cd环节。其中SF为脚踏开关，KM为接触器。点动时，踏下脚踏开关SF，操纵主令控制器手柄在“0”—“下1”—“0”间方便地进行。

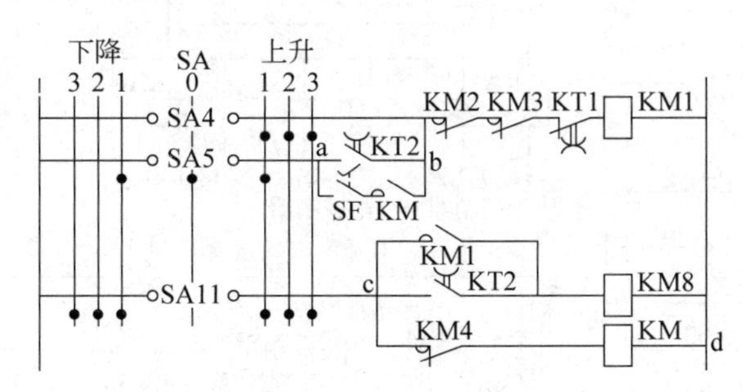

图4-21　点动操作接线图

当SF压下，控制器手柄从“0”位扳到下降“1”位时，触点SA5、SA11闭合，KM通电吸合，KM1通电吸合，KM8、KT2相继通电吸合。电磁抱闸松开，转子串入全部电阻，电动机运行在图4-20中所示的“下1”特性曲线上，对重载进行倒拉反接制动下降。当控制器手柄由下降“1”位扳回“0”位时，KM、KM8、KT2断电释放，电磁抱闸进行制动，KM1经KT2延时0.6s断开触点断开后才断电释放，以防止溜钩。若重复上述操作，便可获得重载下的点动下降重物的控制。

接入点动控制环节，若要实现轻载下降重物的点动控制，可操作主令控制器手柄在"0"位—"下 2"位—"0"位间进行。这时电动机运行在单相制动下降状态。

若不加入点动控制环节，图 4-19 电路也可实现点动控制，但其操作是用主令控制器在"0"位—"下 2"位—"0"位间进行，这样操作显然不如引入点动环节后方便。

课题 4.3 桥式起重机的保护

起重机电气控制一般具有下列保护与联锁环节：电动机过载保护；短路电流保护；失电压保护；控制器的零位保护；行程限位保护；舱盖、栏杆安全开关及紧急断电保护等。另外，起重机有关机构安装各类可靠灵敏的安全装置，常用的有缓冲器、起升高度限位器、负荷限制器及超速开关等。

4.3.1 桥式起重机的保护箱

采用凸轮控制器或凸轮、主令两种控制器操作的交流桥式起重机，广泛使用保护箱。保护箱由刀开关、接触器、过电流继电器等组成，用于控制和保护起重机，实现电动机过电流保护，以及失电压、零位、限位等保护。起重机上用的标准保护盘为 XQB1 系列。

图 4-22 为 XQB1—250—4F/□形保护箱的电气原理图。它用来保护 4 台绕线转子感应电动机，大车为分别驱动。图中 Q 为三相刀开关，KM 为线路接触器，KA0 为总过电流继电器，KA1～KA4 为各机构电动机过电流继电器，SA1、SA2、SA3 分别为小车、提升、大车控制器的零位保护触点，SQ1～SQ5 分别为大车、小车和提升机构的限位开关，SQ6 为紧急事故开关，SQ7、SQ8 为舱口门和桥架门安全开关，HL 为电源信号灯，AL 为电铃，XS1～XS3 为电源(36V、220V)插座，EL1～EL4 为照明灯。

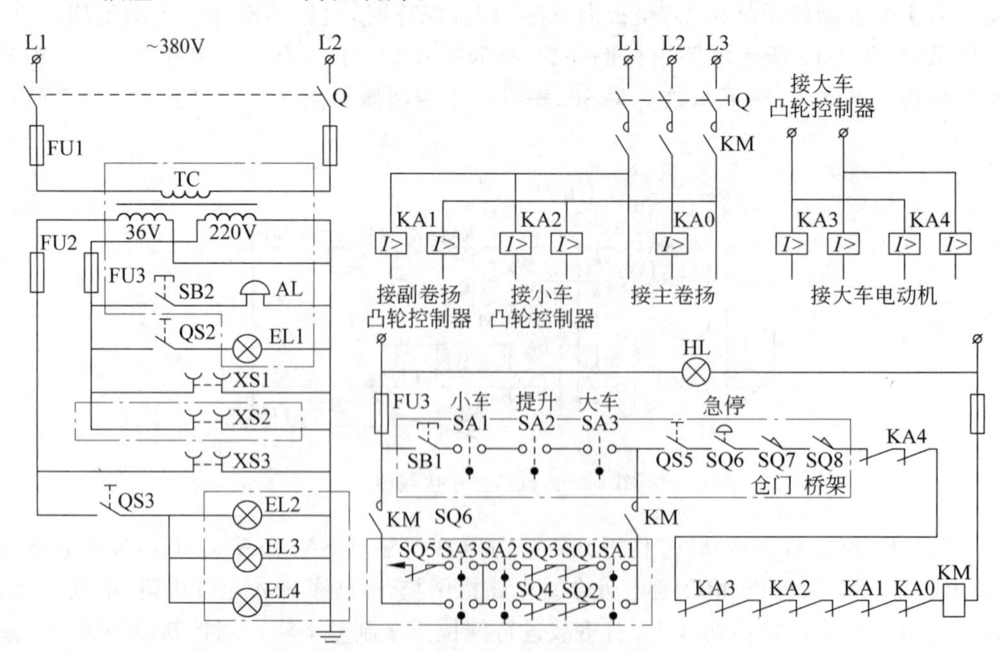

图 4-22 XQB1—250—4F/□型保护箱的电气原理图(框内元件不在保护箱内)

4.3.2　桥式起重机的制动器

制动器是保证起重机安全、正常工作的重要部件。在桥式起重机上常用块式制动器，它是一种简单、可靠的制动器。块式制动器又可分为短行程、长行程和液压推杆块式制动器。

图 4-23 所示为短行程块式制动器照片及结构简图。当电磁铁线圈通电时，静铁芯产生吸力，吸引动铁芯，于是推动推杆 2，使左右两个制动臂 7 在副弹簧 5 作用下向外侧运动，松开制动轮。当切断电源时，电磁铁失去吸力，主弹簧 4 伸张，带动制动臂向里侧运动，抱紧制动轮。短行程块式制动器的优点是：动作迅速、结构简单、自重轻、松闸器的行程小、瓦块与制动轮的接触较好。缺点是：合闸时由于动作迅速有冲击，所以声响较大；制动力矩较小，一般应用在制动力矩较小及制动轮直径在 100～300mm 范围内的机构中。

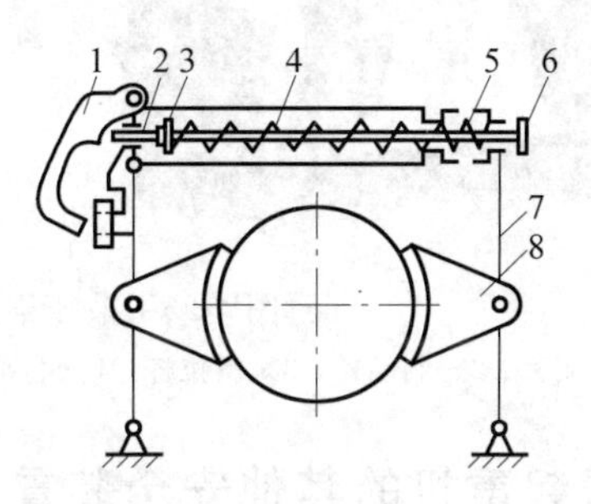

图 4-23　短行程块式制动器照片及结构简图

1—电磁铁；2—推杆；3、6—螺母；4—主弹簧；5—副弹簧；7—制动臂；8—闸瓦

图 4-24 为长行程块式制动器结构简图。当电磁铁线圈通电时，水平杠杆 8 和垂直拉杆 6 一同被衔铁向上方拉，推动三角形杠杆 5 逆时针偏转，使两侧制动臂 2 克服主弹簧 3 的弹力离开制动轮，完成松闸动作。当需要制动时，电动机与电磁铁 7 同时断电，在主弹簧的张力作用下，使闸瓦恢复原位抱住闸轮。其优点是：由于结构上增加了一套杠杆系统，制动力矩加大，制动轮直径可达 800mm。缺点是：电磁铁冲击大，引起机构振动，同时电磁铁反复碰撞将降低使用寿命，需经常检修与更新。

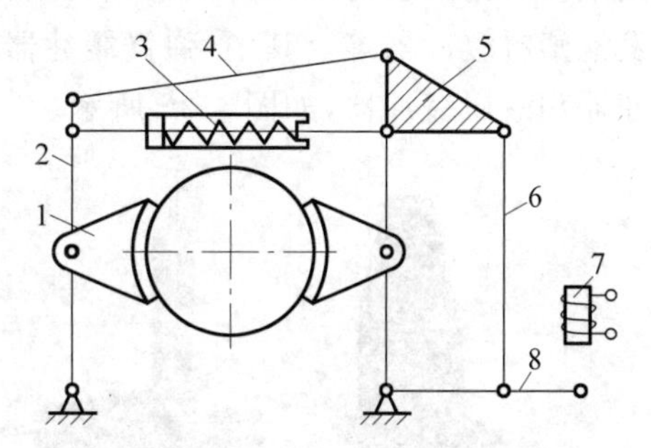

图 4-24　长行程块式制动器结构简图

1—闸瓦；2—制动臂；3—主弹簧；4—拉杆；5—三角形杠杆；6—垂直拉杆；7—电磁铁；8—水平杠杆

为了克服电磁块式制动器冲击大的缺点，采用了液压推杆块式制动器。它们的区别在于它的松闸动力依靠液压推动器中推杆的上下运动，再通过三角形杠杆牵动斜拉杆完成制动，这是一种新型的长行程制动器。

液压推动器由驱动电动机和离心泵组成。通电时，电动机带动叶轮旋转，在活塞内产生压力，迫使活塞迅速上升，固定在活塞上的垂直推杆及三角板同时上升，克服主弹簧作用力，并经杠杆作用将闸瓦松开。当断电时，叶轮减速并停止，活塞在主弹簧及自重作用下迅速下降，使油重新流入活塞上部，通过杠杆将制动瓦紧抱在制动轮上，实现制动。液压推杆块式制动器的优点是工作平稳，无噪声；允许每小时接电次数可达 720 次，使用寿命长。缺点是合闸较慢，容易发生漏油，适用于运行机构上使用。图 4-25 为液压推杆块式制动器结构简图。

操作制动器的控制电器为交流电磁铁与液压推杆。其中短行程块式制动器配用 MZD1

型交流电磁铁，长行程块式制动器配用MZS1型交流电磁铁。一般对于交流传动系统的运行机构，在接电持续率不大于25%，每小时通电次数不大于300次。在制动力矩小时，可采用单相短行程电磁铁，但对于提升机构则采用三相长行程电磁铁。

液压推杆产品有MYT1型，制动器产品有YWZ型和引进的ELDRO型，常在交流运行机构上被推荐采用。在提升机构中，若停车准确度要求不高，也可采用。

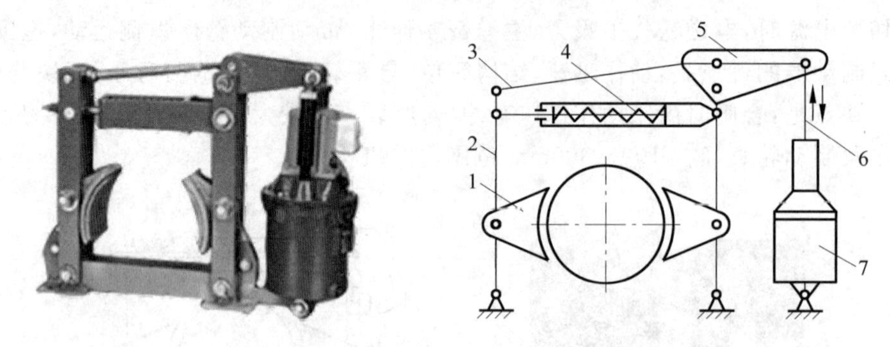

图4-25 液压推杆式制动器结构简图

1—闸瓦；2—制动臂；3—斜拉杆；4—主弹簧；5—三角板杠杆；6—推杆；7—液压推动器

4.3.3 桥式起重机的其他安全装置

1. 缓冲器

缓冲器用来吸引大车或小车运行到终点与轨端挡板相撞（或两台起重机相撞）的能量，达到减缓冲击的目的。在桥式起重机上常用的有橡胶缓冲器、弹簧缓冲器、液压缓冲器和聚氨酯发泡塑料缓冲器等。其中，弹簧缓冲器使用较多。近年来，越来越多地采用聚氨酯发泡塑料缓冲器和液压缓冲器，如图4-26所示。

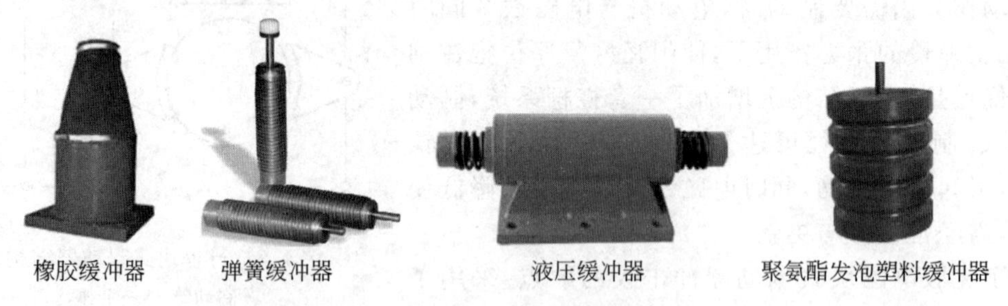

图4-26 起重机常用缓冲器

2. 起升高度限位器

起升高度限位器用来防止由于司机操作失误或其他原因引起的吊钩过卷扬，若发生这些情况可能造成拉断起升钢丝绳、钢丝绳固定端板开裂脱落或挤碎滑轮等造成吊钩与重物一起下落的重大事故。为此起重机必须装有起升高度限位器，当吊钩起升到一定高度时能自动切断电动机电源而停止起升。常用的有压绳式限位器、螺杆式限位器与重锤式限位器。

压绳式限位器是将起升钢丝绳通过小滑轮槽卷绕到卷筒上，小滑轮套在光杆上，随着卷筒上钢丝绳卷上与放下，带动小滑轮在光杆上左右移动，在光杆两端装有行程开关。当起升（或下降）到极限位置时，小滑轮碰压起升（或下降）限位开关，使电动机断电停止工作。

螺杆式限位器由固定光杆、螺杆、移动螺母和限位开关等组成。安装时，限位器左端的方头套装在起升卷筒的轴端方孔内，卷筒转动时使移动螺母在固定光杆上左右移动，当起升到一定高度时，调整螺栓碰压限位开关的推杆，使触点动作，切断电源，电动机停止工作。

重锤式限位器是由一个具有带平衡锤的杠杆式活动臂的限位开关，当吊钩升至最高位置时，吊钩上的碰杆将平衡锤托起，杠杆式活动臂转过一个角度，使限位开关触点动作，切断电源，电动机停止工作。

3. 载荷限制器及称量装置

载荷限制器是控制起重机起吊极限载荷的一种安全装置。称量装置是用来显示起重机起吊物品具体重量数字的装置，简称电子秤。目前在桥式起重机上应用越来越广泛。

电子秤主要由载荷传感器、电子放大器和数字显示装置等组成。载荷传感器的作用是将物品重量的变化直接转换为电量的变化，并由数字显示装置显示出来。

载荷传感器的安装位置根据场合来决定，可安装在起重小车的定滑轮支架上，起重小车起升卷筒轴支承座上或起重小车的吊钩和钢丝绳之间。

思考题与习题

4-1　桥式起重机的组成和技术参数有哪些？

4-2　起重用电动机有哪些特点？

4-3　起升机构与移动机构对电力拖动自动控制的要求有哪些？

4-4　桥式起重机电动机的工作状态有哪些？

4-5　起重机在何种情况下采用主令控制器控制？

4-6　20/5T 桥式起重机副钩控制电路的特点有哪些？

4-7　20/5T 桥式起重机主钩控制电路的特点有哪些？

4-8　简析 PQS1 型主令控制电路的工作过程。

4-9　桥式起重机有哪些保护？各由什么实现？

4-10　桥式起重机常用的辅助安全保护装置有哪些？简述其工作原理。

模块 5

电梯的继电-接触器控制线路

※知识点

1. 电梯的基本结构及机械系统。
2. 电梯的电气系统及安全保护装置。
3. 电梯控制电路原理分析。

※学习要求

1. 具备电梯机械系统组成的描述及作用分析能力。
2. 具备电梯控制电路的特点和原理分析能力。
3. 具备电梯调试方法及内容描述能力。

电梯是采用电力拖动方式，沿固定的刚性导轨运送乘客或货物的固定设备。自1854年美国人奥的斯在纽约水晶宫展览会上展示世界上第一部安全升降机以来，电梯从数量和控制技术等方面都得到了迅速发展。目前我国已成为电梯生产大国，2007年的年产量达到21.6万台，超过全球总量的一半，2007年我国在用电梯数量为91.7万台，2008年又新增电梯2.34万台。在电梯的驱动方面，经历了直流电机、交流单速电机、交流双速电机驱动等多个阶段，1983年以后，变压变频交流电机驱动成为主流产品。1996年，交流永磁同步电机驱动的无机房电梯的出现，是电梯技术的又一次革新。在控制技术方面，从原来的手动控制已发展到微机网络控制技术，使系统的可靠性更高，功能处理更为灵活；采用表面贴装技术，使用大规模ASIC电路和智能化功率模块，构成电梯的智能化控制系统。

电梯的基本功能是运送乘客或货物，控制程序的编制取决于功能的要求和安全、舒适、经济等方面的需要，而电梯的继电器—接触器控制系统是学习电梯的基础。所以本模块主要以自动集选控制电梯为例，分析电梯的基本控制原理。

课题 5.1 电梯概述

5.1.1 电梯的分类

电梯有多种分类方式，具体如下：

(1) 按用途可分为乘客、载货、客货、病床、住宅、服务、船舶、观光、车辆等电梯，以及自动扶梯等。

(2) 按速度一般可分为低速电梯(v<1m/s)、快速电梯(v=1～2m/s)、高速电梯(v=2～

4m/s)和超高速电梯(v=5～6m/s)等。目前世界上速度最快的电梯(v=1010m/min,即16.8m/s)已研制成功。

(3) 按拖动方式可分为以下几种。

① 交流电梯。交流电梯的曳引电动机是交流电机。当电动机是单速时,称为交流单速电梯,其速度一般不高于0.5m/s。当电动机是双速时,称为交流双速电梯,其速度一般不高于1m/s。当电动机具有调压调速装置时称为交流调速电梯,速度一般不高于1.75m/s。当电动机具有调压调频(VVVF)调速装置时称为交流调频调压电梯,其速度可达6m/s。

② 直流电梯。直流电梯曳引电动机是直流电动机,采用直流发电机—电动机系统驱动,近年来采用晶闸管-电动机系统,其速度一般高于2.5m/s。

③ 液压电梯。液压电梯是靠液压传动的电梯。

④ 齿轮齿条式电梯。齿轮齿条式电梯的齿条固定在构架上,电动机—齿轮传动机构装在轿厢上,靠齿轮在齿条上的爬行来驱动轿厢,一般为工程电梯。

目前,永磁同步无齿曳引机电梯已投入运行,它采用外转子结构,取消了蜗轮蜗杆传动,并将同轴传动技术、数字变频技术和群组计算机组合技术完美融合。使之具有体积小、传动效率高、噪声低、能耗低、使用寿命长、乘坐舒适,且基本不用维修等性能优点,因此成为电梯驱动控制的发展方向。

(4) 按有无司机可分为有司机电梯、无司机电梯及有/无司机电梯。

(5) 按电梯控制方式可分为以下几种。

① 手柄操纵控制电梯。手柄操纵控制是由电梯司机操纵轿厢内的手柄开关,实现轿厢运行的控制。

② 按钮控制电梯。按钮控制是操纵层门外侧按钮或轿厢内按钮,均可发出指令,使轿厢停靠层站的控制。

③ 信号控制电梯。信号控制是将层门外上下召唤信号、轿厢内选层信号及各种专用信号加以综合分析判断后,由司机操纵轿厢运行的控制。

④ 集选控制电梯。集选控制是将层门外上下召唤信号、轿厢内选层信号及各种专用信号加以综合分析判断后,自动决定轿厢运行的无司机控制。

⑤ 向下集合控制(向下集中控制)电梯。向下集合控制是指各层站的召唤盒有呼梯信号时,只有轿厢向下运行时才能顺向应答召唤停靠的控制。

其他还有并联控制电梯、楼群程序控制电梯等。

上述几种控制方式一般采用继电器—接触器控制。近年来国内不少生产厂家采用可编程序控制器取代继电器—接触器控制,它具有接线简单、可靠性高等优点。另外,采用单板机、单片机、单微机控制、多微机控制等技术的电梯也得到了广泛的应用。

5.1.2　电梯的基本规格

电梯的基本规格包括以下内容。

① 电梯的用途(类型),指乘客电梯、载货电梯、病床电梯、自动扶梯等,表明电梯的服务对象。

② 额定载重量,指设计规定的电梯载重量。这是选用电梯的主要依据,也是电梯的主参数。额定载重量也可用额定载乘客人数来表示,每位乘客一般以75kg计。

③ 额定速度,指设计规定的电梯运行速度,单位为m/s。额定速度也为电梯的主要参数。

④ 拖动方式，指电梯采用动力种类，可分为交流电力拖动、直流电力拖动、液力传动、永磁同步电机拖动等。

⑤ 控制方式，指对电梯运行实行操纵的方式，即手柄操纵控制、按钮控制、信号控制、集选控制、群控等。宾馆、饭店、办公大楼一般均采用集选控制。

⑥ 提升高度，指从底层端站楼面至顶层端站楼面之间的垂直距离。

⑦ 停层站数，各楼层用于出入轿厢的地点称为层站，停层站数指在建筑物内共有层站数。

⑧ 轿厢尺寸，指轿厢内部尺寸和外廓尺寸，以深×宽表示。内部尺寸由梯种和额定载重量决定，外廓尺寸关系到井道的设计。

⑨ 门的形式。指电梯门的结构形式，客梯中常用中分双扇门（中分门）及旁开双扇门（双折门）。

课题 5.2 电梯的机械系统

电梯由机械和电气两大系统组成。机械系统由曳引系统、轿厢和对重装置、门系统、机械安全保护系统等组成，其模型如图 5-1 所示。

5.2.1 电梯的曳引系统

电梯的曳引系统由曳引机、曳引钢丝绳、导向轮等组成。曳引系统的功能是输出与传递动力，使电梯运行。

曳引机简图如图 5-2 所示，交流客梯中使用较多的是交流双速电梯，其曳引电动机大都是双速双绕组笼型感应电动机，极数一般为 6/24 极，即 1000/250(r/min)，其型号为 JTD(改型后为 YTD)，常用功率等级为7.5kW、11.2kW、19kW 等。

图 5-3 为一种常见的电磁制动器简图，它是直流电磁铁。当电梯启动电动机通电时，电磁铁线圈 1 同时通过电流，使左右铁芯 2、3 迅速磁化吸合，带动制动臂 4 使其克服制动弹簧 7 的弹力，制动带 6 与制动轮 5 脱离，电梯得以运行。当电梯停站，电动机失电时，电磁铁线圈同时断电，电磁力迅速消失，铁芯在制动弹簧力作用下复位，制动带将制动轮抱紧，使电梯停止。

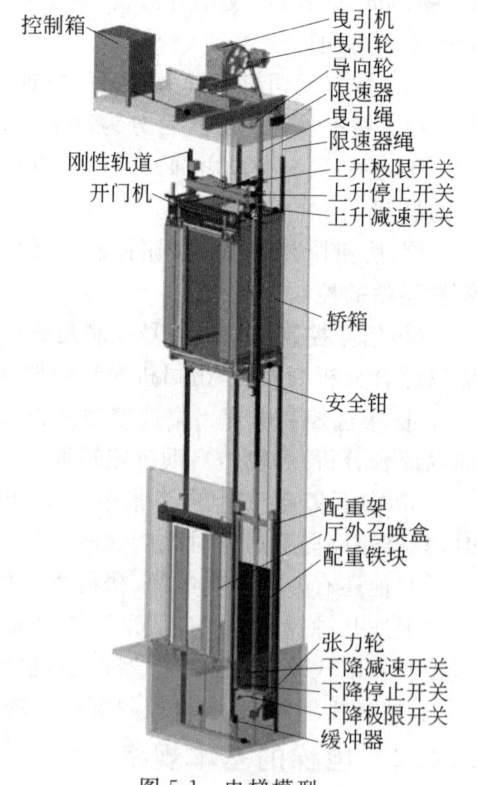

图 5-1 电梯模型

电磁制动器的调整方法：

① 在确保安全可靠的前提下，通过制动弹簧调节螺母 10 来调节制动弹簧 7 的压缩量，产生合适的制动力矩，来满足平层准确度和舒适感的要求。

② 为使制动器有足够的松闸力，须调整两个电磁铁芯的间隙，为此通过倒顺螺母 12 进行。

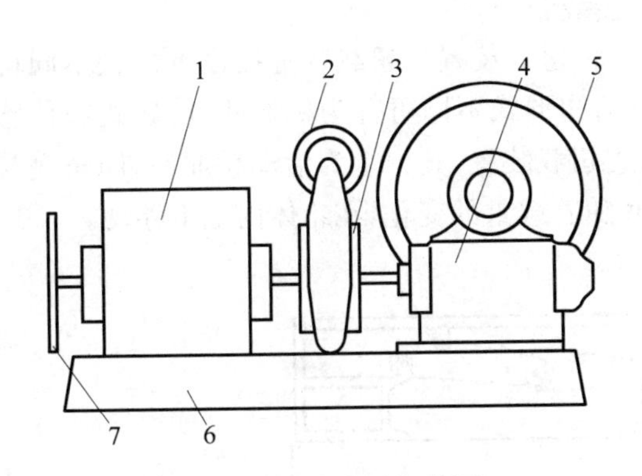

图 5-2　有齿曳引机简图

1—曳引电动机；2—电磁制动器；3—制动轮；4—减速箱；5—曳引轮；6—底座；7—惯性轮

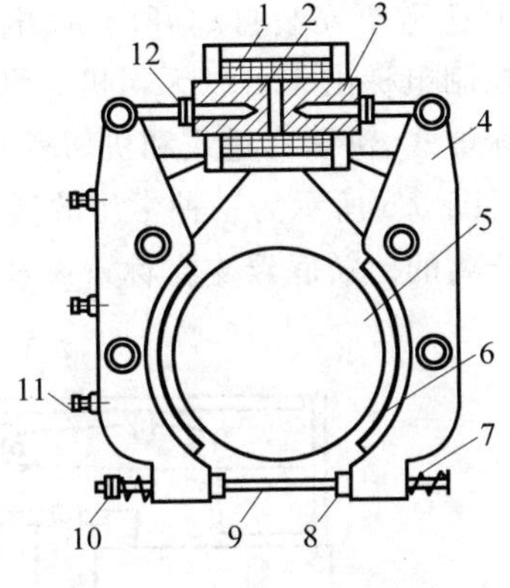

图 5-3　电磁制动器简图

1—电磁铁线圈；2—左铁芯；3—右铁芯；4—制动臂；5—制动轮；6—制动带；7—制动弹簧；8—手动松闸凸轮；9—螺杆；10—调节螺母；11—调整螺钉；12—倒顺螺母

③ 通过调整螺钉 11 可调节制动轮与制动带之间的间隙，使间隙不大于 0.7mm 并保持均匀。

④ 8 为手动松闸凸轮，松闸时只需使制动弹簧螺杆旋转 90°，闸即松开，便于检修。

一般速度小于 1.75m/s 的电梯，采用有齿曳引机，即电动机与曳引轮之间有减速箱。减速箱都采用一级蜗轮蜗杆传动。

图 5-2 中所示的惯性轮又称飞轮，在交流电梯中一般设置在曳引电动机轴伸出端部，用以增加转动惯量，可使电梯在启动、制动过程中比较平滑，在转矩突变时，使电梯的速度变化有所缓和，提高舒适感。惯性轮在电梯检修时也可用作盘车手轮，靠人力使曳引机转动。

曳引轮又称驱绳轮，是曳引机的工作部分，轮缘上开有绳槽，绳槽内置放曳引绳，如图 5-4 所示，通过曳引绳连接轿厢 6 和对重装置 4，并靠曳引机驱动使轿厢升降的专用钢丝绳。图中导向轮 3 是使曳引绳从曳引轮导向对重装置或轿厢一侧所应用的绳轮。

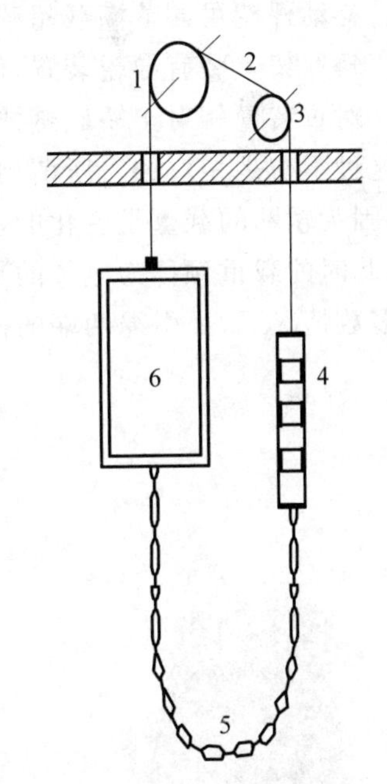

图 5-4　曳引轮系统

1—曳引轮；2—曳引绳；3—导向轮；4—对重装置；5—补偿链；6—轿厢

5.2.2　电梯的轿厢和对重装置

轿厢用于运送乘客或货物的电梯组件。轿厢内的基本装置有：

① 操纵装置，即对电梯实行操纵的装置，如按钮操作箱。

② 方位指示装置，即显示电梯运行方向及位置的装置，如轿内指层灯。

③ 应急装置，指电梯处于非正常状态时的轿内安全装置，如急停开关、警铃、电话或对讲机。

④ 通风设备，指风扇或抽风机，至少应有通风口。

⑤ 照明设备。

⑥ 电梯规格标牌。

轿厢顶均开有供紧急出入的安全窗，安全窗的面积应足供一个人出入。设有电气限位开关，当安全窗开启时切断控制电路，使电梯不能启动，以确保安全。

轿顶上还需要安装自动开门机、电器箱、风扇、接线箱等。

集选控制电梯由于可以无司机操纵，故轿厢需安装超载装置。超载装置按设置位置不同可分为轿底称重式、轿顶称重式和机房称重式 3 种；按结构形式不同可分为机械式、电磁式和传感器式 3 种。图 5-5 所示为一种常用的活动轿底称重式超载装置，其中 1 为活动轿厢底，即轿底与轿厢体是分离的。轿底浮支在称重装置上，因此轿底随着载重的变化，在箱体内上下浮动。

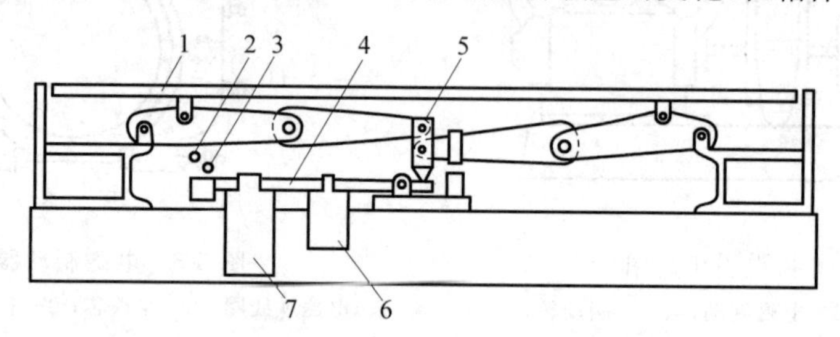

图 5-5 活动轿底称重式超载装置

1—活动轿厢底；2—超载微动开关；3—满载微动开关；4—秤杆；5—连接块；6—副秤砣；7—主秤砣

无载重时，秤杆 4 在主秤砣 7 及副秤砣 6 作用下，其头部向上顶住连接块 5，平衡轿厢底板的自重，使轿厢处于原始位置。当轿厢内接受载重时，轿底与秤杆之间的平衡被打破，轿底向下移动，使连接块向下移动，当载重量达到电梯额定载重 80%～90%时，秤杆压动满载微动开关 3，对于集选控制电梯接通直驶电路，运行中的电梯不允答厅外截停信号。当载重量达到电梯额定载重的 110%时，秤杆压动超载微动开关 2，电梯控制电路被切断，此时电梯不能启动。移动秤砣可调节满载超载控制范围，其中副秤砣作微量调节用。

轿厢架上装有导靴装置，使轿厢沿着 T 形导轨作上下运行，如图 5-6 所示。

对重装置相对于轿厢悬挂在曳引绳的另一端，起到平衡轿厢重量的作用，如图 5-7 所示，但这种平衡是相对的。所谓相对，是指对重起到的平衡作用只有在某一特定载重时才是完全的，因为轿厢的载重是变化的，只有当载重加上轿厢自重等于对重时，电梯才处于完全平衡状态，此时的载重额称为电梯的平衡点（如果 50%额定载重时完全平衡，则称平衡点为 50%），在大多数情况下，曳引绳两端的荷重是不相等的，因此对重只能起到相对平衡作用。

(a) T形导轨

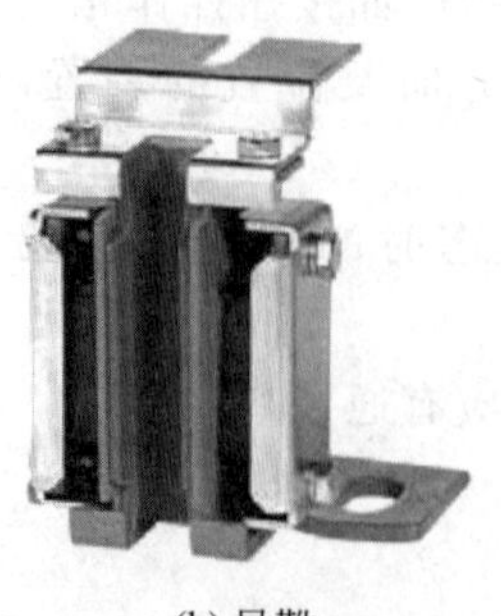

(b) 导靴

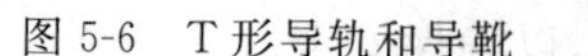

图 5-6 T 形导轨和导靴

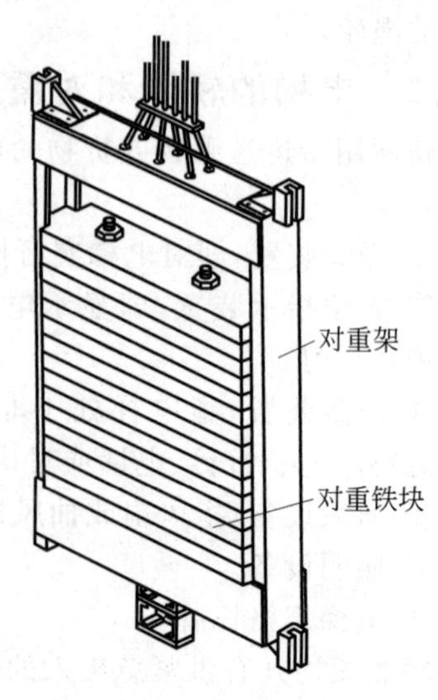

图 5-7 对重装置

对重装置由对重架和对重铁块两部分组成。对重架用槽钢和钢板焊接而成。对重块用铸铁做成，一般有 50kg、75kg、100kg、125kg 等几种。对重块放入对重架后，需用压板压紧，防止电梯在送行过程中发生窜动而产生噪声。对重装置通过对重导靴在对重导轨上滑行，起平衡作用。

对重和轿厢的平衡是变化的，是指对重产生的平衡作用在电梯升降中是不断变化的。当轿厢处于最低层时，曳引绳的重量大部分作用于轿厢侧，这样对重侧重量与轿厢侧的重量的比例是不断变化的，当提升高度超过 25m 时，就会影响电梯的相对平衡，必须增设平衡补偿装置。

补偿装置有补偿链和补偿绳两种。一般电梯速度小于 1.75m/s 时采用补偿链。补偿链以铁链为主体，悬挂在轿厢与对重下面（见图 5-4）。为了减小运行中铁链碰撞引起的噪声，应在铁链中穿上麻绳。

加补偿链后，电梯升降时，其长度的变化正好与曳引绳相反。当轿厢位于最低层时，曳引绳大部分位于轿厢侧，而补偿链大部分位于对重侧，这样就起到了平衡的补偿作用，保证了对重起到的相对平衡。

5.2.3　电梯的门系统

电梯门按其运行方式，常见的是轨道式滑动门。轨道式滑动门在客梯常用中分式门或旁开式门。中分式门由中间分开，如图 5-8(a)所示，开门时，左右门扇以相同的速度向两侧滑动，关门时，则以相同的速度向中间合拢。旁开式门由一侧向另一侧推开或由一侧向另一侧合拢，如图 5-8(b)所示。当旁开式门为双扇时，两个门扇在开门和关门时各自的行程不同，但运动的时间必须相同，因此两扇门的速度存在快慢之分，速度快的称为快门，反之称为慢门。双扇旁开式门又称双速门，由于门在打开后是折叠在一起的，因而又称双折式门。中分式门具有出入方便，工作效率高，可靠性好的优点。旁开式门有开门宽度大、对井道宽度要求小的优点。

电梯的门，分为轿厢门和厅门（层门）。

轿厢门封住轿厢的出入口，一般由装在轿厢顶上的自动开门机构带动。装有自动开门机构的电梯门称为自动门。自动开门机一般由直流电动机、减速机构和开门机构组成，如图 5-9 所示。中分门常以直流电动机通过两级三角形带传动双臂式实现开关门。用于速度控制的 5 个行程开关装于曲柄轮背面的开关架上，在曲柄轮实现开关门转动时依次动作各行程开关，达到调速的目的。目前电梯的门机大多已采用 VVVF 控制方式，使结构更加简单，但在轿厢门都设有轿门关闭开关，以控制电梯的运行。

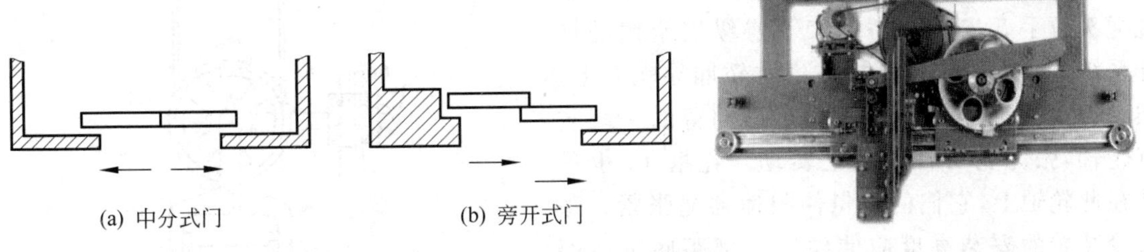

图 5-8　中分式门及旁开式门

图 5-9　中分式门机结构

厅门封住井道的出入口，由轿厢门带动，因此又称被动门。厅门和轿门必须是同一类型（中分或旁开式）的门。为了将轿厢门的运动传递给厅门，轿厢门上设有系合装置。最常见的系合装置为门刀通过与门锁的配合，使轿门能够带动厅门运动。为了使用安全，电梯必须在厅门和轿厢门完全关闭时，才能运行。因此在厅门内侧装有具有电气联锁功能的自动门锁。自动门锁除了锁住厅门，使厅门只有用钥匙才能在厅外打开外，还能控制电梯控制回路的接通和断开，只有在

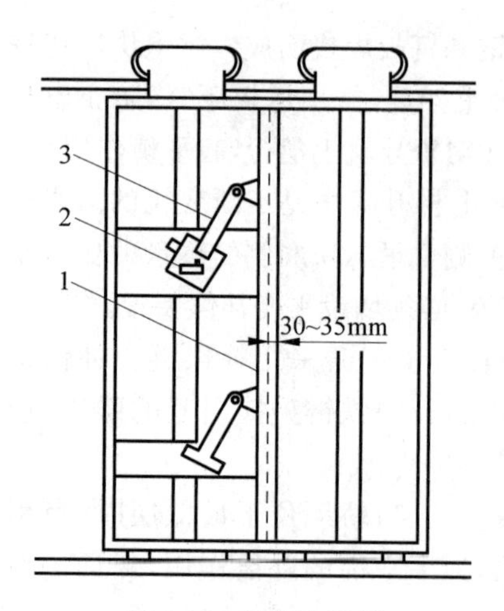

图 5-10 门安全触板

1—触板；2—微动开关；3—上控制杆

门被确认锁住时，电梯才能启动运行(检修时除外)。

为了防止电梯在关门时将人夹住，电梯的轿厢门上常设有关门安全装置，在作关门运动的门扇只要受到人或物的阻挡，便能自动退回。电梯门的安全装置有光电式、电子式和机械式之分。目前广泛采用光电式，即在电梯轿门两侧安装多个红外发射管和接收管，在MCU的控制下，发射接收管依次打开，自上而下连续扫描，在轿门区域形成一个密集的红外线保护光幕。当其中任何一束光线被阻挡时，电梯轿门即停止关闭，并反转开启，从而达到保护乘客的目的。在传统电梯中，机械式安全触板装置是最常用的，如图5-10所示，又称安全触板。它主要由触板1、上控制杆3和微动开关2组成。平时，触板在自重的作用下，凸出门扇30～35mm，当在关闭中一碰到人或物品，触板被推入，控制杆转动，上控制杆端部的开关凸轮压下微动开关触点，使门电动机迅速反转，门重新打开。一般当触板推入8mm左右，微动开关即动作。限位螺钉的作用是控制触板的凸出量和活动量。

5.2.4 电梯的机械安全保护系统

电梯运行中无论何种原因使轿厢发生超速，甚至坠落的危险状况而所有其他安全保护装置均未起作用的情况下，则靠限速器、安全钳(轿厢在运行途中)和缓冲器(轿厢到达终端位置)的作用可使轿厢停住而不致使乘客和设备受到伤害，现代电梯均有这些机械安全装置。

(1) 限速器装置

限速器装置包括限速器、限速器绳以及限速器张力轮，如图5-11所示。限速器1通常安装在电梯机房内，限速器张力轮11安装在井道底坑。限速器绳2绕经限速器轮和张力轮形成一个封闭的环路，其两端连接绳夹3、索具套环4，并通过绳头拉手5安装在轿厢架上操纵安全钳的杠杆系统。张力轮装置悬挂在底坑轿厢导轨6上，摆动臂9可以绕销轴8摆动。摆动臂的一端装有轮轴，张力轮可在轮轴上转动。铊框10也吊挂在此轮轴上，它们的重量使限速器绳张紧。张力轮装置的安装高度应使铊框底部距底坑地面不小于500mm。张力轮的重量在限速器轮槽和限速器绳之间形成一定的摩擦力。轿厢上、下运行同步地带动限速器绳运动从而带动限速器轮转动。当限速器绳松弛或断裂时，摆动臂的另一端处的凸轮使限速器断绳开关7断开，切断电梯控制回路。

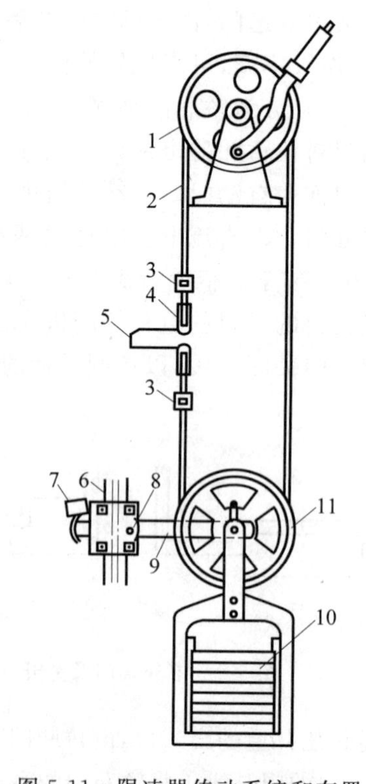

图 5-11 限速器传动系统和布置

1—限速器；2—限速器绳；3—绳夹；4—索具套环；5—绳头拉手；6—轿厢导轨；7—断绳开关；8—销轴；9—摆动臂；10—铊框；11—限速器张力轮

限速器有惯性式和离心式两种，目前大部分电梯均采用离心式限速器。轿厢运行时，通过限速器绳带动限速器轮转动。当轿厢超速达到电梯额定速度115%时，限速器内超速开关动作，断开急停回路，从而使曳引机停转，制动器动作，如果超速开关动作未能使电梯减速或停下来，并且电梯的超速继续增大到120%～140%时，通过限速器内夹绳钳将限速器绳夹住。

（2）安全钳装置

安全钳装置是在限速器的操纵下，使轿厢紧急制停夹持在导轨上的一种安全装置。在电梯底坑的下方具有人通行的过道或空间时，则对重也应设有安全钳装置。一般情况下，对重安全钳也应由限速器来操纵。

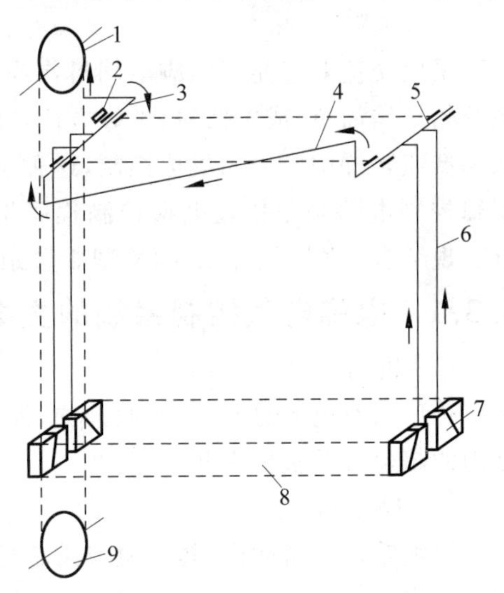

图5-12　安全钳装置示意图

1—限速器；2—安全钳开关；3—主动杠杆；4—横拉杆；5—从动杆；6—垂直拉杆；7—安全钳楔块；8—轿厢架；9—张力轮

限速器绳头拉手与主动杠杆的连接如图5-12所示。当电梯超速达到使限速器动作时，限速器绳被内部夹绳钳夹住不动，随着轿厢继续向下运动，主动杠杆被限速器绳带动向上摆动，通过横拉杆使从动杠杆同时向上摆动，带动垂直拉杆提起安全楔块，使楔块与导轨接触，以其与导轨间的摩擦消耗电梯动能，将轿厢强行制停在导轨上。

主动杠杆上附有碰铁，此碰铁使安全钳急停开关被断开，曳引机停止转动。此急停开关不能自动复位，只有松开安全钳并排除故障之后，靠手动才能使其复位。电梯安全钳如图5-13所示。

（3）缓冲器

缓冲器是提供最后安全保护的一种安全装置。一般轿厢缓冲器有两个，对重缓冲器一个，它们安装在电梯的井道底坑内，位于轿厢和对重的正下方。当电梯在向上或向下运动中，由于钢丝绳断裂，曳引制动器制动力不足或者控制系统失灵而超越终端层站底层或顶层时，将由缓冲器起缓冲作用，以避免电梯轿厢或对重直接撞底或冲顶，从而保护乘客和设备的安全。

轿厢缓冲器在保护轿厢撞底的同时，也防止了对重的冲顶；同样，对重缓冲器在保护对重撞底的同时也防止了轿厢的冲顶。为此，轿厢的井道顶部间隙必须大于缓冲器的总压缩行程；同样，对重的井道顶部间隙也必须大于轿厢缓冲器的总压缩行程。

电梯缓冲器按其结构和原理可以分成弹簧缓冲器和油压缓冲器，如图5-14所示。弹簧缓冲器的结构简单、缓冲性能差，而且缓冲行程也受限制，因此只适用于速度不超过1m/s的电梯。对于速度高于1m/s的快速或高速电梯，则必须采用缓冲性能较好的油压缓冲器。

图5-13　电梯安全钳

图5-14　弹簧缓冲器和油压缓冲器

课题 5.3　交流集选控制电梯电气系统

采用交流双速笼型感应电动机作为曳引电动机的双速电梯，由于其拖动系统和电气控制系统的结构简单、成本低廉、维修方便，在 1m/s 以下的低速梯中得到长时间应用。另外，交流双速低速客梯中常采用集选控制，这种电梯有着较完善的性能及较高的自动化程度，其继电器逻辑控制电路是现代化电梯控制程序编制、分析和创新的基础。它具有原理简单、直观的特点。现结合 TKJ-□□/1.0-JX 型 5 层站的实例来介绍电梯的电气控制系统。

5.3.1　电梯电气控制系统的主要电器部件

(1) 机房

机房内有电源总开关、照明开关、控制屏、召唤选层屏、曳引电动机、电磁制动器，还有限速器内的超速开关及极限开关等。

(2) 操纵箱

操纵箱位于轿厢内，是司机或乘客控制电梯上下运行的控制中心。操纵箱上有控制电梯工作状态(自动、司机、检修)的钥匙开关；选择层站用与层站数相等的轿内按钮及指令记忆灯；直驶专用、急停、警铃按钮；超载信号灯以及蜂铃、轿内照明、风扇开关等。

(3) 轿厢其他部件

轿厢电器部件除了操纵箱外，在轿厢门楣板上还有电梯运行方向及指示电梯所在层楼的指示灯。有的电梯运行方向箭头灯也设在操纵箱上。

轿门上有安全触板开关、厅门门锁开关。轿厢底部装有满载开关及超载开关。轿顶安全窗设有安全窗开关。轿顶上装有自动开门机，其中有自动门电动机、开门 2 个限位开关，关门 3 个限位开关及电动机调速用的电阻箱。轿顶上梁装有安全钳拉杆动作开关。

轿顶上还装有检修箱，其中包括上下慢车按钮、总停开关、检修转换开关、轿门锁开关等。电梯处于检修时，操作人员操纵检修转换开关，可切断轿内上下操纵按钮、使用上下慢车按钮，从而进入轿顶控制电梯上下运行的检修状态。应急时由检修人员扳动总停开关，使电梯停止运动，起安全保护作用。

轿厢接近停靠站时，使轿厢地坎与层门地坎达到同一平面的动作称为平层。轿厢顶上装有平层用的上、下平层传感器，上、下平层传感器常采用永磁式干簧继电器。除此之外还有开门区域永磁式干簧继电器，它的作用是一旦平层结束，即可使轿门、厅门自动开启。

(4) 召唤盒及层门指示

召唤盒设置在层站门侧，是给乘客提供召唤电梯的装置。召唤盒内有召唤按钮及召唤记忆灯。电梯在底层和顶层分别设有一个向上、一个向下的召唤按钮，而在其他层站各设有上、下召唤按钮。底层召唤盒上还装有专用钥匙开关。开启钥匙开关，轿门自动打开，电梯即可使用。

在层站门上方或一侧，设置层楼指示灯显示轿厢运行的层站位置，还设置了运行方向指示灯，显示轿厢的运行方向。

(5) 井道

井道是轿厢和对重装置运行的空间。该空间是以井道底坑的底、井道壁和顶为界限的。

轿厢运行的换速装置是一般低速梯或快速梯在到达预定停站时，提前一定距离（一般1m/s时约为1.5m）将轿厢快速运行切换为平层前的慢速运行。换速传感器也是采用永磁式干簧继电器。井道中在每一层轿厢导轨上均安有换速传感器。

为了确保司机、乘客、电梯设备的安全，一般低速客梯在电梯的上端站和下端站处各设置两道限位开关。上、下端站的第一道限位开关提前一定距离强迫电梯将快速运行切换为慢速运行，强迫换速点可按略大于换速传感器的换速点进行调整。上、下端站第二限位开关作为当第一限位开关失灵或由于其他原因造成轿厢超越上、下端站楼面一定距离时，切断电梯运行控制电路，强迫电梯立即停靠。作用点与端站楼面的距离为50～100mm。

底坑即底层端站楼面以下的井道部分中除装有张力轮上的断绳开关外，还装有底坑安全开关。检修人员扳动底坑安全开关可使电梯停止运动，起安全作用。

5.3.2　电梯的3种运行状态

交流集选控制电梯有3种运行状态，即有司机控制、无司机控制（自动）、检修运行状态。图5-15(a)所示为3种运行状态控制电路（由于电梯所用继电器很多，为便于记忆，暂按功能和作用书写文字符号）。不论何种运行状态，必须首先接通电压继电器KV，而电压继电器接通与否由图中11个触点决定，即轿厢操纵箱上急停按钮ES，轿顶检修箱上的总停开关AS、安全窗触点CEO、安全钳开关SC、限速器开关GS、基站厅外的钥匙开关KS1、限速器断绳开关GTS、底坑安全开关PS、主电路的相序继电器触点PSR、曳引电动机快车、慢车热继电器KR1和KR2。如果有一个开关动作，电梯就立即停止运行。因此，这个回路为安全保护回路。基站厅外召唤盒上的钥匙开关KS1接通，使电梯处于投入运行状态，KS1断开，电梯停止运行。

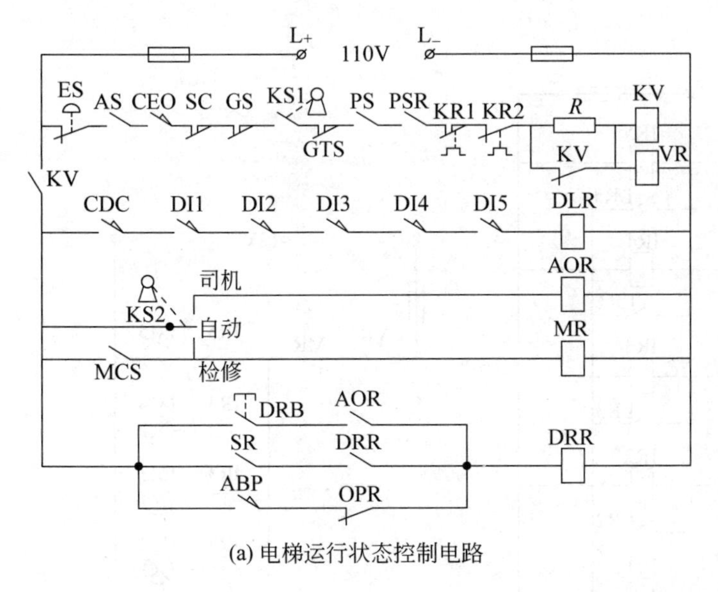

(a) 电梯运行状态控制电路

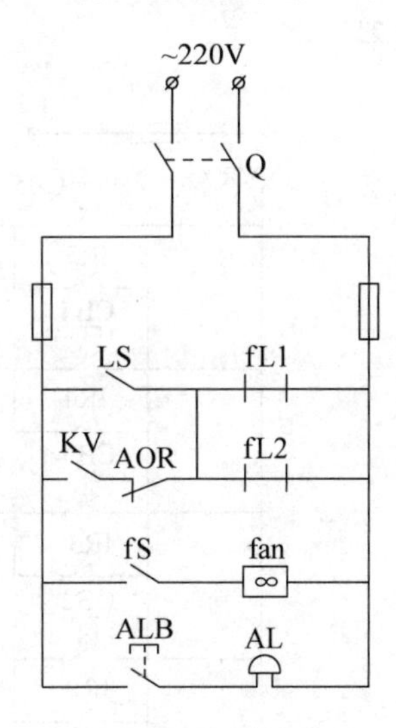

(b) 轿厢内交流控制电路

图5-15　3种运行状态控制电路

另外，只有轿门联锁开关CDC、厅门联锁开关DI1～DI5全部关闭时才能使门锁继电器DLR通电，也才能使电梯运行。

位于轿内操纵箱上的钥匙开关KS2有自动、司机、检修3个位置。原始位置为自动位置，电梯处于自动工作状态,即根据召唤、指示信号以及轿厢相对位置能自动定向、启动、顺向应答、停靠、自动开门、关门直至完成最后一个命令为止。

KS2 位于司机位置时,接通司机操作继电器 AOR,根据召唤、指令信号也能自动定向,但只有在按下与自动定向的方向相应的按钮,才能关门启动,随后顺向应答停靠,即电梯的启动受司机的控制。

KS2 位于检修位置时,检修继电器 MR 通电,此时开、关门均为手动控制,且运行在低速点动状态。当需轿顶检修时,接通轿顶检修转换开关 MCS。

当在司机工作状态时,电梯启动以后,若按下直驶按钮 DRB,则直驶继电器 DRR 通电,这时电梯只应答轿内指令而不应答召唤。若称量装置满载开关 ABP 闭合时,也能使 DRR 吸合,其中 SR 为启动继电器,OPR 为运行继电器。

图 5-15(b)中,Q 为单独的照明电源开关。无司机状态时,轿内荧光灯 fL1、fL2 通过 KV、AOR 自行接通。而有司机状态时,需要接通照明开关 LS。fan 为轿内风扇,fS 为风扇开关。AL 为装在井道中的警铃,ALB 为警铃按钮。

5.3.3 电梯的内指令和厅召唤电路

1. 内指令电路

轿厢内操纵箱上对应每一层楼都设有一个带灯的按钮,称为内指令按钮,如图 5-16 中所示的 CB1～CB5。乘客按下与其欲前往层站相对应的按钮,如欲去第 3 层楼,按下 CB3 按钮,只要电梯不在 3 楼,指令继电器 IR3 便通电,指令记忆灯 IM3 便亮。当电梯到达 3 楼停止时,层楼继电器 LR3 动作,其常开触点闭合,启动继电器 SR 释放,因此 IR3 断电,指令记忆灯 IM3 熄灭。图中 DAR 为方向辅助继电器,它在电梯自动定向之后通电动作,VR 为电压辅助继电器。

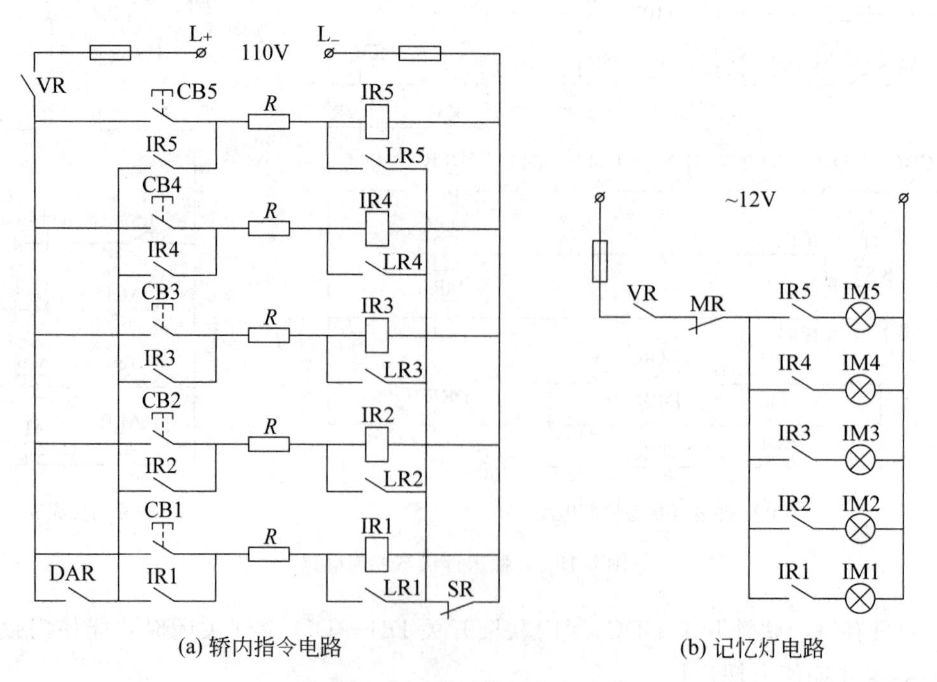

(a) 轿内指令电路　(b) 记忆灯电路

图 5-16　轿内指令与记忆灯电路

2. 厅召唤电路

电梯的厅召唤电路如图5-17所示。电梯的厅召唤信号是通过厅门口召唤盒中的召唤按钮来实现的，图中HB2D～HB5D为各层厅门下呼按钮，HB1U～HB4U为各层厅门上呼按钮，每一个按钮连接一个召唤继电器，其中H2D～H5D为下召唤继电器、H1U～H4U为上召唤继电器。

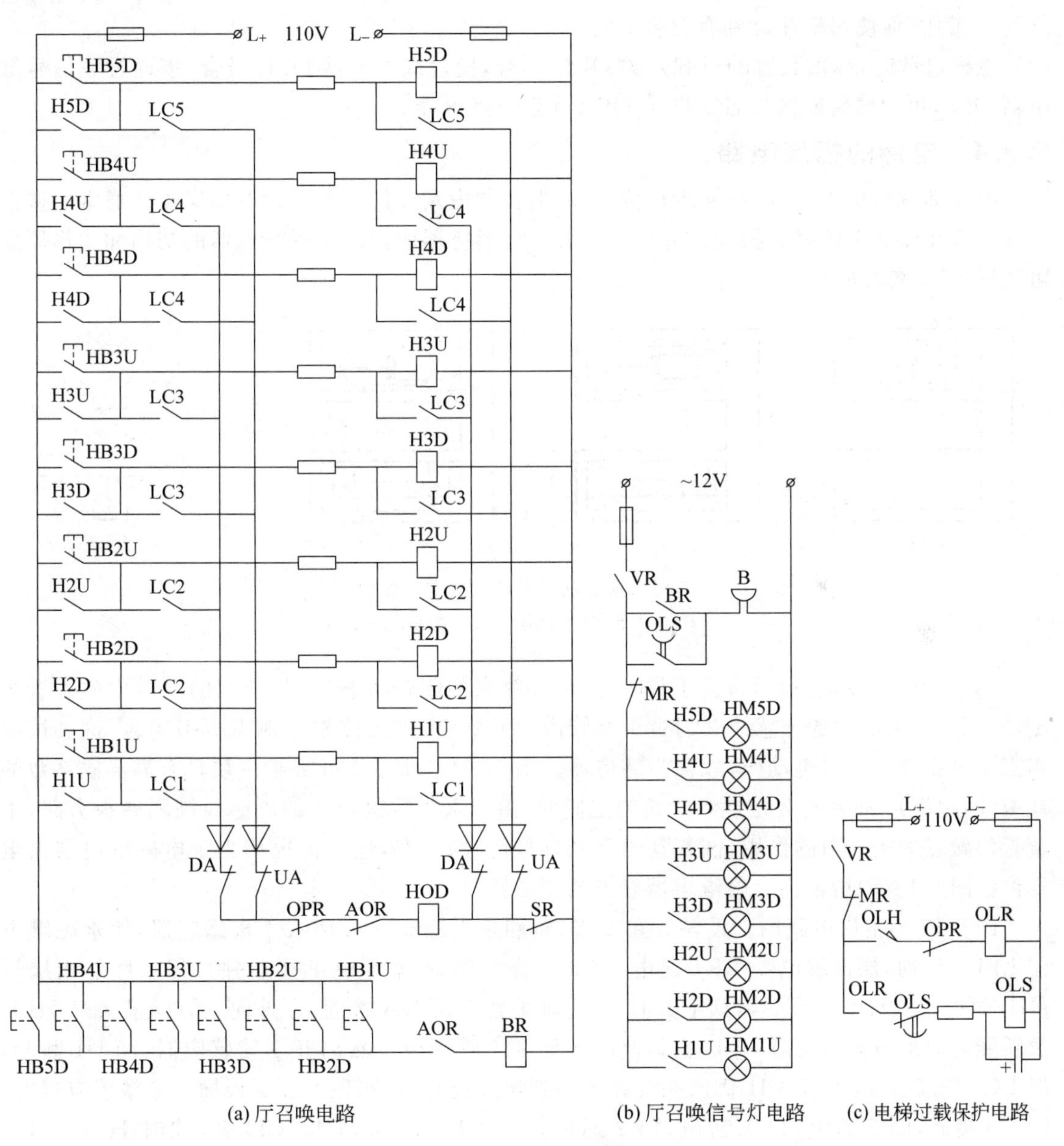

(a) 厅召唤电路　(b) 厅召唤信号灯电路　(c) 电梯过载保护电路

图5-17　厅召唤电路

集选控制的电梯，其运行方式是先上行响应厅上呼信号，然后再下行响应厅下呼信号，如此反复。在上行时应保留厅下呼信号，下行时应保留厅上呼信号。例如电梯在1楼时，2楼有厅上呼与下呼信号召唤，即已按下HB2U与HB2D按钮，则召唤继电器H2U、H2D通电并自保，且召唤记忆灯HM2U、HM2D亮。此时若在3楼又发出上呼信号，即H3U通电自保，HM3U亮。电梯到达2楼时，2楼层楼控制继电器LC2被吸合，由于向上辅助继电器UA是吸合的，而此时向下辅助继电器DA是失电的，所以一旦SR常闭点复位，H2U即被短路释放，2楼上呼信号被消除，HM2U随之而灭，此时2楼下呼信号得到保留。

当轿厢停在3楼，按下HB3U，使厅外开门继电器HOD吸合，可使电梯厅门、轿门开启。

当有司机工作状态下，司机操作继电器AOR吸合，按下HB3U时，蜂铃继电器BR通电，蜂铃B工作，促使司机注意到有召唤登记。

电梯过载时，称重装置的过载开关OLH闭合，使过载继电器OLR吸合，接通过载信号继电器OLS，可使蜂铃断续发音。图中OPR为运行继电器。

5.3.4 电梯的指层电路

电梯都有指层器，指示轿厢运行位置，一般轿厢内及厅门上方均设有指层器。通常层楼信号通过装在轿厢上的隔磁板经过井道上的各层楼感应器取得。永磁继电器的结构和工作原理可用图5-18来表示。

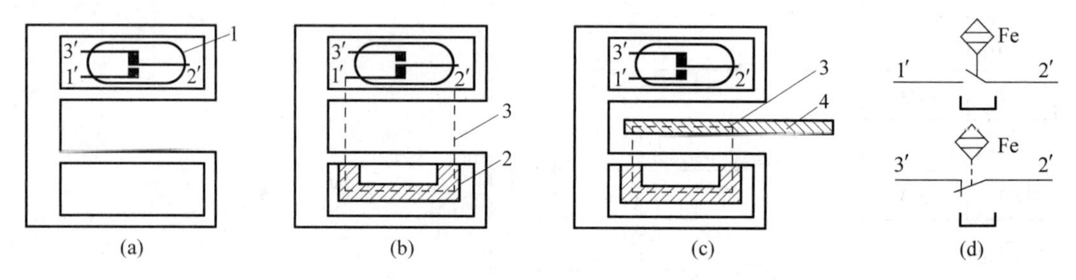

图5-18 永磁继电器的结构和工作原理

1—干簧管；2—永久磁铁；3—磁感线；4—铁板

图5-18(a)所示表示干簧管正常时，其内部触点的闭合状态。图5-18(b)所示中放入永久磁铁2后，永久磁铁的磁感线3通过干簧管内常开触点，因而使常开触点吸引闭合，这一情况相当于电磁继电器得电动作，故称为感应器。图5-18(c)所示中外界把一块具有高导磁系数的铁板(隔磁板)4插入永久磁铁和干簧管之间时，由于永久磁铁产生的磁感线被隔磁板旁路，干簧管的触点失去外力的作用，恢复到图5-18(a)所示的状态，这一情况相当于电磁继电器失电复位。图5-18(d)所示为永磁继电器触点的图形符号。

图5-19为指层电路图。设轿厢在1楼，轿厢顶上隔磁铁板插入1楼感应器，使永磁继电器LPU1接通，层楼继电器LR1通电，因此层楼控制继电器LC1接通并自保。厅外指层灯HI1、轿内指层灯CI1亮。电梯上升时，上升辅助继电器UA接通，厅外向上方向箭头灯HLU及轿厢内向上方向箭头灯CLU亮。此时轿厢顶上隔磁板虽然离开1楼感应器，LPU1断开，但LC1仍接通，故HI1、CI1仍然亮着。电梯到达2楼时，轿厢顶上隔磁板插入2楼感应器内，LPU2接通，LR2通电，LC1断电，LC2通电，使HI1、CI1灭，HI2、CI2亮，此时HLU、CLU灭。当电梯离开2楼时，LPU2断开，LR2断电，但LC2线圈通过LC2常开点及LR3常闭点得电。以此类推，电梯便可以得到联锁的层楼信号指示。

图中OLL为过载指示灯，从图5-17(c)所示可知，过载信号继电器OLS在过载时是通断交替工作的，因而OLL是闪烁发光。

5.3.5 电梯门的电气控制系统

门的电气控制系统由拖动部分和开关门逻辑控制部分组成。

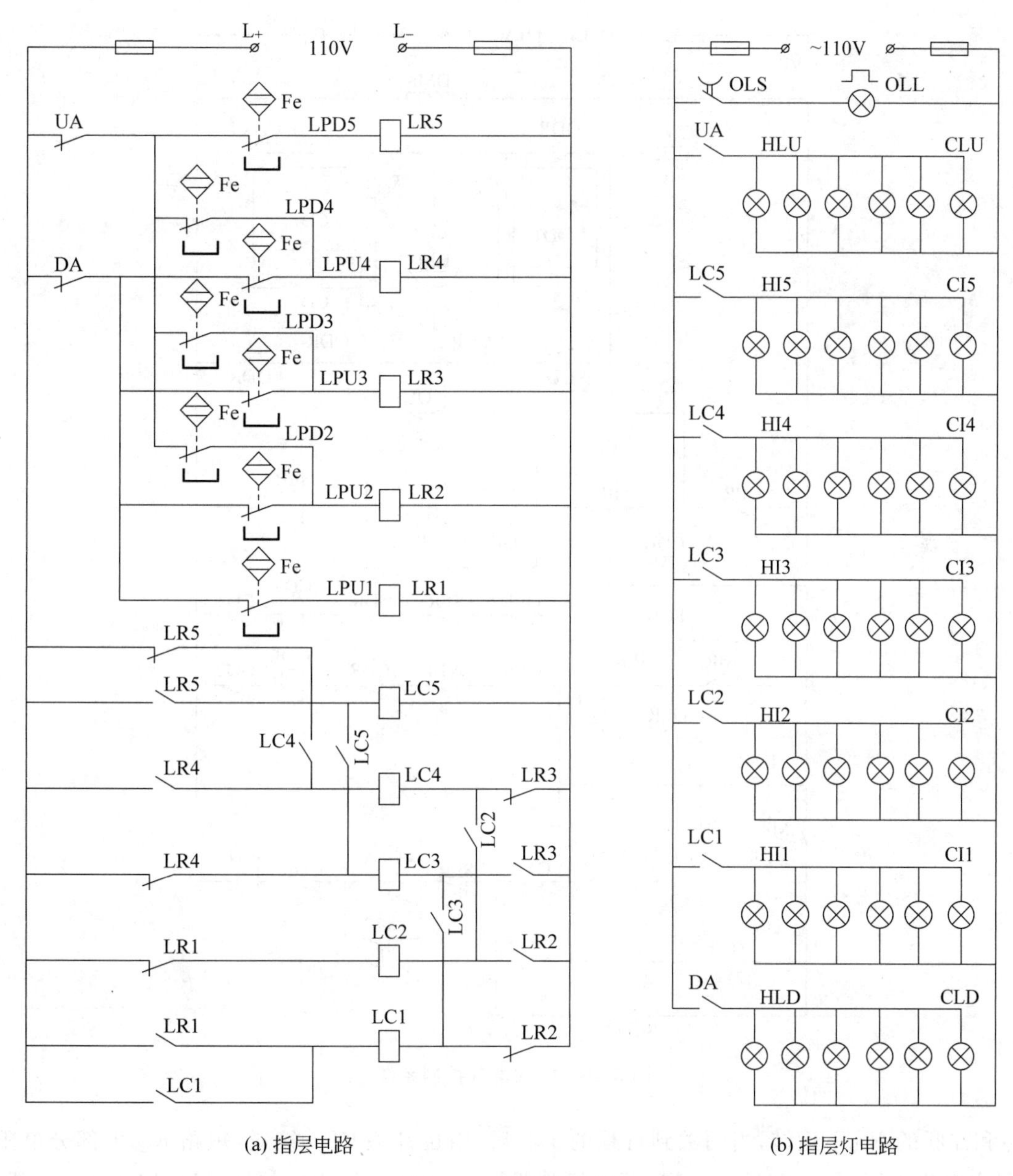

(a) 指层电路　　(b) 指层灯电路

图 5-19　指层电路图

拖动部分的电气控制系统如图 5-20 所示，由直流他励电动机及减速电阻构成，门电动机额定功率一般为 120W，ODR 为开门继电器，CDR 为关门继电器，OD1 为开门第一限位开关，CD1、CD2 分别为关门第一、第二限位开关，控制电动机的正、反转及调节开关门速度。

开关门逻辑控制电路其控制功能介绍如下。

(1) 自动关门

当电梯停靠开门后，停层时间继电器 SLT 延时约 4～6s 后复位，这样启动关门继电器 SCD 通过司机操作继电器 AOR 常闭触点、停层时间继电器 SLT 常闭触点、过载继电器 OLR 常闭触点、主电动机慢速第一延时继电器 AT2 常闭触点、关门继电器 ODR 常闭触点而得电，这样使关门继电器 CDR 线圈通电，自动门电动机 DM 向关门方向运转，初始电枢在串接电阻

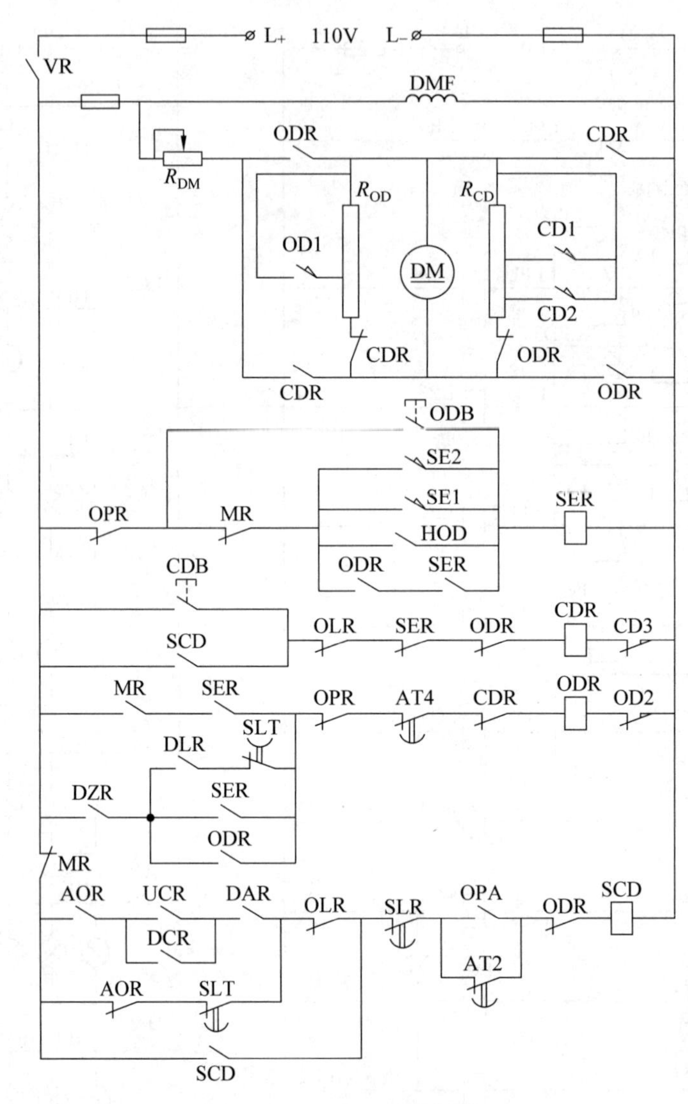

图 5-20 门的电气控制系统

R_{DM}和并联的R_{CD}下运转，当门关到行程的1/2后，限位开关CD1接通，短路R_{CD}大部分电阻，于是电动机DM减速，门继续关闭，而当门关至行程的3/4时，CD2接通，又短路了R_{CD}一部分电阻，电动机DM继续减速，直至电梯门关合时，限位开关CD3断开，关门继电器CDR释放，电动机DM进行能耗制动，立即停止运转。

从图上可见，按下操纵箱上关门按钮CDB，可使电梯立即关门（即提早关门）。

门电路与超载装置具有联锁，若称量装置上超载开关动作，引起超载继电器OLR通电，则OLR常闭触点断开，引起CDR失电，使门不能关闭，电梯无法启动运行。

（2）自动开门

当电梯慢速平层时，层楼井道内隔磁板插入装于轿厢顶上的开门区域永磁继电器的空隙内，接通开门区域继电器DZR。平层结束时，运行继电器OPR复位，于是开门继电器ODR通过闭合的门锁继电器DLR、停层时间继电器SLT触点而通电自保，使电动机DM往开门方向旋转。当门开至行程的2/3时，限位开关OD1接通，短路了R_{OD}大部分电阻，使电动机DM减速，门继续开启，最后当门开足时，限位开关 OD2 断开，开门继电器 ODR 失电，电动机 DM 进行能耗制动，立即停止运转。

(3) 门安全电路

当门在关闭过程中，如乘客或物体碰挤安全触板时，安全触板微动开关触点 SE1 或 SE2 接通，则安全触板继电器 SER 通电，立即断开关门继电器 CDR 支路，而接通开门继电器 ODR 支路，此时门又重新开起。

(4) 本层厅外开门

从图 5-17 所示可知，按下本层召唤按钮，可使厅外开门继电器 HOD 通电，使 SER、ODR 相继得电，可使本层厅外开门。

(5) 检修时的开关门

当电梯在检修时，自动开关门环节失效。检修时的开、关门只能由检修人员操作开、关门按钮 ODB、CDB 来进行，当按钮松开时，门的运动立即停止。

5.3.6　电梯的启动、加速和满速运行

图 5-21 所示为交流双速梯拖动主电路。

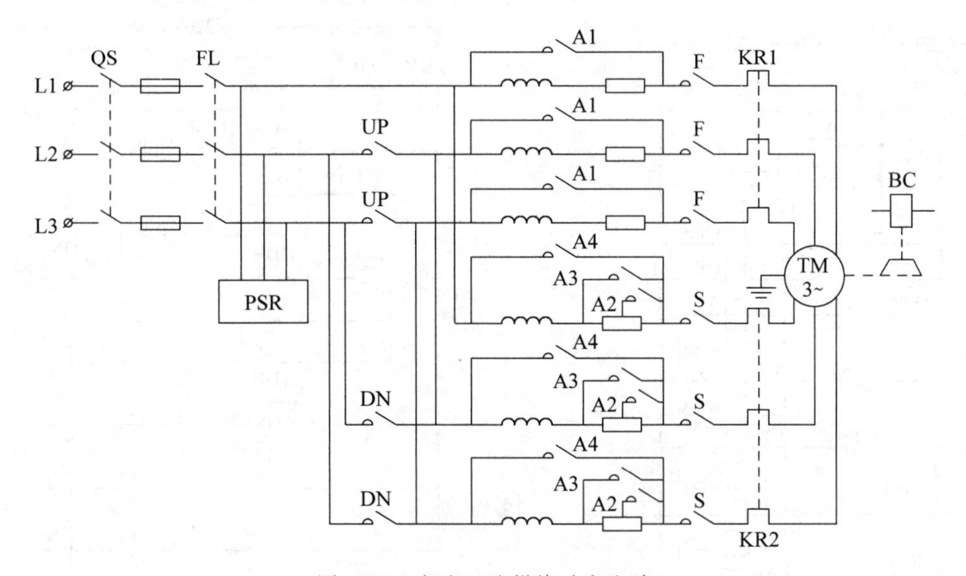

图 5-21　交流双速梯拖动主电路

图中 FL 为极限开关，PSR 为断相与相序保护继电器。在无断相及相序正确的情况下，相序继电器的常开触点是闭合的，从图 5-15 所示可见，它串接在电压继电器 KV 支路中。当任一相缺相或与原认定相序错相接线时，使急停回路失电，起到断相、错相保护作用。UP、DN 为上行、下行接触器。F、S 为快车、慢车接触器。A1 及 A2、A3、A4 对应为快车加速、慢车第一、第二、第三减速接触器。TM 为曳引电动机，其轴上装有电磁制动器，制动器线圈为 BC。

(1) 无司机工作状态下的启动

设轿厢位于底层且门已闭合。从图 5-19 所示可知，层楼继电器 LR1 及层楼控制继电器 LC1 得电。停层时间继电器 SLT 复位，启动关门继电器 SCD 吸合并自保(见图 5-20)。快车加速时间继电器 AT1 吸合。设 3 楼出现召唤信号，H3U(见图 5-17)吸合，则向上方向继电器 UDR、向上辅助继电器 UA 吸合。从图 5-22 所示可见，启动继电器 SR、快车接触器 F，快车辅

助继电器 FAR、上升接触器 UP 等相继通电吸合，因而制动器 BC 线圈得电，电动机抱闸松开，电动机串接电抗、电阻降压启动。

(2) 加速和满速运行

电梯启动的同时，运行继电器及运行辅助继电器 OPR、OPA 线圈吸合，使快车加速时间继电器 AT1 断开。AT1 利用并联在其线圈两端的电阻、电容来达到断电延时作用，其延时值为 2.5～3.0s。延时完毕后，由 AT1 常闭触点接通快车加速接触器 A1，短路了快车启动电抗和电阻，使曳引电动机 TM 在全压下快车运转，于是轿厢满速快速上升。

(3) 有司机工作状态下的启动

仍设轿厢在底层，3 楼有向上召唤信号，这时轿厢操纵箱上向上按钮 UB 内的向上指示灯 UL 燃亮。于是司机按下 UB(见图 5-26)，向上换向继电器 UCR 吸合，然后从图 5-20 所示可见，启动关门继电器 SCD 吸合并自保，关门继电器 CDR 吸合，关门结束，门锁继电器 DLR 吸合，随后，启动继电器 SR 吸合，其后过程与无司机状态相同。

图 5-22 中所示 LS2、LS4 为上行第一、第二限位开关，LS1、LS3 为下行第一、第二限位开关。

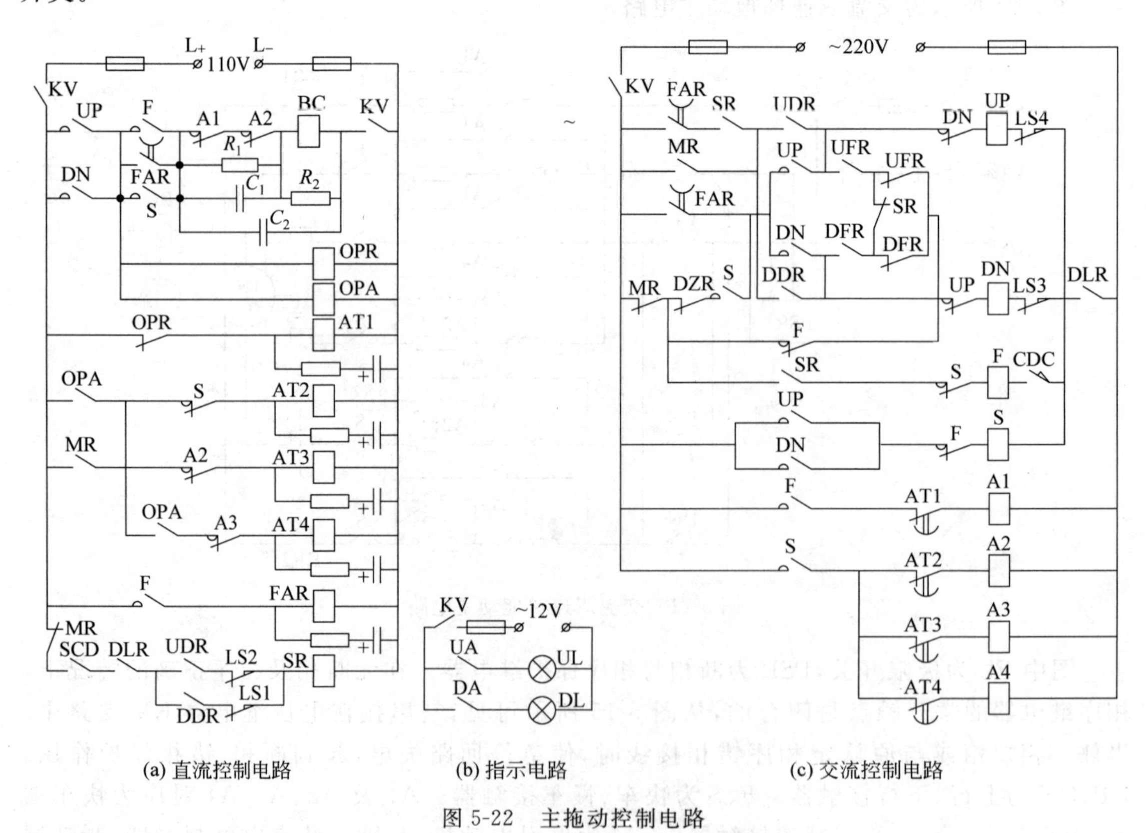

(a) 直流控制电路　　(b) 指示电路　　(c) 交流控制电路

图 5-22　主拖动控制电路

5.3.7 电梯的停层、减速和平层

(1) 减速

当轿厢到达 3 楼的停车距离时，轿厢顶上隔磁板插入 3 楼指层永磁继电器 LPU3 的空隙内，从图 5-19 所示可知，LR3、LC3 得电，由图 5-23 可知，可使停站继电器 SLR 线圈通电并自保，使启动关门继电器 SCD(见图 5-20)、启动继电器 SR(见图 5-22)相继失电。从图 5-22(c)

所示中可见，快车接触器 F 线圈失电，慢车接触器 S 线圈通电吸合。这时上升接触器 UP 在 SR 失电的瞬间，由快车辅助继电器 FAR 断电延时常开触点来维持，接着由慢车接触器 S 触点保持，而电磁制动器线圈 BC 在 F→S 换接过程中也由 FAR 触点保持不失电。

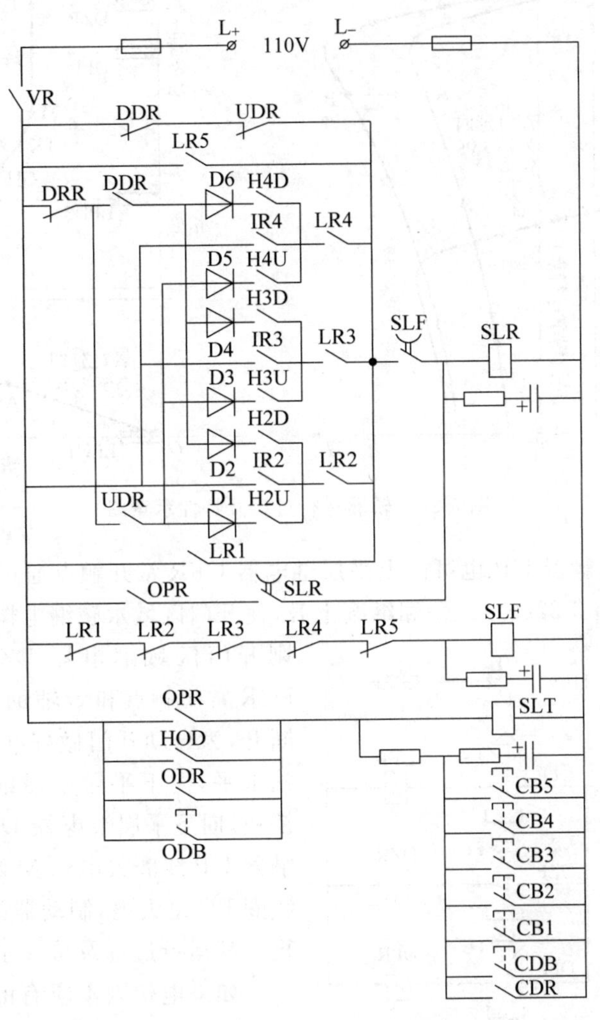

图 5-23　停站、停层控制电路

当接触器 F 断开、S 接通时，曳引电动机 TM 的慢速绕组通过电抗、电阻与电源相通，而当时 TM 的转速因系统的惯性缘故，还保持快速，于是 TM 产生超同步再生发电制动。为了限制其制动电流及减速速度，防止冲击过大，通常按二级或三级逐步切除串联的电阻、电抗。从图 5-22 中可知，AT2 延时约 1s 后接通 A2 短路部分电阻，AT3 延时约 0.5s 接通 A3 短路全部电阻，AT4 延时约 0.4s 接通 A4 短路全部阻抗，最后电动机 TM 直接与电源接通，进入慢速稳态运行。其运行过程及特性示意如图 5-24 所示。

(2) 平层

为了保证电梯的平层准确度，通常在轿顶设置平层器，平层器由 3 个永磁继电器构成，自上至下分别为上平层 UFP、门区 DZP、下平层 DFP 永磁继电器。

电梯在慢速稳定运行时，轿厢继续上升，于是装在轿顶上的上平层永磁继电器首先进入到装于 3 楼井道内的平层隔磁铁板，使 UFP 常闭触点复位，进而使上平层继电器 UFR 得电，如

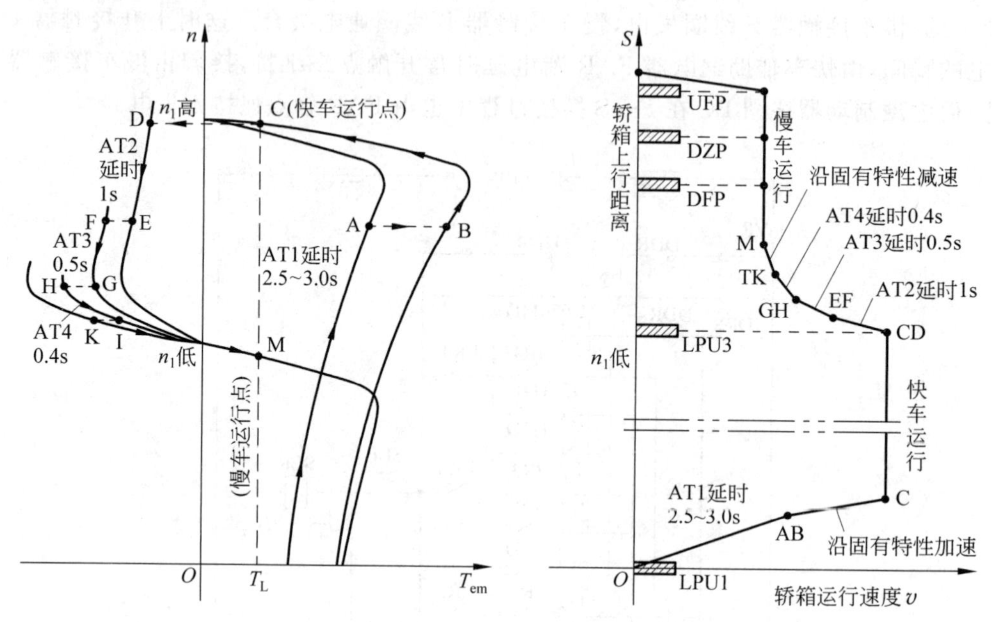

图 5-24　轿厢运行过程及特性示意图

图 5-25 所示。上行接触器 UP 也可由上平层继电器 UFR 常开触点通过快车接触器 F 的常闭触点而保持通电(见图 5-22(c))。轿厢继续上升,使开门区域永磁继电器 DZP 进入平层铁板,则开门区域继电器 DZR 得电,这时 UP 经 DZR 常闭触点和 S 辅助常开触点的自保电路断开,为自动开门做好准备。最后轿厢到达停站水平,向下平层永磁继电器 DFP 进入平层铁板,向下平层继电器 DFR 得电,于是上行接触器 UP 线圈失电,TM 断开电源,电磁制动器线圈 BC 也失电,制动器抱闸,平层完毕轿厢停止。其运行过程及特性示意如图 5-24 所示。

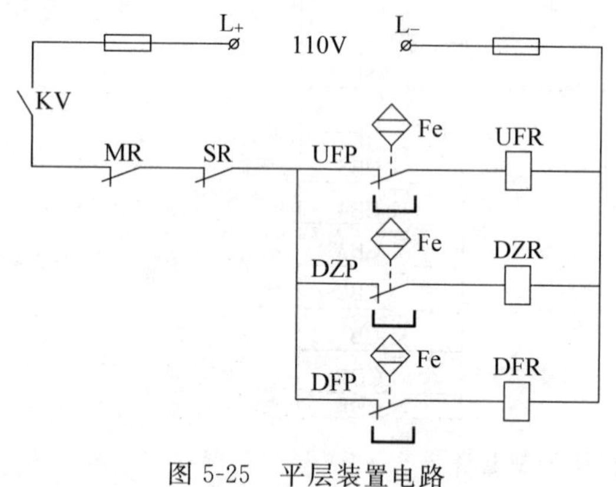

图 5-25　平层装置电路

如果电梯因不应有的原因,上行超越平层位置,上平层永磁继电器 UFP 离开井道中的隔磁板,则 UFR 失电,UP 也随之失电,此时经 F、UFR、SR 常闭触点,DFR 常开触点、UP 常闭触点,使下行接触器 DN 线圈得电,电梯进行反向平层,直至 UFR 吸合为止。

(3) 电梯停站信号的发生及信号的登记和消除

当运行中的电梯实现停站时,停站继电器 SLR 必须吸合,SLR 的通电吸合可以通过下列几个回路。

① 指令信号停站。从图 5-16 所示可见,无论电梯上行或下行时,按下轿厢内指令按钮(CB1～CB5),内指令继电器(IR1～IR5)吸上并自保,内指令信号被登记,存储了停层信号。设指令登记为 IR3,当轿厢到达 3 楼时,层楼继电器 LR3 吸合。从图 5-23 可见,停站触发时间继电器 SLF 的常开触点是断电延时释放的,所以使停站继电器 SLR 吸合,相继启动关门继电器 SCD(见图 5-20)、启动继电器 SR(见图 5-22)失电。从图 5-16 可见,指令信号继电器 IR3 的线圈被 SR 常闭触点短路,即指令信号消除。

② 召唤信号停站。设3楼有向上召唤信号，从图5-17所示可知H3U吸合，电梯上行时，向上方向继电器UDR吸合，轿厢到达3楼时，LR3吸合，SLR线圈通过DRR常闭触点、UDR常开触点、D3、H3U、LR3常开触点、SLF延时断开常开触点得电吸合。然后SCD、SR相继失电，H3U信号被消除。

③ 直驶状态下的停站。有司机运行状态下，在电梯启动后按下直驶按钮DRB(见图5-15)，直驶继电器DRR吸合，使SLR的召唤停站回路断开，电梯只能按轿内指令停层。

(4) 停层时间继电器信号

停站后，OPR复位，自动开门，SLT又通电，开门完毕后，SLT断电延时开始，4～6s后自动关门。

需提早关门时，按下图5-20所示关门按钮CDB，同时短接图5-23中与SLT并联的阻容电路，所以SCD瞬时复位，使CDR自保。此时乘客按下轿内任何指令按钮(CB1～CB5)电梯也能立即关门。

在SLT线圈支路中还串入ODB按钮，按下ODB，SLT通电，SCD支路断开，这样可将门在较长时间内保持敞开不闭。

5.3.8　电梯行驶方向的保持和改变

(1) 电梯的行驶方向

电梯的行驶方向由上、下方向继电器UDR、DDR的吸合来决定。但是UDR、DDR的吸合又决定于登记信号与轿厢的相对位置。在图5-26所示电路中，如果3楼有召唤信号H3U，而此时轿厢在2楼，LC2常闭触点断开，则UDR通过H3U、LC3、LC4、LC5吸合，因而电梯上行。假若此时轿厢在4楼，LC4常闭触点断开，则DDR通过H3U、LC3、LC2、LC1吸合，因而电梯下行。

(2) 运行方向的保持

当电梯上行时UDR吸合，指令信号、向上召唤信号和最高层站向下召唤信号首先逐一地实现。当电梯执行这个方向的最后一个命令而停靠时，UDR失电，然后逐一应答被登记的向下召唤信号。

(3) 轿内指令优先

当电梯在执行最后一个命令而停靠时，在门未关闭之前，轿内如有指令则优先被登记，决定运行方向，这是因为UDR、DDR失电，SLT延时未终了，UDR、DDR的召唤信号回路部分被断开。如门已关合仍无内指令信号则召唤才被接受，并决定运行方向。

(4) 用向上、向下按钮UB、DB决定电梯运行的方向

在有司机工作状态下，司机可借UB、DB决定电梯运行的方向。如轿厢位于3楼方向向上，UDR、UA吸合，如司机发现有必要向下运行，则可按下DB，于是向下换向继电器DCR吸合，断开UDR、UA支路，接通了DDR、DA支路，并在向下方向信号DDR、DA登记下电梯向下运行。

(5) 轿顶检修按钮决定电梯运行方向

轿厢顶上有检修转换开关MCS，处于检修时，检修继电器MR也吸合，此时切断轿内上下操作按钮UB、DB。操纵位于轿厢顶检修箱上的上、下慢车按钮USB、DSB，从而进入轿顶控制电梯上、下运行的检修状态。

继电器—接触器控制电梯的元器件符号比较烦琐，为方便学习，将元器件的名称及继电器线圈所在电路或器件安装位置列于表5-1。

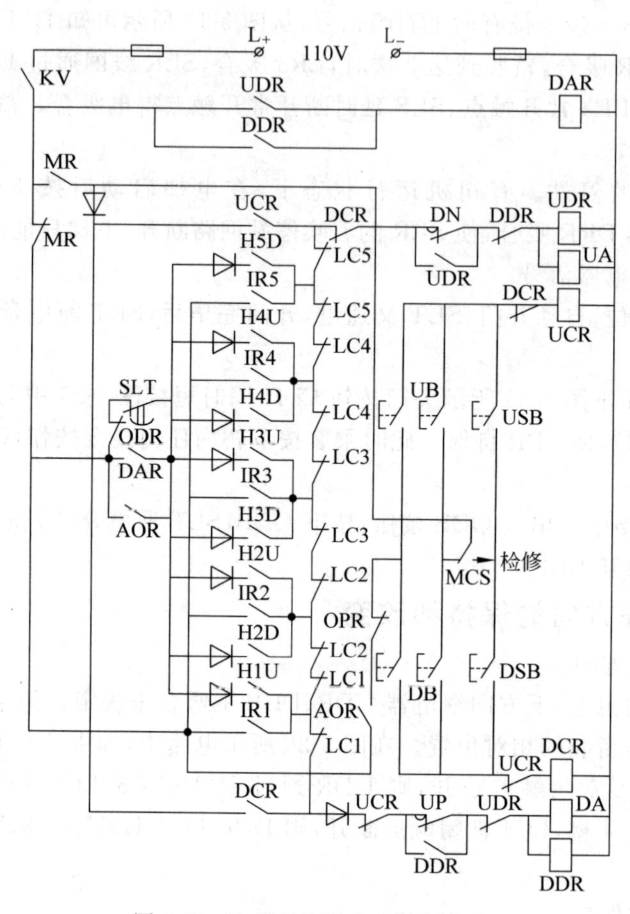

图 5-26 电梯的行驶方向控制电路

表 5-1 电梯元器件表

符　　号	名　　称	位　　置
A1	加速接触器	图 5-22(c)
ABP	满载开关	轿底
ALB	警铃按钮	操纵箱
AS	总停开关	轿顶检修箱
AT2/3/4	第一、二、三减速时间继电器	图 5-22(a)
BC	曳引电机制动线圈	机房
CB1/2/3/4/5	轿内指令按钮	操纵箱
CDB	司机操作关门按钮	操纵箱
CDR	关门继电器	图 5-20
CI1/2/3/4/5	厅外层楼指示灯	厅门外
CLU	轿内向上指示灯	轿厢
DAR	方向辅助继电器	图 5-26
DCR	向下换向继电器	图 5-26
DFP	下平层永磁继电器	轿顶
DI1/2/3/4/5	厅门联锁开关	厅门
DLR	门锁继电器	图 5-15(a)
DMF	门电机励磁线圈	轿顶

续表

符　号	名　称	位　置
DRB	直驶按钮	操纵箱
DSB	检修向下慢行按钮	轿顶检修箱
DZR	开门区域(平层)继电器	图 5-25
F	快速接触器	图 5-22(c)
FAR	快车辅助继电器(延时)	图 5-22(a)
fL1/2	轿内荧光灯	轿内
GS	限速器开关	机房
H1U/2U/3U/4U	上召唤继电器	图 5-17(a)
HB	下召唤按钮	层厅门边框
HI1/2/3/4/5	厅外层楼指示灯	厅门外
HLU	轿外向上指示灯	厅门外
HM2D/3D/4D/5D	下召唤指示灯	操纵箱
A2/3/4	第一、二、三减速接触器	图 5-22(c)
AL	警铃	操纵箱
AOR	司机操作继电器	图 5-15(a)
AT1	加速时间继电器	图 5-22(a)
B	蜂铃	轿厢
BR	蜂铃继电器	图 5-17(a)
CD1/2/3	关门第一、二、三限位开关	轿顶开门机
CDC	轿门联锁开关	轿顶
CEO	安全窗开关	轿顶
CLD	轿内下降指示灯	轿厢
DA	向下方向辅助继电器	图 5-26
DB	向下按钮	操纵箱
DDR	向下方向继电器	图 5-26
DFR	下平层继电器	图 5-25
DL	向下运行指示灯	操纵箱
DM	门电机	轿顶
DN	下行接触器	机房
DRR	直驶继电器	图 5-15(a)
DZP	开门区域永磁继电器	轿顶
ES	急停按钮	操纵箱
fan	轿内风扇	轿内
FL	极限开关	机房
FS	风扇开关	操纵箱
GTS	限速断绳开关	限速张力轮
H2D/3D/4D/5D	下召唤继电器	图 5-17(a)
HB1U/2U/3U/4U	上召唤按钮	1～4 层厅门边框
HLD	轿外下行指示灯	厅门外
HM1U/2U/3U/4U	上召唤指示灯	操纵箱
HOD	厅外开门继电器	图 5-17(a)
IM1/2/3/4/5	指令记忆灯	操纵箱
KR1/2	热继电器	曳引机电路
KS2	钥匙开关	操纵箱
LC1/2/3/4/5	层楼控制继电器	图 5-19(a)

续表

符　号	名　称	位　置
LPU1/2/3/4	上行平层永磁继电器	井道
LS	照明开关	操纵箱
LS2/4	上行第一、二限位开关	井道
MR	检修继电器	图 5-15(a)
ODB	司机操作开门按钮	操纵箱
OLH	过载开关	轿厢底
OLR	过载继电器	图 5-17(c)
OPA	运行辅助继电器	图 5-22(a)
PS	底坑安全开关	底坑
QS	隔离开关	机房
S	慢车接触器	图 5-22(c)
SCD	启动关门继电器	图 5-20
SER	安全触板继电器	图 5-20
SLR	停站继电器	图 5-23
SR	启动继电器	图 5-22(a)
UA	向上辅助继电器	图 5-26
UCR	向上换向继电器	图 5-26
UFP	上平层永磁继电器	轿顶
UL	向上运行指示灯	图 5-22(b)
USB	检修向上慢行按钮	轿顶检修箱
IR1/2/3/4/5	内指令继电器	图 5-16(a)
KS1	基站厅外钥匙开关	一层召唤盒
KV	电压继电器	图 5-15(a)
LPD2/3/4/5	下行平层永磁继电器	井道
LR1/2/3/4/5	层楼继电器	图 5-19(a)
LS1/2	下行第一、二限位开关	井道
MCS	轿顶检修转换开关	轿顶
OD1/3	开门第一、二限位开关	轿顶门机
ODR	开门继电器	图 5-20
OLL	过载指示灯	操纵箱
OLS	过载信号继电器	图 5-17(c)
OPR	运行继电器	图 5-22(a)
PSR	主电路相序继电器	机房
RDM	电位器	机房
SC	安全钳开关	轿顶上梁
SE1/2	安全触板微动开关	轿厢门
SLF	停站触发时间继电器	图 5-23
SLT	停层时间继电器	图 5-23
TM	曳引电机	机房
UB	向上按钮	操纵箱
UDR	向上方向继电器	图 5-26
UFR	上平层继电器	轿顶
UP	向上接触器	图 5-22(c)
VR	电压辅助继电器	图 5-15

课题 5.4　电梯的系统调整

随着科学技术的发展，电梯的种类越来越多，控制方式也各不相同，但调试的要求和方法都应符合我国 GB 7588—2003《电梯制造与安装安全规范》和 GB 10060—1993《电梯安装验收规范》的有关规定。无论是传统的交流双速电梯还是现代化电梯，在投入使用之前都要对所有机构和参数进行调整、调试和试验，其目的是保证电梯的安全、可靠运行，对于客梯还要考虑舒适感，本课题只对通用的调整部分进行简单介绍。

1. 启动加速度的调整

电梯轿厢加速上升或减速下降时，人体内脏的质量就会向下压在骨盘上，全身有超重感。当轿厢加速下降或减速上升时，使内脏提升的结果就会压迫胸肺、心脏等，因而造成心、肺、胃等的不适，甚至头晕目眩。因此电梯在启动和制动过程中，速度变化的选择要适当，以使电梯运行平稳，乘坐舒适。

电梯调试时，要使启动加速平稳，对于传统电梯，如启动滞迟可以适当减小快速绕组启动电阻，必要时也可减少启动电抗器的匝数；如果启动过猛，可适当增加启动电阻和启动电抗的匝数。前述电路（见图 5-21）中曳引电动机快速绕组和慢速绕组在加、减速时所串联的电抗系同一个电抗器，其加速度与快车加速延时继电器 AT1 的延时长短有关，一般交流电梯采用时间继电器和阻容延时电路来延时，只需调节时间继电器的气囊放气时间或延时电路中的电阻和电容的数值，便可达到要求。AT1 出厂整定值为 2.5～3.0s。实际调整时，应使 AT1 的延时应调整得充分长，使电梯在满载向上启动过程基本完成时才结束。

对于计算机控制的变频电梯，加速度的调节靠参数设定来改变加速过渡时间和加速斜率来实现，可以取得到更加理想的效果。

2. 停层距离的调整

轿厢的停层取决于选层信号，停层距离与选层装置的类型和电梯的控制方式有关，目前电梯的选层器有机械式选层器、电动式选层器、电气选层器（继电器式）、计算机选层器（电子式）等多种。其中计算机选层器是利用数字脉冲信号、微处理机等手段组成的选层器。它是用装在曳引电动机或限速器轮上的光码盘产生的光脉冲数量决定电梯的平层精度，采用两相检测可以判断轿厢是上行还是下行。电梯安装完成后，将电梯停在底层，使电梯进入自动层高测定运行，将各层数据写入 EEPROM。每层的层高数据是通过轿顶感应器经过隔磁板取得的，在微机内部自动建立层高表以记录各层的层高数据，运行中，用旋转编码器输出的脉冲数表示轿厢的移动距离。另外，旋转编码器只取得了电梯的位置信号，要完成选层器的功能，微机内部还设置了同步位置、先行位置、先行层等几个变量，分析它们之间的关系，并进行同步位置的校正，校正的依据也是轿顶的感应器。因此各类感应器安装和调整是比较关键的。

本模块讲述交流双速电梯的选层器属于电气选层器，它在每个停层站的井道内装有向上和向下层楼继电器各一个（LPU1～LPU4、LPD2～LPD5 或只装一个）。在轿厢架上装有向上向下停层隔磁铁板各 1 块（或 1 块），其长度可在 1.0～1.5m 有效长度（或 2.0～3.0m）内调整。当电梯在运行中每当停层隔磁板插入该层相应的永磁继电器的空隙内时，就可使图 5-23 中所示停站触发时间继电器 SLF 断电延时开始，SLR 得电，SCD、SR 相继失电。从图 5-22(c) 所示可见，此时电梯将减速平层，当轿厢停靠在该层与楼板齐平时，该层楼永磁继电器应位于停层隔磁板有效长度的端部（或中部）。因此电梯的停层距离为停层铁板的有效长度，为停层隔磁板长度的 1/2，即 1.0～1.5m。

3. 停层减速度的调整

和加速度一样，停层减速度也是电梯舒适感的体现，电梯舒适感不仅与其启动制动的加、减速度值的大小有关，同时还与电动机的特性、加(减)速的时间及换速、制动特性等有关。换速特性须调节换速时间，一般电梯可通过井道上、下减速隔磁板或选层感应器的位置来解决；若换速过早将导致电梯的运载能力下降，而换速过迟则减速度过大，舒适感就差；制动器性能可通过调节制动器弹簧的压紧力而达到要求，制动特性过硬时制动力大，制动可靠，但舒适感差，反之，当制动特性软时，舒适感较好。

一般情况下，乘客电梯启动加速度和制动减速度最大值均不应大于 $1.5m/s^2$。当乘客电梯额定速度为 $1.0m/s<v\leqslant 2.0m/s$ 时，按 GB/T 24474—2009 测量，A95 的加、减速度不应小于 $0.50m/s^2$；当乘客电梯额定速度为 $2.0m/s<v\leqslant 6.0m/s$ 时，A95 的加、减速度不应小于 $0.7m/s^2$。目前这些数据的整定仍可通过计算机(PLC)和变频器的参数设定来完成。

就传统的交流双速电梯而言，停层减速度的调整可按实际运行情况，在 AT2、AT3、AT4 各为1.0s、0.5s、0.4s 整定值基础上再进一步调节，使电梯在空载、满载、上下运行减速时有最佳的舒适感，同时允许电梯在空载下降或满载上升的情况下稍有冲击。

4. 自动平层的调整

在轿厢架上部装有平层装置，包括 3 个永磁继电器。图 5-25 所示为上平层 UFP、开门区域 DZP、下平层 DFP 永磁继电器，它们装在一个垂直的板架上。UFP 在上部，DZP 在正中，DFP 在下部。UFP 与 DFP 的间距是可调的，初调可取 500mm，在每个层站的井道内分别装有一个平层铁板，其长度为 600mm。当轿厢停靠在某层站时，平层铁板应插入全部 3 个永磁继电器的空隙中。

调整时，在轿厢内装入平衡重量，先调整上端站与下端站及中间层站的平层准确度，如果校正向上平层的准确度时，可调节 DFP 上下的位置，而如果要校正向下平层的准确度，则可调节 UFP 上下的位置。这 3 点调整完好以后，再调整其余各层楼的平层准确度，此时只允许调节井道各层感应板的位置来达到平层准确度要求。各类电梯轿厢的平层准确度应满足以下规定：电梯调试时，无论空载上升或满载下降，轿厢在减速平层时都不应有超越楼层的现象。平层准确度为：$v\leqslant 0.63m/s$ 的交流双速电梯，在±15mm 的范围内，$0.63m/s<v\leqslant 1.00m/s$ 的交流双速电梯，在±30mm 的范围内，$v\leqslant 2.5m/s$ 的各类交流调速电梯和直流电梯均在±15mm 的范围内；$v\geqslant 2.5m/s$的电梯应满足生产厂家的设计要求。

目前，有许多电梯采用了红外传感器、静磁栅位移传感器等先进技术，使平层的调整更加方便且可靠。

5. 终端保护的调整

电梯在上、下端站除了正常的触发停层装置以外，为了防止因电气失灵电梯发生冲顶或沉底事故，通常还设置了上、下行强迫减速开关(LS2、LS1)，上、下行限位开关(LS4、LS3)和极限开关 FL，如图 5-27 所示。

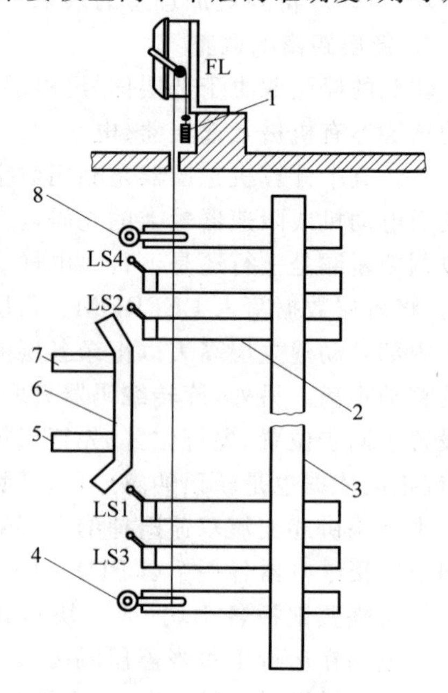

图 5-27 越程限位装置示意图

1—带重锤钢丝绳；2—行程开关架；3—轿厢导轨；4—下极限杠杆；5—轿底；6—限位撞弓架；7—轿顶；8—上极限杠杆

这种装置包括固定在轿架上的限位撞弓架以及固定在导轨上的行程开关架两部分。

当电梯下行时如正常停层回路不起作用，则轿厢下降到下端站时，能及时将强迫减速开关LS1动作。从图5-22所示可见，启动继电器SR、快车接触器F线圈相继失电进行减速平层。提前强迫减速点可按略大于层楼永磁继电器的减速点进行调整。

如果强迫减速开关失灵，或由于其他原因轿厢继续下降至低于底站水平时，则下行限位开关LS3动作，下行接触器DN线圈失电，电动机断电同时制动器失电抱闸，强迫电梯立即停靠。LS3应调整在轿厢低于底站50～100mm内动作。

极限开关是一种用于交流电梯，作为当限位开关失灵或其他原因造成轿厢超越端站楼面300mm距离时，切断电梯主电路的安全装置。极限开关是经改制的铁壳开关。

限位撞弓架碰撞LS1、LS3后，由于某种原因造成轿厢超越端站楼面，达到极限开关作用点时，限位撞弓架将碰撞下极限杠杆，通过钢丝绳强行断开极限开关，切断电梯的总电源(除照明外)，强迫电梯立即停靠。

图5-27所示为低速梯的终端保护，对于快速梯和高速梯还应增加强迫减速开关的数量。

思考题与习题

5-1　说明超载装置、安全触板装于何处起作用，试述轿厢门、厅门的是如何开闭的。

5-2　限速器装置由哪几部分组成？限速器轮是如何转动的？

5-3　限速器内超速开关、安全钳急停开关、张力轮上断绳开关各在何种条件下动作？

5-4　门锁继电器得电条件是什么？说明3种工作状态和直驶状态的运行特征。

5-5　内指令和厅召唤信号是如何登记和消除的？

5-6　说明各永磁继电器安装位置及作用，绘出其图形符号。

5-7　叙述无司机操纵状态下电梯门控制电路的工作原理。

5-8　叙述电梯主拖动控制电路的工作原理。

5-9　电梯行驶方向是由什么条件决定的？其运行方向是如何保持的？

5-10　强迫减速开关、限位开关、极限开关各应在何时动作？

模块 6

PLC 的组成及工作原理

※知识点

1. PLC 的发展状况与基本组成。
2. PLC 的性能及规格及软元件知识。
3. PLC 的工作原理。

※学习要求

1. 具备 PLC 的结构描述及基本组成分析能力。
2. 具备 PLC 软元件工作原理分析能力。
3. 具备 PLC 工作过程描述能力。

课题 6.1 PLC 的基本组成

6.1.1 PLC 的外部结构

1. PLC 概述

(1) PLC 的由来

可编程序控制器(Programmable Logic Controller,PLC)是一种用程序来改变控制功能的工业控制计算机,除了能完成各种各样的控制功能外,还有与其他计算机通信联网的功能。

1968 年,美国最大的汽车制造厂家——通用汽车公司(GM)提出了研制可编程序控制器的基本设想,即能用于工业现场;改变其控制"逻辑",而不需要变动组成它的元件和修改外部接线;出现故障时易于诊断和维修。1969 年,美国数字设备公司(DEC)研制出了世界上第一台 PLC。同年美国通用汽车公司将其投入生产线中使用。

20 世纪 70 年代后期,微处理机被运用到 PLC 中,使 PLC 的体积大大缩小,功能大大加强,更多地具有计算机的功能。PLC 采用了微机技术后,正式更名为 PC,即可编程序控制器。现在人们普遍称可编程序控制器为 PLC,是为了避免与个人计算机的简称 PC 相混淆。

继日本、德国之后,我国于 1974 年开始研制可编程序控制器,1977 年投入应用。目前全世界已有数百家生产可编程序控制器的厂家,产品种类已达 300 多种。

(2) PLC 的定义

可编程序控制器是一种数字运算操作的电子系统,专为在工业环境下应用而设计。它采用可编程序的存储器,用来在其内部存储执行逻辑运算、顺序控制、定时、计数和算术运算等操作的指令,并通过数字式、模拟式的输入和输出,控制各种类型的机械或生产过程。可编程序控制器及其有关设备，都应按易于使工业控制系统形成一个整体，易于扩充其功能的原则设计。

(3) PLC 的发展趋势

① 向高性能，高速度、大容量发展。

② 大力发展微型可编程序控制器。

③ 大力开发智能型 I/O 模块和分布式 I/O 子系统。

④ 可编程序控制器编程语言的标准化。

⑤ 可编程序控制器通信的易用化和“傻瓜化”。

⑥ 可编程序控制器与现场总线相结合。

(4) PLC 的应用领域

经过长期的工程实践，PLC 的上述特点越来越为广大技术人员所认识和接受，已经广泛应用到石油、化工、机械、钢铁、交通、电力、轻工、采矿、水利、环保等各个领域，包括从单机自动化到工厂自动化，从机器人、柔性制造系统到工业控制网络。从功能来看，PLC 的应用范围大致包括以下几个方面。

① 逻辑(开关)控制。这是 PLC 最基本的功能，也是最为广泛的应用。PLC 具有与、或、非、异或和触发器等逻辑运算功能。采用 PLC 可以很方便地实现对各种开关量的控制，用来取代继电器控制系统，实现逻辑控制和顺序控制。PLC 既可用于单机或多机控制，又可用于自动化生产线的控制。PLC 可根据操作按钮、各种开关及现场其他输入信号或检测信号控制执行机构完成相应的功能。

② 定时控制。PLC 具有定时控制功能，可为用户提供几十个甚至上千个定时器。时间设定值既可以由用户在编程时设定，也可以由操作人员在工业现场通过人—机对话装置实时设定，实现具体的定时控制。

③ 计数控制。PLC 具有计数控制功能，可为用户提供几十个甚至上千个计数器。计数设定值的设定方式同定时器一样。计数器分为普通计数器、可逆计数器、高速计数器等类型，以完成不同用途的计数控制。一般计数器的计数频率较低，如需对频率较高的信号进行计数，则需要选用高速计数器模块，其最高计数频率可达 50kHz。也可选用具有内部高速计数器的 PLC，目前的 PLC 一般可以提供计数频率达 10kHz 的内部高速计数器。计数器的实际计数值也可以通过人—机对话装置实时读出或修改。

④ 步进控制。PLC 具有步进(顺序)控制功能。在新一代的 PLC 中，可以采用 IEC 规定的用于顺序控制的标准化语言——顺序功能图编写用户程序，使 PLC 在实现按照事件或输入状态的顺序控制相应输出时更加简便。

⑤ 模拟量处理与 PID 控制。PLC 具有 A/D(Analog/Digital，模拟/数字)和 D/A 转换模块，转换的位数和精度可以根据用户要求选择，因此能进行模拟量处理与 PID 控制。PLC 可以接收模拟量输入和输出模拟量信号，模拟量一般为 4～20mA 的电流、1～5V 或 0～10V 的电压。为了既能完成对模拟量的 PID 控制，又不加重 PLC 的 CPU 负担，一般选用专用的 PID 控制模块实现 PID 控制。此外还具有温度测量接口，可以直接连接各种热电阻和热电偶。

⑥ 数据处理。PLC 具有数据处理能力，可进行算术运算、逻辑运算、数据比较、数据传送、数制转换、数据移位、显示和打印、数据通信等，如加、减、乘、除、乘方、开方、与、或、异或、求反等操作。新一代的 PLC 还能进行三角函数运算和浮点运算。

⑦ 通信和联网功能。现在的 PLC 具有 RS-232、RS-422、RS-485 现场总线等通信接口，可

进行远程 I/O 控制,可实现多台 PLC 联网和通信。外围设备与一台或多台 PLC 之间可实现程序和数据的传输。通信口按标准的硬件接口和相应的通信协议完成通信任务的处理。例如西门子 S7—200 系列 PLC 配置有 Profibus 现场总线接口,其通信速率可以达到 12Mbps (Mega bits per second,兆位每秒)。在系统构成时,可由一台计算机与多台 PLC 构成"集中管理、分散控制"的分布式控制网络,以便完成较大规模的复杂控制。

2. 可编程序控制器的外部结构

PLC 分类方法有多种,按规模(即 I/O 点数)可分为大、中、小型,按结构可分为整体式和组合式。在实际应用中通常都按 I/O 点数来分类。

① 根据 I/O 点数分类。I/O 点数表明 PLC 可以从外部接收多少输入量和向外部输出多少输出量,即 PLC 的 I/O 端子数。一般来说,点数多的 PLC 功能较强。

I/O 点总数在 256 点以下的 PLC 称为小型 PLC。小型 PLC 体积小,结构紧凑,整个硬件融为一体,是实现机电一体化的理想控制器,也是一种在实际控制中应用得最为广泛的机型。小型 PLC 一般有逻辑运算、定时、计数、移位等功能,适用于开关量的控制,可用来实现条件控制、定时/计数控制、顺序控制等。新一代的小型 PLC 都具有算术运算、浮点数运算、函数运算和模拟量处理的功能,可满足更为广泛的需要。

I/O 点数在 256~1024 点之间的 PLC 为中型 PLC。中型 PLC 在逻辑运算功能的基础上增加了模拟量处理、算术运算、数据传送、数据通信等功能,可完成既有开关量又有模拟量的复杂控制。中型 PLC 的编程器有便携式和带有 CRT/LCD 的智能图形编程器供用户选择。后者为用户提供了更直观的编程工具,梯形图能直接显示在屏幕上。用户可以在屏幕上直观地了解用户程序运行中的各种状态信息,方便了用户程序的编写和调试,提供了良好的监控环境。

I/O 点数在 1024 点以上的 PLC 为大型 PLC。大型 PLC 功能更加完善,具有数据处理、模拟调节、联网通信、监视、存储、打印等功能,可以进行中断控制、智能控制、远程控制。大型 PLC 的通信联网功能强,可以构成 3 级通信网络,并作为分布式控制系统中的上位机,能实现大规模的过程控制,构成分布式控制系统或整个工厂的集散控制系统,实现工厂管理的自动化。大型 PLC 的用户程序存储器容量更大,扫描速度更快,可靠性更高,指令更丰富,如功能指令包括浮点运算、三角函数等运算指令,PID 可处理多达 32 个回路的控制。而且大型 PLC 自诊断功能极强,不仅能指示故障的原因,还能将故障发生的时间存储起来,以便于用户事后查询。此外还能采用高级语言(如 BASIC 语言等)编写用户程序,能扩展成冗余系统,进一步提高了系统的可靠性。

② 根据结构分类。从结构形式上分,PLC 可分为整体式和模块式两类。

一般小型 PLC 多为整体式结构,如图 6-1 所示。小型 PLC 的 CPU、电源、I/O 单元等都集中配置在一起。有些产品则全部装在一块电路板上,结构紧凑,体积小,重量轻,容易装配在设备的内部,适合于设备的单机控制。整体式 PLC 的缺点是主机的 I/O 点数固定,使用不够灵活,维修也不够方便。

模块式 PLC 的外部结构如图 6-2 所示,PLC 的各个部分以单独的模块分开设置,如 CPU 模块、电源模块、输入模块、输出模块及其他高性能模块等。一般大、中型 PLC 多为模块式结构。模块式 PLC 通常由机架底板联结各模块(也有的 PLC 为串行连接,没有底板),底板上有若干插座。使用时将各种模块直接插入机架底板即可。这种结构的 PLC 配置灵活,装配方便,易于扩展,可根据控制要求灵活配置各种模块,构成各种功能不同的控制系统。模块式

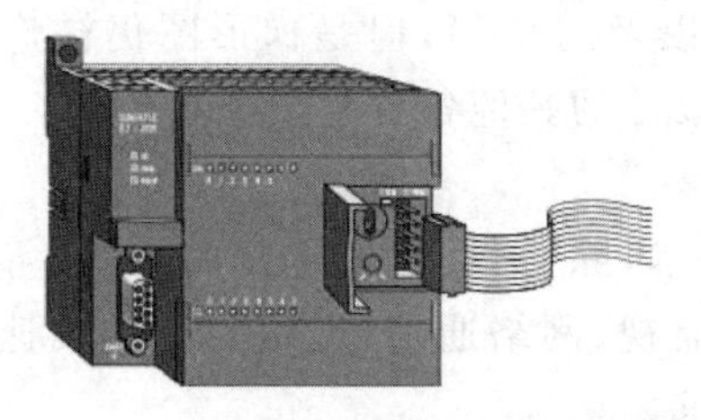

图 6-1 小型机(S7—200)的外部结构

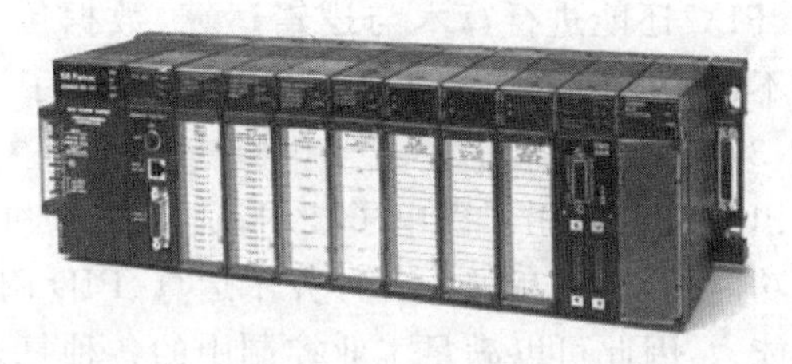

图 6-2 大中型(S7—300)系列 PLC 的外部结构

PLC 的缺点是结构较复杂,价格较高。

③ 根据生产厂家分类。PLC 的生产厂家很多,各个厂家生产的 PLC 在 I/O 点数、容量、功能等方面各有差异,但都自成系列,指令及外设向上兼容。因此在选择 PLC 时若选择同一系列的产品,则可以使系统构成容易,使用方便。比较有代表性的 PLC 有西门子 Siemens 公司的 S7 系列、三菱(Mitsubishi)公司的 FX 系列、立石(Omron)公司的 C 系列、松下(Matsushita)公司的 FP 系列等。

3. 可编程控制器的特点

PLC 是在微处理器的基础上发展起来的一种新型的控制器,是一种基于计算机技术、专为在工业环境下应用而设计的电子控制装置。它采用存储器存储用户程序,通过数字或模拟的输入/输出完成一系列逻辑、顺序、定时、计数、运算等功能,控制各种类型的机电一体化设备和生产过程。PLC 把微型计算机技术和继电器控制技术融合在一起,兼具计算机的功能完备、灵活性强、通用性好以及继电器接触器控制系统的简单易懂、维修方便的特点,主要体现在以下几个方面。

(1) 可靠性高

工业现场的环境十分恶劣,如高温、潮湿、振动、冲击、粉尘和强电磁干扰等,因此工业生产对控制系统的可靠性要求很高。PLC 是专为工业控制设计的,能够适应工业现场的恶劣环境。PLC 在设计和制造过程中采取了一系列的抗干扰措施,使 PLC 的平均无故障时间(Mean Time Between Failures,MTBF)通常在 200000 小时以上,具体措施一般包括以下几个方面。

① 所有的 I/O 接口电路均采用光电耦合器进行隔离,使工业现场的外部电路与 PLC 内部电路之间在电气上隔离。

② 输入端采用 RC 滤波器,滤波时间常数一般为 10～20ms。高速输入端则采用数字滤波,滤波时间常数可以用指令设定。

③ 各模块均采用屏蔽措施,以防止辐射干扰。

④ 采用性能优良的开关电源。

⑤ 对器件进行严格的筛选和老化处理。

⑥ 具有软件自诊断功能,一旦电源或其他软件和硬件发生异常情况,CPU 立即采取有效措施进行处理,防止故障扩大。

⑦ 大型 PLC 采用双 CPU 构成冗余系统,进一步提高了可靠性。

(2) 编程简单易学

PLC 的程序设计大多采用类似于继电器控制线路的梯形图语言。梯形图主要由人们熟悉的常开/闭触点、线圈、定时器、计数器等符号组成。对于使用者来说,只要具有电气控制方面的相关基础知识,而不需要具备计算机方面的专业知识,因此很容易为一般的工程技术人员甚至技术工人所理解和掌握。尽管后来的 PLC 在软件和硬件功能上不断增强,除了顺序控制以外，PLC还能进行算术与逻辑运算、数据传送与处理以及通信等，但是梯形图仍被广泛使用。不过又增加了许多高级指令，以满足除了顺序控制以外的其他各种复杂控制功能。

(3) 功能强

PLC综合应用了微电子技术、通信技术和计算机技术，除了具有逻辑、定时、计数等顺序控制功能外，还具有进行各种算术运算、PID调节、过程监视、网络通信、远程I/O和高速数据处理能力，因此可以满足工业控制中的各种复杂功能要求。

(4) 安装简单，维修方便

PLC可以在各种工业环境下直接安装运行，使用时只需根据控制要求编写程序，将现场的各种I/O设备与PLC相应的I/O端相连接，系统便可以投入运行。由于PLC的故障率很低，并且有完善的自诊断和显示功能。当PLC或外部的输入装置及执行机构发生故障时，如果是PLC本身的原因，在维修时只需要更换插入式模块及其他易损件即可，既方便又减少影响生产的时间。有些PLC还允许带电插拔I/O模块，更方便了实际应用。

(5) 采用模块化结构

为了适应各种工业控制的需要，除了单元式的小型PLC以外，绝大多数PLC均采用模块化结构。PLC中的CPU、直流电源、I/O模块（包括特殊功能模块）等各种功能单元均采用模块化设计，由机架、电缆或连接器将各个模块连接起来。系统的规模和功能可以根据实际控制要求方便地进行组合，以达到最高的性价比。

(6) 接口模块丰富

PLC除了具有CPU和存储器以外，还有丰富的I/O接口模块。对于工业现场的不同信号（如交流或直流、开关量或模拟量、电压或电流、脉冲或电位、强电或弱电等），PLC都有相应的I/O模块与工业现场的器件或设备（如按钮、行程开关、接近开关、传感器及变送器、电磁线圈、电机启动器、控制阀等）直接连接。例如开关量输入模块就有交流和直流两类，每类又按电压等级分成多种。此外，为了适应新的工业控制要求，I/O模块也越来越丰富，如通信模块、位置控制模块、模拟量模块等，进一步提高了PLC的性能。

(7) 系统设计与调试周期短

用PLC进行系统设计时，用程序代替继电器硬接线，控制柜的设计及安装接线工作量大为减少，设计和施工可同时进行，缩短了施工周期。同时，由于用户程序大都可以在实验室中进行模拟调试，调好后再将PLC控制系统在生产现场进行联机调试，调试方便、快速、安全，因此大大缩短了设计、施工、调试和投运周期。

6.1.2 PLC的内部结构

1. PLC基本结构

PLC主要由中央处理器（CPU）、存储器（RAM、ROM）、输入/输出器件（I/O接口）、电源及编程设备几大部分构成。整体式PLC的组成框图如图6-3所示。

(1) 中央处理器CPU

中央处理器是可编程控制器的核心，它在系统程序的控制下，完成逻辑运算、数学运算、协调系统内部各部分工作等任务。可编程控制器中采用的CPU一般有三大类，一类为通用微处理器，如80286、80386等；一类为单片机芯片，如8031、8096等；另外还有微处理器，如AMD2900、AMD2903等。一般来说，可编程控制器的档次越高，CPU的位数也越多，运算速度也越快，指令功能也越强。现在常见的可编程控制器机型一般多为8位或者16位机。为了提高PLC的性能，也有一台PLC采用多个CPU的。

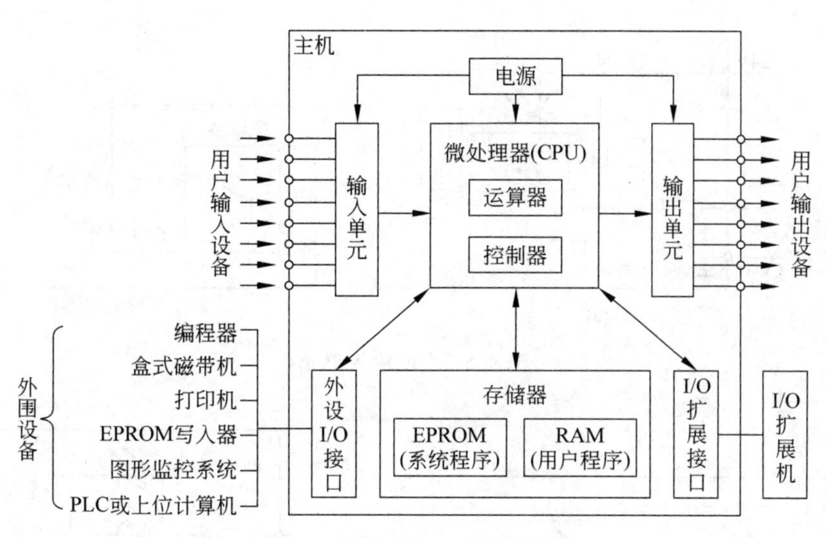

图 6-3　整体式 PLC 组成框图

(2) 存储器

存储器(内存)是可编程控制器存放系统程序、用户程序及运算数据的单元，是 PLC 不可缺少的组成部分。和一般计算机一样，可编程控制器的存储器有只读存储器(Read Only Memory，ROM)和随机读/写存储器(Random Access Memory，RAM)两大类。只读存储器是用来保存那些需永久保存的程序的存储器，即使机器掉电后其保存的数据也不会丢失，一般为掩膜只读存储器和可编程电擦写只读存储器(Electrical Erasable Programmable Read Only Memory，EEPROM)。只读存储器用来存放系统程序。随机读/写存储器的特点是写入与擦除都很容易，但在断电情况下存储的数据就会丢失，一般用来存放用户程序及系统运行中产生的临时数据。为了能使用户程序及某些运算数据在可编程控制器脱离外界电源后也能保持，在实际使用中都为一些重要的随机读/写存储器配备了电池或电容等掉电保护装置。

可编程控制器的存储器区域按用途不同，又可分为程序区和数据区。程序区是用来存放用户程序的区域，一般有数千个字节。数据区是用来存放用户数据的区域，一般比程序区小一些。在数据区中，各类数据存放的位置都有严格的划分。由于可编程控制器是为熟悉继电器、接触器系统的工程技术人员使用的，因此可编程控制器的数据单元都称为继电器，如输入继电器、时间继电器、计数器等。不同用途的继电器在存储区中占有不同的区域，每个存储单元有不同的地址编号。

(3) 输入/输出接口

输入/输出接口是可编程控制器和工业控制现场各类信号连接的部分。输入接口用来接收生产过程的各种参数。输出接口用来送出可编程控制器运算后得出的控制信息，并通过机外的执行机构完成工业现场的各类控制。由于可编程控制器在工业生产现场工作，对输入/输出接口有两个基本要求，一是接口有良好的抗干扰能力，二是接口能满足工业现场各类信号的匹配，因而可编程控制器为不同的接口需求设计了不同的接口单元。主要有以下几种：

① 开关量输入接口。它的作用是把现场的开关量信号变成可编程控制器内部处理的标准信号。开关量输入接口按可接纳的外信号电源的类型不同，分为直流输入单元、交直流输入单元和交流输入单元，如图 6-4～图 6-6 所示。

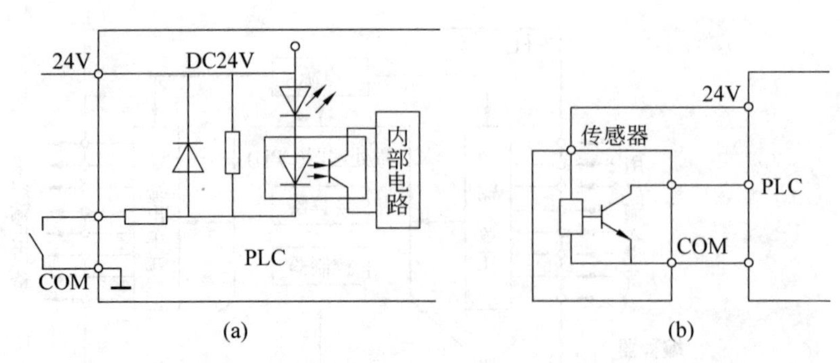

图 6-4 直流输入单元

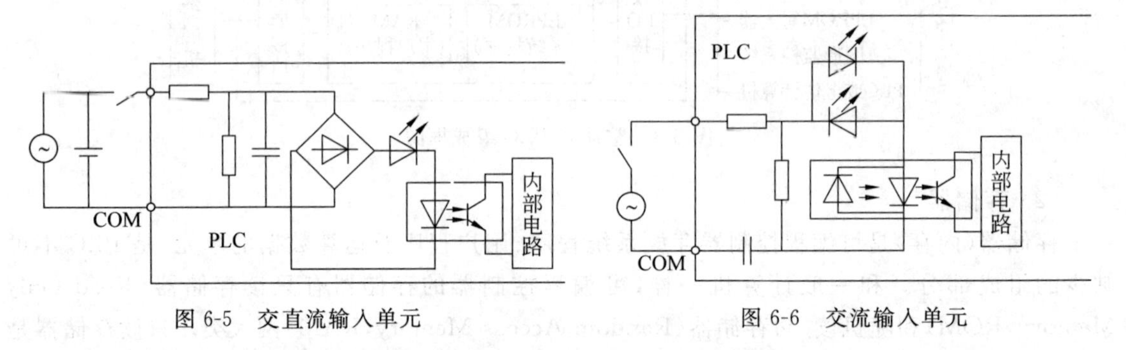

图 6-5 交直流输入单元　　图 6-6 交流输入单元

从图中可以看出，输入接口中都有滤波电路及耦合隔离电路。滤波电路具有抗干扰作用，耦合电路具有抗干扰及产生标准信号的双重作用。图中输入接口的电源部分都画在了输入接口外(框外)，这是分体式输入接口的画法，在一般单元式可编程控制器中输入接口都使用可编程控制器本机的直流电源供电，不再需要外接电源。

② 开关量输出接口。它的作用是把可编程控制器内部的标准信号转换成现场执行机构所需的开关量信号。开关量输出接口按可编程控制器内使用的器件不同又分为继电器型、晶闸管型及双向晶闸管型。内部参考电路如图 6-7 所示。

从图 6-7 可以看出，各类输出接口中也都具有隔离耦合电路。这里特别要指出的是，输出接口本身都不带电源，而且在考虑外驱动电源时，还需考虑输出器件的类型。继电器型的输出接口可用于交流及直流两种电源，但接通/断开的频率低；晶体管型的输出接口有较高的接通/断开频率，但只适用于直流驱动的场合；双向晶闸管型的输出接口仅适用于交流驱动的场合。

③ 模拟量输入接口。它的作用是把现场连续变化的模拟量标准信号转换成适合可编程序控制器内部处理的由若干位二进制数字表示的信号。模拟量输入接口接受标准模拟信号，无论是电压信号还是电流信号均可。这里标准信号是指符合国际标准的通用交互用电压、电流信号，如 4～20mA 的直流电流信号，1～10V 的直流电压信号等。工业现场中模拟量信号的变化范围一般是不标准的，在送入模拟量接口时一般都需经变送处理才能使用。

模拟量信号输入后一般经运算放大器放大后进行 A/D 转换，再经光电耦合器为可编程控制器提供一定位数的数字量信号。

④ 模拟量输出接口。它的作用是将可编程控制器运算处理后的若干位数字量信号转换为相应的模拟量信号输出，以满足生产过程现场连续控制信号的需求。模拟量输出接口一般由光电隔离、A/D 转换和信号驱动等环节组成。

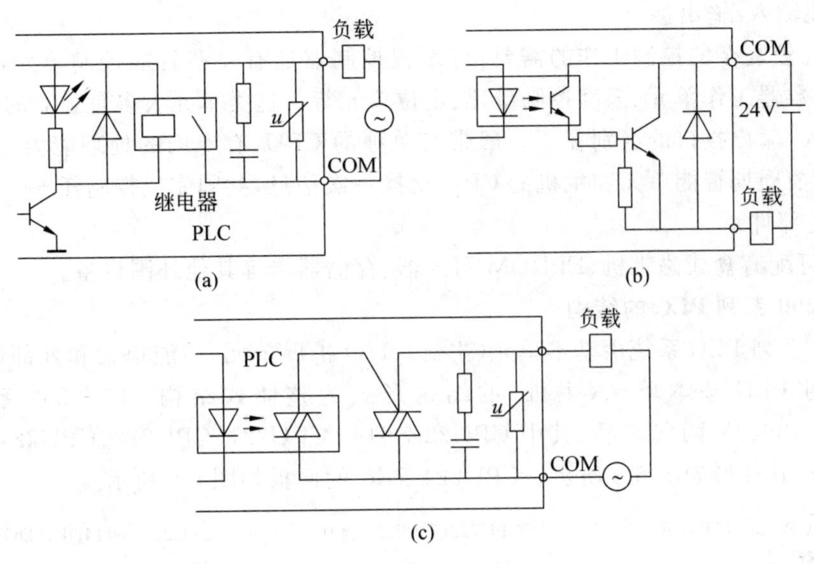

图 6-7　开关量输出单元

（4）电源

PLC 一般使用 220V 单相交流电源，电源部件将交流电转换成 CPU、存储器等电路工作所需的直流电，保证 PLC 的正常工作。对于小型整体式可编程控制器内部有一个开关稳压电源，此电源一方面可为 CPU、I/O 单元及扩展单元提供直流 5V 的工作电源，另一方面可为外部输入元件提供直流 24V 电源。

电源部件的位置有多种，对于整体式结构的 PLC，电源通常封装在机箱内部；对于组合式 PLC，有的采用单独的电源模块，有的将电源与 CPU 封装到一个模块中。

可编程控制器的电源包括为可编程控制器各工作单元供电的开关电源及为掉电保护电路供电的后备电源，后者一般为电池。

（5）编程设备

可编程控制器的特点是它的程序是可变更的，能方便地加载程序，也可方便地修改程序，因此编程设备就成了可编程控制器工作中不可缺少的部分。可编程控制器的编程设备一般有两类，一类是专用的编程器，有手持式的，也有便携式的，还有的可编程控制器在机身上自带编程器，其中手持式的编程器携带方便，适合工业控制现场应用；另一类是个人计算机，在个人计算机上运行可编程控制器相关的编程软件即可完成编程任务，借助软件编程比较容易，一般是编好了以后再下载到可编程控制器中去。

编程器除了编程以外，一般还具有一定的调试及监视功能，可以通过键盘调取及显示 PLC 的状态、内部器件及系统参数，它经过接口（也属于输入/输出接口的一种）与处理器联系，完成人机对话操作。

（6）通信接口

为了实现“人—机”或“机—机”之间的对话，PLC 配有多种通信接口。PLC 通过这些接口可以与监视器、打印机、其他 PLC 或计算机相连。当 PLC 与打印机相连时，可将过程信息、系统参数等输出打印；当与监视器（CRT）相连时，可将过程图像显示出来；当与其他 PLC 相连时，可以组成系统或联成网络，实现更大规模的控制；当与计算机相连时，可以组成多级控制系统，实现控制与管理相结合的综合系统。

(7) 智能输入/输出接口

为了适应较复杂的控制工作的需要，可编程控制器还有一些智能控制单元，如 PID 工作单元、高速计数器工作单元、温度控制单元、定位单元等。这类单元大多是独立的工作单元，它们和普通输入/输出接口的区别在于一般带有单独的 CPU，有专门的处理能力。在具体的工作中，每个扫描周期智能单元和主机的 CPU 交换一次信息，共同完成控制任务。

(8) 其他部件

PLC 还可配有盒式磁带机、EPROM 写入器、存储器卡等其他外围设备。

2. S7—200 系列 PLC 的结构

S7—200 系列 PLC 系统由基本单元(主机)、I/O 扩展单元、功能单元和外部设备等组成。S7—200 系列 PLC 基本单元(主机)的结构形式为整体式结构。S7—200 系列 PLC 有 CPU21X 和 CPU22X 两代产品，其中 CPU22X 型有 CPU221、CPU222、CPU224 和 CPU226 4 种基本型号，其外形如图 6-8 所示。CPU224 PLC 的面板如图 6-9 所示。

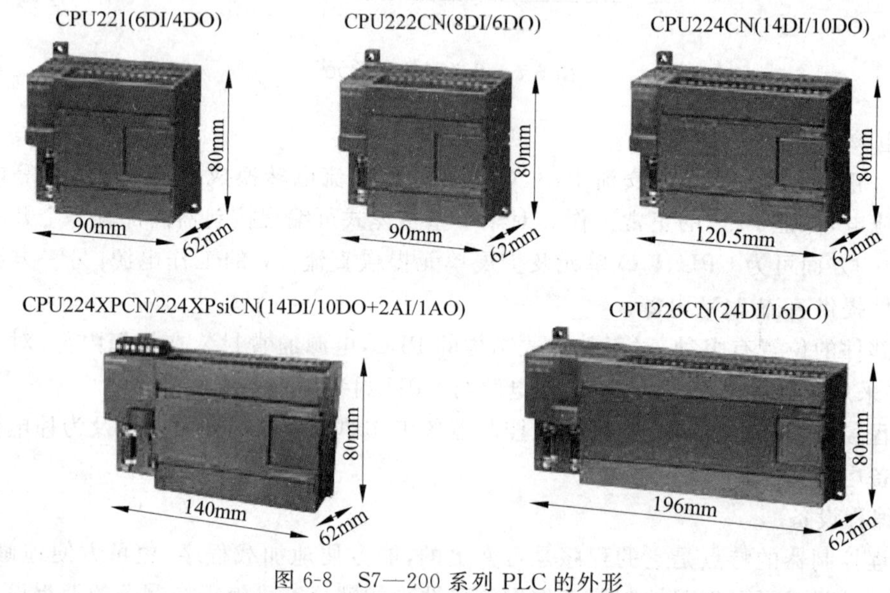

图 6-8 S7—200 系列 PLC 的外形

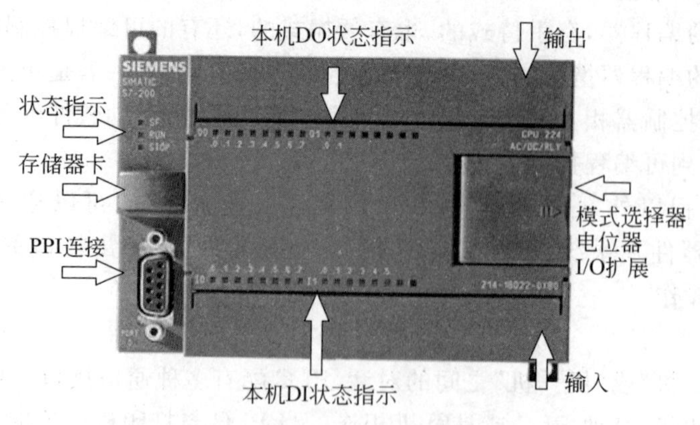

图 6-9 CPU224 PLC 的面板

(1) 基本单元 I/O

CPU22X 的 4 个型号的 PLC 基本 I/O 单元除点数不同外其余基本相同。例如，CPU224

有 I0.0～I0.7、I1.0～I1.5 共 14 个数字量输入点和 Q0.0～Q0.7、Q1.0～Q1.1 共 10 个数字量输出点。除 CPU221 无扩展能力外，其他几个均可以扩展。CPU224 可连接的扩展模块数为 7 个，最大扩展至 168 路数字量 I/O 或 35 路模拟量 I/O 点，具有 13KB 程序和数据存储空间。

CPU224 输入电路采用了双向光电耦合器，24V 直流电源极性可任意选择；系统设置 1M 为 I0.X 字节输入端子的公共端，2M 为 I1.X 字节输入端子的公共端；在晶体管输出电路中采用了 MOSFET 功率驱动器件，并将数字量输出分为两组，每组有一个独立公共端，共有 1L 和 2L 两个公共端，可接入不同的负载电源。图 6-10 为 CPU224 外部接线原理图。

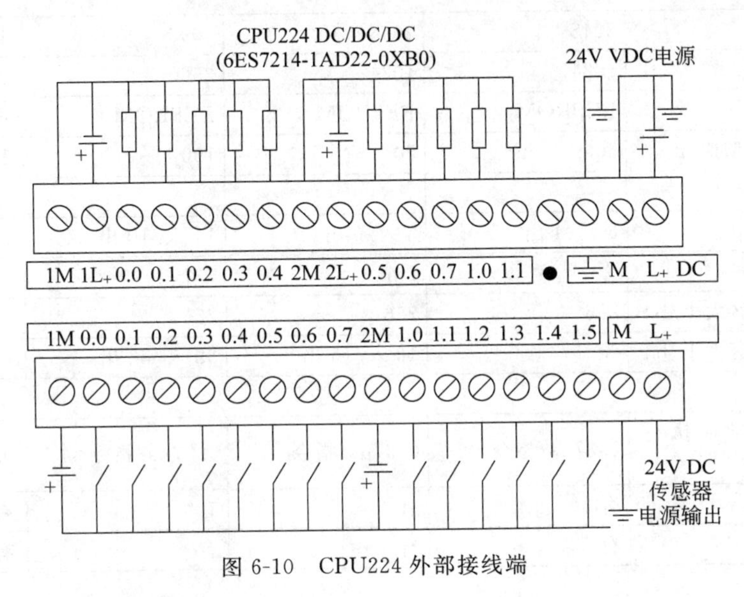

图 6-10　CPU224 外部接线端

(2) 高速脉冲输入/输出端

CPU224 有 6 个高速脉冲输入端(I0.0～I0.5)，最快响应速度为 30kHz，用于捕捉比 CPU 扫描速度更快的脉冲信号。

CPU224 有两个高速脉冲输出端(Q0.0、Q0.1)，输出脉冲频率可达 20kHz。用于 PTO(高速脉冲束)和 PWM(脉宽调制)高速脉冲输出。

中断信号允许以极快的速度对过程信号的上升沿做出响应。

(3) 存储系统及存储卡

S7—200 CPU 存储系统有 RAM 和 EEPROM 两种存储器组成，用以存储用户程序、CPU 组态(配置)、程序数据等。当执行程序下载操作时，用户程序、CPU 组态(配置)、程序数据等由编程器送入 RAM 存储区，并自动复制到 EEPROM 区永久保存。系统掉电时，自动将 RAM 中 M 存储器的内容保存到 EEPROM 存储器。上电恢复时，用户程序集 CPU 组态(配置)自动存于 RAM 中，如果 V 和 M 存储区内容丢失，则 EEPROM 永久保存区的数据会被复制到 RAM 中去。

执行 PLC 的上传操作时，RAM 区用户程序、CPU 组态(配置)上传到计算机，RAM 和 EEPROM 中数据块合并后上传到计算机。

存储卡位可以选择安装扩展卡。扩展卡有 EEPROM 存储卡、电池和时钟卡等模块。EEPROM 存储模块用于用户程序的复制。电池模块用于长时间保存数据，使用 CPU224 内部存储电容，数据存储时间达190h，而使用电池模块存储时间可达200天。

3. S7—200系列CPU22X PLC的主要技术指标

技术性能指标是选用PLC的依据，S7—200系列CPU22X PLC的主要技术指标如表6-1所示。

表6-1 CPU22X PLC的主要技术指标

型号	CPU221	CPU222	CPU224	CPU226
外形尺寸/mm	90×80×62	90×80×62	120.5×80×62	190×80×62
存储器				
程序/W	2048	2048	4096	4096
用户数据/W	1024	1024	2560	2560
用户存储器类型	EEPROM	EEPROM	EEPROM	EEPROM
掉电保持时间典型值/h	50	50	190	190
输入输出				
本机I/O点数	6入/4出	8入/6出	14入/10出	24入/16出
扩展模块数量	无	2个	7个	7个
数字量I/O映像区大小/bit	256	256	256	256
模拟量I/O映像区大小/bit	无	16入/16出	32入/32出	32入/32出
指令				
33MHz下布尔指令执行速度	0.37μs/指令	0.37μs/指令	0.37μs/指令	0.37μs/指令
FOR/NEXT循环	有	有	有	有
实数运算	有	有	有	有
主要内部继电器				
I/O映像寄存器/bit	128I和128Q	128I和128Q	128I和128Q	128I和128Q
内部通用继电器/bit	256	256	256	256
计数器/定时器	256/256	256/256	256/256	256/256
顺序控制继电器/bit	256	256	256	256
附加功能				
高速计数器/个	4(30kHz)	4(30kHz)	6(30kHz)	6(30kHz)
模拟量调节电位器/个	1(8位分辨率)	1(8位分辨率)	2(8位分辨率)	2(8位分辨率)
高速脉冲输出个数	2路20kHz	2路20kHz	2路20kHz	2路20kHz
通信中断/个	1发送器2接收器	1发送器2接收器	1发送器2接收器	1发送器2接收器
定时中断/个	2(1～255ms)	2(1～255ms)	2(1～255ms)	2(1～255ms)
硬件输入边沿中断	4	4	4	4
实时时钟	有(时钟卡)	有(时钟卡)	有(时钟卡)	有(时钟卡)
RS-485通信口	1	1	1	1
DC24V电源CPU输入电流/最大负载	80mA/450mA	85mA/500mA	110mA/700mA	150mA/1050mA
AC240V电源CPU输入电流/最大负载	15mA/60mA	20mA/70mA	30mA/100mA	40mA/160mA

6.1.3　PLC 的软件

1. PLC 的软件

可编程序控制器的软件有系统软件和用户程序两大部分组成。系统软件由 PLC 制造商固化在机内，用以控制可编程序控制器本身的运作；用户程序则是由使用者编制并输入的，用来控制外部对象的动作。

（1）系统软件

系统软件主要包括 3 部分。第 1 部分为系统管理程序，第 2 部分为用户程序解释程序，第 3 部分为标准程序模块与系统调用程序，包括不同功能的子程序及其调用管理程序。

① 系统管理程序。系统管理程序是系统软件中最重要的部分，主管控制 PLC 的运作。其作用包括 3 个方面：一是运行管理，即对控制 PLC 何时输入、何时输出、何时计算、何时自检、何时通信等作时间上的分配管理。二是存储空间管理，即生成用户环境，由它规定各种参数、程序的存放地址，将用户使用的数据参数、存储地址转化为实际的数据格式及物理地址，将有限的资源变为用户可方便地直接使用的元件。三是系统自检程序，它包括各种系统出错检测、用户程序语法检验、句法检验，警戒时钟运行等。PLC 正是在系统管理程序的控制下，正确、有效地工作的。

② 用户指令解释程序。用户指令解释程序是连接高级语言和机器码的桥梁。众所周知，任何计算机最终都是执行机器语言指令的，但用机器语言编程却是非常复杂的事情。PLC 可用梯形图语言编程，把使用者直观易懂的梯形图变成机器懂得的机器语言，这就是解释程序的任务。解释程序将梯形图逐条解释，翻译成相应的机器语言指令，由 CPU 执行这些指令。

③ 标准程序模块和系统调用程序。标准程序模块和系统调用程序由许多独立的程序块组成，各程序块完成不同的功能，有些完成输入、输出处理，有些完成特殊运算等。PLC 的各种具体工作都是由这部分程序来完成的。这部分程序的多少决定了 PLC 性能的强弱。

整个系统软件是一个整体，其质量的好坏很大程度上会影响 PLC 的性能。很多情况下，通过改进系统软件就可在不增加任何设备的条件下，大大改善 PLC 的性能。因此 PLC 的生产厂商对 PLC 的系统软件都非常重视，其功能也越来越强。

（2）用户程序

用户程序即应用程序，是可编程序控制器的使用者针对具体控制对象编制的程序。用户根据不同的控制要求编制不同的程序，相当于改变可编程序控制器的用途，也相当于对继电器接触器控制电路进行重新设计和重新接线，即“可编程序”。此程序既可由编程器方便地输入到 PLC 的内部存储器中，也能通过编程器方便地读出、检查和修改。

在小型 PLC 中，用户程序常以 3 种形式存在：指令表（STL）、梯形图（LAD）和顺序功能流程图（SFC）。这也是 PLC 为用户提供的编程语言中常用的 3 种，分别介绍如下。

① 梯形图（LAD）。梯形图（Ladder Diagram）语言是从继电器控制系统原理图的基础上演变而来的。梯形图程序的设计思想与继电器控制系统电路图的设计思想也是一致的，只是 PLC 在编程中使用的继电器、定时器、计数器等的功能都是由软件实现的。

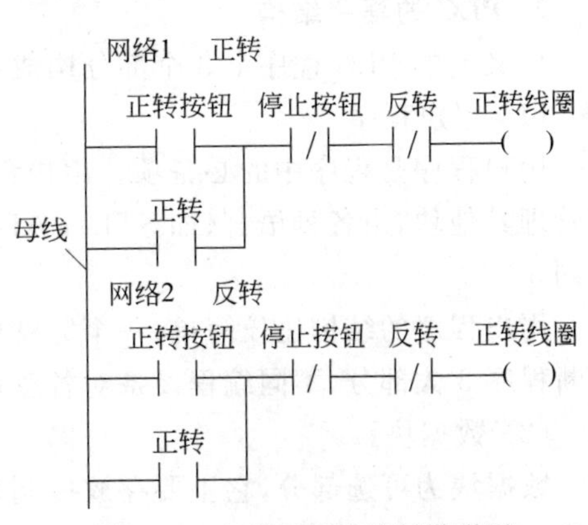

图 6-11　电机正反转控制梯形图

图 6-11 是一个典型的电机正反转控制梯形图。

左边一条垂直的线称为左母线,右边一条虚线称为右母线(一般不画出)。母线之间是触点的逻辑连接和线圈的输出。这些触点和线圈都是PLC中一定的存储单元,即“软元件”。

PLC梯形图的一个关键概念是“能流”,是一种假想的“能量流”。图6-11所示中,把左边的母线假设为电源“相线”,把右边的母线(有时可省略)假想为电源“零线”。如果有“能流”从左至右流向线圈,则线圈被激励。如果没有“能流”,则线圈未被激励。

“能流”可以通过被激励(ON)的常开触点和未被激励(OFF)的常闭触点自左向右流,也可以通过并联触点中的一个触点流向右边。“能流”在任何时候都不会通过触点自右向左流。

需要强调的是,引入“能流”概念,仅仅是为了和继电接触器控制系统相比较,以帮助理解梯形图的动作原理,实际上并不存在这种“能流”。

② 指令表(STL)。指令表(Instruction List)语言类似计算机中的助记符语言,它是可编程序控制器最基本的语言。所谓用指令表语言编程,是用一系列的指令来表达程序的控制要求。一条典型的指令往往由两部分组成:一部分是几个容易记忆的字符来代表可编程序控制器的某种操作功能,称为助记符;另一部分是操作数或称为操作数的地址。指令还可与梯形图有一定的对应关系。不同厂家PLC的指令不尽相同。

S7—200系列PLC的基本指令包括“与”、“或”、“非”以及定时器、计数器等。图6-12(a)是梯形图,图6-12(b)是相应的指令表。

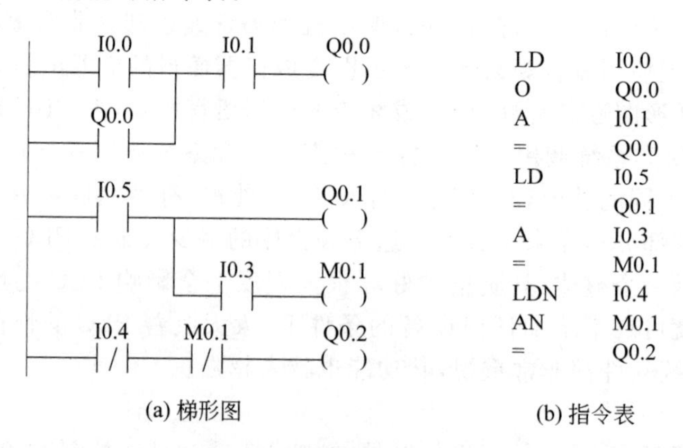

(a) 梯形图　　(b) 指令表

图6-12 梯形图和指令表

③ 顺序功能图(Sequential Function Chart)。顺序功能图常用来编制顺序控制类程序。它包含步、动作、转换3个要素,如图6-13所示。

2. PLC的程序结构

广义上的PLC程序由3个部分构成:用户程序、数据块和参数块。

(1) 用户程序

用户程序是程序中的必备项。用户程序在存储器空间中成为组织块,它处于最高层次,可以管理其他块,由各种语言(如STL、LAD等)编写而成。不同机型的CPU其程序空间容量也不同。

用户程序的结构比较简单,一个完整的用户程序通常包含一个主程序、若干子程序和若干中断程序3大部分,不同编程设备对各程序块的安排方法也不同。

(2) 数据块

数据块为可选部分,它主要存放控制程序所需的数据,在数据块中允许以下数据类型:布尔型,表示编程元件的状态;十进制、二进制或十六进制数;字母、数字和字符型。

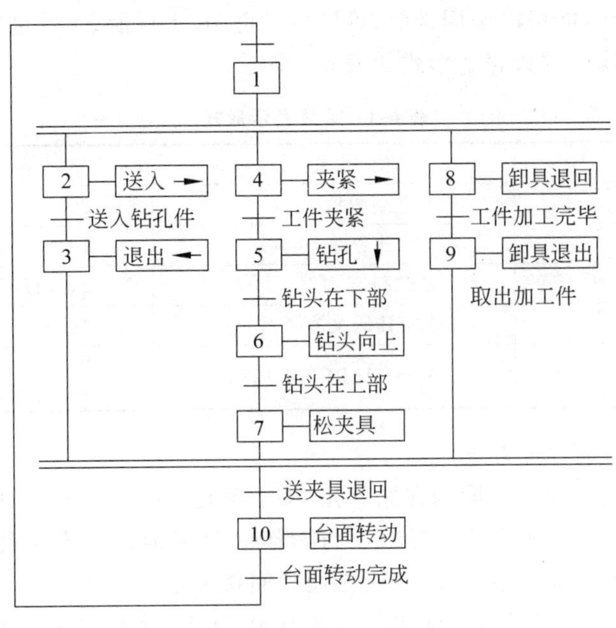

图6-13　顺序功能图

(3) 参数块

参数块也是可选部分，它存放的是CPU组态数据，如果在编程软件或其他编程工具上未进行CPU组态，则系统默认进行自动配置。

3. 数据存储类型和寻址方式

(1) 数据存储类型

① 数值的类型及范围。PLC实际上是一种控制领域的专用计算机。“位(bit)”是计算机所能表示的最小数据单位，一个位就是一位二进制数，它有0和1两种状态；一个连续的8位二进制数成为一个“字节(Byte)”；“字(Word)”是计算机内部进行数据处理的基本单位，每一个字所包含的二进制数的位数称为字长，通常把一个字长定为16位，一个“双字(Double Word)”长定为32位。如果将“位”比作一个方格，则连续的8个方格就是一个“字节”，16个方格就是一个“字”，32个方格就是一个“双字”。

S7—200系列PLC在存储单元中所存放的数据类型有布尔型(BOOL)、整数型(INT)和实数型(REAL)三种。表6-2列出了数据大小范围和相关整数范围。

表6-2　数据大小范围及相关整数范围

数据大小	无符号整数		有符号整数	
	十进制	十六进制	十进制	十六进制
B(字节)8位	0～255	0～FF	−128～127	80～7F
W(字)16位	0～65535	0～FFFF	−32768～32767	8000～7FFF
DW(双字)32位	0～4294967295	0～FFFFFFFF	−2147483648～2147483648	80000000～7FFFFFF

布尔型数据指字节型无符号整数。常用的整数型数据包括单字长(16位)符号整数和双字长(32位)符号整数。实数型数据(浮点数)采用32位单精度数表示，数据范围是正数为+1.175495E−38～+3.402823E+38；负数为−1.175495E−38～−3.402823E+38。

② 常数。在S7—200的许多指令中使用常数，常数值可以是字节、字或双字。CPU以二

进制形式存储所有常数，但可以使用常数，可以用二进制、十进制、十六进制、ASCII码、实数或浮点数等多种形式。几种常数表示形式如表6-3所示。

表6-3 常数表示形式

进制	使用形式	举例
十进制	十进制数值	20047
十六进制	十六进制值	16＃4E4F
二进制	二进制值	2＃1110 0100 1111
ASCII码	ASCII码文本	“show”
实数或浮点数格式	ANSI/IEEE754-1985	＋1.175495E－38(正数) －1.175495E－38(负数)

(2) S7—200 PLC的寻址方式

S7—200 PLC将信息存于不同的存储单元，每个单元都有一个唯一的地址，系统允许用于以字节、字、双字为单位存、取信息。提供参与操作的数据地址的方法称为寻址方式。S7—200 PLC数据寻址方式有立即数寻址、直接寻址和间接寻址三大类。立即数寻址的数据在指令中以常数形式出现，直接寻址和间接寻址方式有位、字节、字和双字4种寻址格式。下面对直接寻址和间接寻址方式加以说明。

① 直接寻址。直接寻址方式是指在指令中直接使用存储器或寄存器的元件名称和地址编号，直接查找数据。数据直接寻址是指在指令中明确指出了存取数据的存储器地址，允许用户程序直接存取信息。数据地址格式如图6-14(a)所示。

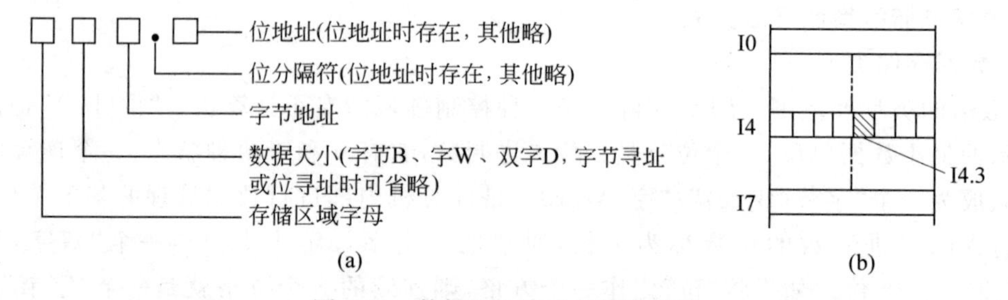

图6-14 数据地址格式及其位寻址

数据的直接地址包括内存区域标识符，数据大小标识符，该字节的地址或字、双字的起始地址，分隔符、位。其中数据大小标识符若是字节或位寻址可以省略。

位寻址举例如图6-14(b)所示，图中I4.3表示数据地址为输入映像寄存器的第4个字节第3位的位地址。可以根据I4.3地址对该位进行读写操作。

可以进行位操作的元件有输入映像寄存器(I)、输出映像寄存器(Q)、内部标志位(M)、特殊标志位(SM)、局部变量存储器(L)、变量存储器(V)、状态元件(S)等。

字节、字、双字寻址操作为：直接访问字节(8位)、字(16位)、双字(32位)数据时，必须指明数据存储区域、数据长度及起始地址。当数据长度为字或双字时，最高有效字节为起始地址字节。字节、字、双字寻址方式如图6-15所示。

可按字节寻址的元件有I、Q、M、SM、S、V、L、AC、常数。

可按字寻址的元件有I、Q、M、SM、S、T、C、L、AC、常数。

可按双字寻址的元件有I、Q、M、SM、S、V、L、AC、HC、常数。

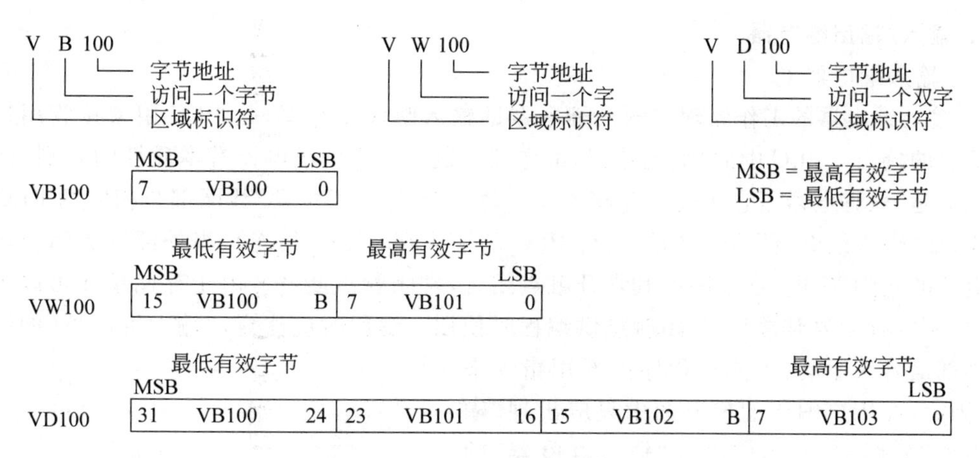

图 6-15　字节、字、双字寻址方式

② 间接寻址。间接寻址是指使用地址指针来存取存储器中的数据。使用前，首先将数据所在单元的内存地址放入地址指针寄存器中，然后根据此地址存取数据。S7—200 CPU 允许使用指针进行间接寻址的元件有 I、Q、M、S、V、T、C。

建立内存地址的指针为双字长度(32 位)，故可以使用 V、L、AC 作为地址指针。必须采用双字传送指令(MOVD)将内存的某个地址移入到指针当中，以生成地址指针。指令中的输入操作数(内存地址)前必须使用"&"符号以表示它是内存某一位置的地址(长度为 32 位)而不是其内容，将传送到指令的输出操作数(指针)中。在指令的操作数前输入星号"*"以指定该操作数为指针。如图 6-16 中所示，"*AC1"指定 AC1 被 MOVW 指令引用的字长度数值的指针。在该例中，把存储在 VB200 和 VB201 中的数值传送到累加器 AC0。

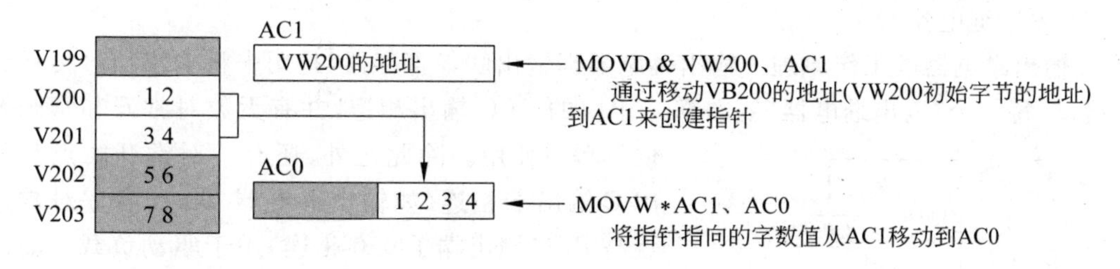

图 6-16　间接寻址方式

课题 6.2　PLC 的软元件

PLC 内部元器件的功能是相互独立的，在数据存储区为每一种元器件分配一个存储区域。每一种元器件用一组字母表示器件类型，字母加数字表示数据的存储地址。如 I 表示输入映像寄存器(输入继电器)；Q 表示输出映像寄存器(输出继电器)；M 表示内部标志位寄存器(辅助继电器)；SM 表示特殊标志位寄存器(特殊辅助继电器)；S 表示顺序控制位存储器(状态继电器)；V 表示变量存储器；L 表示局部变量存储器；T 表示定时器；C 表示计数器；AI 表示模拟量输入映像寄存器；AQ 表示模拟量输出寄存器；AC 表示累加器；HC 表示高速计数器等。掌握这些内部器件的定义、使用范围、功能和使用方法是 PLC 程序设计的基础。

1. 输入/输出继电器

(1) 输入继电器 I

① 输入继电器的工作原理。输入继电器即输入映像寄存器，是 PLC 用来接收用户设备输入信号的接口。PLC 中的“继电器”与继电器控制系统中的继电器有本质性的差别，PLC 中的继电器是“软继电器”，它实质是存储单元。每一个“输入继电器”线圈都与相应的 PLC 输入端相连(如“输入继电器” I0.0 的线圈与 PLC 的输入端子 0.0 相连)，当外部开关闭合，则“输入继电器的线圈”得电，在程序中其常开触点闭合，常闭触点断开。由于存储单元可以无限次地读取，所以有无数对常开、常闭触点供编程时使用。编程时应注意，“输入继电器”的线圈只能由外部信号来驱动，不能在程序内部用指令来驱动，因此，在用户编制的梯形图中只应出现“输入继电器”的触点，而不应出现“输入继电器”的线圈。图 6-17 为输入映像寄存器的示意图。

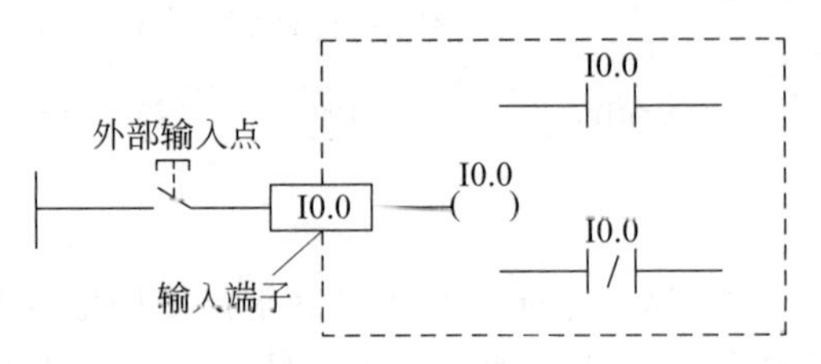

图 6-17 输入映像寄存器

② 输入继电器的地址分配。S7—200 输入映像寄存器区域有 IB0～IB15 共 16 个字节的存储单元。系统对输入映像寄存器是以字节(8 位)为单位进行地址分配的。输入映像寄存器可以按位进行操作，每一位对应一个数字量的输入点。如 CPU224 的基本单元输入为 14 点，需占用 2×8 位=16 位，即占用 IB0 和 IB1 两个字节。而 I1.6、I1.7 因没有实际输入而未使用，用户程序中不可使用。但如果整个字节未使用如 IB3～IB15，则可作为内部标志位(M)使用。

输入继电器可采用位、字节、字或双字来存取。输入继电器位存取的地址编号范围为 I0.0～I15.7，可存储 128 点信息。

(2) 输出继电器 Q

① 输出继电器的工作原理。输出继电器即输出映像寄存器，是用来将输出信号传送到负载的接口，每一个“输出继电器”线圈都与相应的 PLC 输出相连，并有无数对常开和常闭触点供编程时使用。除此之外，还有一对常开触点与相应 PLC 输出端相连(如输出继电器 Q0.0 有一对常开触点与 PLC 输出端子 0.0 相连)用于驱动负载。输出继电器线圈的通断状态只能在程序内部用指令驱动。图 6-18为输出映像寄存器的示意图。

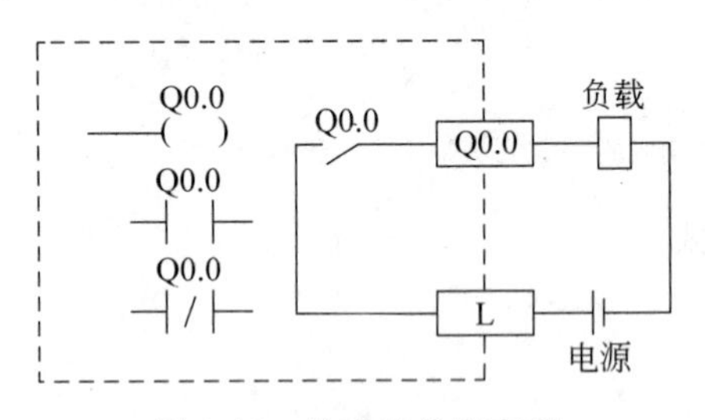

图 6-18 输出映像寄存器

② 输出继电器的地址分配。S7—200 输出映像寄存器区域有 QB0～QB15 共 16 个字节的存储单元。系统对输出映像寄存器也是以字节(8 位)为单位进行地址分配的。输出映像寄存器可以按位进行操作，每一位对应一个数字量的输出点。如 CPU224 的基本单元输出为 10 点，需占用 2×8 位=16 位，即占用 QB0 和 QB1 两个字节。但未使用的位和字节均可在用户程序中作为内部标志位使用。

输出继电器可采用位、字节、字或双字来存取。输出继电器位存取的地址编号范围为 Q0.0～Q15.7，可存储 128 点信息。

以上介绍的两种软继电器都是和用户有联系的，因而是 PLC 与外部联系的窗口。下面所介绍的则是与外围设备没有联系的内部软继电器。它们既不能用来接收用户信号，也不能用来驱动外部负载，只能用于编制程序，即线圈和接点都只能出现在程序中。

2. 辅助继电器

(1) 辅助继电器

辅助继电器即内部标志位存储器,又称中间继电器,用M表示。

内部标志位存储器,用来保存控制继电器的中间操作状态,其作用相当于继电器控制中的中间继电器。内部标志位存储器在PLC中没有输入/输出端与之对应,其线圈的通断状态只能在程序内部用指令驱动,其触点不能直接驱动外部负载,只能在程序内部驱动输出继电器的线圈,再用输出继电器的触点去驱动外部负载。

内部标志位存储器可采用位、字节、字或双字来存取。内部标志位存储器位存取的地址编号范围为M0.0~M31.7共32个字节。

(2) 变量存储器V

变量存储器主要用于存储变量。可以存放数据运算的中间运算结果或设置参数,在进行数据处理时,变量存储器会被经常使用。变量存储器可以是位寻址,也可按字节、字、双字为单位寻址,其位存取的编号范围根据CPU的型号有所不同,CPU221/222为V0.0~V2047.7共2KB存储容量,CPU224/226为V0.0~V5119.7共5KB存储容量。

(3) 特殊标志位存储器SM

PLC中还有若干特殊标志位存储器,特殊标志位存储器位提供大量的状态和控制功能,用来在CPU和用户程序之间交换信息,特殊标志位存储器能以位、字节、字或双字来存取,CPU224的SM的位地址编号范围为SM0.0~SM179.7共180B。其中SM0.0~SM29.7的30B为只读型区域。

常用的特殊存储器,如SM0.0为运行监视,SM0.0始终为"1"状态,当PLC运行时可以利用其触点驱动输出继电器,在外部显示程序是否处于运行状态;SM0.1为初始化脉冲,每当PLC的程序开始运行时,SM0.1线圈接通一个扫描周期,因此SM0.1的触点常用于调用初始化程序等;SM0.6为扫描时钟,1个扫描周期为ON,另一个扫描周期为OFF,循环交替;SM1.2为负数标志位,运算结果为负数时,该位置"1"。

其他特殊存储器的用途可查阅相关手册。

(4) 局部变量存储器L

局部变量存储器L用来存放局部变量,局部变量存储器L和变量存储器V十分相似,主要区别在于全局变量是全局有效,即同一个变量可以被任何程序(主程序、子程序和中断程序)访问。而局部变量只是局部有效,即变量只和特定的程序相关联。

S7—200有64B的局部变量存储器,其中60B可以作为暂时存储器,或给子程序传递参数。后4个字节作为系统的保留字节。PLC在运行时,根据需要动态地分配局部变量存储器,在执行主程序时,64个字节的局部变量存储器分配给主程序,当调用子程序或出现中断时,局部变量存储器分配给子程序或中断程序。

局部存储器可以按位、字节、字、双字直接寻址,其位存取的地址编号范围为L0.0~L63.7。

L可以作为地址指针。

(5) 累加器AC

累加器是用来暂存数据的寄存器,它可以用来存放运算数据、中间数据和结果。CPU提供了4个32位的累加器,其地址编号为AC0~AC3。累加器的可用长度为32位,可采用字节、字、双字的存取方式,按字节、字只能存取累加器的低8位或低16位,双字可以存取累加器全部的 32 位。

(6) 高速计数器 HC

一般计数器的计数频率受扫描周期的影响,不能太高。而高速计数器可用来累计比 CPU 的扫描速度更快的事件。高速计数器的当前值是一个双字长(32 位)的整数,且为只读值。

高速计数器的地址编号范围根据 CPU 型号的不同有所不同,CPU221/222 各有 4 个高速计数器,编号为 HC0、HC3～HC5;CPU224/226 各有 6 个高速计数器,编号为 HC0～HC5。

(7) 模拟量输入/输出映像寄存器(AI/AQ)

S7—200 的模拟量输入电路是将外部输入的模拟量信号转换成 1 个字长的数字量存入模拟量输入映像寄存器区域,区域标志符为 AI。

模拟量输出电路是将模拟量输出映像寄存器区域的 1 个字长(16 位)数值转换为模拟电流或电压输出,区域标志符为 AQ。

在 PLC 内的数字量字长为 16 位,即两个字节,故其地址均以偶数表示,如 AIW0、AIW2、…;AQW0、AQW2、…。

对模拟量输入/输出是以 2 个字(W)为单位分配地址,每路模拟量输入/输出占用 1 个字(2 个字节)。如有 3 路模拟量输入,需分配 4 个字(AIW0、AIW2、AIW4、AIW6),其中没有被使用的字 AIW6,不可被占用或分配给后续模块。如果有 1 路模拟量输出,需分配 2 个字(AQW0、AQW2),其中没有被使用的字 AQW2,不可被占用或分配给后续模块。

模拟量输入/输出的地址编号范围根据 CPU 型号的不同而有所不同,CPU222 为 AIW0～AIW30/AQW0～AQW30;CPU224/226 为 AIW0～AIW62/AQW0～AQW62。

3. 状态继电器

状态继电器即顺序控制继电器 S,是使用步进顺序控制指令编程时的重要状态元件,通常与步进指令一起使用以实现顺序功能流程图的编程。

顺序控制继电器的地址编号范围为 S0.0～S31.7,可采用位、字节、字或双字存取方式。

4. 定时器 T

PLC 所提供的定时器作用相当于继电器控制系统中的时间继电器。每个定时器可提供无数对常开和常闭触点供编程使用。其设定时间由程序设置。

每个定时器有一个 16 位的当前值寄存器,当前值为 16 位有符号整数,用于存储定时器累计的时基增量值(1～32767),另有一个状态位表示定时器的状态。若当前值寄存器累计的时基增量值大于等于设定值时,定时器的状态位被置“1”,该定时器的常开触点闭合。

定时器的定时精度分别为 1ms、10ms 和 100ms 三种,CPU222、CPU224 及 CPU226 的定时器地址编号范围为 T0～T225,它们的分辨率、定时范围并不相同,用户应根据所用 CPU 型号及时基,正确选用定时器的编号。

5. 计数器 C

计数器用于累计从输入端接收到的由断开到接通的脉冲个数。计数器可提供无数对常开和常闭触点供编程使用,其设定值由程序赋予。

计数器的结构与定时器基本相同,每个计数器有一个 16 位的当前值寄存器,当前值为 16 位有符号整数,用于存储计数器累计的脉冲数(1～32767),另有一个状态位表示计数器的状态,若当前值寄存器累计的脉冲数大于等于设定值时,计数器的状态位被置“1”,该计数器的常开触点闭合。计数器的地址编号范围为 C0～C255。

计数器的类型有 3 种:加计数器、减计数器、加减计数器。

课题 6.3　PLC 的工作原理

PLC 在本质上是一台微型计算机，其工作原理与普通计算机类似，具有计算机的许多特点。但其工作方式却与计算机有较大的不同，具有一定的特殊性。

早期的 PLC 主要用于替代传统的继电器—接触器构成的控制装置，但是这两者的运行方式不同。继电器控制装置采用硬逻辑并行运行的方式，如果一个继电器的线圈通电或断电，该继电器的所有触点（常开/常闭触点）不论在控制线路的哪个位置，都会立即同时动作。而 PLC 采用了一种不同于一般计算机的运行方式，即循环扫描。PLC 在工作时逐条顺序地扫描用户程序。如果一个线圈接通或断开，该线圈的所有触点不会立即动作，必须等扫描到该触点时才会动作。为了消除二者之间由于运行方式不同而造成的这种差异，必须考虑到继电器控制装置中各类触点的动作时间一般在 100ms 以上，而 PLC 扫描用户程序的时间一般均小于 100ms。

计算机一般采用等待输入、响应处理的工作方式，没有输入时就一直等待输入，如有键盘操作或鼠标等 I/O 信号的触发，则由计算机的操作系统进行处理，转入相应的程序。一旦该程序执行结束，又进入等待输入的状态。而 PLC 对 I/O 操作、数据处理等则采用循环扫描的工作方式。

6.3.1　PLC 的工作过程

1. PLC 的工作过程

在 PLC 中，用户程序按先后顺序存放，在没有中断或跳转指令时，PLC 从第一条指令开始顺序执行，执行到程序结束符后又返回到第一条指令，如此周而复始地不断循环执行程序。PLC 在工作时采用循环扫描的工作方式。顺序扫描工作方式简单直观，程序设计简化，并为 PLC 的可靠运行提供保证。有些情况下也插入中断方式，允许中断正在扫描运行的程序，以处理紧急任务。

PLC 扫描工作的第一阶段是采样阶段，通过输入接口把所有输入端的信号状态读入缓冲区，即刷新输入信号的原有状态。第二阶段是执行用户程序，根据本周期输入信号的状态和上周期输出信号的状态，对用户程序逐条进行运算处理，将结果送到输出缓冲区。第三阶段是输出刷新，将输出缓冲区各输出点的状态通过输出接口电路全部送到 PLC 的输出端子。PLC 周期性地循环执行上述 3 个步骤，这种工作方式称为循环扫描的工作方式。每一次循环的时间称为一个扫描周期。一个扫描周期中除了执行指令外，还有 I/O 刷新、故障诊断和通信等操作，如图 6-19 所示。扫描周期是 PLC 的重要参数之一，它反映 PLC 对输入信号的灵敏度或滞后程度。通常工业控制要求

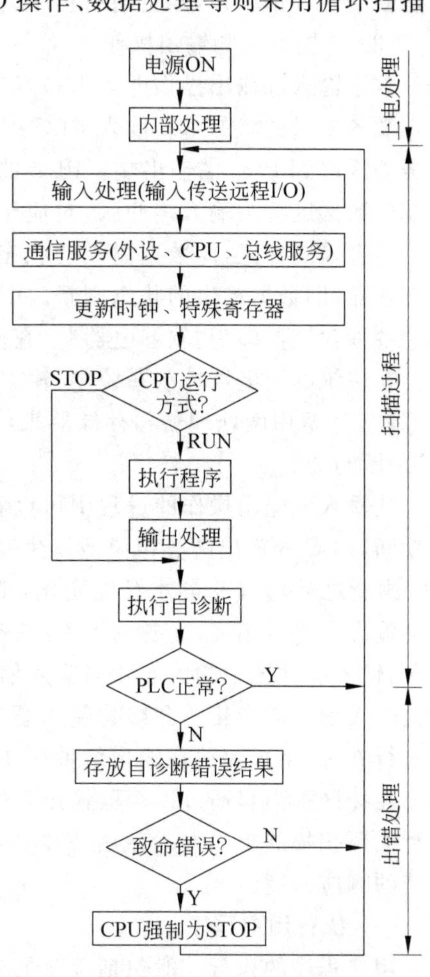

图 6-19　PLC 工作流程

PLC 的扫描周期在 6ms 以下。

在进入扫描之前，PLC 首先执行自检操作，以检查系统硬件是否存在问题。自检过程的主要任务是消除各继电器和寄存器状态的随机性，进行复位和初始化处理，检查 I/O 模块的连接是否正常，再对内存单元进行测试。如正常则可认为 PLC 自身完好，否则出错指示灯亮以此报警，停止所有任务的执行。最后复位系统的监视定时器，允许 PLC 进入循环扫描周期。在每次扫描期间，PLC 都进行系统诊断，以及时发现故障。

在正常的扫描周期中，PLC 内部要进行一系列操作，一般包括故障诊断及处理操作、连接工业现场的数据输入和输出操作、执行用户程序和响应外围设备的任务请求（如打印、显示和通信等）。

PLC 的面板上一般都有设定其工作方式的开关。当 PLC 的方式开关置于 RUN（运行）时，执行所有阶段；当方式开关置于 STOP（停止）时，不执行后 3 个阶段。此时可进行通信处理，如对 PLC 进行离线编程或联机操作。

（1）故障诊断及处理操作

这是在每一次扫描程序前对 PLC 系统作一次自检。若发现异常，除了出错指示灯亮之外，还判断故障的性质。如属于一般性故障，则只报警不停机，等待处理。对于严重故障，PLC 就切断一切外部联系，停止用户程序的执行。

（2）数据输入和输出操作

数据输入和输出操作即为 I/O 状态刷新。输入扫描就是对 PLC 的输入进行一次读取，将输入端各变量的状态重新读入 PLC 中，存入输入缓冲区。输出刷新就是将新的运算结果从输出缓冲区送到 PLC 的输出端。PLC 的存储器中有一个专门存放 I/O 数据的区域。对应于输入端的数据区称为输入缓冲区，对应于输出端的数据区称为输出缓冲区。PLC 在采样时，输入信号进入缓冲区，即数据输入的状态刷新。PLC 在输出时，将输出缓冲区的内容输出到输出寄存器，即数据输出的状态刷新。I/O 缓冲区中的内容构成了当前的 I/O 状态表。PLC 内部的各种存储器即为“软继电器”。它们对应存储器中的一位，其 0、1 对应继电器线圈的断与通。在传统的继电器控制系统中，输出是由物理器件加导线连接而成的电路来实现的。而在 PLC 中，却是用微处理器和存储器来代替继电器控制线路，是通过用户程序来控制这些“继电器”的断与通。

从输入和输出操作的过程中可以看出，在刷新期间，如果输入信号发生变化，则在本次扫描期间，PLC 的输出端会相应地发生变化，也就是说输出对输入立刻产生了响应。如在一次 I/O 刷新之后输入变量才发生变化，则在本次扫描期间输入缓冲器的状态保持不变，PLC 相应的输出也保持不变，而要到下一次扫描期间输入才对输出产生响应。即只有在采样（刷新）时刻，输入缓冲区中的内容才与输入信号（不考虑电路固有惯性和滞后影响）一致，其他时间范围内输入信号的变化不会影响输入缓冲区的内容。PLC 根据用户程序要求及当前的输入状态进行处理，结果存放在输出缓冲区中。在程序执行结束（或下次扫描用户程序前）PLC 才将输出缓冲区的内容通过锁存器输出到端子上，刷新后的输出状态一直保持到下次的输出刷新。这种循环扫描的工作方式存在一种信号滞后的现象，但 PLC 的扫描速度很高，一般不会影响系统的响应速度。

（3）执行用户程序

用户程序的执行一般包括程序的具体执行与监视两部分操作。

① 执行用户程序。用户程序是存放在用户程序存储器中的。PLC 在循环扫描时，每一个

扫描周期都按顺序从用户程序的第一条指令开始，逐条（跳转指令除外）解释和执行，直到执行到 END 指令才结束对用户程序的本次扫描。

用户程序处理的依据是输入/输出状态表。其中输入状态在采样时刷新，输出状态则根据用户程序而逐个更新。每一次计算都以当前的 I/O 状态表中的内容为依据，结果送到相应的输出缓冲器中，上面的结果作为下面计算的依据，中间结果不能作为输出的依据。对于整个控制系统来说，只有执行完用户程序后的 I/O 状态才是该系统的确定状态，作为输出锁存的依据。

② 监视。PLC 中一般设置有监视定时器（Watch Dog Timer，WDT），即"看门狗"，用来监视程序执行是否正常。每次执行程序前复位 WDT 并开始计时。正常时，扫描执行一遍用户程序所需时间不会超过某一定值。当程序执行过程中因某种干扰使扫描失控或进入死循环，则 WDT 会发出超时复位信号，使程序重新开始执行。此时，如是偶然因素造成超时，系统便转入正常运行，如由于不可恢复的确定性故障，则系统会在故障诊断及处理操作中发现这种故障，并发出故障报警信号，切断一切外界联系，停止用户程序的执行，等待技术人员处理。

③ 响应外设的服务请求。外设命令是可选操作，它给操作人员提供了交互机会，也可与其他系统进行通信，不会影响系统的正常工作，而且会更有利于系统的控制和管理。

PLC 每次执行完用户程序后，如有外设命令，就进入外设命令服务的操作，操作完成后就结束本次扫描周期，开始下一个扫描周期。

2. 说明

① PLC 以循环扫描的方式工作，输入/输出在逻辑关系上存在滞后现象。扫描周期越长，滞后现象就越严重。但 PLC 的扫描周期一般只有几十毫秒或更少，两次采样之间的时间很短，对于一般输入量来说可以忽略。可以认为输入信号一旦变化，就能立即传送到对应的输入缓冲区。同样，对于变化较慢的控制过程来说，由于滞后的时间不超过一个扫描周期，因此可以认为输出信号是及时的。

在实际应用中，这种滞后现象可起到滤波的作用。对慢速控制系统来说，滞后现象反而增加了系统的抗干扰能力。但对控制时间要求较严格、响应速度要求较快的系统，就必须考虑滞后对系统性能的影响，在设计中尽量缩短扫描周期，或者采用中断的方式处理高速的任务请求。

② 除了执行用户程序所占用的时间外，扫描周期还包括系统管理操作所占用的时间。前者与程序的长短及所用的指令有关，而后者基本不变。如考虑到 I/O 硬件电路的延时，PLC 的响应滞后就更大一些。

输入/输出响应的滞后不仅与扫描方式和硬件电路的延时有关，还与程序设计的指令安排有关，在程序设计中一定要注意。

PLC 最基本的工作方式是循环扫描的方式，即使在具有快速处理的高性能 PLC 中，系统也是以循环扫描的工作方式执行，理解和掌握这一点对于学习 PLC 十分重要。

6.3.2 PLC 的输入/输出过程

当 PLC 投入运行后，在系统监控程序的控制下，其工作过程一般主要包括 3 个阶段，即输入采样、用户程序执行和输出刷新 3 个阶段。

1. 输入采样过程

在输入采样阶段，PLC 以扫描方式依次读入所有输入的状态和数据，并将它们存入 I/O 缓冲区中相应的单元内。输入采样结束后，系统转入用户程序执行和输出刷新阶段。在这两个阶段中，即使外部的输入状态和数据发生变化，输入缓冲区中的相应单元的状态和数据也不会改变。因此，如果输入是脉冲信号，则该脉冲信号的宽度必须大于一个扫描周期，才能保证在任何情况下，输入信号均被有效采集。

2. 用户程序执行

在用户程序执行阶段，PLC 总是按由上而下的顺序依次地扫描用户程序的。在扫描每一条指令时，又总是按先左后右、先上后下的顺序进行逻辑运算，然后根据逻辑运算的结果，刷新该继电器在系统 RAM 存储区中对应位的状态；或者刷新该继电器在 I/O 缓冲区中对应位的状态；或者确定是否要执行该指令所规定的特殊功能操作。因此，在用户程序执行程中，只有输入继电器在 I/O 缓冲区内的状态和数据不会发生变化，而输出继电器和其他软元件在 I/O 缓冲区或系统 RAM 存储区内的状态和数据都有可能发生变化。并且，排在上面的指令，其程序执行结果会对排在下面的凡是用到这些线圈或数据的指令起作用。相反，排在下面的指令，其被刷新的线圈的状态或数据只能到下一个扫描周期才能对排在其上面的程序起作用。

3. 输出刷新过程

在用户程序扫描结束后，PLC 就进入输出刷新阶段。在此期间，CPU 按照输出缓冲区中对应的状态和数据刷新所有的输出锁存电路，再经输出电路驱动相应的外设，这时才是 PLC 的真正输出，如图 6-20 所示。

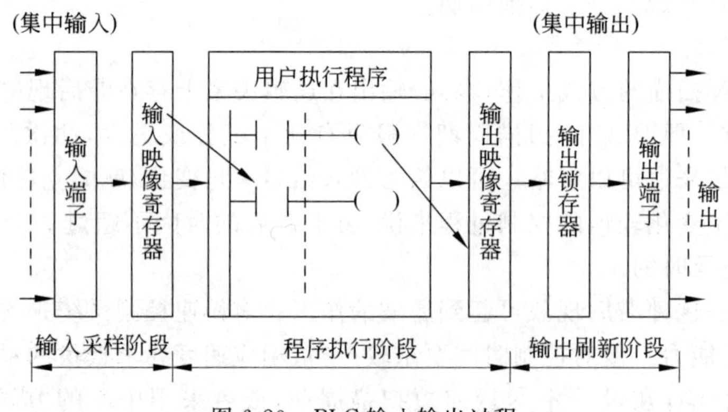

图 6-20 PLC 输入输出过程

思考题与习题

6-1 PLC 主要由哪几个部分组成？简述各部分的主要作用。

6-2 PLC 常用的存储器有哪几种？各有什么特点？用户存储器主要用来存储什么信息？

6-3 什么是扫描周期？其时间长短主要受什么因素的影响？

6-4 试简述 PLC 的工作原理。

6-5 PLC 中的继电器有哪些类型？各有什么作用？

6-6 阐述 PLC 各种编程语言的特点。

模块 7

PLC 的基本逻辑指令

※知识点

1. PLC 的基本逻辑指令。
2. 常用基本单元电路的程序设计。

※学习要求

1. 具备 PLC 的基本逻辑指令的分析能力。
2. 具备 PLC 的基本逻辑指令的应用能力。
3. 具备常用基本单元电路的程序设计能力。

S7—200 PLC 的指令有梯形图 LAD、语句表 STL 和功能块图 FBD 3 种形式。梯形图程序类似于传统的继电器接触器控制系统原理图，直观、易懂；语句表类似于计算机汇编语言的指令格式。本模块主要讲述 S7—200 PLC 的基本逻辑指令及梯形图、语句表的基本编程方法。

课题 7.1 PLC 的基本逻辑指令

基本逻辑指令是指构成基本逻辑运算功能的指令集合，包括基本触点与线圈指令、置位/复位指令、边沿触发指令、定时器/计数器指令、比较指令等。

7.1.1 逻辑取及驱动线圈指令 LD/LDN、=

逻辑取及驱动线圈指令属于位操作指令，是 PLC 常用的基本指令。梯形图指令有触点和线圈两大类，触点又分为常开触点和常闭触点两种形式。当某位的状态为 0 时，其所对应的常开触点和常闭触点均为原状态，即常开触点处于断开状态、常闭触点处于闭合状态；当该位的状态为 1 时，其所对应的常开触点和常闭触点动作，即常开触点闭合、常闭触点断开。语句表指令有与、或以及输出等逻辑关系。位操作指令能实现基本的位逻辑运算和控制。

梯形图中的触点指令实际上是 CPU 对各个存储器位的状态读取过程，因此对触点的使用是没有数量限制的，这一点与继电器接触器等物理元件有本质的不同。梯形图中的线圈代表 CPU 对存储器位的写操作，由于 PLC 采用自上而下的扫描工作方式，在用户程序中，每个线圈只能使用一次，使用次数（存储器写入次数）多于一次时，其状态以最后一次为准。

1. 指令格式

(1) 指令格式

梯形图指令有触点和线圈的符号及其位地址两部分组成，含有直接位地址的指令又称位操作指令。

语句表指令由指令助记符和操作数两部分组成，操作数由可以进行位操作的寄存器元件及地址组成。

基本位操作指令操作数的寻址范围：I、Q、M、SM、T、C、V、S、L 等。

指令格式如表 7-1 所示。

表 7-1　常开/常闭触点与左母线相连的指令格式

LAD	STL	功　能	LAD	STL	功　能
bit —| |—	LD　bit	常开触点与左母线相连	bit —( )	=　bit	线圈输出
bit —|/|—	LDN　bit	常闭触点与左母线相连			

(2) 助记符定义描述

LD(Load)：装载指令，用于常开触点与左母线相连，每一个以常开触点开始的逻辑行都要使用这一指令。

LDN(Load Not)：装载指令，用于常闭触点与左母线相连，每一个以常闭触点开始的逻辑行都要使用这一指令。

=(Out)：线圈输出指令，驱动线圈的触点电路接通时，“能流”通过线圈，线圈指定的位对应的映像寄存器被置 1，反之则为 0。

2. 指令应用

上述指令的应用程序如图 7-1 所示。梯形图分析如下。

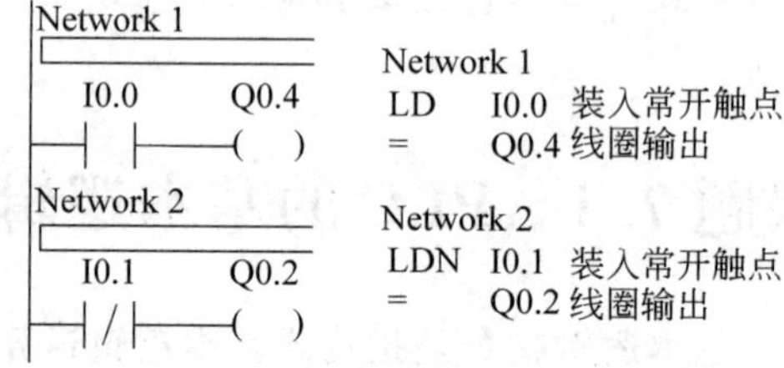

图 7-1　逻辑取及驱动线圈指令

网络 1(即 Network 1)：当输入触点 I0.0 的状态为 1 时，线圈 Q0.0 通电输出；当输入触点 I0.0 的状态为 0 时，线圈 Q0.0 断电。

网络 2(即 Network 2)：当输入触点 I0.1 的状态为 0 时，线圈 Q0.2 通电输出；当输入触点 I0.1 的状态为 1 时，线圈 Q0.2 断电。

7.1.2　触点串、并联指令 A/AN、O/ON

1. 指令格式

(1) 指令格式

指令格式如表 7-2 所示。

(2) 助记符定义描述

A(And)：与操作指令，用于常开触点与其他触点的串联。

AN(And Not)：与操作指令，用于常闭触点与其他触点的串联。

O(Or)：或操作指令，用于常开触点与其他触点的并联。

ON(Or Not)：或操作指令，用于常闭触点与其他触点的并联。

表 7-2　触点串、并联指令格式

LAD	STL	功　能
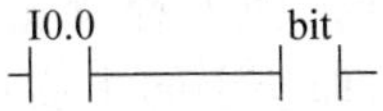 I0.0 bit	A　bit	常开触点与前一触点相串联，逻辑与指令
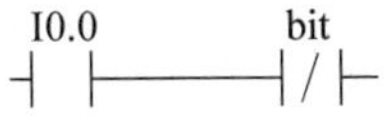 I0.0 bit	AN　bit	常闭触点与前一触点相串联，逻辑与非指令
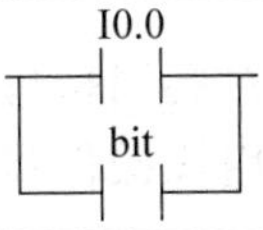 I0.0 bit	O　bit	常开触点与上一触点相并联，逻辑或指令
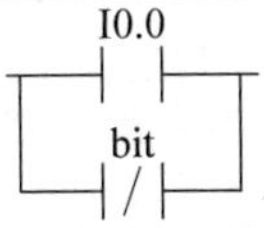 I0.0 bit	ON　bit	常闭触点与上一触点相并联，逻辑或非指令

2. 指令应用

上述指令的应用程序如图 7-2 所示。梯形图分析如下。

网络 1(即 Network 1)：当输入触点I0.0 的状态为 1、I0.1 的状态为 0 时，线圈 Q0.0 通电，其常开触点闭合自锁，即使 I0.0 状态为 0 时，Q0.0 线圈仍保持通电。当 I0.1 状态为 1 时，其常闭触点动作断开，线圈 Q0.0 断电，电路停止工作。

网络 2(即 Network 2)的工作原理与网络 1 相似，请自行分析。

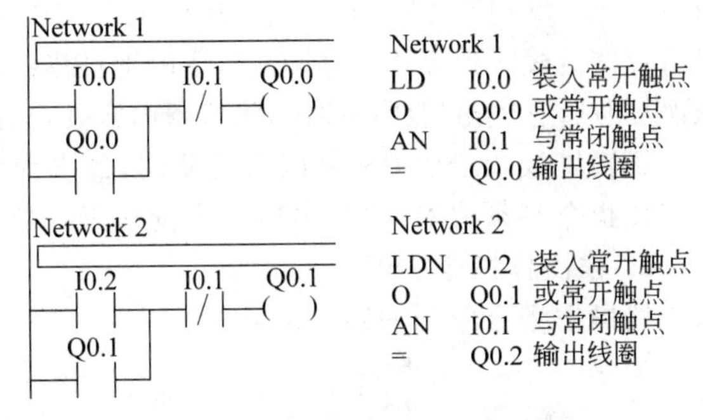

图 7-2　触点串、并联指令应用

7.1.3　电路块连接指令 OLD/ALD

在较复杂的梯形图中，触点的串、并联关系不能全部用简单的与、或、非逻辑关系描述，因此在语句表指令系统中设计了电路块的“与”操作和电路块的“或”操作指令。

1. 块“与”操作指令 ALD

块“与”操作指令 ALD，用于两个或两个以上以 LD 或 LDN 开头的触点并联连接电路块之间的串联，称为并联电路块的串联连接。

ALD 指令的应用如图 7-3 所示。

并联电路块与前面的电路块串联时，使用 ALD 指令。并联电路块的开始用 LD 或 LDN 指令，并联电路块结束后，使用 ALD 指令与前面的电路块串联。

2. 块“或”操作指令 OLD

OLD 指令的应用如图 7-4 所示。

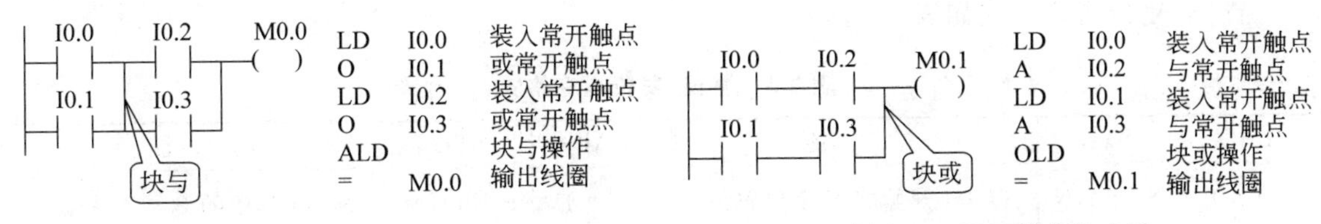

图 7-3　ALD 指令的应用

图 7-4　OLD 指令的应用

串联电路块与前面的电路块并联时，使用 OLD 指令。串联电路块的开始用 LD 或 LDN 指令，串联电路块结束后，使用 OLD 指令与前面的电路块并联。

两个或两个以上触点串联或并联成的电路称为一个“块”。利用梯形图编程时无特殊要求，与继电器—接触器电路一样，但利用语句表编程时就必须特别说明，即块之间串联用 ALD 指令，块之间并联用 OLD 指令。

7.1.4 栈操作指令 LPS/LRD/LPP

栈操作指令是针对梯形图中有分支母线的程序而言的。这样的电路在利用梯形图编程时无特殊要求，仍与继电器—接触器电路一样，但利用语句表编程时就必须用栈操作指令。

1. 指令描述

LPS(Logic Push)：逻辑堆栈指令(无操作元件)。

LRD(Logic Read)：逻辑读栈指令(无操作元件)。

LPP(Logic Pop)：逻辑弹栈指令(无操作元件)。

S7—200 采用模拟栈结构，用来存放逻辑运算结果以及保存断点地址，所以其栈操作又称逻辑栈操作。堆栈操作时，间断点的地址压入栈区，栈区内容自动下移(栈底内容丢失)。读栈操作时将存储器栈区顶部的内容读入程序的地址指针寄存器，栈区内容不变。弹栈操作时，栈的内容依次按照后进先出的原则弹出，将栈顶内容弹入程序的地址指针寄存器，栈的内容依次上移。

逻辑堆栈指令(LPS)可以嵌套使用，最多为 9 层。为保证程序地址指针不发生错误，堆栈和弹栈指令必须成对使用，最后一次读栈操作应使用弹栈指令。

2. 栈操作指令应用

栈操作指令应用如图 7-5 所示。

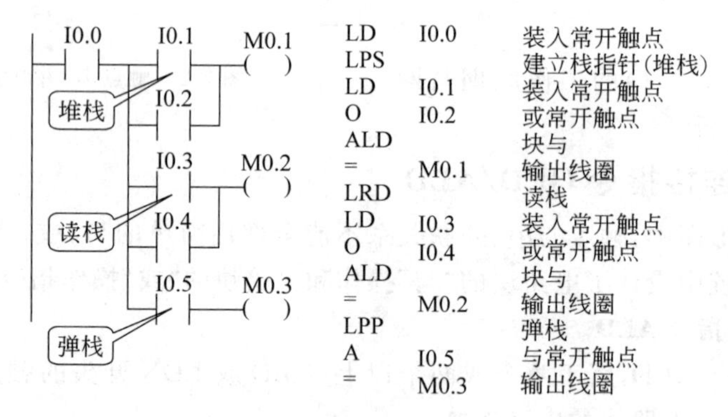

图 7-5 栈操作指令应用

7.1.5 置位/复位指令 S/R

置位/复位指令是针对线圈的。执行 S(Set，置位或置 1)与 R(Reset，复位或置 0)指令时，从指定的位地址开始的 N 个位都被置位(变为 1)或复位(变为 0)，N＝1～255。

1. 指令格式

置位/复位指令格式如表 7-3 所示。

表 7-3 置位/复位指令格式

LAD	STL	功　能	LAD	STL	功　能
bit —(S) N	S bit，N	从 bit 开始的 N 个位置位	bit —(R) N	R bit，N	从 bit 开始的 N 个位复位

2. 指令应用

置位/复位指令的应用程序如图 7-6 所示。

如果图 7-6 中 I0.0 的常开触点接通，Q0.0 变为 1 并保持该状态，即使 I0.0 的常开触点断开，Q0.0 也仍然保持 1 状态。当 I0.1 的常开触点闭合时，Q0.0 变为 0 并保持该状态，即使 I0.1 的常开触点断开，Q0.0 也仍然保持 0 状态。

如果被指定复位的是定时器（T）或计数器（C），将清除计数器的当前值，同时定时器位或计数器位复位。

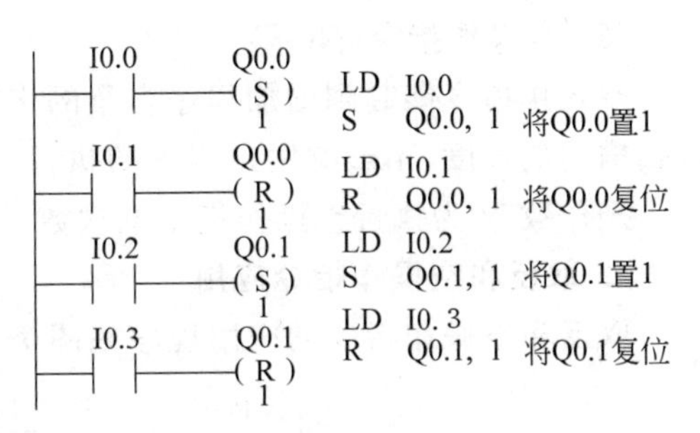

图 7-6　置位/复位指令应用

7.1.6　脉冲输出指令 PLS

1. 高速脉冲输出

每个 CPU 有两个 PTO/PWM（脉冲列/脉冲宽度调制）发生器，分别通过数字量输出点 Q0.0 或 Q0.1 输出高速脉冲列或脉冲宽度可调的波形。脉冲输出指令（PLS，见图 7-7）检测为脉冲输出（Q0.0 或 Q0.1）设置的特殊存储器位（SM），然后激活由特殊存储器位定义的脉冲操作。指令的操作数 Q=0 或 1，用于指定 Q0.0 或 Q0.1 输出。

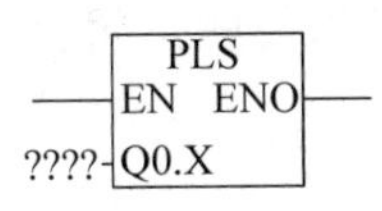

图 7-7　脉冲输出指令

PTO/PWM（脉冲列/脉冲宽度调制）发生器与输出映像寄存器共同使用 Q0.0 或 Q0.1。Q0.0 或 Q0.1 同时只能用于一种功能。建议在启动 PTO/PWM 操作之前，用复位指令将 Q0.0 或 Q0.1 的映像寄存器置为 0。

2. 脉宽调制（PWM）

脉冲宽度与脉冲周期之比称为占空比。脉冲宽度调制（PWM，简称脉宽调制）功能提供连续的、周期与脉冲宽度可以由用户控制的脉冲输出，时间基准可以为 μs 或 ms，周期变化范围为 10～65535μs 或 2～65535ms。脉冲宽度变化范围为 0～65535μs 或 0～65535ms。当指定的脉冲宽度值大于周期值时，占空比为 100%，输出连续接通。当脉冲宽度为 0 时，占空比为 0%，输出断开。

3. 脉冲列操作（PTO）

脉冲列（PTO）功能提供周期与脉冲数目可控的占空比为 50%的脉冲列。周期的单位可以选 μs 或 ms，周期的范围为 10～65535μs 或 2～65535ms。脉冲计数范围为 1～4294967295。

7.1.7　取反和空操作指令

1. 指令格式

取反和空操作指令格式如表 7-4 所示。

表 7-4　取反和空操作指令格式

LAD	STL	功能	LAD	STL	功能
─┤NOT├─	NOT	取反	N ── NOP	NOP　N	空操作

(1) 取反指令（NOT）

取反是将其左侧电路的逻辑运算结果取反，运算结果若为 1 则变为 0，为 0 则变为 1，该指令没有操作数。能流到达该触点时停止，若能流未到达该触点，该触点给右侧提供能流。

(2) 空操作指令(NOP)

空操作指令能起到增加程序容量的作用。当使能输入有效时，执行空操作指令，将稍微延长扫描周期长度，不影响用户程序的执行，不会使能量输出断开。

操作数 N 为执行空操作指令的次数，N＝1～255。

2. 取反和空操作指令应用

取反和空操作指令的应用程序如图 7-8 所示。

I0.0　NOT　50 NOP

LDN	I0.0	
NOT		取反
NOP	50	空操作50次

图 7-8　取反和空操作指令的应用

7.1.8　边沿触发指令

边沿触发指令是指用边沿触发信号产生一个机器周期的扫描脉冲，通常用做脉冲整形。边沿触发指令在梯形图中是以触点的形式出现，分为正跳变(上升沿 EU，Edge Up)触发和负跳变(下降沿 ED，Edge Down)触发两大类。正跳变触发是指输入脉冲上升沿使触点闭合一个扫描周期。负跳变触发是指输入脉冲下降沿使触点闭合一个扫描周期。

1. 指令格式

边沿触发指令格式如表 7-5 所示。

表 7-5　边沿触发指令格式

LAD	STL	功　能	LAD	STL	功　能
┤P├	EU	上升沿触发，无操作数	┤N├	ED	下降沿触发，无操作数

2. 指令应用

边沿触发指令应用如图 7-9 所示。分析如下：

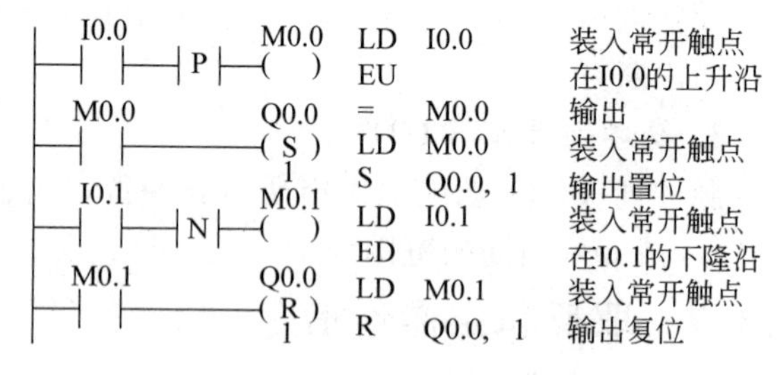

图 7-9　边沿触发指令应用

I0.0 的上升沿，触点 EU 产生一个扫描周期的时序脉冲，驱动输出线圈 M0.0 通电一个扫描周期，M0.0 常开触点闭合一个扫描周期，使输出线圈 Q0.0 置位有效，并保持。

I0.1 的下降沿，触点 ED 产生一个扫描周期的时序脉冲，驱动输出线圈 M0.1 通电一个扫描周期，M0.1 常开触点闭合一个扫描周期，使输出线圈 Q0.0 复位有效，并保持。

7.1.9　定时器指令

按时间原则控制是最常用的逻辑控制形式，所以定时器是 PLC 中最常用的元件之一。S7—200 PLC 的定时器为增量型定时器，根据预先设定的定时值，在运行过程中当定时器的输入条件满足时，当前值从 0 开始按一定的单位增加，当定时器的当前值到达设定值时，定时器发生动作，从而满足各种定时逻辑控制的需要。

定时器可以按照工作方式和时间基准(时基)分类，时间基准又称为定时精度和分辨率。

1. 按工作方式分类

按照工作方式，定时器可分为通电延时型（TON）、保持型（TONR）、断电延时型（TOF）3 种类型。

2. 按时基标准分类

按照时基标准，定时器分为 1ms、10ms、100ms 3 种类型。不同的时基标准，其定时精度、定时范围和定时器的刷新方式不同。

（1）定时精度

定时器的工作原理是定时器的使能输入有效后，当前值寄存器对 PLC 内部的时基脉冲作增 1 计数。时基脉冲的宽带即为最小计时单位，亦即定时器的定时精度。

（2）定时范围

定时器的使能输入有效后，当前值寄存器对 PLC 内部的时基脉冲作递增计数，当计数值大于或等于定时器的设定值时，状态位置位。从定时器输入有效，到状态位输出有效经过的时间为定时时间，即

$$\text{定时时间} = \text{时基} \times \text{设定值} \tag{7-1}$$

可见，时基越大，定时时间越长，但定时精度越差。

（3）定时器的刷新方式

1ms 定时器是每隔 1ms 刷新一次，定时器刷新与扫描周期和程序处理无关。扫描周期较长时，定时器一个周期内可能多次被刷新（多次改变当前值）。

10ms 定时器是在每个扫描周期开始时刷新。每个扫描周期内，当前值不变。

100ms 定时器是定时器指令执行时被刷新，下一条执行的指令即可使用刷新后的结果。但应当注意，如果该定时器的指令不是每个周期都执行（比如条件跳转时），定时器就不能及时刷新，可能会导致出错。

3. 定时器的工作方式及类型

定时器由设定值寄存器、当前值寄存器、状态位组成。CPU22X 系列 PLC 的定时器共 256 个：T0～T255，其编号用定时器的名称和它的常数编号（最大为 255）来表示，如：T40。定时器的编号包含两方面的变量信息：定时器位和定时器当前值。定时器位即定时器触点，与其他继电器的触点一样，是一个开关量。当定时器的当前值达到设定值 PT 时，定时器的触点动作。定时器当前值即定时器当前所累计的时间值，它用 16 位符号整数来表示，最大计数值为 32767。

计数器的设定值输入数据类型为 INT 型。寻址范围：VW、IW、QW、MW、SW、SMW、LW、AIW、T、C、AC、* VD、* AC、* LD 和常数。一般情况下使用常数作为计数器的设定值。

256 个定时器分属 TON（TOF）和 TONR 工作方式，以及 3 种时基标准。TON 和 TOF 共享同一组定时器，不能重复使用，即在同一个 PLC 程序中绝不能把同一个定时器号同时用做 TON 和 TOF。例如，在程序中，不能既有通电延时（TON）定时器 T32，又有断电延时（TOF）定时器 T32。定时器的工作方式及类型见表 7-6。

4. 定时器指令格式

定时器指令格式见表 7-7。

在梯形图中，定时器是以指令盒的形式出现。其各部分功能说明如下。

IN 端：使能输入端，与外电路相连。

表 7-6 定时器的工作方式及类型

工作方式	分辨率/ms	最大当前值/s	定时器编号
TONR	1	32.767	T0,T64
	10	327.67	T1～T4,T65～T68
	100	3276.7	T5～T31,T69～T95
TON/TOF	1	32.767	T32,T96
	10	327.67	T33～T36,T97～T100
	100	3276.7	T37～T63,T101～T255

表 7-7 定时器指令格式

LAD	STL	功能
???? IN TON ????-PT ??? ms	TON Txx,PT	通电延时型
???? IN TONR ????-PT ??? ms	TONR Txx,PT	通电延时保持型
???? IN TOF ????-PT ??? ms	TOF Txx,PT	断电延时型

PT(Preset Time)端：设定值(又称预置值)输入端，在左侧的问号处输入设定值，设定值是16位符号整数，最大设定值为32767。

需要外部输入的还有指令盒上部的问号内容，此处输入所选定时器的编号Txx：T0～T255。指令盒内部的问号表示时基，当定时器编号确定后，时基也随之确定并由PLC自动标出。

7.1.10 计数器指令

S7—200系列PLC的计数器有3种：增计数器(CTU)、增减计数器(CTUD)和减计数器(CTD)。

计数器的使用方法和基本结构与定时器基本相同，主要由设定值寄存器、当前值寄存器、状态位等组成。计数器的编号用计数器名称和数字(0～255)组成，即Cxx，如C6。计数器的编号包含两方面的信息：计数器的位和计数器当前值。计数器的位和继电器一样是一个开关量，表示计数器是否发生动作的状态。当计数器的当前值达到设定值时，该位被置位为ON。计数器的设定值寄存器、当前值寄存器都是16位的存储空间。设定值寄存器用来存储设定值，当前值寄存器用来存储计数器当前所累计的脉冲个数，都用16位符号整数来表示，最大数值为32767。

计数器的设定值输入数据类型为INT型。寻址范围为VW、IW、QW、MW、SW、SMW、LW、AIW、T、C、AC、*VD、*AC、*LD和常数。一般情况下使用常数作为计数器的设定值。

1. 指令格式

计数器指令格式见表7-8。

在梯形图中，计数器是以指令盒的形式出现。其各部分功能说明如下。

表 7-8　计数器指令格式

LAD	STL	功　能
???? CU　CTU R ????-PV	CTU　Cxx,PV	增计数器(Counter Up)
???? CU　CTUD CD R ????-PV	CTUD　Cxx,PV	增减计数器(Counter Up/Down)
???? CD　CTD LD ????-PV	CTD　Cxx,PV	减计数器(Counter Down)

CU 端：增计数脉冲输入端，与外电路相连，增计数脉冲由此输入。

CD 端：减计数脉冲输入端，与外电路相连，减计数脉冲由此输入。

LD 端：减计数器的复位脉冲输入端。

PV 端：设定值(又称预置值)输入端，在左侧的问号处输入设定值，设定值是 16 位符号整数，最大设定值为 32767。PV 数据类型为 INT。

R 端：复位端，当该位有效时，计数器复位。

需要外部输入的还有指令盒上部的问号内容，此处输入所选计数器的编号 Cxx：C0～C255。

2. 计数器的工作原理

(1) 增计数器的工作原理

① 工作原理。在计数脉冲输入端 CU 的每个上升沿，计数器的当前值从 0 开始递增计数。至当前值大于或等于设定值时，计数器位为 ON，当前值可继续计数到 32767 后停止计数。

复位输入端 R 有效或对计数器执行复位指令，计数器复位，即计数器位为 OFF，当前值清零。

② 增计数器的应用。增计数器的应用程序如图 7-10 所示。

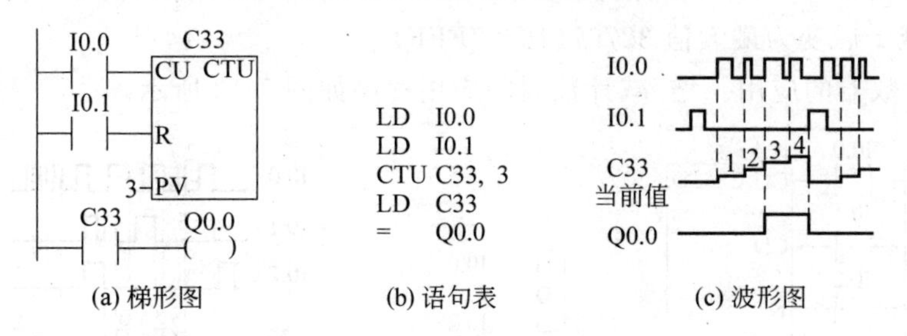

图 7-10　增计数器的应用程序

程序分析如下：

在 I0.0 每闭合一次，计数器 C33 的当前值累计一个数，至当前值大于或等于预置值 3 时，状态位(C33 的触点)动作，线圈 Q0.0 得电输出。

在 I0.1 闭合的上升沿，计数器复位：状态位复位，当前值清零。

注意：在状态位动作之后，复位脉冲到来之前，若仍有计数脉冲输入，当前值将继续递增，直至 32767 时停止并保持。

(2) 减计数器的工作原理

① 工作原理。复位输入端 LD 有效时，计数器把预置值装入当前值寄存器，同时计数器复位(置 0)。

在计数脉冲输入端 CD 的每个上升沿，减计数器的当前值从预置值开始递减计数，至当前值等于 0 时，计数器位为 ON，停止计数。

② 减计数器的应用。减计数器的应用程序如图 7-11 所示。

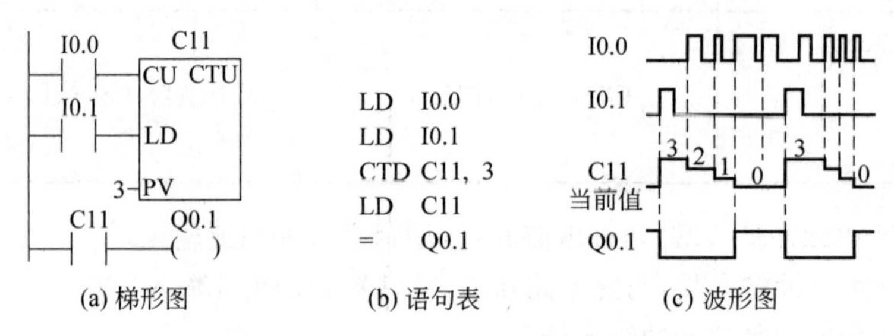

(a) 梯形图 (b) 语句表 (c) 波形图

图 7-11 减计数器的应用程序

程序分析如下：

在复位脉冲 I0.1 的上升沿，计数器将预置值 3 装入当前值寄存器，并将计数器位复位。

在计数脉冲输入端 I0.0 的上升沿，当前值从 3 开始递减计数，当前值减至 0 时，停止计数，计数器位置位为 ON。

(3) 增/减计数器的工作原理

① 工作原理。在增计数脉冲输入端 CU 的上升沿，计数器的当前值加 1，在减计数脉冲输入端 CD 的上升沿，计数器的当前值减 1，至当前值大于或等于设定值 PV 时，计数器位被置为 ON。

当复位输入端 R 有效时，或对计数器执行复位指令时，计数器被复位：状态位复位，当前值清零。当前值为最大值 32767(16#7FFF)时，下一个 CU 输入上升沿将使当前值加 1 后变为最小值−32768(16#8000)。当前值为最小值−32768(16#8000)时，下一个 CD 输入上升沿将使当前值减 1 后变为最大值 32767(16#7FFF)。

② 增/减计数器的应用。增/减计数器的应用程序如图 7-12 所示。

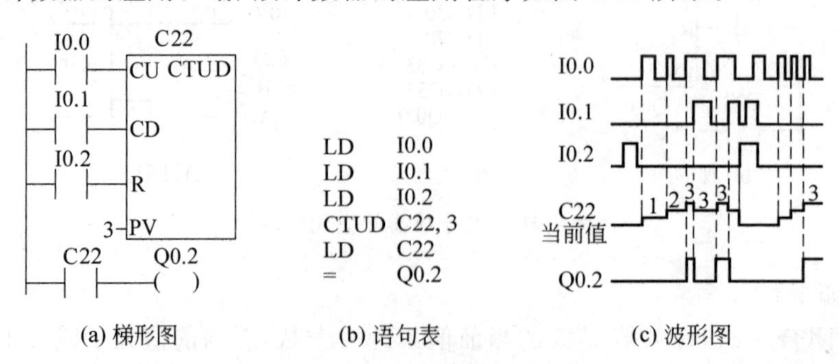

(a) 梯形图 (b) 语句表 (c) 波形图

图 7-12 增/减计数器的应用程序

程序分析如下：

在增计数脉冲输入端I0.0的上升沿，当前值加1计数；在减计数脉冲输入端I0.1的上升沿，当前值减1计数。当前值大于或等于设定值时，计数器为ON。

在复位脉冲I0.2的上升沿，计数器复位：状态位复位，当前值清零。

课题7.2　常用基本单元电路的程序设计

任何一个复杂的程序，总是由一些简单的单元程序组成的。因此，熟悉一些典型的基本电路，理解和掌握这些单元程序，对编制复杂程序很有帮助。

7.2.1　启保停电路

1. 启保停电路组成

在模块2中已经介绍过继电-接触器控制的电动机启动、保持（自锁）和停止电路，简称为启保停电路。图7-13是由PLC控制实现的启保停电路控制程序，它是最基本的控制程序，在梯形图中被广泛应用。

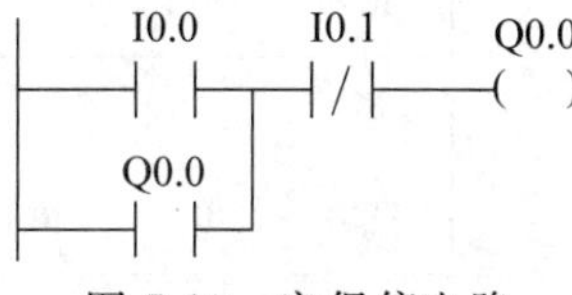

图7-13　启保停电路

图7-13中启动信号I0.0和停止信号I0.1（例如启动按钮和停止按钮提供的信号）接通的时间一般很短，这种信号称为短信号。启保停电路最主要的特点是具有“记忆”功能，按下启动按钮，I0.0的常开触点接通，如果这时未按停止按钮，I0.1的常闭触点接通，Q0.0的线圈通电，它的常开触点接通。松开启动按钮，I0.0的常开触点断开，“能流”经Q0.0的常开触点和I0.1的常闭触点流过Q0.0的线圈，Q0.0仍为接通状态，即所谓的“自锁”或“自保持”功能。按下停止按钮，I0.1的常闭触点断开，使Q0.0的线圈断电。

在实际电路中，启动信号和停止信号可能由多个触点组成的串、并联电路提供。

2. 启保停电路应用——电动机可逆运行控制

图7-14(a)为PLC的外部硬件接线图，其中SB1为正转启动按钮，SB2为反转启动按钮，SB3为停止按钮；KM1为正转接触器，KM2为反转接触器。实现电动机正反转功能的梯形图如图7-14(b)所示。该梯形图由两个启保停电路块，再加上两者之间的互锁触点构成。

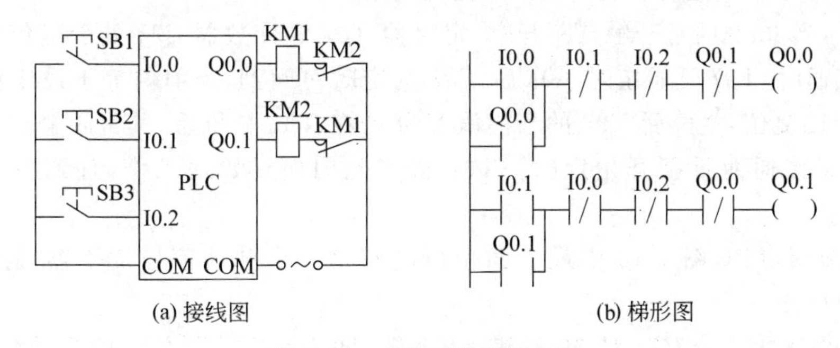

(a) 接线图　(b) 梯形图

图7-14　电机可逆运行控制

注意：图7-14虽然在梯形图中已经有了内部元件的互锁触点（I0.0与I0.1、Q0.0与Q0.1），但在外部硬件电路的输出部分还必须使用KM1和KM2的常闭触点进行互锁。因为PLC内部元件互锁只相差一个扫描周期，而外部硬件接触器触点的断开时间往往大于扫描周期，来不及响应。例如，Q0.0虽然断开，可能KM1的触点还未断开，在没有外部硬件互锁的情况下，

KM2 的触点可能接通，引起主电路短路。因此必须采用软、硬件双重互锁。

采用了双重互锁，同时也避免因接触器 KM1 或 KM2 的主触点熔焊引起电动机主电路短路。

7.2.2 定时电路

在电气控制电路中，按时间原则进行逻辑控制的电路非常多，因此定时器的应用非常广泛。如图 7-15 所示的梯形图是一个能够实现延时接通/断开的基本电路。

图 7-15 中，当启动信号 I0.0 动作，其常开触点闭合时，定时器 T37 开始计时，9s 后 T37 的常开触点闭合，使 Q0.1 得电输出。当停止信号 I0.1 动作，其常闭触点断开，常开触点闭合，定时器 T38 开始计时，6s 后 T38 的常闭触点断开，使 Q0.1 断电，T38 复位。

注意：图中 I0.0 和 I0.1 所连接的外部设备是可以自动复位的按钮类输入设备，若是不能自动复位的设备，则应根据实际情况对上述电路作相应的修改。

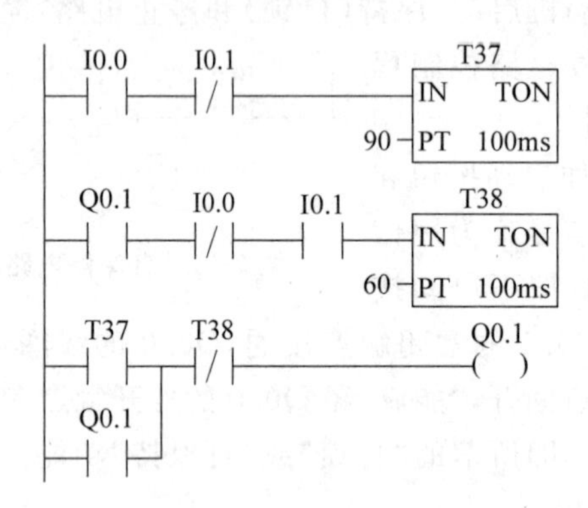

图 7-15 延时接通/断开电路

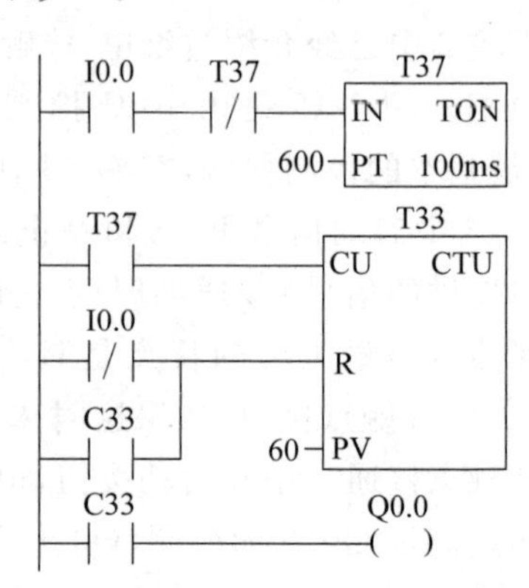

图 7-16 长延时电路

7.2.3 计数电路

利用计数器，可以实现有计数需要的控制逻辑。如图 7-16 所示的梯形图是一个能够实现较长延时的基本电路。由于定时器的最长定时时间为 3276.7s，无法实现较长时间的定时需要，所以常采用计数器和定时器组合的方式进行扩展延时。

图 7-16 中，当 I0.0 的常开触点断开时，定时器 T37 和计数器 C33 处于复位状态，不能工作。当 I0.0 接通时，T37 开始定时，60s 后 T37 的定时时间到，当前值等于设定值，其常闭触点断开，使它自己复位，复位后 T37 的当前值变为 0；在 T37 复位后，其常闭触点又闭合，使它自己的使能端又接通而重新开始定时。T37 将如此周而复始地工作，直到 I0.0 常开触点断开。

由上面的分析可知，图 7-16 中最上面一行电路是一个脉冲信号发生器，脉冲周期等于 T37 的设定值(60s)。

T37 产生的脉冲送给 C33 计数，计满 60 个数(即 1 小时)后，C33 的当前值等于设定值 60，其常开触点闭合，使 Q0.0 有输出。从 I0.0 闭合到 Q0.0 线圈有输出，这段时间为定时时间。设 T37 和 C33 的设定值分别为 KT 和 KC，对于 100ms 定时器总的定时时间(s)为

$$T = 0.1\text{KT} \times \text{KC} \tag{7-2}$$

7.2.4 振荡电路

振荡电路可产生有特定通/断间隔的时序脉冲，常用它来作为脉冲信号源，也可用它代替

传统的闪光报警继电器。

1. 占空比可调的振荡电路

用定时器实现输出脉冲的周期和占空比可调的振荡电路(即闪烁电路)如图 7-17 所示。

图中,当输入 I0.0 的常开触点接通后,T37 的 IN 输入端为"1"状态,T37 开始计时。2s 后定时时间到,T37 的常开触点接通,使 Q0.0 变为 ON,同时 T38 开始计时。3s 后 T38 的定时时间到,它的常闭触点断开,使 T37 的 IN 输入端变为"0"状态,T37 的常开触点断开,使 Q0.0 变为 OFF,同时 T38 应为 IN 输入端变为"0"状态,它被复位,复位后其常闭触点接通,T37 又开始计时,以后 Q0.0 的线圈这样周期性地"通电"和"断电",直到 I0.0 变为 OFF。Q0.0"通电"和"断电"的时间分别等于 T38 和 T37 的定时时间。

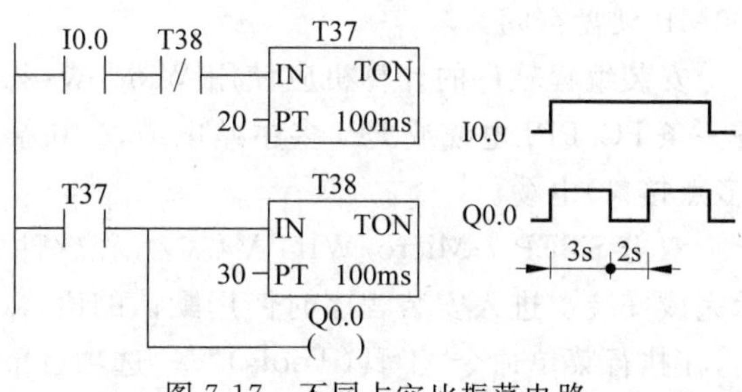

图 7-17　不同占空比振荡电路

特殊存储器位 SM0.5 的常开触点提供周期为 1s、占空比为 0.5 的脉冲信号,也可以用它来驱动需要振荡和需要闪烁的电路。

2. 顺序脉冲发生器

用三个定时器产生一组顺序脉冲的梯形图程序如图 7-18 所示。

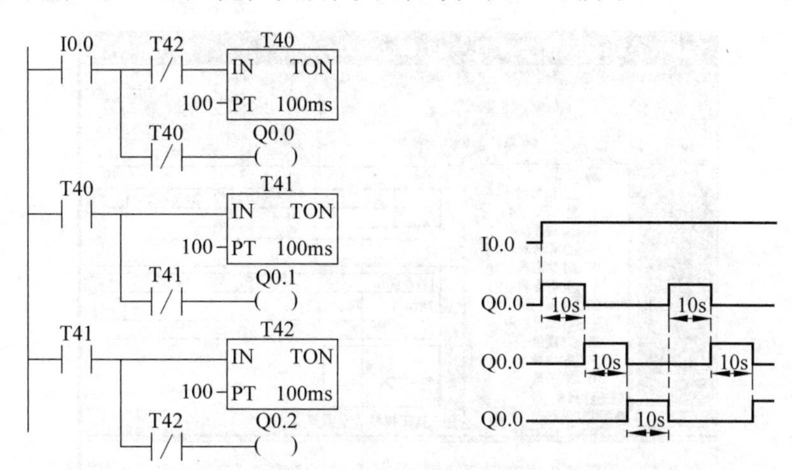

图 7-18　顺序脉冲发生电路

当 I0.0 接通,T40 开始计时,同时 Q0.0 通电,定时 10s 时间到,T40 常闭触点断开,Q0.0 断电;T40 常开触点闭合,T41 开始计时,同时 Q0.1 通电,定时 10s 时间到,Q0.1 断电;T41 常开触点闭合,T42 开始计时,同时 Q0.2 通电,定时 10s 时间到,Q0.2 断电。T42 常闭触点断开的同时,T40 断电,使 T41 和 T42 都断电,重新开始产生顺序脉冲,直至 I0.0 复位。

课题 7.3　STEP 7-Micro/WIN 编程软件的使用

7.3.1　编程软件概述

本课题讲述的内容是建立在 STEP 7-Micro/WIN V4.0 版编程软件基础上的。

1. 编程软件的安装与项目组成

(1) 编程软件的安装

STEP 7-Micro/WIN 可以在 PC 上运行,PC 操作系统 Windows 2000、Windows XP,至少 100MB 硬盘空间。

安装编程软件的计算机应使用 Windows 操作系统,为了实现 PLC 与计算机的通信,需配备一条 PC/PPI 电缆或 PPI 多主站电缆,一块插在计算机中的通信处理器(CP)卡和 MPI 电缆(多点接口)电缆。

双击 STEP 7-Micro/WIN V4.0 编程软件中的安装程序 SETUP.EXE,根据安装时的提示完成安装。进入安装程序时使用默认的语言(英语)作为安装过程中使用的语言。安装完成后,在执行菜单命令"工具(Tools)"→"选项(Options)"后打开的对话框的"一般(General)"选项卡中,选择希望使用的语言(如 Chinese)。

(2) 项目的组成

图 7-19 是 STEP 7-Micro/WIN V4.0 版编程软件的界面,项目(Project)包括下列基本组件。

① 程序块。程序块由可执行的代码和注释组成,可执行的代码由主程序(OB1)、可选的子程序和中断程序组成。代码被编译并下载到 PLC,程序注释被忽略。

② 数据块。数据块由数据(变量存储器的初始值)和注释组成,数据被编译并下载到 PLC,注释被忽略。

图 7-19 STEP 7-Micro/WIN V4.0 版编程软件的界面

代替继电器控制系统的数字量控制系统可以只设置主程序(OB1),不使用子程序、中断程序和数据块。

③ 系统块。系统块用来设置系统的参数,例如存储器的断电保护范围、密码、STOP 模式时 PLC 的输出状态(输出表)、模拟量与数字量输入滤波值、脉冲捕捉位等,系统块中的信息需要下载到 PLC。

如果没有特殊的要求,一般可以采用默认的参数值。在系统块对话框中单击"默认"按钮可以选择默认值。

④ 符号表。符号表允许程序员用符号来代替存储器的地址,符号地址便于记忆,使程序

更容易理解。程序编译后下载到 PLC 时，所有的符号地址被转换为绝对地址，符号表中的信息不会下载到 PLC。

⑤ 状态表。状态表用来观察程序执行时指定的内部变量的状态，状态表并不下载到 PLC，仅仅是监控用户程序运行情况的一种工具。

⑥ 交叉引用。交叉引用表列举出程序中使用的各操作数在哪一个程序块的哪一个网络中出现，以及使用它们的指令的助记符。还可以查看哪些内存区域已经被使用，是作为位使用还是作为字节使用。在运行(RUN)模式下编辑程序时，可以查看程序当前正在使用的跳变触点的编号。交叉引用表并不下载到 PLC，程序编译成功后才能看到交叉引用表的内容。在交叉引用表中双击某操作数，可以显示出包含该操作数的那一部分程序。

⑦ 项目中各部分的参数设置。执行菜单命令"工具"→"选项"，在出现的对话框中选择某一选项卡，可以进行有关参数设置。

2. 通信参数的设置与在线连接的建立

(1) PC/PPI 电缆的安装与设置

用计算机编程时，一般用价格便宜的 PC/PPI 电缆或 PPI 多主站电缆连接计算机与 PLC。将 PPI 电缆上标有 PC 的 RS-232 端连接到计算机的 RS-232C 通信接口，标有 PPI 的 RS-485 端连接到 CPU 模块的通信口，拧紧两边接口的螺钉。

为了实现 PLC 与计算机的通信，需要完成下列设置。

① 双击指令树文件夹"通信"中的"设置 PG/PC 接口"图标，在打开的对话框中设置编程软件的通信参数。

② 双击指令树文件夹"系统块"中的"通信端口"图标，设置 PLC 通信接口的参数，默认的站地址为 2，波特率为 9600bit/s。设置完成后需要把系统块下载到 PLC 后才会起作用。不能确定 PLC 接口的波特率时，可以在通信对话框中选择"搜索所有波特率"。

③ 通过 PPI 电缆上的 DIP 开关设置 PPI 电缆的参数。PPI 多主站电缆护套上有 8 个 DIP 开关，通信的波特率用 DIP 开关的 1～3 位设置(见表 7-9)。第 4 位和第 8 位未用；第 5 位为 1 和 0，分别选择 PPI(M 主站)和 PPI/自由端口模式；第 6 位为 1 和 0，分别选择远程模式和本地模式；第 7 位为 1 和 0，分别对应于调制解调器的 10 位模式和 11 位模式。

表 7-9　波特率的设置

波特率/(bit/s)	切换时间/ms	设置	波特率/(bit/s)	切换时间/ms	设置
115200	0.15	110	9600	2	010
57600	0.3	111	4800	4	011
38400	0.5	000	2400	7	100
19200	1	001	1200	14	101

如果使用 PC/PPI 电缆，未用调制解调器时 4 号开关和 5 号开关均应设为 0。国内有的公司生产的 PPI 电缆没有 DIP 开关。

可以使用默认的通信参数，在 PC/PPI 性能设置窗口中按"Default"(默认)按钮可以获得默认的参数。DIP 开关选择的波特率应与编程软件中设置的波特率和用系统块设置的 PLC 的波特率一致。

(2) 计算机与 PLC 在线连接的建立

在 STEP 7-Micro/WIN 中双击浏览框或指令树中的"通信"图标，或执行菜单命令"检视"→

“元件”→“通信”，将出现通信对话框。在将新的设置下载到 S7—200 之前，应设置远程站(S7—200)的地址，使它与 S7—200 的地址相同。

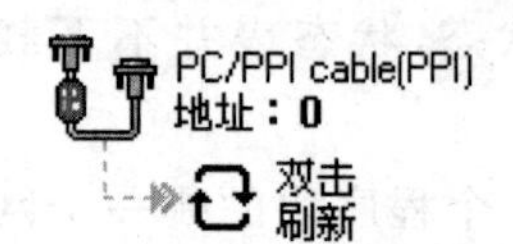

图 7-20 PLC 自动搜索操作

双击图 7-20 中“双击刷新”旁边的蓝色箭头组成的图标，编程软件将会自动搜索连接在网络上的 S7—200，并用图标显示搜索到的 S7—200。这一步不是建立通信连接必需的操作。

选中通信对话框左下角的“搜索所有波特率”复选框，可以实现全波特率搜索。使用 CP 卡时没有这个功能。

(3) PLC 中信息的读取

执行菜单命令“PLC”→“信息...”，将显示出 PLC 的 RUN/STOP 状态、以 ms 为单位的扫描周期、CPU 的版本号、错误信息、I/O 模块的配置和状态。“重设扫描速率”按钮用来刷新扫描速率。

如果 CPU 配有智能模块，要查看智能模块信息时，选中要查看的模块，单击“EM 信息...”按钮，将出现一个对话框，以确认模块类型、模块版本、模块错误和其他有关的信息。

(4) CPU 事件的历史记录

S7—200 保留一份带时间标记的主要 CPU 事件的历史记录，包括什么时候上电，什么时候进入 RUN 模式，什么时候出现了致命错误等。应设置实时时钟，这样才能得到事件记录中正确的时间标记。

在 STEP 7-Micro/WIN V4.0 编程软件中执行菜单命令“PLC”→“信息”，在打开的对话框中单击“事件历史”按钮，可以查看 CPU 事件的历史记录。

3. 帮助功能的使用与 S7—200 的出错处理

(1) 使用在线帮助

选中想得到在线帮助的菜单项目，打开某个对话框，或者在指令树中选中某个对象，按 F1 键可以得到与它们有关的在线帮助。

(2) 从菜单获得帮助

可以用下述各种方法从菜单中获得帮助：

① 用菜单命令“帮助”→“目录与索引”打开帮助窗口，借助目录浏览器可以寻找需要的帮助主题，窗口中的索引部分提供了按字母顺序排列的主题关键词，可以查找与某个关键词有关的帮助。

② 执行菜单命令“帮助”→“这是什么”后，出现带问号的光标，用它单击画面上的用户接口(例如工具条中的按钮、程序编辑器和指令树上的对象)，将会进入相应的帮助窗口。

③ 执行菜单命令“帮助”→“网上 S7—200”，可以访问为 S7—200 提供技术支持和产品信息的西门子互联网网站。

(3) S7—200 的出错处理

使用菜单命令“PLC”→“信息”，可以查看错误信息，例如错误的代码。

① 致命错误。致命错误使 PLC 停止执行程序，根据错误的致命程度，可以使 PLC 无法执行某一功能或全部功能。CPU 检测到致命错误时，自动进入 STOP(停止)模式，点亮系统错误 LED(发光二极管)和“STOP”LED，并关闭输出。在消除致命错误之前，CPU 一直保持这种状态。

消除了引起致命错误的原因后，必须用下面的方法重新启动 CPU：将 PLC 断电后再通电；将模式开关从 TERM 或 RUN 扳至 STOP 位置。如果发现其他致命错误条件，CPU 将会重新点亮系统错误 LED。

有些错误使 PLC 无法进行通信，此时在计算机上看不到 CPU 的错误代码。这表示硬件出错或 CPU 模块需要修理，修改程序或清除 PLC 的存储器不能消除这种错误。

② 非致命错误。非致命错误会影响 CPU 的某些性能，但不会使它无法执行用户程序和更新 I/O，有以下几类非致命错误。

- 运行时间错误。在 RUN 模式下发现的非致命错误会反映在特殊存储器标识位(SM)上，用户程序可以监视这些位。上电时 CPU 读取 I/O 配置，并存储在 SM 中。如果 CPU 发现 I/O 配置变化就会在模块错误字节中设置配置改变位。I/O 模块必须与存于系统数据存储器中的 I/O 配置符合，CPU 才会对该位复位。它被复位之前，不会更新 I/O 模块。
- 程序编译错误。CPU 编译程序成功后才能下载程序，如果编译时检测到程序违反了编译规则，不会下载，并在输出窗口生成错误代码。CPU 的 EEPROM 中原有的程序依然存在，不会丢失。
- 程序执行错误。程序运行时，用户程序可能会产生错误。例如，一个编译时正确的间接地址指针，因为在程序执行过程中被修改，可能指向超出范围的地址。可以用菜单命令“PLC”→“信息”来判断错误的类型，只有通过修改用户程序才能改正运行时的编程错误。

与某些错误条件相关的信息存储器在特殊存储器(SM)中，用户程序可以用它们来消除程序中的错误。例如，可以用 SM5.0(I/O 错误)的常开触点控制 STOP 指令，在出现 I/O 错误时使 CPU 切换到 STOP 模式。

7.3.2　程序的编写与传送

1. 操作步骤

(1) 创建一个项目或打开一个已有的项目

在为一个控制系统编程之前，首先应创建一个项目。用菜单命令“文件”→“新建”或按工具条最左边的“新建项目”按钮，可以生产一个新的项目。用菜单命令“文件”→“另存为”可以修改项目的名称和项目文件所在的目录。用菜单命令“文件”→“打开”或工具条上对应的按钮，可以打开已有的项目。项目存放在扩展名为.mwp 的文件中。

(2) 设置与读取 PLC 的型号

在编程之前，应正确设置 PLC 的型号，以防止创建程序时发生编程错误。指令树用红色标记“×”表示对选择的 PLC 无效的指令。执行菜单命令“PLC”→“类型”，在出现的对话框中，可以选择型号。如果已经成功建立通信连接，单击对话框中的“读取 PLC”按钮，可以通过通信读出 PLC 的型号与硬件版本号。

(3) 选择默认的程序编辑器和指令集

执行菜单命令“工具”→“选项”，将弹出选项窗口，在“一般”选项卡中，可以选择语言、默认的程序编辑器的类型，还可以选择使用 SIMATIC 指令集或 IEC 61131-3 指令集。“国际”和“SIMATIC”助记符集分别是英语和德语的指令助记符。

(4) 确定程序结构

简单的数字量控制程序一般只有主程序(OB1)，系统较大、功能复杂的程序除了主程序外，可能还有子程序、中断程序和数据块。

主程序在每个扫描周期被顺序执行一次。子程序的指令存放在独立的程序块中，仅在被别的程序调用时才执行。中断程序的指令也存放在独立的程序块中,用来处理预先规定的中断事件,在中断事件发生时由操作系统调用中断程序。

(5) 编写符号表

符号表用符号地址代替存储器的地址,便于记忆。

(6) 编写数据块

数据块对 V 存储器(变量存储器)进行初始数据赋值,数字量控制程序一般不需要数据块。

(7) 编写用户程序

用选择的编程语言编写用户程序。梯形图程序被划分为若干个网络,一个网络中只能有一块独立电路,有时一条指令(例如 SCRE)也算一个网络。如果一个网络中有两块独立电路,在编译时将会显示"无效网络或网络太复杂无法编译"。

生成梯形图程序时,单击工具条上的触点图标,在矩形光标所在的位置放置一个触点,在出现的窗口中可以选择触点的类型,也可以用键盘输入触点的类型;单击触点上面或下面的红色问号,可以设置该触点的地址或其他参数。可以用相同的方法在梯形图中放置线圈和功能块。单击工具条上带箭头的线段,可以在矩形光标处生成触点间的连线。

双击梯形图中的网络编号选中整个网络(背景变黑)后,可以删除或用剪贴板复制、粘贴网络中的程序。用光标(细线组成的方框)选中梯形图中某个编程元件后,可以删除或用剪贴板复制、粘贴它。

语句表允许将若干个独立电路对应的语句放在一个网络中,但是这样的语句表不能转换为梯形图。

(8) 注释与符号信息表

可以用工具条中书签左边的 3 个图标或"检视"菜单中相应的命令打开或关闭 POU(程序组织单元)注释、网络注释和符号信息表,如图 7-21 所示,符号信息表列出了网络中使用的符号地址的有关信息。未显示网络注释时可以在网络的标题行输入信息。

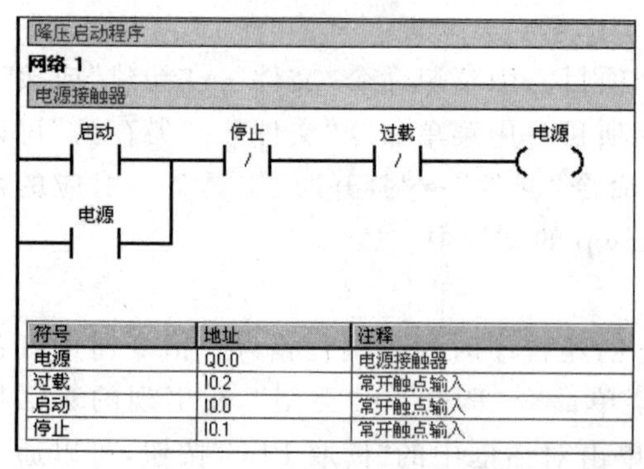

符号	地址	注释
电源	Q0.0	电源接触器
过载	I0.2	常开触点输入
启动	I0.0	常开触点输入
停止	I0.1	常开触点输入

图 7-21　注释与符号信息表

(9) 编译程序

选中"PLC"菜单中的命令或单击工具条中的"编译"或"全部编译"按钮,可以分别编译当前打开的程序或全部的程序。编译后在屏幕下方的输出窗口中显示程序中语法错误的个数、各条错误的原因和错误在程序中的位置。双击某一条错误,将会显示程序编辑器中该错误所在的网络。必须改正程序中所有的错误,编译成功后,才能下载程序。

(10) 程序的下载、上传和清除

计算机与 PLC 建立起通信连接,且用户程序编译成功后,可以将它下载到 PLC 中。单击工具条的"下载"按钮,或执行菜单命令"文件"→"下载",将会出现下载对话框。用户可以选择是否下载程序块、数据块和系统块。单击"下载"按钮,开始下载数据。可以选择下载成功后是否自动关闭对话框。下载应在 STOP 模式下进行,下载时 CPU 可以自动切换到 STOP 模式,可以选择从"运行"转换为"停止"是否需要提示。如果 STEP 7-Micro/WIN 中设置的 CPU 型号与实际的型号不符，将出现警告信息，应修改 CPU 的型号后再下载。

可以从 PLC 上传程序块、系统块和数据块到编程软件；也可以只上传上述的部分块，但是不能上传符号表或状态表。

上传前应在 STEP 7-Micro/WIN 中建立或打开保存从 PLC 上传的块的项目，最好用一个新建的空项目来保存上传的块，以免项目中原有的内容被上传的信息覆盖。单击工具条的"上传"按钮，或执行菜单命令"文件"→"上传"，开始上传过程。在上传对话框中，选择要上传的块后单击"上传"按钮。

2. 程序的编写与下载举例

下面以一个简单的控制系统为例，介绍怎样用编程软件来编写、下载和运行梯形图程序。

控制三相异步电动机定子降压启动的 PLC 的外部接线图和梯形图如图 7-22 所示，输入电路使用 CPU 模块提供的 DC24V 电源。按下启动按钮后，输出点 Q0.0 变为"1"状态，KM1 的线圈通电，电动机定子绕组串接电阻后接到三相电源上，串接的电阻使电动机绕组上的电压下降，以减小启动电流。同时定时器 T37 开始计时，5s 后 T37 的计时时间到，使 Q0.1 变为"1"状态，KM2 的线圈通电，启动电阻被短接，电动机全压运行。按下停止按钮后，Q0.0 变为"0"状态，使 KM1 的线圈断电，电动机停止运行；T37 被复位，其常开触点断开，Q0.1 变为"0"状态，使 KM2 的线圈也断电。电动机过载时，经过一定的时间后，接在 I0.2 输入端的热继电器 KR 的常开触点闭合，使梯形图中的 I0.2 的常闭触点断开，也会使电动机停止运行。

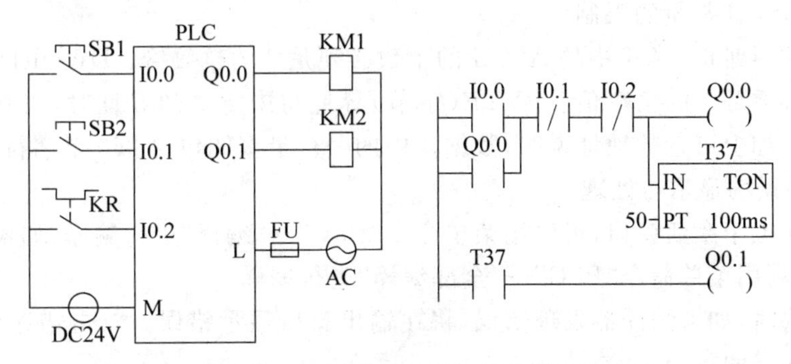

图 7-22　降压启动控制的外部接线图与梯形图

用 PC/PPI 电缆连接好计算机和 PLC，通电后打开编程软件，生成一个项目。选择"PLC"→"类型"菜单命令，将 PLC 的型号设置为实际使用的型号。在执行菜单命令"工具"→"选项"后打开的对话框的"一般"选项卡中，选择 SIMATIC 编程模式和梯形图编辑器。这是一个很简单的数字量控制系统，程序全部在主程序(OB1)中，没有子程序、中断程序和数据块，不使用局部变量表。一般的数字量控制程序都可以采用这种程序结构。

本例对 CPU 模块和输入输出特性没有特殊的要求，可以全部采用系统块的默认值。

为了方便程序的调试和阅读，可以在编程软件中编写如表 7-10 所示的符号表，较简单的程序也可以不用符号表。执行菜单命令"检视"→"符号编址"，可以在程序中切换符号地址或绝对地址的显示。图 7-21 是使用符号地址的一个网络。

表 7-10　符号表

地址	符号	注　释	地址	符号	注　释
I0.0	启动	启动按钮	I0.2	过载	热继电器
I0.1	停止	停止按钮	Q0.0	电源	电源接触器

用符号地址显示方式生成程序时,可以输入符号地址或绝对地址,输入的绝对地址将被自动转换为符号地址。编写好程序后可以对它进行编译,如果有错误必须逐一改正。

下载程序之前应设置好计算机与 PLC 通信的参数。用户程序编译成功后,将它下载到 PLC 中。

如果 PLC 上的工作模式开关在 STOP 位置,将它拨到 RUN 位置,"RUN"LED 亮,用户程序开始运行。如果在下载时工作模式开关不在 STOP 位置,可以用编程软件工具条上的按钮将 PLC 切换到 RUN 模式。

在 RUN 模式用接在端子 I0.0～I0.2 上的小开关来模拟按钮发出启动信号、停止信号和过载信号,将开关接通后马上断开,观察 Q0.0 和 Q0.1 对应的 LED 的状态变化是否正确。

3. 数据块的使用

(1) 在数据块中对地址和数据赋值

数据块用来对 V 存储器(变量存储器)赋初值,可以用字节、字或双字赋值。数据块中的典型行包括起始地址以及一个或多个数据值,双斜线("//")之后的注释为可选项。数据块的第一行必须包含明确的地址,以后的行可以不包含明确的地址。在单地址值后面输入多个数据或输入只包含数据的行时,由编辑器进行地址赋值。编辑器根据前面的地址和数据的长度(字节、字或双字)进行赋值。数据块编辑器接受大小写字母,并允许用逗号、制表符或空格作地址和数据的分隔符号。

(2) 使用 ASCII 常量的限制

WORD(字)寻址时,常量中的 ASCII 的个数必须是 2 的整数倍。DWORD(双字)寻址时,ASCII 的个数必须是 4 的整数倍。BYTE(字节)寻址与未定义的寻址时,对常量中的 ASCII 的个数无限制。加上可选的地址说明,数据块中的一行最多能包含 250 个字符。

(3) 输入错误的显示与处理

如果数据块位于激活窗口,可以用菜单命令"PLC"→"编译"进行编译,如果数据块不在激活窗口中,可以利用菜单命令"PLC"→"全部编译"进行编译。

编译数据块时,如果编译器发现错误,将在输出窗口显示错误。双击错误信息,将在数据块窗口显示有错误的行。

在有错误的输入行尾按回车键,在数据块左边的区域将用"×"显示输入错误。在重新编译之前,应改正全部输入错误。

7.3.3 用编程软件监视与调试程序

1. 基于程序编辑器的状态监视

在运行 STEP 7-Micro/WIN 的计算机与 PLC 之间建立起通信,并将程序下载到 PLC 后,执行菜单命令"调试"→"程序状态",或单击工具条中的"程序状态"按钮,可以用程序状态功能监视程序运行的情况。

(1) 梯形图程序的状态监视

① 执行状态的状态监视。必须在梯形图程序状态操作开始之前选择状态模式。执行菜单命令"调试"→"使用执行状态"后,进入执行状态,该命令行的前面出现一个"√"。在这种状态模式下,只在 PLC 处于 RUN 模式时才刷新程序段中的状态值。

在 RUN 模式启动程序状态功能后,将用颜色显示出梯形图中各元件的状态,左边的垂直"电源线"和与它相连的水平"导线"变为蓝色。如果位操作数为 1(ON),其常开触点和线圈变为蓝色,它们中间出现蓝色方块,有"能流"流过"导线"也变为蓝色。如果有能流流入方框指令的 EN(使能)输入端，且该指令被成功执行时，方框指令的方框变为蓝色。定时器和计数器的方框为绿色时表示它们包含有效数据。红色方框表示执行指令时出现了错误。灰色表示无能流、指令被跳过、未调用或 PLC 处于 STOP(停止)模式。

可以在用菜单命令“工具”→“选项”打开的窗口中，选择“程序编辑器”选项卡，在其中设置梯形图编辑器栅格(即矩形光标)的宽度、字符的大小、仅显示符号或同时显示符号和地址等。

只有在 PLC 处于 RUN 模式时才会显示强制状态，此时用鼠标右键单击某一元件，在弹出的菜单中可以对该元件执行写入、强制或取消强制的操作。强制和取消强制功能不能用于 V、M、AI 和 AQ 的位。

② 扫描结束状态的状态监视。在上述的执行状态时执行菜单命令“调试”→“使用执行状态”，该命令行前面的“√”消失，进入扫描结束状态。由于快速的 PLC 扫描循环和相对慢速的 PLC 状态数据通信之间存在的速度差别，STEP 7-Micro/WIN 在经过多个扫描周期得到显示状态值之后，刷新屏幕显示状态。在该状态所有的 CPU 操作模式下都刷新状态值，但是不显示 L 存储器或累加器的状态。

只在 RUN 模式才会显示触点和线圈中的颜色块，以区别运行和 STOP 模式。

对强制的处理与执行状态基本上相同，强制和取消强制功能不能用于 V、M、AI 和 AQ 的位。在 PLC 处于 RUN 和 STOP 模式时都会显示强制状态。在 STOP 模式时，只有启动了菜单命令“调试”→“在停止模式中写入和强制输出”，才能执行对输出 Q 和 AQ 的写操作。

(2) 语句表程序的状态监视

启动语句表和梯形图的程序状态监视的方法完全相同。在用菜单命令“工具”→“选项”打开的窗口中，选择“程序编辑器”中的“STL 状态”选项卡，如图 7-23 所示，可以选择语句表程序状态监视的内容，每条指令最多可以监控 17 个操作数、逻辑堆栈中的 4 个当前值和 11 个指令状态位。状态信息从位于编辑窗口顶端的第一条 STL 语句开始显示。当向下滚动编辑窗口时，将从 CPU 获取新的信息。如果需要暂停刷新，可以按“触发暂停”按钮，当前的数据保留在屏幕上，直到再次按该按钮。

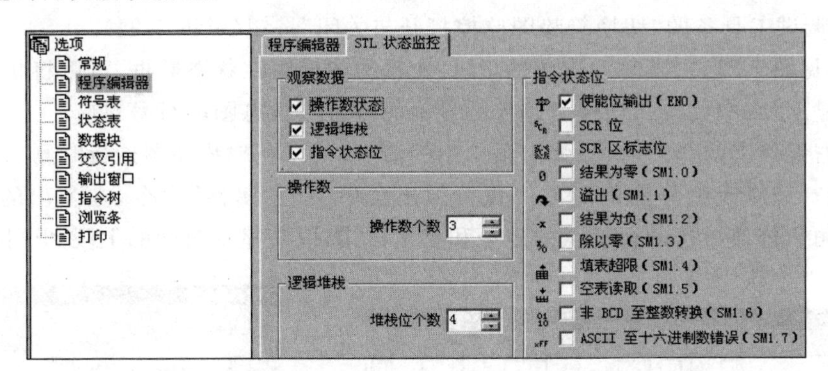

图 7-23　语句表程序状态监视的设置

2. 用状态表监视与调试程序

如果需要同时监视的变量不能在程序编辑器中同时显示，可以使用状态表监视功能。

(1) 打开和编辑状态表

在程序运行时，可以使用状态表来读、写、强制和监视 PLC 内部变量。单击目录树中的状态表图标，或执行菜单命令“检视”→“元件”→“状态图”，均可以打开状态表，并对它进行编辑。如果项目中有多个状态表，可以用其底部的选项卡切换。

未启动状态表的监视功能时，可以在状态表中输入要监视的变量地址和数据类型，定时器和计数器可以分别按位或按字监视。

执行菜单命令"编辑"→"插入"，或用鼠标单击状态表单元，执行弹出菜单的"插入"命令，可以在状态表中插入新的行。在符号表中选择变量并将其复制在状态表中，可以加快创建状态表的速度。

(2) 创建新的状态表

可以创建几个状态表，分别监视不同的元件组。用鼠标右键单击指令树中的状态表图标，将弹出一个窗口，选择"插入状态表"选项，可以创建新的状态表。

(3) 启动和关闭状态表的监视功能

与 PLC 的通信连接成功后，用菜单命令"调试"→"开始状态图"或单击工具条上的"状态表"图标(见图 7-24)，可以启动状态表的监视功能，若执行菜单命令"调试"→"停止状态图"或单击"状态表"图标，可以关闭状态表。状态表的监视功能被启动后，编程软件从 PLC 收集状态信息，并对表中数据更新，这时还可以强制修改状态表的变量。用二进制方式监视字节、字或双字，可以在一行中同时监视 8 点、16 点或 32 点位变量。

(4) 单次读取状态信息

状态表被关闭时，用菜单命令"调试"→"单次读取"或单击工具条的"单次读取"按钮，可以从 PLC 收集当前的数据，并在状态表中的"当前值"显示出来，执行用户程序时并不对其进行更新，要连续收集状态表信息，应启动状态表的监视功能。

切换程序状态监控
切换程序状态监控暂停
切换状态表监控
切换趋势图监控暂停
状态表单次读取
状态表全部写入
强制 PLC 数据
取消强制 PLC 数据
状态表取消全部强制
状态表读取全部强制数据
切换趋势图监控打开与关闭

图 7-24 调试程序用的工具条

(5) 趋势图

可以使用下列方法在状态表的表格视图和趋势视图之间切换。

① 用菜单命令"检视"→"作为趋势检视"。

② 用鼠标右键单击状态表，然后执行菜单中的命令"作为趋势检视"。

③ 单击调试工具条的"切换趋势图监控打开与关闭"按钮(见图 7-24)。

趋势图(见图 7-25)用随时间变化的 PLC 数据的图形跟踪状态数据，可以将状态表显示切换为趋势图显示，或作反向的切换。趋势图显示的行号与状态图的行号对应。

用鼠标右键单击趋势图，执行弹出菜单中的命令，可以在趋势视图运行时删除被单击的变量、插入新的行和修改趋势图的时基。执行弹出菜单中的"属性"命令，在弹出的对话框(见图 7-26)中，可以修改单击的行变量的地址和显示格式，以及显示时间的上限和下限。

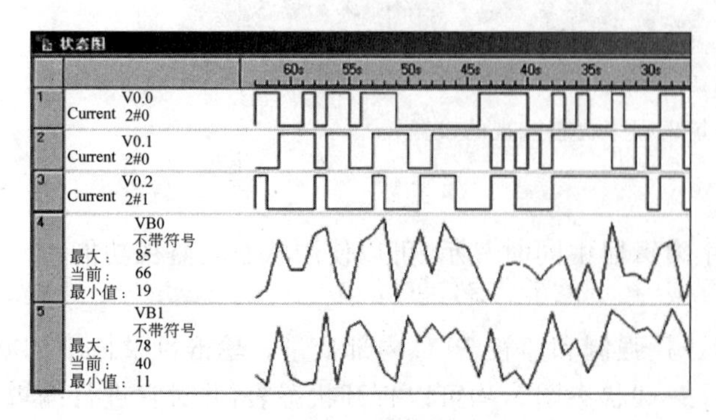

图 7-25 趋势图

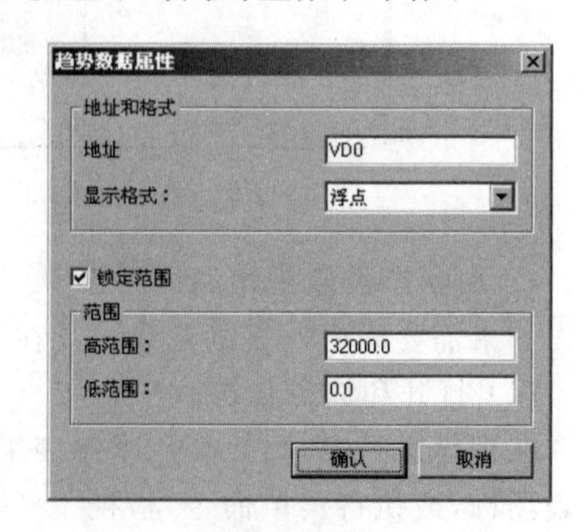

图 7-26 趋势图的属性设置

单击工具条中的“暂停趋势视图”按钮或执行菜单命令“调试”→“暂停趋势图”，可以冻结趋势图。实时趋势不支持历史趋势，即不会保留超出趋势图窗口的时间范围的趋势数据。

将光标放在分隔趋势行的横线上，直至出现双箭头光标，按住鼠标左键，上下拖动光标，可以调节各行的高度。

3. 用状态表强制改变数值

(1) 强制的基本概念

在RUN模式且对控制过程影响较小的情况下，可以对程序中的某些变量强制性赋值。S7—200 CPU允许强制性地给所有的I/O点赋值，此外还可以改变最多16个内部存储器数据(V或M)或模拟量I/O(AI或AQ)。V或M可以按字节、字或双字来改变，只能从偶字节开始以字为单位改变模拟量(例如AIW6)。强制的数据永久性地存储在CPU的EEPROM中。

在读取输入阶段，强制值被当做输入读入；在程序执行阶段，强制数据用于立即读和立即写指令指定的I/O点；在通信处理阶段，强制值用于通信的读/写请求；在修改输出阶段，强制数据被当做输出写到输出电路。进入STOP状态时，输出将变为强制值，而不是系统块中设置的值。

通过强制V、M、T或C，强制功能可以用来模拟逻辑条件。通过强制I/O点，可以用来模拟物理条件。在写入或强制输出时，如果S7—200与其他设备相连，可能导致系统出现无法预料的情况，引起人员伤亡或设备损坏，所以，只有专业人员才能进行强制操作。

黄色的显式强制图标(一把合上的锁)表示该地址被显式(Explicitly)强制，对它取消强制之前用其他方法不能改变此地址的值。

隐式强制图标(合上的灰色的锁)表示该地址被隐式(Implicitly)强制。

部分隐式强制图标(半块灰色的锁)表示该地址被部分隐式强制。

不能对隐式强制和部分隐式强制的数值取消强制，在改变该地址内的数值之前，必须取消使它被间接强制的地址的强制。

(2) 强制的操作方法

启动状态表的监视功能后，可以用“调试”菜单中的选项或工具条中与调试有关的按钮(见图7-24)执行下列操作：强制、取消强制、取消全部强制、读取全部强制、单次读取和全部写入。用鼠标右键单击状态表中的某个操作数，从弹出的菜单中可以选择对该操作数强制或取消强制。

① 全部写入。完成了对状态表中变量的改动后，可以用全部写入功能将所有的改动传送到PLC。执行程序时，修改的数值可能被程序改写成新的数值，物理输入点不能用此功能改动。

② 强制。在状态表的地址列选中一个操作数，在“新数值”列写入希望的数值，然后按工具条中的“强制”按钮。被强制的数值旁边将显示强制图标。一旦使用了强制功能，每次扫描都会将修改的数值用于该操作数，直到取消对它的强制。

③ 取消强制。选择一个被强制的操作数，然后单击工具条中的“取消强制”按钮，被选择的地址的强制图标将会消失。也可以用鼠标右键单击该地址后再进行操作。

④ 取消全部强制。如果希望从状态表中取消全部强制，可以单击工具条中的“取消全部强制”按钮，使用该功能之前不必选择某个地址。

⑤ 读取全部强制。执行“读取全部强制”功能时，状态表中被强制的地址的当前值列将在曾经被显式强制、隐式强制或部分隐式强制的地址处显示一个图标。

(3) 在STOP模式中写入和强制输出

必须执行菜单命令“调试”→“‘停止’中的写入-强制输出”，才能在STOP模式中启用该功能。打开STEP 7-Micro/WIN或打开不同的项目时，默认状态下没有选中该菜单选项，以防止在PLC处于STOP模式时写入或强制输出。

4. 在RUN模式下编辑用户程序

在RUN(运行)模式下，不必转换到STOP(停止)模式，便可以对程序作较小的改动，并将改动下载到PLC。

建立好计算机与PLC之间的通信联系后，当PLC处于RUN模式，执行菜单命令“调试”→“‘运行’中程序编辑”，如果编程软件中打开的项目与S7—200中的程序不同，将提示上传PLC中的程序，该功能只能编辑PLC中的程序。进入RUN模式编辑状态后，将会出现一个跟随鼠标移动的PLC图标。

再次执行菜单命令“调试”→“‘运行’中程序编辑”，将退出RUN模式编辑。

编辑前应退出程序状态监视，修改程序后，需要将改动下载到PLC。下载之前一定要仔细考虑可能对设备或操作人员造成的各种影响。

在RUN模式编辑状态下修改程序后，CPU对修改的处理方法可以查阅系统手册。

激活RUN模式程序编辑功能后，梯形图程序中的跳变触点上面将会出现为EU/ED指令临时分配的编号。同时，交叉引用窗口中的“边沿用法”选项卡将列出程序中所有EU/ED指令的编号和性质表，P或N分别表示EU/ED。修改程序时可以参考该表，注意不要使用重复的EU/ED指令。

5. 调试用户程序的其他方法

(1) 使用书签和交叉引用表

图7-19的公共工具条中的4个旗帜形状的图标与书签有关，可以用它们来生成和清除书签，跳转到上一个或下一个书签所在的位置。

交叉引用表列出了程序中使用的各编程元件的所有触点、线圈等在哪一个程序块的什么位置出现，以及使用它们的指令助记符。

(2) 单次扫描

从STOP模式进入RUN模式，首次扫描位(SM0.1)在第一次扫描时为1状态。由于执行速度太快，在程序运行状态很难观察到首次扫描刚结束时的PLC的状态。

在STOP模式执行菜单命令“调试”→“第一次扫描”，PLC进入RUN模式，执行一次扫描后，自动回到STOP模式，可以观察到首次扫描后的状态。

(3) 多次扫描

PLC处于STOP模式时，执行菜单命令“调试”→“多次扫描”，在出现的对话框中指定执行程序扫描的次数(1～9999次)。单击“确认”按钮，执行完指定的扫描次数后，自动返回STOP模式。

(4) 暂停程序状态

用“暂停程序状态”功能可以保证在执行某一程序时，保持程序状态信息供检查。显示出要监控的那部分程序，启动“程序状态”功能。

单击工具条中的“暂停程序状态”图标，或者用鼠标右键单击处于程序状态的程序区，在弹出的菜单中执行“暂停程序状态”命令都可以暂停程序状态。获得新的状态信息后，它将保持在屏幕上，直到暂停程序状态功能被关闭。再次选择“暂停程序状态”功能可以取消该功能。

7.3.4　使用系统块设置 PLC 的参数

执行菜单命令“检视”→“元件”→“系统块”，可以打开系统块窗口。单击指令树中“系统块”文件夹中的某一图标，可以直接进入系统块中对应的对话框。

打开系统块后，用鼠标单击感兴趣的图标，进入对应的选项卡后，可以进行有关的参数设置。有的选项卡中有“默认”按钮，单击“默认”按钮可以自动设置编程软件推荐的设置值。

设置完成后，单击“确认”按钮确认设置的参数，并自动退出系统块窗口。设置完所有的参数后，需要通过系统块将新的设置下载到 PLC，参数便存储在 CPU 模块的存储器中。

1. S7—200 保存程序和数据的方法以及数据保存的设置

S7—200 提供了多种方法来保存用户程序、程序数据和 CPU 的组态数据，以确保它们不会丢失。

① 用 CPU 中的超级电容器或可选的电池卡，保存 V、M、T、C 中的数据。超级电容器可以保存几天，保持的时间与 PLC 模块的型号有关。电池卡可以延长 RAM 存储器保持信息的时间，只是在超级电容器电能耗尽后电池卡才提供电源。

② 非易失性(Non-Volatile)。存储器(EEPROM 或 Flash ROM)的电源消失后，存储的数据不会丢失。S7—200 用内置的非易失性存储器永久保存程序块、数据块、系统块、强制值、组态为掉电保持的 V 存储器和在用户程序控制下写入的指定值。

③ 用可拆卸的非易失性存储器卡来保存程序块、数据块、系统块、配方、数据归档和强制值。通过 S7—200 资源管理器，可以将文件存储在存储器卡中。

静电放电可能会损坏存储器卡或 CPU 接口，取存储器卡时应使用接地垫或戴接地手套，应将存储器卡存放在导电的容器中。

(1) 下载与上传用户程序

用户程序包括程序块、数据块、系统块、配方、数据归档组态。下载时出于安全的考虑，将程序块、数据块、系统块存放在非易失性存储器内，配方、数据归档组态存放在存储器卡内，并更新原有的配方和数据归档。

从 CPU 模块中上传用户程序时，CPU 将从存放在非易失性存储器内上传程序块、数据块、系统块，同时从存储器卡中上传配方和数据归档组态。数据归档中的数据通过 S7—200 的资源管理器上传。

(2) 用存储器卡保存用户程序

可以用可选的存储器卡将用户程序复制到其他 CPU 中。如果用户文件太大，没有足够的存储空间，可以用菜单命令“PLC”→“擦除内存盒”来清空存储器卡，或打开 S7—200 的资源管理器，移除不需要的文件。

将程序复制到存储器卡的步骤如下：

① 将 CPU 置于 STOP 状态。

② 执行菜单命令“PLC”→“编程内存盒”，在出现的对话框中选择需要复制的部分，将程序复制到存储器卡。如果选中了系统块，则强制值也会被复制。单击“编程”按钮，进行复制。

(3) 用存储器卡恢复用户程序和存储器卡中的数据

存储器卡插入 CPU 模块后，接通电源，只要存储器卡中有块，或与 S7—200 的块和强制值不同，则存储器卡中的所有块都会复制给 S7—200。CPU 完成下列操作：

① 将存储器卡中的程序块复制到非易失性存储器。

② V 存储器被清空，将存储器卡的数据块复制到非易失性存储器。

③ 将存储器卡中的系统块复制到非易失性存储器，强制值被替换，所有的保持存储器被清空。

复制完成后可以取下存储器卡，如果存储器卡内有配方和数据归档，它必须一直安装在CPU上。

如果存储器卡是用别的型号的CPU模块编程的，在CPU模块通电时可能会报错。高型号的CPU(例如CPU224)可以读出用低型号的CPU(例如CPU221)编写断电存储器卡的程序，反之则不能读出。

(4) CPU模块掉电时自动保持位存储器(M)区的数据

如果设置为保持，M存储区的前14个字节(MB0～MB13)在CPU模块掉电时，会自动地被永久性地保存在非易失性存储器中，上电时它们被恢复。

(5) 开机后数据的恢复

上电后，CPU会自动地从非易失性存储器中恢复程序块和系统块。然后CPU检查是否安装了超级电容器和可选的电池卡。如果是，将确认数据是否成功地保存到RAM。如果保存是成功的，用户数据存储器的保持区将保持不变。非易失性存储器中数据块的内容被复制到V存储器的非易失性(Non-Retentive)部分，其他存储区的非易失性部分被清零。

如果RAM存储器中的数据没有保存下来，例如在扩展电源出现故障时，CPU会清除所有的用户存储区，并在通电后的第一次扫描将“保持数据丢失”标志(SM0.2)置“1”。开机后读取非易失性存储器的数据块的内容来恢复V存储器。

(6) 将V存储器的数据复制到非易失性存储器

可以将V存储区任意位置的数据(字节、字和双字)复制到非易失性存储器中。一次写非易失性存储器的操作会使扫描周期增加5ms。新存入的值会覆盖非易失性存储器中原有的数据，写非易失性存储器的操作不会更新存储器卡中的数据。

将V存储器中的一个数据复制到非易失性存储器中的V存储区的步骤如下：

① 将要保存的V存储器的地址送到特殊存储器字SMW32。

② 将数据长度单位写入SM31.0和SM31.1，这两位为00和01时表示字节，为10时表示字，为11时表示双字。

③ 令SM31.7=1，在每次扫描结束时，CPU自动检查SM31.7，该位为“1”时将指定的数据存入非易失性存储器，CPU将该位置“0”后操作结束。

写入非易失性存储器的操作次数是有限制的，最少10万次，典型值为100万次。只有在发生特殊事件时才将数据保存到非易失性存储器，否则可能会使非易失性存储器失效。

(7) 设置PLC断电后的数据保存方式

单击系统块中的“保存范围”选项卡，选择从通电到断电时希望保存的内存区域。

最多可以定义6个在电源掉电时需要保持的存储区范围，可以设置保存的存储区有V、M、C和T。只能保持TONR(保持型定时器)和计数器的当前值，不能保持定时器位和计数器位，上电时它们被清除。在编程软件中，默认的设置是保持MB14～MB31。

2. 创建CPU密码

(1) 密码的作用

S7—200的密码保护功能提供3种限制存取CPU存储器功能的等级(见表7-11)。各等级均有不需要密码即可以使用的某些功能。默认的是1级，对存取没有限制，即关闭密码功能。设置密码后，只要输入正确的密码，用户即可使用所有的CPU功能。

表7-11　S7—200的存取限制

<table>
<tr><th>任　务</th><th>1级</th><th>2级</th><th>3级</th></tr>
<tr><td>读/写用户数据</td><td rowspan="10">无限制</td><td rowspan="4">无限制</td><td rowspan="3">无限制</td></tr>
<tr><td>启动、停止和重新启动CPU</td></tr>
<tr><td>读/写时钟</td></tr>
<tr><td>上传用户程序、数据和配置</td><td rowspan="7">要密码</td></tr>
<tr><td>下载到CPU</td><td rowspan="6">要密码</td></tr>
<tr><td>监视执行状态</td></tr>
<tr><td>删除程序块、数据块或系统块</td></tr>
<tr><td>强制数据或执行单/多次扫描</td></tr>
<tr><td>复制到存储器卡</td></tr>
<tr><td>在STOP模式写输出</td></tr>
</table>

在网络上输入密码不会危及CPU的密码保护。允许一个用户使用授权的CPU功能就会禁止其他用户使用该功能。在同一时刻,只允许一个用户不受限制地存取。

(2) 密码的设置

在系统块的“密码”对话框中,选择限制级别为2级或3级,输入并核实密码,密码不区分大小写。

(3) 忘记密码的处理

如果忘记了密码,必须清除存储器,重新下载程序。清除存储器会使CPU进入STOP模式,并将它设置为厂家设定的默认状态(CPU地址、波特率和时钟除外)。

计算机与PLC建立连接后,执行菜单命令“PLC”→“清除”,显示清除对话框后,选择要清除的块,单击“清除”按钮。如果设置了密码,会显示一个密码授权对话框。在对话框中输入“CLEARPLC”(不区分大小写),确认后执行指定的清除操作。

清除CPU的存储器卡将关闭所有的数字量输出,模拟量输出将处于某一固定的值。如果PLC与其他设备相连,应注意输出的变化是否会影响设备和人身安全。

3. 输出表与输入滤波器的设置

(1) 输入表的设置

在系统块窗口中选择“输出表”,可以设置从RUN模式变为STOP模式后,各输出点的状态。

① 数字量输出表的设置。在“数字量”选项卡中,选中“将输出冻结在最后的状态”选项,从RUN模式变为STOP模式时,所有数字量输出点将冻结在从CPU进入STOP模式之前的状态。

如果未选“冻结”模式,从RUN模式变为STOP模式时各输出点的状态用输出表来设置。希望进入STOP模式之后某一输出位为“1”(ON),则单击该位,使之显示出“√”,输出表的默认值是未选“冻结”模式,且从RUN模式变为STOP模式时,所有输出点的状态被设置为“0”(OFF)。

② 模拟量输出表的设置“模拟量”选项卡中的“将输出冻结在最后的状态”选项的意义与数字量输出的意义相同。如果未选“冻结”模式,可以设置从RUN模式变为STOP模式后模拟量输出的值(－32768～32767)。

(2) 输入滤波器的设置

输入滤波器用来滤除输入线上的干扰噪声,例如触点闭合或断开时产生的抖动,以及模拟量输入信号中的脉冲干扰信号。在系统块窗口中单击“输出表”图标,可以设置输入滤波器的参数。

① 数字量输入滤波器的设置。在“数字量”选项卡中,可以设置4个为1组的输入点的输入滤波器延迟时间。输入状态发生ON/OFF变化时,输入信号必须在设置的延迟时间内保持新的状态,才能被认为有效。

延迟时间的设置范围为0.2~12.8ms,默认值为6.4ms。

② 模拟量输入滤波器的设置。在“模拟量”选项卡中,可以设置每个模拟量输入通道是否采用软件滤波。滤波后的值是预选采样(样本数目)的各次模拟输入的平均值。滤波器的设定值(采样次数与死区)对所有被选择为有滤波功能的模拟量输入均是一样的。如果信号变化很快,不应选用模拟量滤波。

模拟量输入滤波的默认设置是对所有的模拟量输入滤波(打钩)。取消打钩可以关闭某些模拟输入量的滤波功能。对于没有选择输入滤波的通道。当程序访问模拟量输入时,直接从扩展模块读取模拟值。

CPU 224XP 的 AIW0 和 AIW2 模拟输入在每次扫描都会从 A/D 转换器读取最新的转换结果。该转换器由 A/D 转换器滤波,因此通常无须软件滤波。

输入量若有大的变化,滤波值可以迅速地反映出来。当前的输入值与平均值之差超过设定的死区值时,滤波器相对上一次模拟量输入值产生一个阶跃变化。死区值用模拟量输入的数字值来表示。

模拟量滤波功能不能用于模拟量字传递数字量信息或报警信息的模块。应禁止 AS-i 主站模块、热电偶模块及热电阻模块对应的模拟量输入点的滤波器功能。

7.3.5 S7—200 仿真软件的使用

1. S7—200 的仿真软件

学习 PLC 除了阅读教材和用户手册外,更重要的是要动手编程和上机调试。许多读者苦于没有 PLC,缺乏实验条件,编写程序后无法检验是否正确,编程能力很难提高。PLC 的仿真软件是解决这一问题的理想工具。近年来在网上流行一种西班牙文的 S7—200 仿真软件,国内已有人将它部分汉化。

在互联网上用 Google 等搜索工具搜索“S7—200 仿真软件”(用空格隔开)可以找到该软件,本节简单介绍其使用方法。

该软件不需要安装,执行其中的 S7—200.EXE 文件,就可以打开它。单击屏幕中间出现的画面,在密码输入对话框中输入密码 6596,进入仿真软件。

该仿真软件不能模拟 S7—200 的全部指令和全部功能,具体的情况可以通过实验来了解,但是它仍然不失为一个很好的学习 S7—200 的工具软件。

2. 硬件设置

执行菜单命令“配置”→“CPU 型号”对话框的下拉式列表框中选择 CPU 的型号。用户还可以修改 CPU 的网络地址,一般使用默认的地址(2)。

CPU 模块右边空的方框是扩展模块的位置,双击紧靠已配置的模块右侧的方框,在出现的“配置扩展模块”对话框中选择需要添加的 I/O 扩展模块。双击已存在的扩展模块,在“配置扩展模块”对话框中选择“无”,可以取消该模块。

3. 生成 ASCII 文本文件

仿真软件不能直接接收 S7—200 的程序代码，S7—200 的用户程序必须用“导出”功能转换为 ASCII 文本文件后，再下载到仿真软件中去。

在编程软件中打开一个编译成功的程序块，执行菜单命令“文件”→“导出”，或用鼠标右键单击某一程序块，在弹出的菜单中执行“导出”命令，在出现的对话框中输入导出的 ASCII 文本文件的文件名，默认的文件扩展名为“awl”。

如果选择导出 OB1（主程序），将导出当前项目所有程序（包括子程序和中断程序）的 ASCII 文本文件的组合。

如果选择导出子程序或中断程序，只能导出当前打开的单个程序的 ASCII 文本文件。“导出”命令不能导出数据块，可以用 Windows 剪贴板的剪切、复制和粘贴功能导出数据块。

4. 下载程序

生成文本文件后，单击仿真软件工具条中左边第 2 个按钮可以下载程序，一般选择下载全部块，单击“确定”按钮后，在“打开”对话框中选择要下载的“*.awl”文件。下载成功后，会出现下载的程序代码文本框，可以关闭该文本框。

如果用户程序中有仿真软件不支持的指令或功能，单击工具条内三角形的“运行”按钮后，不能切换到 RUN 模式，CPU 模块左侧的“RUN”LED 的状态不会改变。

如果仿真软件支持用户程序中的全部指令和功能，单击工具条内的“运行”按钮和正方形的“停止”按钮，从 STOP 模式切换到 RUN 模式，CPU 模块左侧的“RUN”和“STOP”LED 的状态随之变化。

5. 模拟调试程序

用鼠标单击 CPU 模块下面的开关板上小开关上面黑色的部分，可以使小开关的手柄向上，触点闭合，PLC 输入点对应的 LED（发光二极管）变为绿色。单击闭合的小开关下面的黑色部分，可以使小开关的手柄向下，触点断开，PLC 输入点对应的 LED 变为灰色。扩展模块的下面也有 4 个小开关。与用“真正”的 PLC 做实验相同，对于数字量控制，在 RUN 模式用鼠标切换各个小开关的通/断状态，改变 PLC 输入变量的状态，通过模块上的 LED 观察 PLC 输出点的状态变化，可以了解程序执行的结果是否正确。

6. 监视变量

执行菜单命令“查看”→“内存监视”，在出现的对话框中，可以监视 V、M、T、C 等内部变量的值。“开始”和“停止”按钮用来启动和停止监视。用二进制格式（Binario）监视字节、字和双字，可以在一行中同时监视多个位变量。

仿真软件还有读取 CPU 和扩展模块的信息、设置 PLC 的实时时钟、控制循环扫描的次数和对 TD200 文本显示器仿真等功能。

思考题与习题

7-1 写出图 7-27 所示梯形图的语句表程序。

7-2 写出图 7-28 所示梯形图的语句表程序。

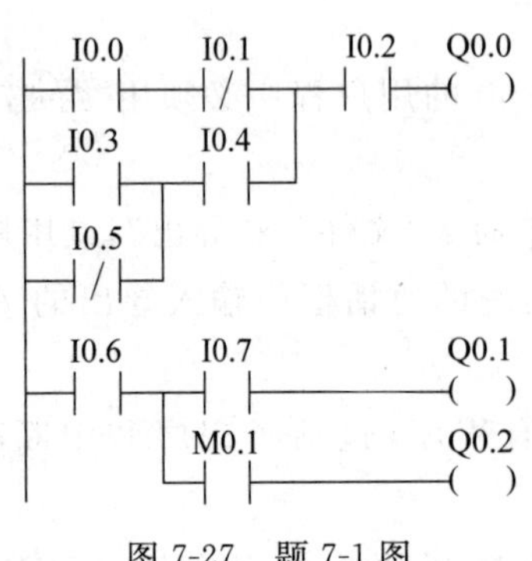

图 7-27 题 7-1 图

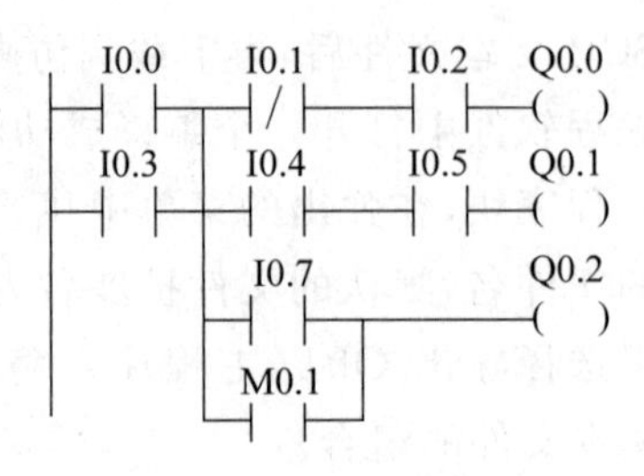

图 7-28 题 7-2 图

7-3 根据下列语句表程序，写出梯形图程序。

```
LD     I0.0     A      I0.5     LPP
AN     I0.1     OLD             A      I0.7
LD     I0.2     LPS             =      Q0.2
A      I0.3     A      I0.6     A      I1.1
O      I0.4     =      Q0.1     =      Q0.3
```

7-4 用接在 I0.0 输入端的光电开关检测传送带上通过的产品，有产品通过时 I0.0 接通，如果在 10s 内没有产品通过，由 Q0.0 发出报警信号，用 I0.1 输入端外接的开关解除报警信号。画出梯形图，并写出对应的语句表程序。

7-5 根据控制要求编写两台电动机的控制程序：

(1) 启动时，电动机 M1 先启动后，M2 才能启动；停止时，M1、M2 同时停止。

(2) 启动时，电动机 M1、M2 同时启动；停止时，只有在 M2 停止后，M1 才能停止。

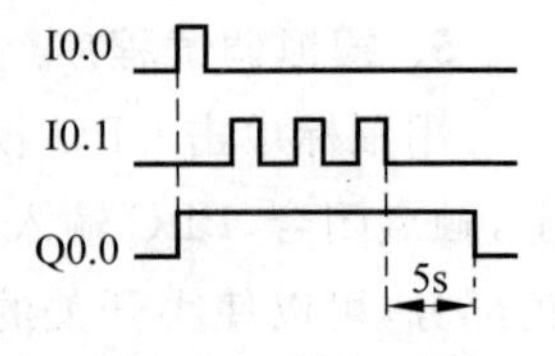

图 7-29 题 7-7 图

7-6 使用置位、复位指令，设计题 7-5 中两台电动机的控制程序。

7-7 在按钮 I0.0 按下后 Q0.0 接通并自保持，如图 7-29 所示。当 I0.1 输入 3 个脉冲后(用 C1 计数)，T37 开始定时，5s 后 Q0.0 断开，同时 C1 复位，在 PLC 刚开始执行用户程序时，C1 也被复位，试设计梯形图程序。

7-8 S7—200 的交叉引用表有什么作用？

7-9 怎样获得在线帮助？

7-10 在梯形图中怎样划分网络？

7-11 状态表和程序状态这两种功能有什么区别？什么情况下必须用状态表？

7-12 希望在 S7—200 断电后保持各输出点的状态不变，应如何设置？

7-13 怎样设置和取消密码？

模块 8

PLC 程序设计方法

※知识点

1. PLC 控制程序设计基本原则和一般方法。
2. PLC 控制程序经验设计法和顺序控制设计法。
3. 单序列、选择序列、并行序列的程序设计。

※学习要求

1. 具备常用生产控制程序的设计能力。
2. 具备顺序控制设计法的应用能力。
3. 具备较复杂控制系统的程序设计能力。
4. 具备 PLC 编程软件的使用能力。

课题 8.1 PLC 控制程序设计

8.1.1 梯形图设计的基本规则

梯形图语言简单明了,易于理解,常常是编程语言的首选。梯形图与继电器控制电路图在结构形式、元件符号及逻辑功能等方面有类似之处,所以有时把梯形图称为电路或程序,但它们之间又有许多区别,即梯形图具有自己的特点及设计规则。

1. 梯形图简述

梯形图由触点、线圈和用方框(也称指令盒)表示的功能块组成。

触点代表逻辑输入条件,例如外部开关、按钮和内部条件等。线圈通常代表逻辑输出结果,用来控制外部的指示灯、交流接触器和内部的输出条件等。功能块用来代表定时器、计数器或者数学运算等附件指令。

在分析梯形图中的逻辑关系时,为了借用继电器电路的分析方法,引入了“能流”的概念。关于“能流”在模块 6 中已有描述。

触点和线圈等组成的独立电路称为网络(Network),用编程软件生成的梯形图和语句表程序中有网络编号,允许以网络为单位,给梯形图加注释(本书为节约篇幅,有些程序未加网络编号)。在网络中,程序的逻辑运算按从左到右的方向执行,与能流的方向一致。各网络按从上到下的顺序执行,执行完所有的网络后,返回最上面的网络重新执行。

2. 梯形图编程的基本规则

梯形图编程的基本规则为:

① 按“自上而下，从左到右”的顺序绘制。

② 在每一个逻辑行上，当几条支路串联时，串联触点多的应安排在上面；几条支路并联时，并联触点多的应安排在左面。否则，语句增多，程序变长，如图 8-1 所示。其中图 8-1(a)和图 8-1(c)是合理的，图 8-1(b)和图 8-1(d)是不合理的。

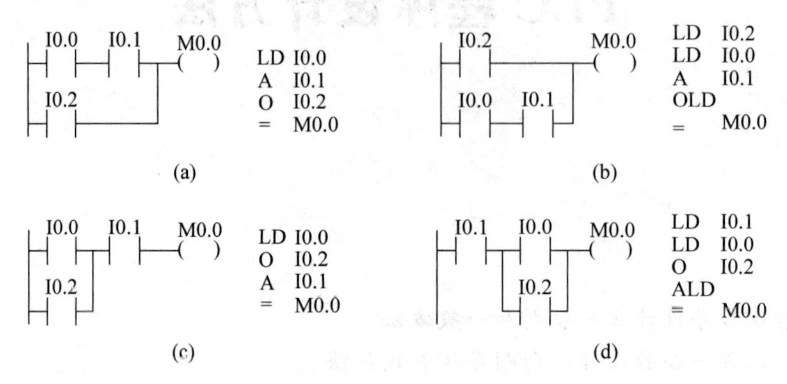

图 8-1　梯形图之一

③ 触点应画在水平支路上，不包含触点的支路应放在垂直方向，不应放在水平方向；如图 8-2中的①和②处都是不允许的。

④ 一个触点上不应有双向电流通过，如图 8-3(a)中元件 3，应变化为图 8-3(b)中的画法。

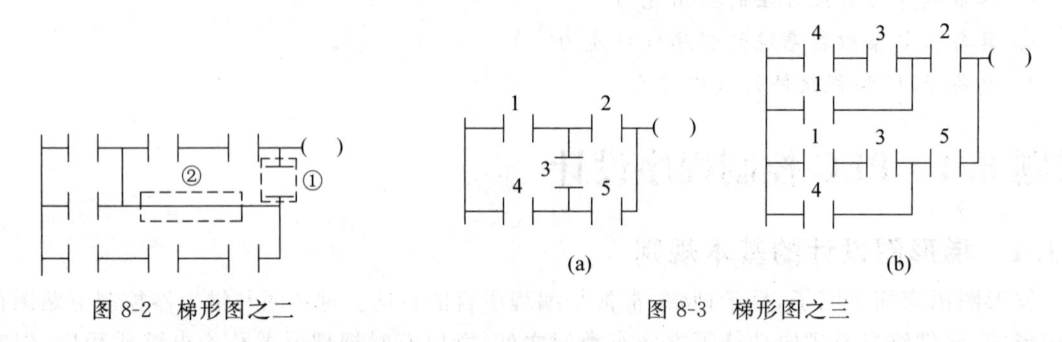

图 8-2　梯形图之二　　图 8-3　梯形图之三

⑤ 设计梯形图时，输入继电器的触点状态全部按相应的输入设备为常开状态设计更为合适，不易出错。因此也建议尽可能用输入设备的常开触点与 PLC 相连接。如果某些信号只能用常闭触点输入，可先按常开来设计，然后将梯形图中对应的输入触点取反即可。

8.1.2 程序设计的一般方法

学习了 PLC 的硬件系统、指令系统和编程方法以后，对设计一个较大的 PLC 控制系统时，要全面考虑许多因素，不管所设计的控制系统的大小，一般都要按图 8-4 所示的设计步骤进行系统设计。

1. 分析任务、确定总体方案

随着 PLC 功能的不断提高和完善，PLC 几乎可以完成工业控制领域的所有任务。但 PLC 还是有它最适合的应用场合，所以在接到一个控制任务后，要分析被控对象的控制过程和要求，看看用什么控制装备(PLC、单片机、DCS 等)完成该任务最合适。比如仪器仪表装置、家电的控制器就要用单片机来控制；大型的过程控制系统大部分要用 DCS 来完成。而 PLC 最适合的控制对象是工业环境较差、对安全性及可靠性要求较高、系统工艺复杂、输入/输出以开关量为主的工业自控系统或装置。其实，现在的可编程序控制器不仅处理开关量，而

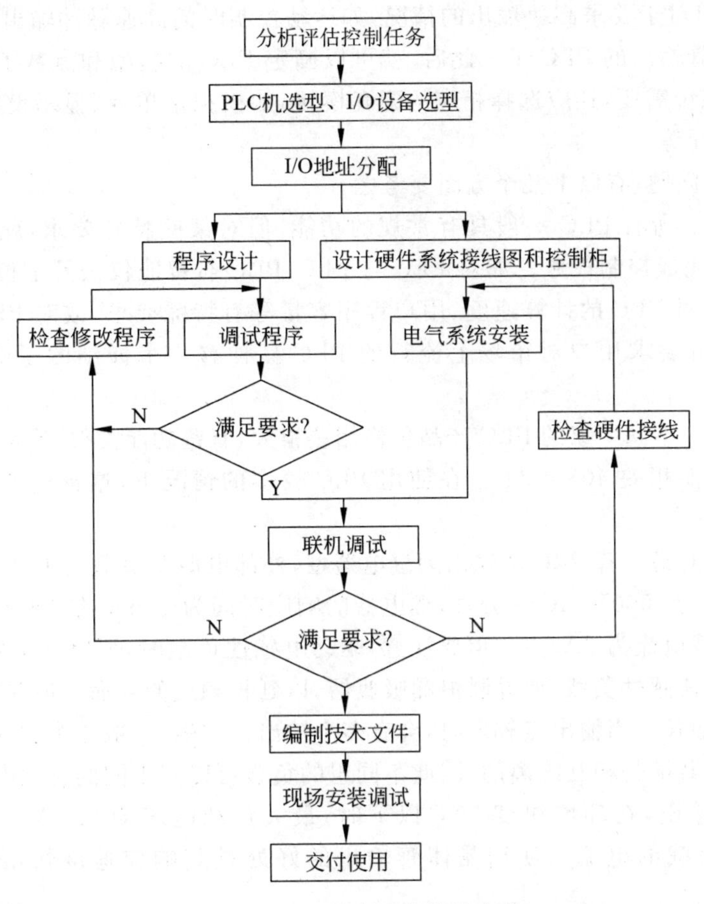

图 8-4　PLC 控制程序设计步骤

且对模拟量的处理能力也很强。所以在很多情况下，已可取代工业控制计算机(IPC)作为主控制器，来完成复杂的工业自动控制任务。

控制对象及控制装置(选定为 PLC)确定后，还要进一步确定 PLC 的控制范围。一般来说，能够反映生产过程的运行情况、能用传感器进行直接测量的参数、控制逻辑复杂的部分都由 PLC 完成。另外一部分，如紧急停车等环节，对主要控制对象还要加上手动控制功能，这就需要在设计电气系统原理图与编程时统一考虑。

2. PLC 选型

当某一个控制任务决定由 PLC 来完成后，选择 PLC 就成为较重要的工作。一方面是选择 PLC 的容量；另一方面是选择 PLC 的机型及外设。

对于前者，首先要对控制任务进行详细分析，把所有的 I/O 点找出来，包括开关量 I/O 和模拟量 I/O 以及这些 I/O 点的性质。I/O 点的性质主要指它们是直流信号还是交流信号，电压多大，输出是用继电器型还是晶体管或是晶闸管型。控制系统输出点的类型非常关键，如果它们之中既有交流 220V 的接触器、电磁阀，又有直流 24V 的指示灯，则最后选用的 PLC 的输出点数有可能大于实际点数。因为 PLC 的输出点一般是几个一组共用一个公共端，这一组输出只能有一种电源的种类和等级。所以一旦它们被交流 220V 的负载使用，则直流 24V 的负载只能使用其他组的输出端了。这样有可能造成输出点数的浪费，增加成本。所以要尽可能选择相同等级和种类的负载，比如使用交流 220V 的指示灯等。一般情况下，继电器输出的

PLC使用最多，但对于要求高速输出的情况，如运动控制时的高速脉冲输出，就要使用无触点的晶体管或晶闸管输出的PLC了。此后，就可以确定PLC的类型和点数了。PLC的主机选定后，如果控制系统需要，还应选择相应的配套模块，如模拟量单元、显示设定单元、位置控制单元或热电偶单元等。

对PLC选型问题，有以下几个方面要考虑。

① 功能方面。所有PLC一般具有常规的功能，但对某些特殊要求，就要确定所选用的PLC是否有能力完成控制任务。如对PLC与PLC、PLC与智能仪表及上位机之间有灵活方便的通信要求，或对PLC的计算速度、用户程序容量等有特殊要求，或对PLC的位置控制有特殊要求等。这就要求用户对市场上流行的PLC品种有一个详细的了解，以做出正确的选择。

② 价格方面。不同厂家的PLC产品价格相差很大，有些功能类似、质量相当、I/O点数相当的PLC的价格能相差40%以上。在使用PLC较多的情况下，这样的差价是必须考虑的因素。

③ 输出接口电路。若PLC的输出为继电器型，外部电源及负载与PLC内部是充分隔离的，内外绝缘要求为1500V AC一分钟，继电器的响应时间为10ms，在5～30V DC/150V AC电压下的最大负载电流为2A/点。但要注意，驱动电感性负载时，要降低额定值使用，以免烧坏触点，尤其是直流感性负载，要并联浪涌吸收器，以延长触点的寿命。但并联浪涌吸收器后，整个开关延时会加长。当输出点较多时，会有多个输出公共端，一般4个或8个输出端公用一个公共端，由于公共端是相互隔离的，因此不同组的负载可以有不同的驱动电源。

对晶体管型输出，在环境温度40℃以下时，最大负载电流为0.7A/点；若环境温度上升，则应该减低负载的电流。使用晶体管输出的好处是其响应速度快，约为25μs(通)和120μs(断)。

④ 输入接口电路。PLC所有的输入端都与内部电路之间有光电隔离电路。

⑤ I/O点数扩展和编址。CPU 22X系列的每种主机所提供的本机I/O点的I/O地址是固定的，进行扩展时，可以在CPU右边连接多个扩展模块，每个扩展模块的组态地址编号取决于各模块的类型和该模块在I/O链中所处的位置。编址方法是同种类型输入或输出点的模块在链中按与主机的位置而递增，其他类型模块的有无以及所处的位置不影响本类型模块的编号。

3. I/O地址分配

输入/输出信号在PLC接线端子上的地址分配是进行PLC控制系统设计的基础。对软件设计来说，I/O地址分配以后才可进行编程；对控制柜及PLC的外围接线来说，只有I/O地址确定以后，才可以绘制电气接线图、装配图，让装配人员根据线路图和安装图安装控制柜。分配输出点地址时，要注意前面提到的负载类型问题。

在进行I/O地址分配时最好把I/O点的名称、代码和地址以表格的形式列写出来。

4. 系统设计

系统设计包括硬件系统设计和软件系统设计。硬件系统设计主要包括PLC及外围线路的设计、电气线路的设计和抗干扰措施的设计等。软件系统设计主要指编制PLC控制程序。

选定PLC及其扩展模块(如需要)、分配完I/O地址后，硬件设计的主要内容就是电气控制系统原理图的设计，电气控制元器件的选择和控制柜的设计。电气控制系统原理图包括主电路和控制电路。控制电路中包括PLC的I/O接线和自动部分、手动部分的详细连接等，有时还要在电气原理图中标上器件代号或另外配上安装图、端子接线图等，以方便控制柜的安装。电气元器件的选择主要是根据控制要求选择按钮、开关、传感器、保护电器、接触器、指示灯和电磁阀等。

控制系统软件设计的难易程度因控制任务而异，也因人而异。对经验丰富的工程技术人员来说，在长时间的专业工作中，受到过各种各样的磨炼，积累了许多经验，除了一般的编程方法外，更有他自己的编程技巧和方法。但无论如何，平时多注意积累和总结是很重要的。

在程序设计时，除I/O地址列表外，有时还要把在程序中用到的中间继电器(M)、定时器(T)、计数器(C)和存储单元(V)以及它们的作用或功能列写出来，以便编写程序和阅读程序。

在编程语言的选择上，用梯形图编程还是用语句表编程或使用功能图编程，这主要取决于以下几点。

① 有些PLC使用梯形图编程不是很方便(例如书写不便)，则可用语句表编程；但梯形图总比语句表直观。

② 经验丰富的人员可用语句表直接编程，就像使用汇编语言一样。

③ 如果是清晰的单序列、选择序列或并行序列的控制任务，则最好是用功能图来设计程序。

5. 系统调试

系统调试分模拟调试和联机调试。

硬件部分的模拟调试可在断开主电路的情况下，主要试一试手动控制部分是否正确。

软件部分的模拟调试可借助于模拟开关和PLC输出端的输出指示灯进行；需要模拟量信号I/O时，可用电位器和万用表配合进行。调试时，可利用上述外围设备模拟各种现场开关和传感器状态，然后观察PLC的输出逻辑是否正确。如果有错误则需修改和反复调试。现在PLC的主流产品都可在PC上编程，并可在计算机上直接进行模拟调试。

联机调试时，可把编制好的程序下载到现场的PLC中。有时PLC也许只有这一台，这时就要把PLC安装到控制柜相应的位置上。调试时一定要先将主电路断电，只对控制电路进行联调即可。通过现场联调信号的接入常常还会发现软硬件中的问题，有时厂家还要对某些控制功能进行改进，这种情况下，都要经过反复测试系统后，才能最后交付使用。

系统完成后一定要及时整理技术材料并存档，养成良好的工作习惯。

课题8.2　经验设计法

8.2.1　方法概述

数字量控制系统又称开关量控制系统，继电器控制系统就是典型的数字量控制系统。

可以用设计继电器电路图的方法来设计比较简单的数字量控制系统的梯形图，即在一些典型电路的基础上，根据被控对象对控制系统的具体要求，不断地修改和完善梯形图。有时需要多次反复地调试和修改梯形图，增加一些中间编程元件和触点，最后才能得到一个较为满意的结果。

这种方法没有普遍的规律可以遵循，具有很大的试探性和随意性，最后的结果不是唯一的，设计所用的时间、设计的质量与设计者的经验有很大的关系，所以将其称为经验设计法。它用于较简单的程序的设计。

不论用何种方法进行设计，其步骤都是相同的。

8.2.2 经验设计法程序设计实例

以自动送料小车控制系统为例，图 8-5 是其控制系统的主电路和 PLC 接线图。主电路中，KM1 和 KM2 是分别控制电动机的正转运行和反转运行的交流接触器，用 KM1 和 KM2 的主触头改变进入电动机定子绕组的三相电源的相序。KR 是热继电器，在电动机过载时，其常闭触点断开，起到保护电动机的目的。运行图中的两个限位开关 SQ1 和 SQ2 确定了小车运送物料的往返区间。

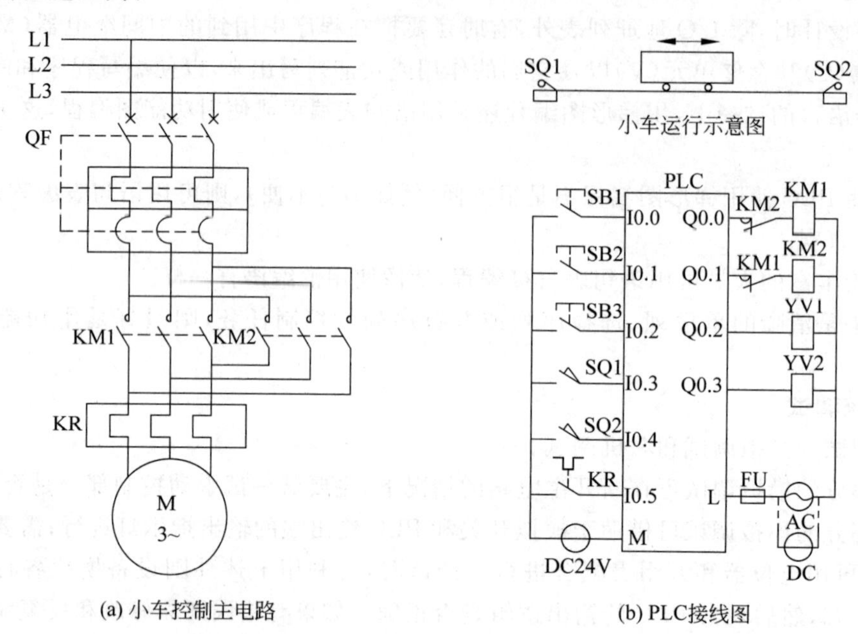

(a) 小车控制主电路 (b) PLC接线图

图 8-5 自动送料小车控制系统

1. I/O 地址分配

自动送料小车控制系统 PLC I/O 地址分配见表 8-1。

表 8-1 自动送料小车控制系统 PLC I/O 地址分配表

输入			输出		
文字符号	地址	功能	文字符号	地址	功能
SB1	I0.0	右行启动按钮	KM1	Q0.0	右行接触器
SB2	I0.1	左行启动按钮	KM2	Q0.1	左行接触器
SB3	I0.2	停止按钮	YV1	Q0.2	装料电磁阀
SQ1	I0.3	左限位开关	YV2	Q0.3	卸料电磁阀
SQ2	I0.4	右限位开关			
KR	I0.5	过载保护			

2. 外部接线图

自动送料小车 PLC 控制系统的外部接线如图 8-5(b)所示。其中 KM1 和 KM2 的常闭触点分别串接于对方的线圈支路中，起硬件互锁作用。输出端子的外部电源根据所选的接触器和电磁阀的电压确定其性质和大小。

3. 梯形图

(1) 小车自动往返程序

自动送料小车控制，首先实现的是小车的自动往返，如图 8-6 所示。

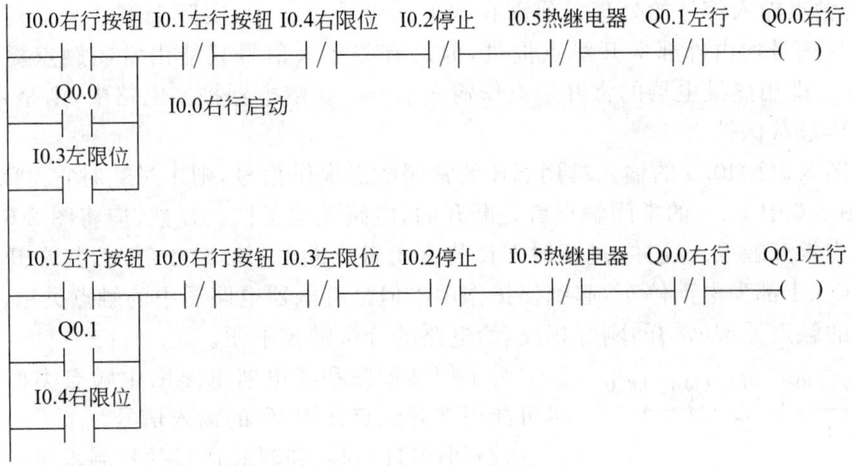

```
I0.0右行按钮 I0.1左行按钮 I0.4右限位 I0.2停止 I0.5热继电器 Q0.1左行 Q0.0右行
──┤ ├──┬──┤/├──┤/├──┤/├──┤/├──┤/├──( )
  Q0.0 │  I0.0右行启动
──┤ ├──┤
I0.3左限位
──┤ ├──┘

I0.1左行按钮 I0.0右行按钮 I0.3左限位 I0.2停止 I0.5热继电器 Q0.0右行 Q0.1左行
──┤ ├──┬──┤/├──┤/├──┤/├──┤/├──┤/├──( )
  Q0.1 │
──┤ ├──┤
I0.4右限位
──┤ ├──┘
```

图 8-6　小车自动往返控制程序

图 8-6 中用两个启保停电路来分别控制电动机的正转和反转。虽然停止和热继电器两个常闭触点用了两次，但在 PLC 中，触点的使用是不受数量限制的，这样可使电路的逻辑关系比较清晰，并且不需要用堆栈指令。

① 工作过程分析。工作过程为：按下正转启动按钮 SB1，I0.0 变为 ON，其常开触点接通，Q0.0 的线圈"得电"并自保持，使 KM1 的线圈通电，电机开始正转右行。按下停止按钮 SB3，I0.2 变为 ON，其常闭触点断开，使 Q0.0 线圈"失电"，电动机停止右行。电动机的左行控制与此类似。

在梯形图中，将 Q0.0 和 Q0.1 的常闭触点分别与对方的线圈串联，可以保证它们不会同时为 ON，因此 KM1 和 KM2 的线圈不会同时得电，这是用程序实现得互锁。除此之外，为了方便操作和保证 Q0.0 和 Q0.1 不会同时为 ON，在梯形图中还设置了按钮互锁，即将左行启动按钮的 I0.1 的常闭触点与控制右行的 Q0.0 的线圈串联，将右行启动按钮的 I0.0 的常闭触点与控制左行的 Q0.1 的线圈串联。这样还可以实现在一个转向时，不按停止按钮，直接按反方向启动按钮使电动机变换转向。

为了使小车的运动在极限位置自动停止，将右限位开关 I0.4 的常闭触点与控制右行的 Q0.0 的线圈串联，将左限位开关 I0.3 的常闭触点与控制左行的 Q0.1 的线圈串联。为了使小车自动改变运动方向，将左限位开关 I0.3 的常开触点与手动启动右行的 I0.0 的常开触点并联，将右限位开关 I0.4 的常开触点与手动启动左行的 I0.1 的常开触点并联。假设按下左行启动按钮 I0.1，Q0.1 变为 ON，小车开始左行，碰到左限位开关时，I0.3 的常闭触点断开，使 Q0.1 的线圈断电，小车停止左行。I0.3 的常开触点接通，使 Q0.0 的线圈通电，开始右行。以后将这样不断地往返运动下去，直到按下停止按钮 I0.2。

② 互锁的处理。梯形图中的软件互锁(Q0.0 和 Q0.1、I0.0 和 I0.1)电路并不十分可靠，在电动机切换方向的过程中，可能原来接通的接触器的主触头的电弧尚未熄灭，另一个接触器的主触头已经闭合了，由此造成瞬间的电源相间短路，使熔断器熔断。此外，如果因主电路电流过大或接触器质量不好，某一接触器的主触头被断电时产生的电弧熔焊粘连，其线圈断电后主触头仍是接通的，这时如果另一接触器的线圈通电，也会造成三相电源短路的事故。为了防止出现这种情况，应在 PLC 的外部设置由 KM1 和 KM2 的辅助常闭触点组成的硬件互锁电路，假设 KM1 的主触头被电弧熔焊，这时它与 KM2 线圈串联的辅助常闭触点处于断开状态，KM2 的线圈就不可能得电。

③ 常闭触点输入信号的处理。前面在梯形图设计过程中，实际上有一个前提，就是假设输入的数字量信号均由外部常开触点提供，但是有些输入信号只能由常闭触点提供。图 8-6 梯形图中 I0.5 即用热继电器的常开触点作输入信号。在继电器控制电路中，则是用热继电器的常闭触点作过载保护。

如果将图 8-5(b)I0.5 的输入端用 KR 的常闭触点提供信号，则未过载时它是闭合的，I0.5 为 1 状态，图 8-6 中 I0.5 的常闭触点就是断开的，电路无法工作。显然，应将图 8-6 中 I0.5 的常闭触点改为常开触点。这样，过载时 KR 的常闭触点断开，I0.5 为 OFF，其常开触点断开，使 Q0.0 和 Q0.1 都失电而停车，起到保护作用。但是继电器电路图中的触点类型(常闭)和梯形图中对应的触点类型(常开)刚好相反，给电路的分析带来不便。

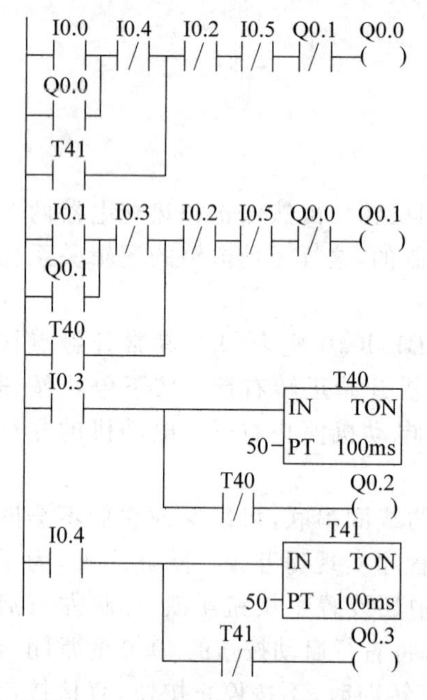

图 8-7 小车自动装、卸料和送料的控制程序

为了使梯形图和继电器电路图中触点类型相同，建议尽可能用常开触点作 PLC 的输入信号。

(2) 小车自动装、卸料和送料的控制程序

小车自动装、卸料和送料的控制程序如图 8-7 所示。

在限位开关 SQ1 处装料，5s 后装料结束，开始右行。碰到 SQ2 后停下来卸料，5s 后左行。碰到 SQ1 后又停下来装料。这样不停地循环工作。直到按下停止按钮 SB3。按钮 SB1 和 SB2 分别用来启动小车右行和左行。

在电动机自动往返控制梯形图的基础上，设计出的小车自动装料、卸料并自动送料的控制梯形图如图 8-7 所示。为了使小车自动停止，将 I0.4 和 I0.3 的常闭触点分别串入 Q0.0 和 Q0.1 的线圈电路。为了使小车自动启动，将控制装料、卸料延时的定时器 T40 和 T41 的常开触点分别与手动启动右行和左行的 I0.1 和 I0.0 的常开触点并联。并用两个限位开关的常开触点分别接通装料、卸料电磁阀和相应的定时器。

设小车左行，碰到限位开关 SQ1 时，I0.3 的常闭触点使 Q0.1 断开，小车停止左行。I0.3 的常开触点使 Q0.2 和 T40 线圈接通，开始装料和延时。5s 后，T40 的常闭触点断开，SQ1 断开后停止装料；T40 的常开触点闭合，启动小车右行。右行和卸料过程的分析与上面的基本相同。按下停止按钮 SB3(I0.2)后小车将停止运动。

图 8-7 中将图 8-6 中 I0.0 和 I0.1 的互锁在程序中去掉了，当然也可以接入。

课题 8.3 顺序控制设计法

8.3.1 功能图的概念

1. 功能图的概念

用经验设计法设计梯形图时，没有一套固定的方法和步骤可以遵循，具有较大的试探性和随意性，对于不同的控制系统，没有一种通用的容易掌握的设计方法。在设计复杂系统的梯形图时，需要用大量的中间单元来完成记忆、联锁和互锁等功能。由于需要考虑的因素很多，它们往往又交织在一起，分析起来非常困难，并且很容易遗漏一些应该考虑的问题。修改某一局部电路时，很可能对系统的其他部分产生意想不到的影响，因此梯形图的修改也很麻烦，往往

花了很长时间还得不到一个满意的结果。

所谓顺序控制，就是按照生产工艺预先规定的顺序，在各个输入信号的作用下，改进内部状态和时间的顺序，在生产过程中各个执行机构自动、有秩序地进行操作。使用顺序控制设计法时首先根据系统的工艺过程，设计出顺序功能图，目前许多 PLC 已支持顺序功能图语言，必要时也可用编程软件直接将顺序功能图转换成梯形图，因此说它是一种先进的设计方法，很容易被初学者接受，对于有经验的设计人员，也会提高设计的效率，程序的调试、修改和阅读也很方便，调试的成功率也较高。

顺序功能图(Sequential Function Chart)是描述控制系统的控制过程、功能和特性的一种图形，也是设计 PLC 的顺序控制程序的有力工具。

顺序功能图并不涉及所描述的控制功能的具体技术，它是一种通用的技术语言，可以供不同专业的人员之间进行技术交流之用。1994 年 5 月公布的 IEC 的 PLC 标准(IEC61131)中，顺序功能图被确定为 PLC 位居首位的编程语言。

2. 顺序功能图的组成

顺序功能图主要由步、有向连线、转换、转换条件和动作(或命令)组成。

(1) 步与动作

① 步的基本概念。顺序控制设计法最基本的思想是将系统的一个工作周期划分为若干个顺序相连的阶段，这些阶段称为步(Step)，并用编程元件(例如为存储器 M 和顺序控制继电器 S)来代表各步。步是根据输出量的状态变化来划分的，在任何一步之内，各输出量的 ON/OFF状态不变，但是相邻两步输出量总的状态是不同的。步的这种划分方法使代表各步的编程元件的状态与各输出量的状态之间有着极为简单的逻辑关系。

顺序控制设计法用转换条件控制代表各步的编程元件，让它们的状态按一定的顺序变化，然后用代表各步的编程元件去控制 PLC 的各输出位。

如锅炉鼓风机和引风机的控制要求为：按启动按钮 I0.0 后，应先开引风机，延时 12s 后再开鼓风机。按停止按钮 I0.1 后，应先停鼓风机，10s 后再停引风机。用 Q0.0 和 Q0.1 控制引风机和鼓风机。根据 Q0.0 和 Q0.1 ON/OFF 状态的变化，显然一个工作周期可以分为 3 步，分别用 M0.1～M0.3 来代表这 3 步，另外还应设置一个等待启动的初始步。图 8-8 为描述该系统的顺序功能图，图中用矩形方框表示步，方框中可以用数字表示该步的编号，也可以用代表该步的编程元件的地址作为步的编号，例如 M0.0 等，这样在根据功能图设计梯形图时较为方便。

② 初始步。与系统的初始状态相对应的步称为初始步，初始状态一般是系统等待启动命令的相对静止的状态。初始步用双线方框表示，每一个顺序功能图至少应该有一个初始步，如图 8-9 所示。

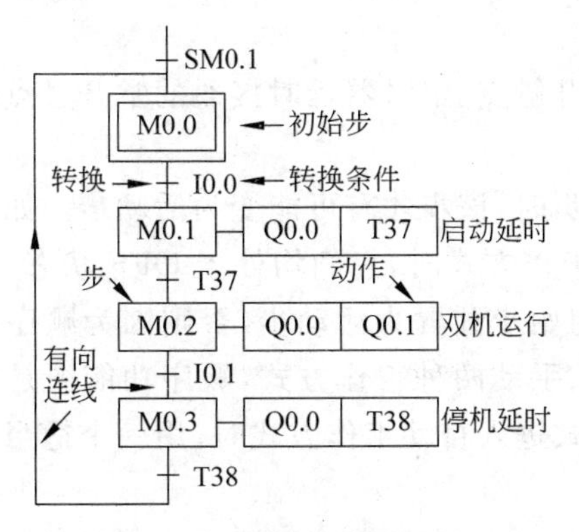

图 8-8 顺序功能图概念

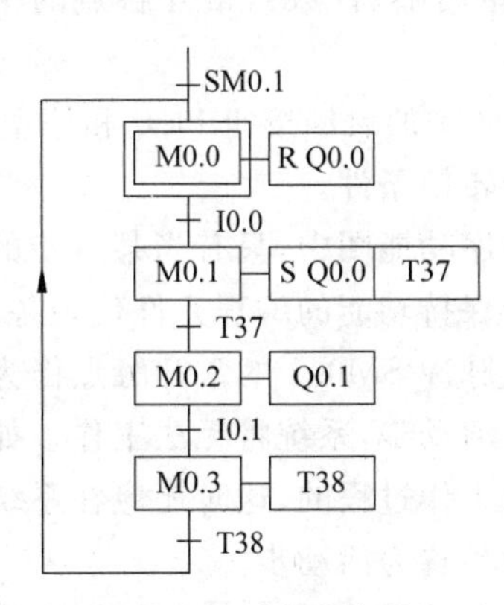

图 8-9 顺序功能图

③ 步与对应的动作。可以将一个控制系统划分为被控系统和施控系统，例如在数控车床系统中，数控装置是施控系统，车床是被控系统。对于被控系统，在某一步中要完成某些“动作(Action)”；对于施控系统，在某一步中则要向被控系统发出某些“命令(Command)”。为了叙述方便，下面将命令和动作统称为动作，并用矩形框中的文字或符号表示，该矩形孔应与相应的步的符号相连。

如果某一步有几个动作，可以用图 8-10 中的两种画法来表示，但是并不隐含这些动作之间的任何顺序。说明命令的语句应清楚地表明该命令是存储型的还是非存储型的。例如某步的存储型命令“打开 1 号电磁阀并保持”，是指该步活动时 1 号电磁阀打开，该步不活动时继续打开；非存储型命令“打开 1 号电磁阀”是指该步活动时打开，不活动时关闭。

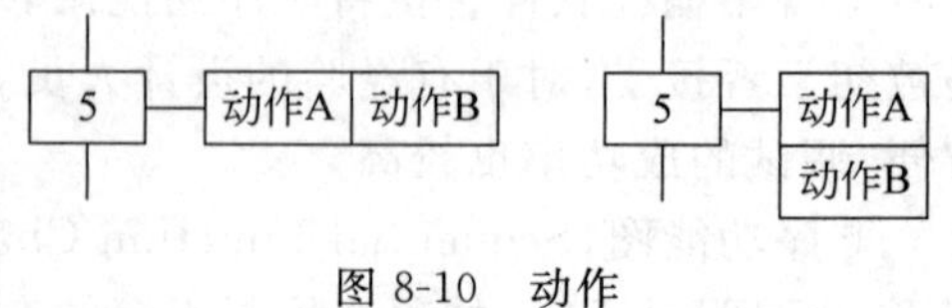

图 8-10　动作

图 8-8 中在连续的 3 步内输出位 Q0.0 均为“1”状态，为了简化顺序功能图和梯形图，可以在第 2 步将 Q0.0 置位，返回初始步后将 Q0.0 复位，如图 8-9 所示。

④ 活动步。当系统正处于某一步所在的阶段时，该步处于活动状态，称该步为“活动步”。步处于活动状态时，相应的动作被执行；处于不活动状态时，相应的非存储型动作被停止执行。

(2) 有向连线与转换条件

① 有向连线。在顺序功能图中，随着时间的推移和转换条件的实现，将会发生步的活动状态的进展，这种进展按有向连线的路线和方向进行。在画顺序功能图时，将代表各步的方框按它们成为活动步的先后次序顺利排列，并用有向连线将它们连接起来。步的活动状态习惯的进展方向是从上到下或从左到右，在这两个方向有向连线上的箭头可以省略。如果不是上述的方向，应在有向连线上用箭头注明进展方向。在可以省略箭头的有向连线上，为了更便于理解也可以加箭头。

如果在画图时有向连线必须中断(例如，有的图较复杂，有的图需要用几个图来表示一个顺序功能图时)，应在有向连线中断之处表明下一步的标号和所在的页数，例如“步 83、12 页”。

② 转换。转换用有向连线上与有向连线垂直的短划线来表示，转换将相邻两步分隔开。步的活动状态的进展是由转换的实现来完成的，并与控制过程的发展相对应。

③ 转换条件。使系统由当前步进入下一步的信号称为转换条件，转换条件可以是外部的输入信号，例如按钮、指令开关、限位开关的接通或断开等；也可以是 PLC 内部产生的信号，例如定时器、计数器常开触点的接通等，转换条件还可能是若干个信号的与、或、非逻辑组合。

图 8-8 中的启动按钮 I0.0 和停止按钮 I0.1 的常开触点、定时器延时接通的常开触点是各步之间的转换条件。

在顺序功能图中，只有当某一步的前级步是活动步时，该步才有可能变为活动步。如果用没有断电保持功能的编程元件代表各步，进入 RUN 工作方式时，它们均处于 OFF 状态，必须用初始化脉冲 SM0.1 的常开触点作为转换条件，将初始步预置为活动步，否则因为顺序功能图中没有活动步，系统将无法工作。如果系统有自动、手动两种工作方式，顺序功能图是用来描述自动工作过程的，这时还应在系统由手动工作方式进入自动工作方式时，用一个适当的信号将初始步置为活动步。

转换条件 I0.0 和 $\overline{\text{I0.0}}$ 分别表示当输入信号 I0.0 为 ON 和 OFF 时转换实现。符号 ↑I0.0

和 ↓I0.0 分别表示在 I0.0 的上升沿和下降沿时转换实现。转换条件 $I0.0 \cdot \overline{C0}$ 表示 I0.0 的常开触点与 C0 的常闭触点同时闭合，在梯形图中则用两个触点的串联来表示这样的“与”逻辑关系。

8.3.2　功能图的结构

功能图的结构有三种形式：单序列、选择序列和并行序列。

1. 单序列

单序列由一系列相继激活的步组成，每一步的后面仅有一个转换，每一个转换的后面只有一个步，如图 8-11(a)所示。

2. 选择序列

选择序列的开始称为分支，如图 8-11(b)所示，转换符号只能标在水平连线之下。如果步 5 是活动步，并且转换条件 h=1，则发生由步 5 到步 8 的进展。如果步 5 是活动步，并且转换条件 k=1，则发生由步 5 到步 10 的进展。如果将选择条件 k 改为 $k\bar{h}$，则当 k 和 h 同时为 ON 时，将优先选择 h 对应的序列，一般只允许同时选择一个序列。

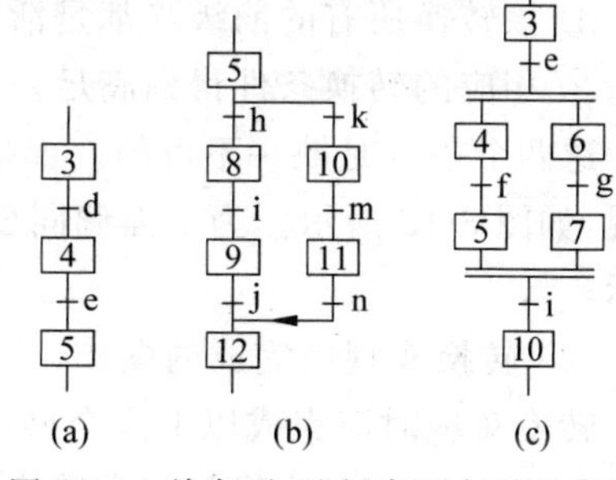

图 8-11　单序列、选择序列与并行序列

选择序列的结束称为合并，如图 8-11(b)所示，几个选择序列合并到一个公共序列时，用需要重新组合的序列相同数量的转换符号和水平连线来表示，转换符号只允许标在水平连线上。

如果步 9 是活动步，并且转换条件 j=1，则发生由步 9 到步 12 的进展。如果步 11 是活动步，并且 n=1，则发生由步 11 到步 12 的进展。

3. 并行序列

并行序列的开始称为分支，如图 8-11(c)所示，当转换的实现导致几个序列同时激活时，这些序列称为并行序列。当步 3 是活动步，并且转换条件 e=1，则 4 和 6 两步同时变为活动步，同时步 3 变为不活动步。为了强调转换的同步实现，水平连线用双线表示。步 4、6 被同时激活后，每个序列中活动步的进展将是独立的。在表示同步的水平连线之上，只允许有一个转换符号。并行序列用来表示系统几个同时工作的独立部分的工作情况。

并行序列的结束称为合并，如图 8-11(c)所示，在表示同步的水平双线之下，只允许有一个转换符号。当直接连在双线上的所有前级步(步 5、7)都处于活动状态，并且转换条件 i=1 时，才会发生步 5、7 到步 10 的进展，即步 5、7 同时变为不活动步，而步 10 变为活动步。

8.3.3　编程注意事项

1. 编写顺序功能图时的注意事项

为避免绘制顺序功能图时常犯的错误，应注意以下事项。

① 两个步不能直接相连，必须用一个转换将它们分隔开。

② 两个转换也不能直接相连，必须用一个步将它们分隔开。

③ 顺序功能图中的初始步一般对应于系统等待启动的初始状态，这一步可能没有什么输出处于 ON 状态，因此有的初学者在画顺序功能图时很容易遗漏这一步。初始步是必不可少的，一方面因为该步与它的相邻步相比，从总体上说输出变量的状态各不相同；另一方面如果没有该步，无法表示初始状态，系统也无法返回等待启动的停止状态。

④ 自动控制系统应能多次重复执行同一工艺过程，因此在顺序功能图中一般应由步和有向连线组成的闭环组成，即在完成一次工艺过程的全部操作之后，应从最后一步返回初始步，系统停留在初始状态，在连续循环工作方式时，应从最后一步返回下一工作周期开始运行的第一步。换句话说，在顺序功能图中不能有“到此为止”的死胡同。

2. 顺序功能图中转换实现的基本规则

(1) 转换实现的条件

在顺序功能图中，步的活动状态的进展是由转换的实现来完成的。转换实现必须同时满足两个条件。

① 该转换所有的前级步都是活动步。

② 相应的转换条件得到满足。

这两个条件是缺一不可的。如果转换的前级步或后续步不止一个，转换的实现称为同步实现，如图 8-12 所示。为了强调同步实现，有向连线的水平部分用双线表示。

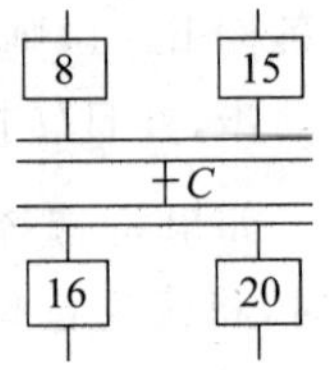

(2) 转换实现应完成的操作

转换实现时应完成以下两个操作。

① 使所有有向连线与相应转换符号相连的后续步都变为活动步。

② 使所有有向连线与相应转换符号相连的前级步都变为不活动步。

图 8-12 转换的同步实现

以上规则可以用于任意结构中的转换，其区别如下：在单序列中，一个转换仅有一个前级步和一个后续步；在并行序列的分支处，转换有两个或两个以上后续步，在转换实现时应同时将它们对应的编程元件置位，在并行序列的合并处，转换有几个前级步，它们均为活动步时才有可能实现转换，在转换实现时应将它们对应的编程元件全部复位；在选择序列的分支与合并处，一个转换实际上只有一个前级步和一个后续步，但是一个步可能有多个前级步或多个后级步。

转换实现的基本规则是根据顺序功能图设计梯形图的基础，它适用于顺序功能图中的各种基本结构和各种顺序控制梯形图的编程方法。

在梯形图中，用编程元件(例如 M 和 S)代表步，当某步为活动步时，该步对应的编程元件为 ON。当该步之后的转换条件满足时，转换条件对应的触点或电路接通，因此可以将该触点或电路与代表所有前级步的编程元件的常开触点串联，作为与转换实现的两个条件同时满足对应的电路。例如，假设某转换条件为 I0.1 · I0.3，它的两个前级步为 M0.5 和 M0.7，则应将这 4 个元件的常开触点串联，作为转换实现的两个条件同时满足对应的电路。在梯形图中，该电路接通时，应使所有代表前级步的编程元件复位，同时使所有代表后续步的编程元件置位(变为 ON 并保持)。

3. 顺序控制设计法的本质

经验设计法实际上是试图用输入信号 I 直接控制输出信号 Q，如果无法直接控制，或者为了实现记忆、联锁、互锁等功能，只好被动地增加一些辅助元件和辅助触点。由于不同系统的输出量 Q 与输入量 I 之间的关系各不相同，以及它们对联锁、互锁的要求千变万化，不可能找出一种简单通用的设计方法。

顺序控制设计法则是用输入量 I 控制代表各步的编程元件(例如内部存储器位 M)，再用它们控制输出量 Q。步是根据输出量 Q 的状态划分的，M 与 Q 之间具有很简单的“与”或者

“相等”的逻辑关系，输出电路的设计极为简单。对应代表步的 M 的控制电路，无论系统多复杂，其设计方法都是相同的，并且很容易掌握，所以顺序控制设计法具有简单、规范、通用的优点。由于 M 是依次按顺序变为 ON/OFF 状态的，实际上已经基本解决了经验设计法中的记忆、联锁等问题。

课题 8.4 单序列的程序设计

单序列是顺序功能图中最简单的一种结构。在绘制出系统的顺序功能图之后，即可根据此功能图，按照顺序控制设计法设计梯形图程序。

8.4.1 设计方法和步骤

常用的设计方法有使用通用逻辑指令的编程方法，即使用启保停电路的设计方法、以转换为中心的设计方法和使用顺序控制继电器指令的设计方法。由于前两种方法所使用的指令在任何型号的 PLC 中都有，所以这两种方法适合任何一种 PLC。

1. 使用启保停电路的梯形图设计方法

(1) 步的编程方法

对于代表生产周期中不同阶段的步，设计启保停电路的关键是找出它的启动条件和停止条件。

就某一步来说，启动它也就是使该步之前且与之相连的转换实现。那么，根据转换实现的基本规则，转换实现必须满足的条件是：该转换的前级步是活动步、相应的转换条件为 1。而在单序列中，每一个转换只有一个前级步和一个后续步。因此，该步的启动条件就是：代表前级步的编程元件的常开触点和代表转换条件的逻辑表达式的串联。

图 8-13 中给出了图 8-8 控制鼓风机和引风机的顺序控制功能图。步 M0.1 的启动条件为：$M0.0 \cdot I0.0$。

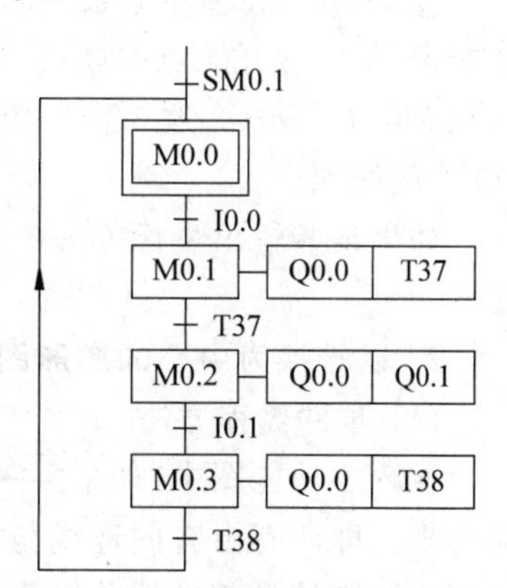

图 8-13 鼓风机和引风机的顺序控制功能图

停止条件的作用是停止某步。根据转换实现应完成的操作之一：使前级步变为不活动步。亦即在启动了某步后，该步的前级步就应停止。所以，任何一步的停止条件都是其后续步的启动。梯形图中用后续步的常闭触点串入前级步的线圈支路中作为停止信号。

图 8-13 中步 M0.1 的停止条件为：$\overline{M0.2}$。

保持即自锁。根据转换实现应完成的操作，一是启动后续步；二是停止前级步。可知，作为启动条件之一的前级步的常开触点，在完成了对后续步的启动后，随着后续步变为活动步，下一个扫描周期，后续步的常闭触点断开，将使前级步停止。因此，启保停电路中的启动条件的有效时间只有一个扫描周期，所以必须使用自锁即自保持电路。梯形图中用本步的常开触点与启动条件并联实现保持功能，也可用有记忆功能的置位/复位指令。

图 8-13 中步 M0.1 的线圈支路的逻辑表达式为：

$$M0.1 = (M0.0 \cdot I0.0 + M0.1 \cdot \overline{M0.2}) \tag{8-1}$$

使用启保停电路设计的梯形图如图 8-14 所示。

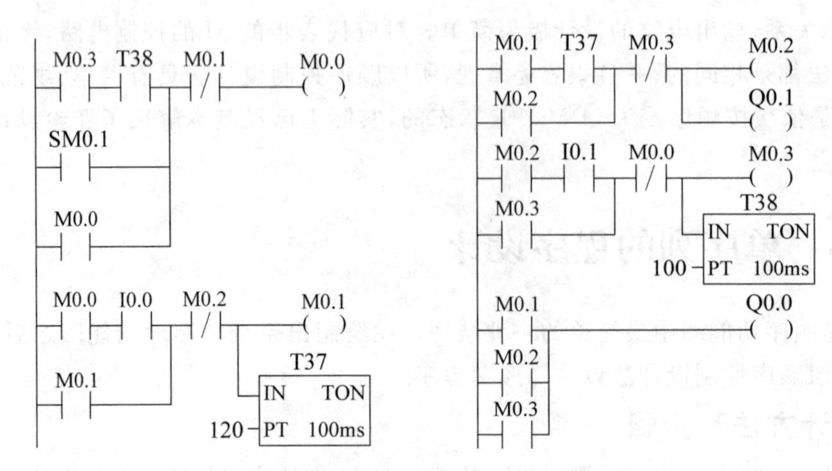

图 8-14 鼓风机和引风机顺序控制梯形图

(2) 输出动作或命令的编程方法

由于步是根据输出变量的状态来划分的,它们之间的关系极为简单,可以分为以下两种情况来处理。

① 输出量仅在某一步中被执行。当某一输出量仅在某一步中被执行时,可以将该输出量的线圈与对应步编程元件的线圈并联。如图 8-13 中的 Q0.1 就属于这种情况。

有的人也许会认为,既然如此,不如用这些输出来代表该步,例如用 Q0.1 代替 M0.2。当然这样可以节省一些编程元件,但是存储器位 M 是完全够用的,多用一些不会增加硬件费用,在设计和输入程序时也多花不了多少时间,而且全部用存储器位 M 来代表步具有概念清楚、编程规范、梯形图易于阅读和修改的优点。

② 输出量在多步中被执行。当某一输出量在多步中都被执行时,应将代表各有关步的存储器位 M 的常开触点并联后,驱动该输出量的线圈。如图 8-13 中的 Q0.0 就属于这种情况,它在 M0.1～M0.3 这 3 步中均工作,所以用 M0.1～M0.3 的常开触点组成的并联电路来驱动 Q0.0 的线圈。

如果某些输出量像 Q0.0 一样,在连续的若干步均为 1 状态,还可以用置位、复位指令来设计。

2. 以转换为中心的梯形图设计方法

(1) 步的编程方法

在顺序功能图中,如果某一转换所有的前级步都是活动步并且满足相应的转换条件,则转换实现。即所有由有向连线与相应转换符号相连的后续步都变为活动步,而所有由有向连线与相应转换符号相连的前级步都变为不活动步。在以转换为中心的编程方法中,用该转换所有前级步对应的存储器位的常开触点与转换对应的触点或电路串联,该串联电路即启保停电路中的启动电路,用它作为使所有后续步对应的存储器位置位(即使用置位指令),和使所有前级步对应的存储器位复位(使用复位指令)的条件。在任何情况下,代表步的存储器位的控制电路都可以用这一原则来设计,每一个转换对应一个这样的控制置位和复位的电路块,有多少个转换就有多少个这样的电路块。这种设计方法特别有规律,梯形图与转换实现的基本规则之间有着严格的对应关系,在设计复杂顺序功能图的梯形图时既容易掌握,又不容易出错。

(2) 输出动作或命令的编程方法

由于控制各步置位和复位的串联电路接通的时间只有一个扫描周期,转换条件满足后前级步马上被复位，该串联电路断开，而输出位 Q 的线圈至少应该在某一步对应的全部时间内被接通，所以不论是仅在一步中执行还是在多步中执行的动作和命令都不能编在步的指令行中，而是应该用代表步的存储器位的常开触点或它们的并联电路来驱动输出位的线圈。

使用此方法设计的梯形图如图 8-15 所示。

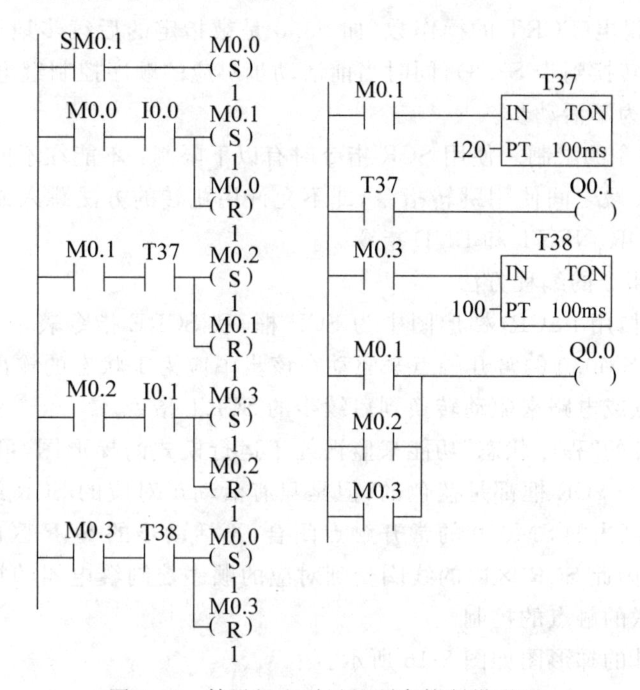

图 8-15 鼓风机和引风机顺序控制梯形图

3. 使用 SCR 指令的顺序控制梯形图设计方法

(1) 顺序控制继电器指令

S7—200 中的顺序控制继电器(S)专门用于编制顺序控制程序。顺序控制程序被顺序控制继电器指令 LSCR 划分为 LSCR 与 SCRE 指令之间的若干个 SCR 段，一个 SCR 段对应于顺序功能图中的一步。

① 指令格式。SCR 指令格式见表 8-2。

表 8-2 SCR 指令格式

LAD	STL	功 能	LAD	STL	功 能
S0.3 SCR	LSCR S0.3	SCR 程序段开始（直接与左母线相连）	—(SCRE)	SCRE	SCR 程序段结束（直接与左母线相连，无操作数）
S3.3 —(SCRT)	SCRT S3.3	SCR 程序段转移			

② 指令说明。指令说明如下。

装载顺序控制继电器(Load Sequence Control Relay, LSCR)指令：用来表示一个 SCR 程序段(即顺序功能图中的步)的开始。指令中的操作数 S-bit(例如 S0.3)为顺序控制继电器 S 的地址，该地址状态为 1 时，执行对应的 SCR 段中的程序(即执行对应的步)，反之则不执行。

顺序控制继电器结束(Sequence Control Relay End,SCRE)指令：用来表示SCR段的结束。

顺序控制继电器转换(Sequence Control Relay Transition,SCRT)指令：用来表示SCR段之间的转换，即步的活动状态的转换。当SCRT前面的逻辑运算结果为1时，即转换条件满足时，SCRT线圈得电，SCRT的操作数(如S3.3是被指定的后续步地址)对应顺序控制继电器变为1状态(即转换到步S3.3)，同时当前活动步对应的顺序控制继电器被系统程序复位为0状态，当前步变为不活动步。

③ 使用SCR指令的限制。使用SCR指令时有以下限制：不能在不同的程序中使用相同的S位；不能在SCR段之间使用跳转指令，即不允许用跳转的方法跳入或跳出SCR段；不能在SCR段中使用FOR、NEXT和END指令。

(2) 使用SCR指令的编程方法

在设计梯形图时，用LSCR(梯形图中为SCR框)和SCRE指令表示SCR段的开始和结束。在SCR段中用SM0.0的常开触点来驱动在该步中应为1状态的输出点Q的线圈，并用转换条件对应的触点或电路来驱动转换到后续步的SCRT指令。

如果用编程软件的"程序状态"功能来监视处于运行模式的梯形图，可以看到因为直接接在左侧母线上，每一个SCR框都是蓝色的，但是只有活动步对应的SCR线圈通电，并且只有活动步对应的SCR区内的SM0.0的常开触点闭合，不活动步的SCR区内的SM0.0的常开触点处于断开状态，因此SCR区内的线圈受到对应的顺序控制继电器的控制，SCR区内的线圈还可以受与它串联的触点的控制。

使用此方法设计的梯形图如图8-16所示。

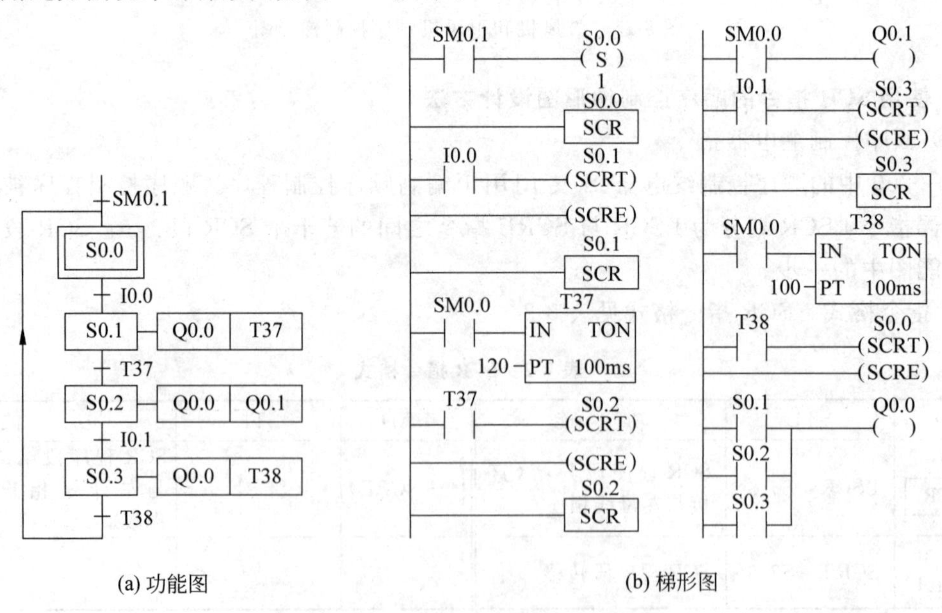

图8-16 用SCR指令编程的功能图和梯形图

8.4.2 单序列的程序设计实例

某组合机床的动力头在初始状态时停在最左边，限位开关I0.3为1状态(如图8-17(a)所示)。按下启动按钮I0.0，动力头的进给运动如图8-17(a)所示，工作一个循环后，返回并停在初始位置。控制电磁阀的Q0.0～Q0.2在各工步的状态如图8-17(b)中顺序功能图所示。

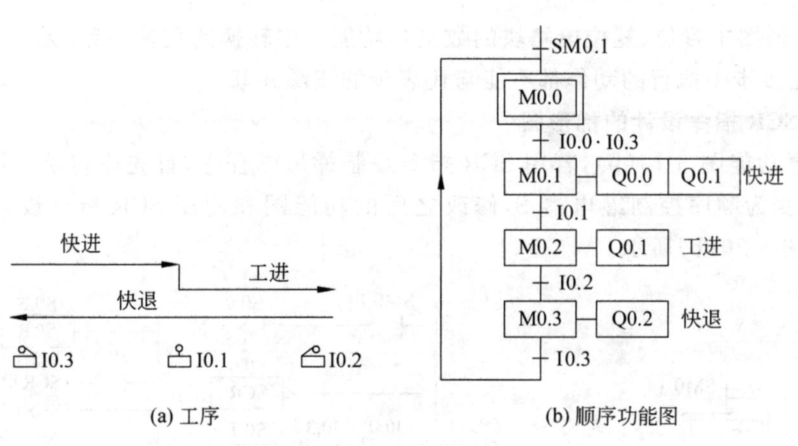

(a) 工序　　(b) 顺序功能图

图 8-17　动力头控制系统及顺序功能图

1. 使用启保停电路设计的梯形图

根据顺序功能图 8-17(b),使用起保停电路设计的梯形图如图 8-18 所示。

特点:在使用启保停电路设计的梯形图中,启保停电路块的数量与功能图中步的数量一致;在多步中执行的动作应单独设计。

2. 使用以转换为中心的方法设计的梯形图

根据顺序功能图 8-17(b),使用以转换为中心的方法设计的梯形图如图 8-19 所示。

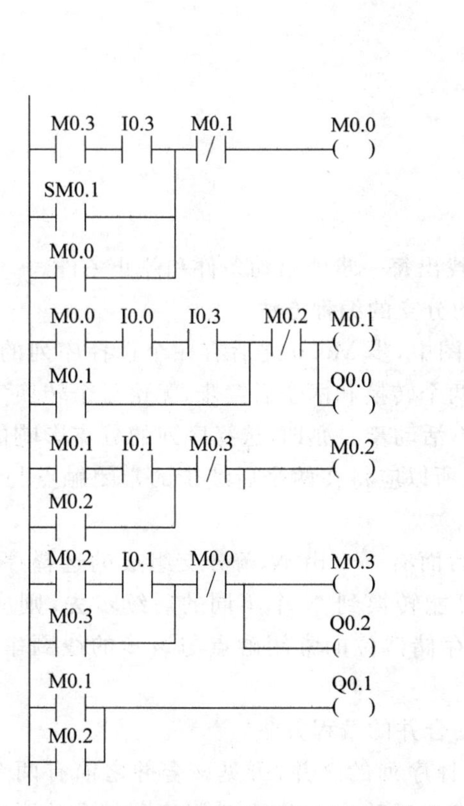
图 8-18　动力头控制系统梯形图(用启停保电路)

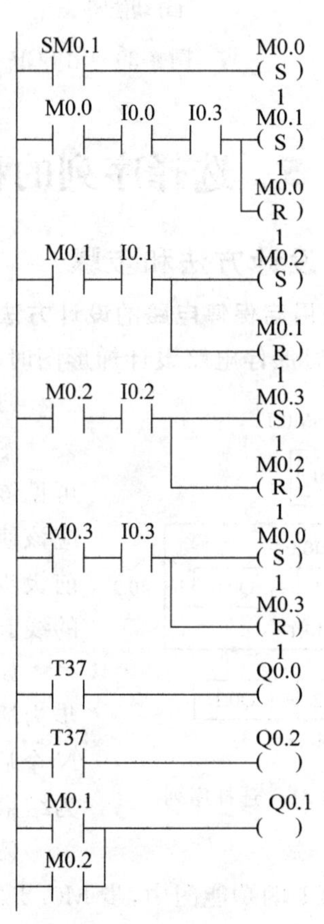
图 8-19　动力头控制系统梯形图(以转换为中心)

特点：梯形图中置位、复位电路块的数量与功能图中转换的数量一致；无论在一步中执行的动作还是在多步中执行的动作都不能与代表步的线圈并联。

3. 使用 SCR 指令设计的梯形图

根据顺序功能图 8-17(b)，若用 SCR 指令编制梯形图程序，首先应将功能图中代表步的编程元件 M 变为顺序控制继电器 S，修改之后的功能图和使用 SCR 指令设计的梯形图如图 8-20(a)、图 8-20(b)所示。

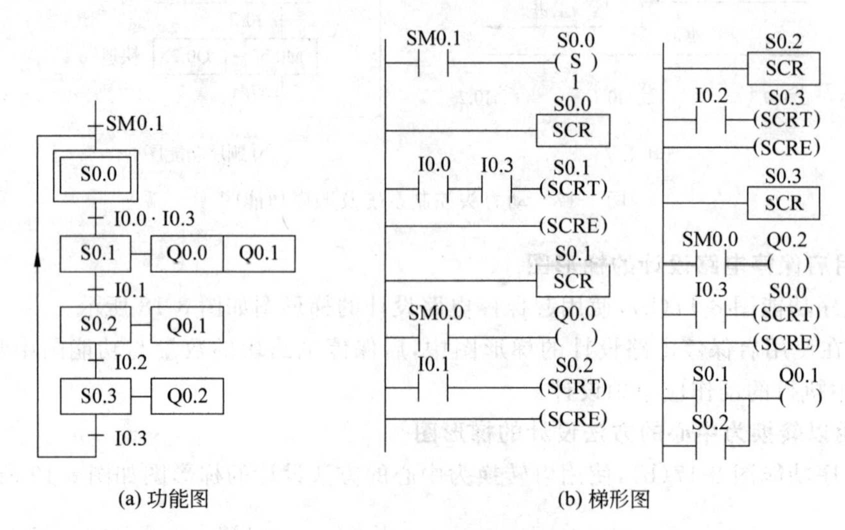

图 8-20 用 SCR 指令编程的动力头控制系统功能图和梯形图

课题 8.5 选择序列的程序设计

8.5.1 设计方法和步骤

1. 使用启保停电路的设计方法

使用启保停电路设计梯形图时，关键问题是找出每一步的启动条件和停止条件。

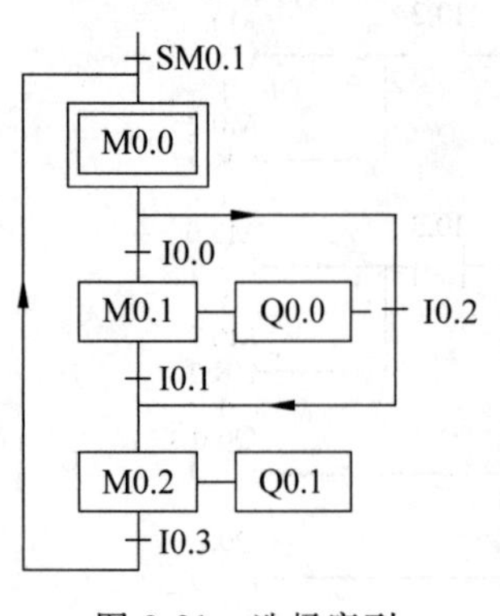

图 8-21 选择序列

(1) 选择序列的分支的编程方法

图 8-21 的功能图中，步 M0.0 之后有一个选择序列的分支，可见该分支之后有两个转换和两个后续步，无论哪个转换实现都应该使 M0.0 变为不活动步。亦即，选择序列的分支影响的是其前级步的停止条件，所以应将在两个后续步的常闭触点与 M0.0 的线圈串联。

如果某一步的后面有一个由 *N* 条分支组成的选择序列，该步为活动步时，就可能转换到 *N* 个不同的后续步去，则应将这 *N* 个后续步对应的存储器位的常闭触点与该步的线圈串联，作为结束该步的条件。

(2) 选择序列的合并的编程方法

图 8-21 的功能图中，步 M0.2 之前有一个选择序列的合并，可见该合并之前有两个转换和两个前级步，无论哪个转换实现都应使 M0.2 变为活动步。亦即，选择序列的合并影响的是其后续步的启动条件，所以 M0.2 的启动条件应为 M0.1 · I0.1＋M0.0 · I0.2，对应的启动电

路由两条并联支路组成，每一条支路分别由 M0.1・I0.1 和 M0.0・I0.2 的常开触点串联而成。

一般来说，对于选择序列的合并，如果某一步之前有 N 个转换，即有 N 条分支进入该步，则控制该步存储器位的启保停电路的启动电路就由 N 条支路并联而成，各支路由某一前级步对应存储器位的常开触点与相应转换条件对应的触点或电路串联而成。

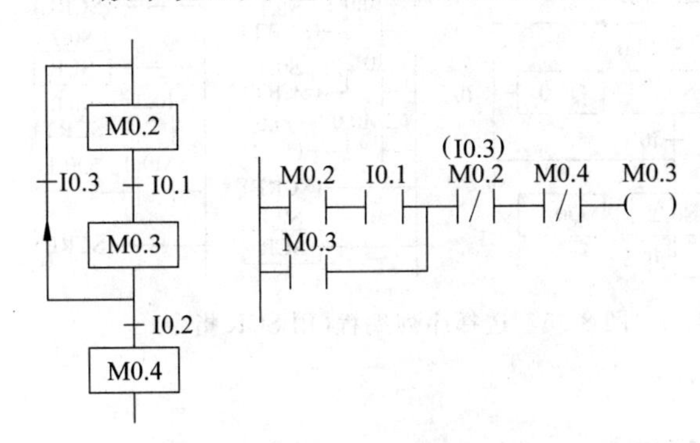

图 8-22　仅有两步的循环处理

(3) 仅有两步的闭环的处理

如果在顺序功能图中有仅由两步组成的小闭环，如图 8-22 所示，用启保停电路设计的梯形图不能正常工作。图中 M0.2 和 I0.2 均为 1 时，M0.3 的启动电路接通，但是这时与 M0.3 的线圈串联的 M0.2 的常闭触点却是断开的，所以 M0.3 的线圈不能得电。出现此问题的根本原因在于步 M0.2 既是步 M0.3 的前级步，又是它的后续步。在图 8-22 中，将 M0.2 的常闭触点改为 I0.3 即可。

2. 使用以转换为中心的梯形图设计方法

以转换为中心的梯形图设计方法，充分运用了转换实现的条件，即只要前级步是活动步同时相应的转换条件满足，就可以启动后续步、停止前级步。因此以转换为中心的梯形图设计方法只使用启保停电路中启动电路，利用置位、复位指令的特点，就实现了转换。

对于选择序列来说，每一个转换都只有一个前级步和一个后续步，需要置位、复位的存储器位也只有一个，因此对选择序列的分支与合并的编程方法实际上与对单序列的编程方法完全相同。

3. 使用 SCR 指令的梯形图设计方法

使用 SCR 指令编程的特点是，转换是在其前级步对应的 SCR 程序段中被执行（实现）的。

在选择序列的分支处，有两个或两个以上的转换，使用 SCR 指令编程时，在分支前级步对应的程序段中，应将这两个或两个以上的转移指令 SCRT 都编出。在该步对应的 SCR 段被执行时，哪一个转换条件满足就转移到相应的目标段中。

在选择序列的合并处，由于每一个转换都只有一个前级步，其编程方法与单序列编程方法相同。

8.5.2　选择序列的程序设计实例

1. 使用启保停电路设计的梯形图

对于图 8-21 所示的功能图，使用启保停电路设计的梯形图如图 8-23 所示。

2. 使用以转换为中心的方法设计的梯形图

对于图 8-21 所示的功能图，使用以转换为中心的方法设计的梯形图如图 8-24 所示。

3. 使用 SCR 指令设计的梯形图

对于图 8-21 所示的功能图，使用 SCR 指令时的功能图和梯形图如图 8-25 所示。

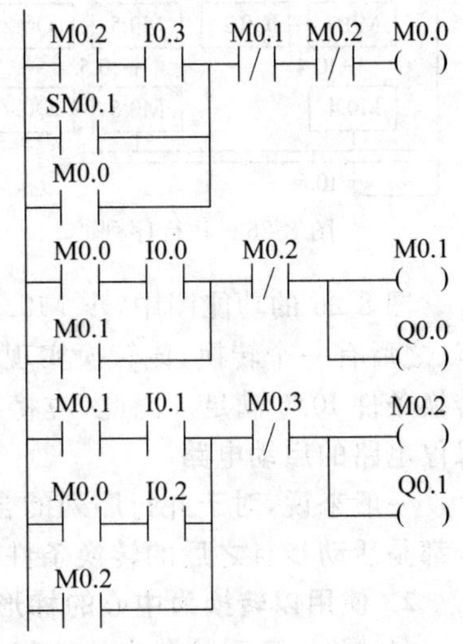

图 8-23　选择序列编程（用启停保）

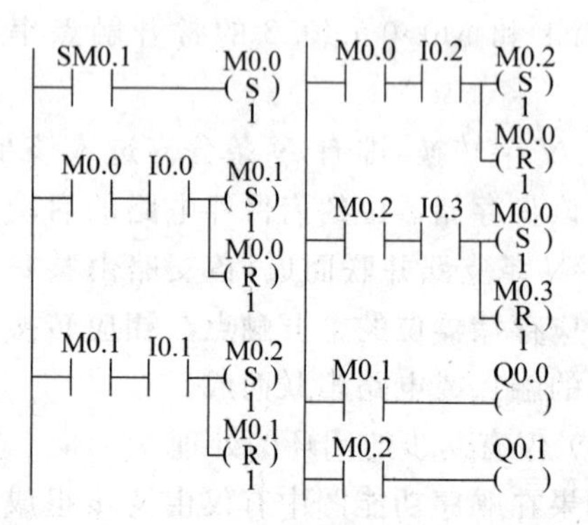

图 8-24　选择序列编程(以转换为中心)

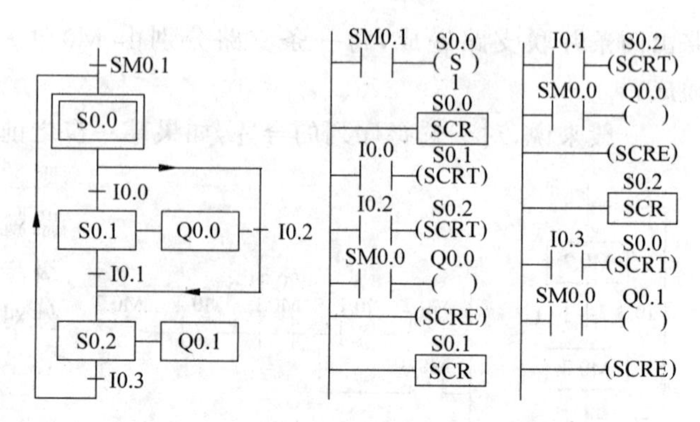

图 8-25　选择序列编程(用 SCR 指令)

课题 8.6　并行序列的程序设计

8.6.1　并行序列及其编程

1. 使用启保停电路的设计方法

(1) 并行序列的分支的编程方法

图 8-26 的功能图中,步 M0.2 之后有一个并行序列的分支,当步 M0.2 是活动步并且转换条件 I0.3 满足时,步 M0.3 与步 M0.5 应同时变为活动步,这是用 M0.2 和 I0.3 的常开触点组成的串联电路分别作为 M0.3 和 M0.5 的启动电路来实现的;与此同时,步 M0.2 应变为不活动步。步 M0.3 与步 M0.5 是同时变为活动步的,只需将 M0.3 或 M0.5 的常闭触点与 M0.2 的线圈串联即可。

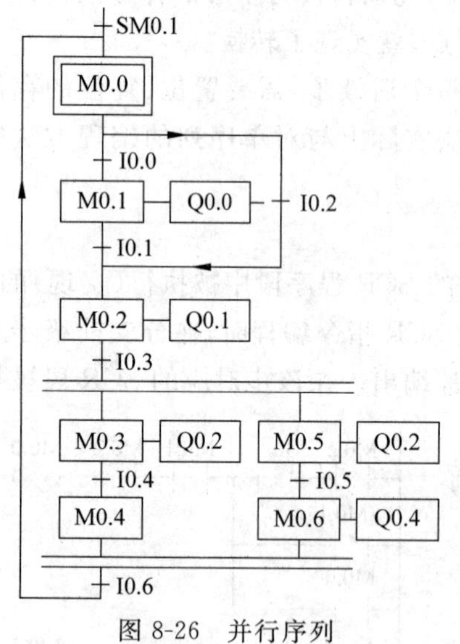

图 8-26　并行序列

需要注意的是,虽然步 M0.3 与步 M0.5 的启动条件相同,但是由于 M0.3 与 M0.5 的后续步各不相同,所以不能将 M0.3 与 M0.5 的线圈并联起来。

如果某一步的后面有一个由 N 条分支组成的并行序列,该步为活动步且转换条件满足时,就将使 N 个不同的后续步同时变为活动步,即这 N 个后续步的启动条件相同;而将这 N 个后续步中任一个后续步对应的存储器位的常闭触点与该步的线圈串联,作为结束该步的条件。

(2) 并行序列的合并的编程方法

图 8-26 的功能图中,步 M0.0 之前有一个并行序列的合并,可见该合并之前有两个前级步、之后有一个转换,该转换实现的条件是所有的前级步(即步 M0.4 和 M0.6)都是活动步且转换条件 I0.6 满足。因此,应将 M0.4、M0.6 和 I0.6 的常开触点串联,作为控制 M0.0 的启保停电路的启动电路

一般来说,对于并行序列的合并,如果该合并之前有 N 个前级步,则只有当这 N 个前级步都是活动步且之后的转换条件满足时,此转换才能实现。

2. 使用以转换为中心的梯形图设计方法

(1) 并行序列的分支的编程方法

图 8-26 的功能图中,步 M0.2 之后有一个并行序列的分支,当步 M0.2 是活动步并且转换

条件 I0.3 满足时，步 M0.3 与步 M0.5 应同时变为活动步，这是用 M0.2 和 I0.3 的常开触点组成的串联电路使 M0.3 和 M0.5 同时置位来实现的。与此同时，步 M0.2 应变为不活动步，这是用复位指令来实现的。

(2) 并行序列的合并的编程方法

I0.6 对应的转换之前有一个并行序列的合并，该转换实现的条件是所有的前级步(即步 M0.4 和 M0.6)都是活动步且转换条件 I0.6 满足。由此可知，应将 M0.4、M0.6 和 I0.6 的常开触点串联，作为使后续步 M0.0 置位和使 M0.4、M0.6 复位的条件。

图 8-27 中，转换的上面是并行序列的合并，转换的下面是并行序列的分支，该转换实现的条件是所有的前级步(即步 M1.0 和 M1.1)都是活动步和转换条件 $\overline{I0.1}+I0.3$ 满足。因此应将 M1.0、M1.1、I0.3 的常开触点与 I0.1 的常闭触点组成的串联电路，作为使 M1.2、M1.3 置位和使 M1.0、M1.1 复位的条件。

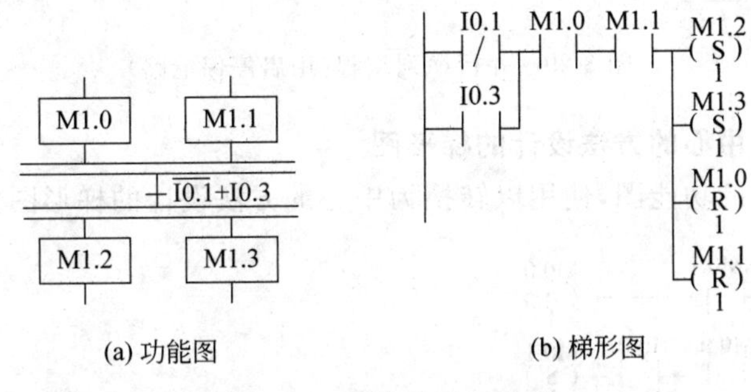

图 8-27　转换的同步实现

3. 使用 SCR 指令的梯形图设计方法

(1) 并行序列的分支的编程方法

图 8-28 中，步 S0.3 之后有一个并行序列的分支，当 S0.3 是活动步，并且转换条件 I0.4 满足，步 S0.4 和 S0.6 应同时变为活动步，这是用 S0.3 对应的 SCR 段中 I0.4 的常开触点同时驱动指令"SCRT S0.4"和"SCRT S0.6"来实现的。与此同时，S0.3 被自动复位，步 S0.3 变为不活动步。

(2) 并行序列的合并的编程方法

图 8-28 中步 S1.0 之前有一个并行序列的合并，因为转换条件为 1(总是满足)，转换实现的条件是所有的前级步(即步 S0.5 和 S0.7)都是活动步，但是使用 SCR 指令对并行序列的合并编程时，则是用以转换为中心的编程方法，将 S0.5 和 S0.7 的常开触点串联，来控制 S1.0 的置位和 S0.5、S0.7 的复位，从而使步 S1.0 变为活动步，步 S0.5 和 S0.7 变为不活动步。

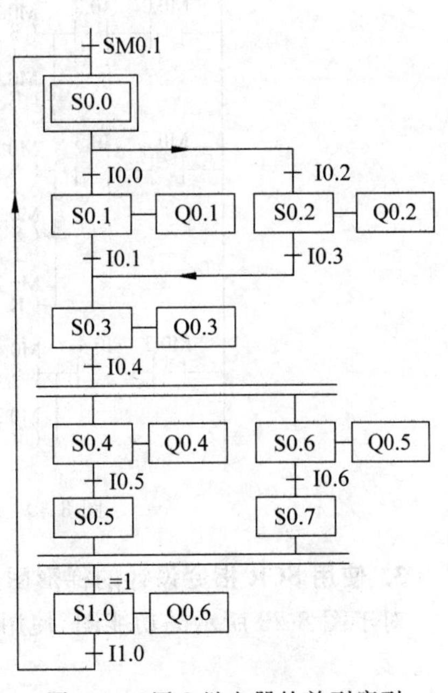

图 8-28　用 S 继电器的并列序列

8.6.2　并行序列的程序设计实例

1. 使用启保停电路设计的梯形图

对于图 8-26 所示的功能图，使用启保停电路设计的梯形图如图 8-29 所示。

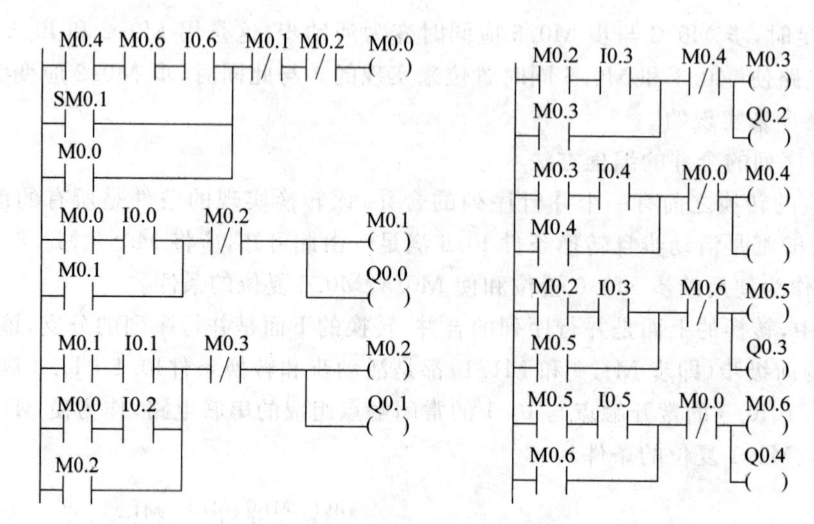

图 8-29 并行序列编程(用启停保电路)

2. 使用以转换为中心的方法设计的梯形图

对于图 8-26 所示的功能图,使用以转换为中心的方法设计的梯形图如图 8-30 所示。

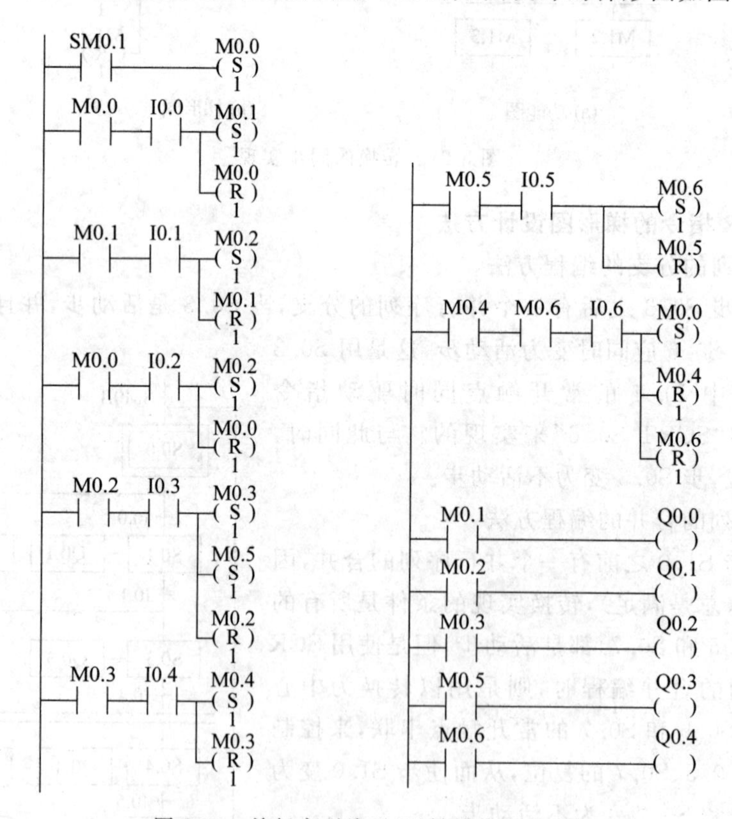

图 8-30 并行序列编程(以转换为中心法)

3. 使用 SCR 指令设计的梯形图

对于图 8-28 所示的功能图,使用 SCR 指令设计的梯形图如图 8-31 所示。

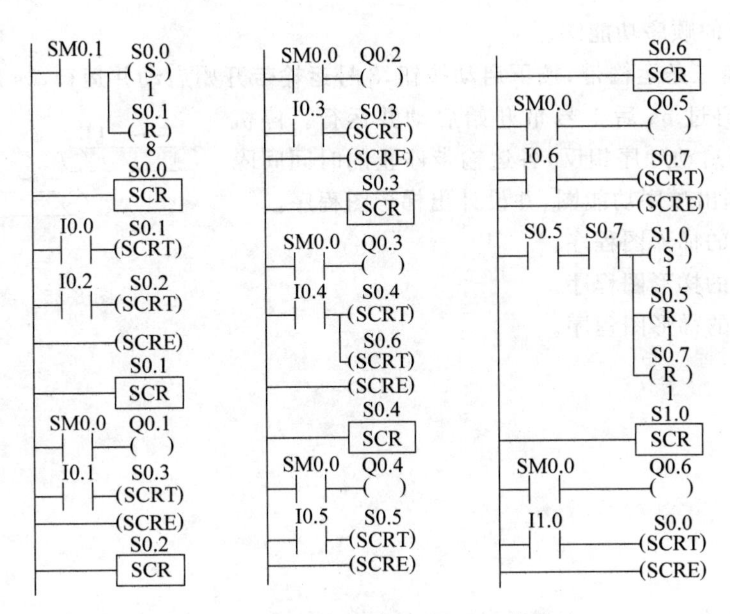

图 8-31　并行序列编程(用 SCR 指令)

思考题与习题

8-1　简述划分步的原则。

8-2　简述转换实现的条件和转换实现时应完成的操作。

8-3　如图 8-32 所示，小车在初始状态时停在中间，位置开关 I0.0 为 ON，按下启动按钮 I0.3，小车按图示顺序运动，最后返回并停在初始位置。画出控制系统的顺序功能图。

8-4　根据图 8-33 所示信号灯工作的波形图，画出控制系统的顺序功能图。

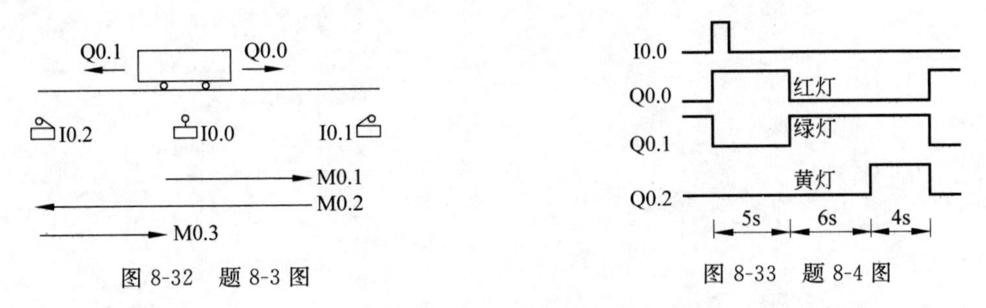

图 8-32　题 8-3 图

图 8-33　题 8-4 图

8-5　图 8-34 是某剪板机的工作示意图，开始时压钳和剪刀在上限位置，限位开关 I0.0 和 I0.1 为 ON。按下启动按钮 I1.0，工作过程如下：首先板料右行(Q0.0 为 ON)至限位开关 I0.3 动作，然后压钳下行(Q0.1 为 ON 并保持)，压紧板料后，压力继电器 I0.4 为 ON，压钳保持压紧，剪刀开始下行(Q0.2 为 ON)。剪断板料后，I0.2 变为 ON，压钳和剪刀同时上行(Q0.3 和 Q0.4 为 ON，Q0.1 和 Q0.2 为 OFF)，它们分别碰到限位开关 I0.0 和 I0.1 后停止上行。都停止后，又开始下一周期的工作，剪完10 块料后停止工作并停止初始状态。试画

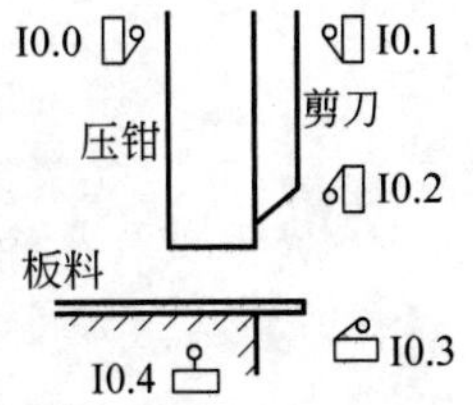

I0.0　I0.1
剪刀
压钳
I0.2
板料
I0.3
I0.4

图 8-34　题 8-5 图

出控制系统的顺序功能图。

8-6 图8-35中是三条运输带，按下启动按钮，3号运输带开始启动并运行，5s后2号带开始启动并运行，再过5s后1号带开始启动并运行。停机时的顺序与启动顺序相反，各运输带停止的时间间隔仍为5s。画出顺序功能图，并设计出梯形图程序。

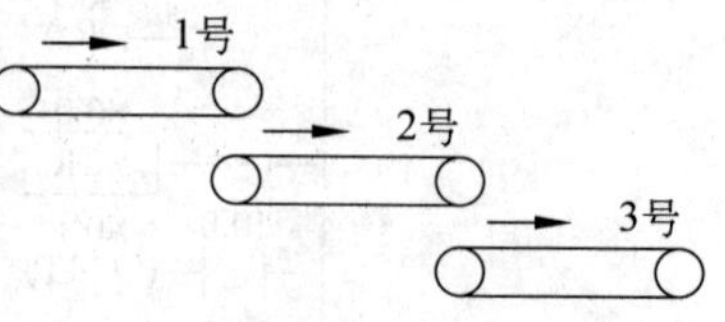

图8-35 题8-6图

8-7 设计题8-3的梯形图程序。

8-8 设计题8-4的梯形图程序。

8-9 设计题8-5的梯形图程序。

模块 9

S7—200 系列 PLC 功能指令及其应用

※知识点

1. 数据操作类指令的表达形式、操作数类型、功能以及应用。
2. 数学运算类指令的表达形式、操作数类型、功能以及应用。
3. 比较与表功能指令的表达形式、操作数类型、功能以及应用。
4. 程序控制类指令的表达形式、操作数类型、功能以及应用。

※学习要求

1. 具备 PLC 功能指令的表达形式、功能分析能力。
2. 具备应用功能指令进行简单程序设计能力。
3. 具备 PLC 功能指令程序运算结果的分析能力。

课题 9.1　数据操作指令及其应用

一般的逻辑控制系统用软继电器、定时器和计数器及基本指令就可以实现。实际上，现在的 PLC 就是一个计算机控制系统。为了满足工业控制的需要，PLC 生产厂家为 PLC 增添了过程控制、数据处理和特殊功能的指令，这些指令我们称为功能指令(Function Instruction)，利用功能指令可以开发出更复杂的控制系统，以致构成网络控制系统。这些功能指令实际上是厂商为满足各种客户的特殊需要而开发的通用子程序。功能指令的丰富程度及其合用的方便程度是衡量 PLC 性能的一个重要指标。

S7—200 的功能指令很丰富，依据其功能大致可分为数据处理类、程序控制类、特种功能类及外部设备类等类型。其中数据处理类含传送比较类、算术与逻辑运算、移位、循环移位、数据变换、编解码等指令，用于各种运算的实现。程序控制类含子程序、中断、跳转及循环，以及步进顺控等指令，用于程序结构及流程的控制。特种功能类含时钟、高速计数、脉冲输出、表功能、PID 处理等指令，用于实现某些专用功能。外部设备指令含输入/输出口设备指令及通信指令等，用于主机内外设备间的数据交换。

功能指令的助记符与汇编语言相似，略具计算机知识的人学习起来也不会有太大困难。但 S7—200 系列 PLC 功能指令毕竟太多，一般读者不必准确记忆其详尽用法，需要时可查阅产品手册。

9.1.1 数据传送指令

数据传送指令用于在各个编程元件之间进行数据传送。根据每次传送数据的数量，可分为单个传送指令和块传送指令。传送指令可用于机内数据的流转与生成，可用于存储单元的清零、程序初始化等场合。

SIMATIC 功能指令助记符中最后的 B、W、DW（或 D）和 R 分别表示操作数为字节(Byte)、字(Word)、双字(Double Word)和实数(Real)。

1. 字节、字、双字、实数传送指令

字节传送指令(MOVB)、字传送指令(MOVW)、双字节传送指令(MOVD)和实数传送指令(MOVR)在不改变原值的情况下将 IN 中的值传送到 OUT 中。表 9-1 给出了以上指令的表达形式及操作数。

使 ENO=0 的错误条件为：SM4.3(运行时间)、0006(间接地址错误)。

表 9-1 字节、字、双字、实数传送指令的表达形式及操作数

指令名称	指令表达形式	操作数		
		输入/输出	类型	范围
字节传送	MOV_B EN ENO ????-IN OUT-???? MOVB IN, OUT	IN	BYTE	IB、QB、VB、MB、SMB、SB、LB、AC、* VD、* LD、* AC、常数
		OUT	BYTE	IB、QB、VB、MB、SMB、SB、LB、AC、* VD、* LD、* AC
字传送	MOV_W EN ENO ????-IN OUT-???? MOVW IN, OUT	IN	WORD,INT	IW、QW、VW、MW、SMW、SW、T、C、LW、AC、AIW、* VD、* AC、* LD、常数
		OUT	WORD,INT	IW、QW、VW、MW、SMW、SW、T、C、LW、AC、AQW、* VD、* LD、* AC
双字传送	MOV_DW EN ENO ????-IN OUT-???? MOVD IN, OUT	IN	DWORD、DINT	ID、QD、VD、MD、SMD、SD、LD、HC、&VB、&IB、&QB、&MB、&SB、&T、&C、&SMB、&AIW、&AQW、AC、* VD、* LD、* AC、常数
		OUT	DWORD、DINT	ID、QD、VD、MD、SMD、SD、LD、AC、* VD、* LD、* AC
实数传送	MOV_R EN ENO ????-IN OUT-???? MOVR IN, OUT	IN	REAL	ID、QD、VD、MD、SMD、SD、LD、AC、* VD、* LD、* AC、常数
		OUT	REAL	IW、QW、VW、MW、SMW、SW、T、C、LW、AC、AIW、* VD、* AC、* LD

2. 字节立即传送指令

字节立即传送指令允许在物理 I/O 和存储器之间立即传送一个字节数据。字节立即读(BIR)指令读物理输入(IN)，并将结果存入内存地址(OUT)，但过程映像寄存器并不刷新。字节立即写指令(BIW)从内存地址(IN)中读取数据，写入物理输出(OUT)，同时刷新相应的过程映像区。

使 ENO=0 的错误条件为：0006(间接寻址)、不能访问扩展模块。表 9-2 为字节立即传送指令的表达形式及操作数。

表 9-2 字节立即传送指令的表达形式及操作数

指令名称	指令表达形式	操作数		
		输入/输出	类型	范围
字节立即读指令	 MOV_BIR EN ENO ????-IN OUT-???? BIR IN, OUT	IN	BYTE	IB、* VD、* LD、* AC
		OUT	BYTE	IB、QB、VB、MB、SMB、SB、LB、AC、* VD、* LD、* AC
字节立即读指令	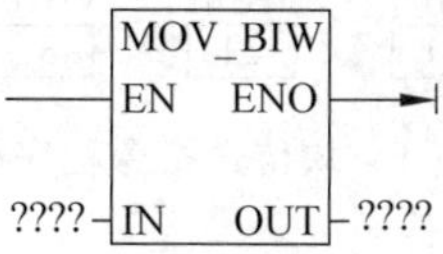 MOV_BIW EN ENO ????-IN OUT-???? BIW IN, OUT	IN	BYTE	IB、QB、VB、MB、SMB、SB、LB、AC、* VD、* LD、* AC、常数

3. 块传送指令

字节块传送(BMB)、字块传送(BMW)和双字块传送(BMD)指令传送指定数量的数据到一个新的存储区,数据的起始地址 IN,数据长度为 N 个字节、字或者双字,新块的起始地址为 OUT。N 的范围从 1～255。

使 ENO＝0 的错误条件为:SM4.3(运行时间)、0006(间接地址错误)、0091(操作数超出范围)。

表 9-3 为块传送指令的表达形式及操作数。

表 9-3 块传送指令的表达形式及操作数

指令名称	指令表达形式	操作数		
		输入/输出	类型	范围
传送字节块指令	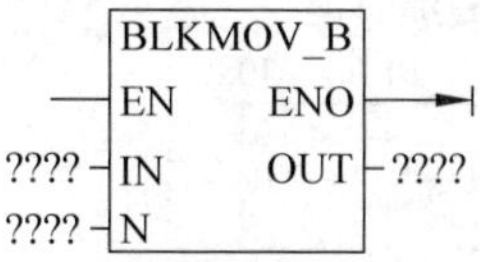 BLKMOV_B EN ENO ????-IN OUT-???? ????-N BMB IN, OUT, *N*	IN	BYTE	IB、QB、VB、MB、SMB、SB、LB、* VD、* LD、* AC
		OUT	BYTE	IB、QB、VB、MB、SMB、SB、LB、* VD、* LD、* AC
		N	BYTE	IB、QB、VB、MB、SMB、SB、LB、AC、常数、* VD、* LD、* AC
传送字块指令	 BLKMOV_W EN ENO ????-IN OUT-???? ????-N BMW IN, OUT, *N*	IN	WORD、INT	IW、QW、VW、SMW、SW、T、C、LW、AIW、* VD、* LD、* AC
		OUT	WORD、INT	IW、QW、VW、MW、SMW、SW、T、C、LW、AQW、* VD、* LD、* AC
		N	BYTE	IB、QB、VB、MB、SMB、SB、LB、AC、常数、* VD、* LD、* AC
传送双字块指令	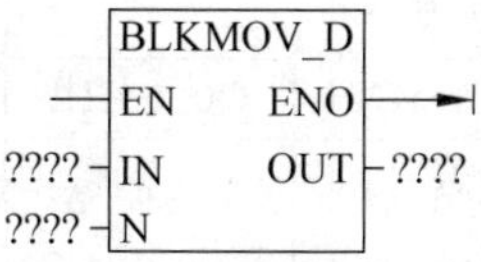 BLKMOV_D EN ENO ????-IN OUT-???? ????-N BMD IN, OUT, *N*	IN	DWORD、DINT	ID、QD、VD、MD、SMD、SD、LD、* VD、* LD、* AC
		OUT	DWORD、DINT	ID、QD、VD、MD、SMD、SD、LD、* VD、* LD、* AC
		N	BYTE	IB、QB、VB、MB、SMB、SB、LB、AC、常数、* VD、* LD、* AC

4. 传送指令程序设计举例

【例 9-1】 将 VB20 单元开始的 4 组数据传送到首址为 VB100 的单元中，如图 9-1 所示。

```
LD  I2.1
BMB  VB20  VB100 4
```

结果为：

```
数据地址  VB20  VB21  VB22  VB23
数组 1  数据   30  31  32  33
```

执行后

```
数组 2  数据   30  31  32  33
数据地址  VB100  VB101  VB102  VB103
```

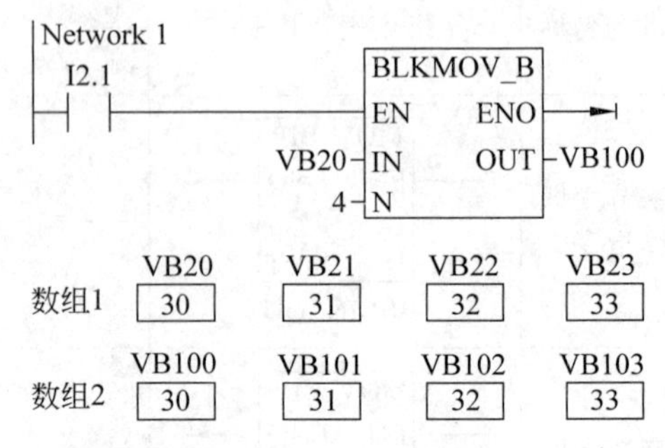

图 9-1 块传送指令程序举例

5. 实习操作

(1) 控制要求

应用数据传送指令设计三相异步电动机Y-△降压启动控制线路。指示灯在启动过程中亮，启动结束后灭。如果发生电动机过载，停机并且灯光报警。

(2) 三相异步电动机Y-△降压启动控制线路

三相异步电动机Y-△降压启动控制线路如图 9-2 所示。

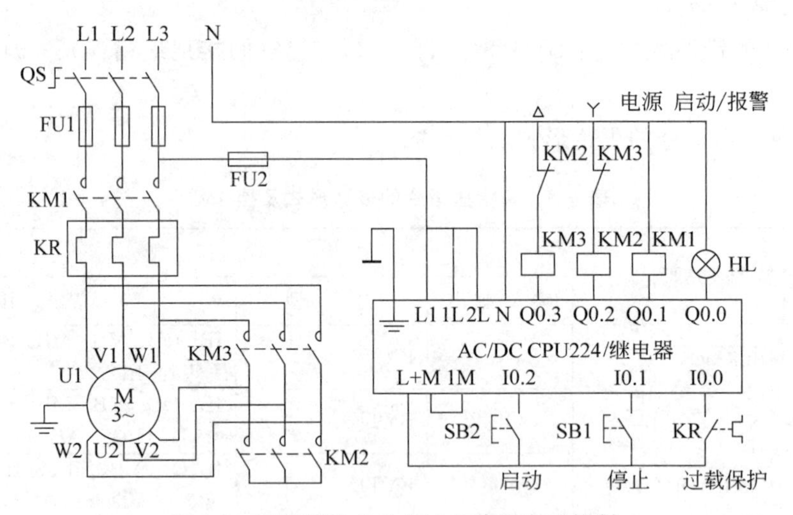

图 9-2 三相异步电动机Y-△降压启动控制

(3) 启动过程和控制数据

Y-△降压启动过程和控制数据如表 9-4 所示。

表 9-4 Y-△降压启动过程和控制数据表

操作元件	状态	输入继电器	输出继电器/负载				控制数据
			Q0.3/KM3	Q0.2/KM2	Q0.1/KM1	Q0.0/HL	
SB2	Y形启动 T40 延时 10s	I0.2	0	1	1	1	7
	T40 延时到 T41 延时 1s		0	0	1	1	3

续表

操作元件	状　态	输入继电器	输出继电器/负载				控制数据
			Q0.3/KM3	Q0.2/KM2	Q0.1/KM1	Q0.0/HL	
	T41 延时到△形运转		1	0	1	0	10
SB1	停止	I0.1	0	0	0	0	0
KR	过载保护	I0.0	0	0	0	1	1

（4）程序梯形图

程序梯形图如图 9-3 所示。

程序中使用了 2 个定时器 T40 和 T41。T40 用于电动机从Y形启动到△形运转的时间控制，时间为 10s。T41 用于 KM2 与 KM3 之间动作延时控制，以防止 2 个接触器同时工作，避免触点间电弧短路，时间为 1s。在生产中 T40 和 T41 的延时时间应根据实际工作情况设定。

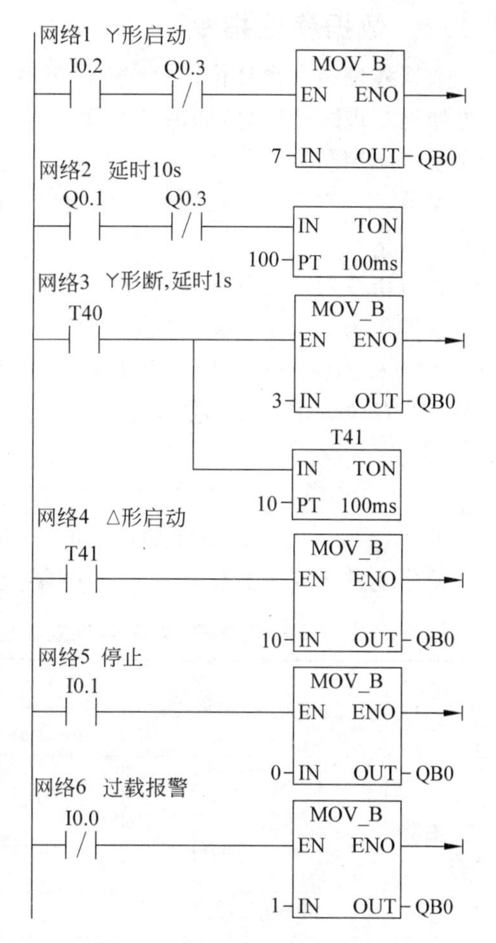

图 9-3　Y-△降压启动梯形图

（5）工作原理

① Y形连接启动，延时 10s。按下启动按钮 SB2，I0.2 接点通，执行数据传送指令后，Q0.2、Q0.1 和Q0.0 接通。Y形接触器 KM2 和电源接触器 KM1 通电，电动机Y形启动。指示灯 HL 通电亮。Q0.1 接点通使定时器 T40 通电延时 10s。

② Y形连接分断，等待 1s。T40 延时到，T40 接点通，执行数据传送指令后，Q0.1 和 Q0.0 保持接通，电源接触器 KM1 保持通电，指示灯 HL 通电亮。Q0.2 断电，Y形接触器 KM2 断电。同时使定时器 T41 通电延时 1s。

③ △形连接运转。T41 延时到，T41 接点通，执行数据传送指令后，Q0.1 和 Q0.3 接通，电源接触器 KM1 保持通电，△形接触器 KM3 通电，电动机△形连接运转。

④ 停机。按下停止按钮，I0.1 接点通，执行数据传送指令后，Q0.0～Q0.3 全部断开，电动机断电停机。

⑤ 过载保护。在正常情况下，热继电器常闭触点接通输入继电器 I0.0，使 I0.0 常闭接点断开，不执行数据传送指令；当发生过载时，热继电器常闭触点分断，I0.0 断电，I0.0 常闭接点闭合，执行数据传送指令，Q0.3、Q0.2 和 Q0.1 断开，电动机断电停机。Q0.0 通电，指示灯 HL 亮报警。

（6）操作步骤

① 按图 9-2 所示连接三相交流电动机Y-△降压启动控制线路。

② 接通电源，将状态开关置于“TERM”（终端）位置。

③ 启动编程软件，单击工具栏停止图标，使 PLC 处于“STOP”（停止）状态。

④ 将图 9-3 所示的控制程序下载到 PLC 中。

⑤ 单击工具栏运行图标，使 PLC 处于“RUN”(运行)状态。

⑥ PLC 上输入指示灯 I0.0 应点亮，表示热继电器工作正常。

⑦ 按下启动按钮 SB2，电动机Y形降压启动。10s 后，Y形接触器断电，延时 1s 后，△形接触器通电运行。在启动过程中，指示灯 HL 亮。

⑧ 按下停止按钮 SB1，电动机 M 断电停机。

⑨ 过载保护。在电动机运转中断开热继电器常闭触点与 I0.0 的连线，模拟过载现象，则电动机断电停机，指示灯亮报警。

9.1.2 数据移位指令

数据移位指令含移位、循环移位、移位寄存器及字节交换指令等指令。移位指令在程序中可方便地实现某些运算，如乘 2 及除 2 等，可用于取出数据中的有效位数字，移位寄存器可用于实现步序控制。

字节、字、双字左移位或右移位指令是把输入 IN 左移或右移 *N* 位后，并将结果装载到输出 OUT 中。

移位指令对移出的位自动补零。如果位数 *N* 大于或等于最大允许值(对于字节操作为 8，对于字操作为 16，对于双字操作为 32)，那么移位操作的次数为最大允许值。如果移位次数大于 0，溢出标志位(SM1.1)上就是最近移出的位值。如果移位操作的结果为 0，零存储器位(SM1.0)置位。字节操作是无符号的。对于字和双字操作，当使用有符号数据类型时，符号位也被移动。

表 9-5 为字节、字和双字左移和右移指令的表达形式及操作数。

使 NEO=0 的错误条件是：0006(间接寻址)。

受影响的 SM 标志位是：SM1.0(零)、SM1.1(溢出)。

表 9-5 字节、字和双字左移和右移指令的表达形式及操作数

指令名称	指令的表达形式	操作数		
		输入/输出	类型	范围
字节右移指令	SHR_B EN ENO ???? IN OUT ???? ???? N SRB OUT, *N*	IN	BYTE	IB、QB、VB、MB、SMB、SB、LB、AC、*VD、*LD、*AC、常数
		OUT	BYTE	IB、QB、VB、MB、SMB、SB、LB、AC、*VD、*LD、*AC
字节左移指令	SHL_B EN ENO ???? IN OUT ???? ???? N SLB OUT, *N*	N	BYTE	IB、QB、VB、MB、SMB、SB、LB、AC、*VD、*LD、*AC、常数
字右移指令	SHR_W EN ENO ???? IN OUT ???? ???? N SRW OUT, *N*	IN	WORD	IW、QW、VW、MW、SMW、SW、LW、T、C、AC、AIW、*VD、*LD、*AC、常数

续表

<table>
<tr><th rowspan="2">指令名称</th><th rowspan="2">指令表达形式</th><th colspan="3">操　作　数</th></tr>
<tr><th>输入/输出</th><th>类　型</th><th>范　　围</th></tr>
<tr><td rowspan="2">字左移指令</td><td rowspan="2">SHL_W
EN　ENO
????- IN　OUT -????
????- N
SLW OUT, N</td><td>OUT</td><td>WORD</td><td>IW、QW、VW、MW、SMW、SW、T、C、LW、AC、* VD、* LD、* AC</td></tr>
<tr><td>N</td><td>BYTE</td><td>IB、QB、VB、MB、SMB、SB、LB、AC、* VD、* LD、* AC、常数</td></tr>
<tr><td>双字右移指令</td><td>SHR_DW
EN　ENO
????- IN　OUT -????
????- N
SRD OUT, N</td><td>IN</td><td>DWORD</td><td>ID、QD、VD、MD、SMD、SD、LD、AC、HC、* VD、* LD、* AC、常数</td></tr>
<tr><td rowspan="2">双字左移指令</td><td rowspan="2">SHL_DW
EN　ENO
????- IN　OUT -????
????- N
SLD OUT, N</td><td>OUT</td><td>DWORD</td><td>ID、QD、VD、MD、SMD、SD、LD、AC、* VD、* LD、* AC</td></tr>
<tr><td>N</td><td>BYTE</td><td>IB、QB、VB、MB、SMB、SB、LB、AC、* VD、* LD、* AC、常数</td></tr>
</table>

9.1.3　数据循环移位指令

1. 字节、字、双字循环移位指令

字节、字、双字循环左移或循环右移指令将输入值 IN(字节、字、双字)循环右移或者循环左移 N 位,并将输出结果装载到 OUT 中。

循环移位将移位数据存储单元的首尾相连,同时又与溢出标志 SM1.1 连接,SM1.1 用来存放被移出的位。

循环移位是圆形的。如果所需移位位数 N 大于或者等于最大允许值(对于字节操作为 8,对于字操作为 16,对于双字操作为 32),那么在执行循环移位之前,会执行取模操作,得到一个有效的移位次数。移位位数取模操作的结果,对于字节操作是 0 到 7,对于字操作是 0 到 15,而对于双字操作是 0 到 31。如果移位次数为 0,循环移位指令不执行。如果循环移位指令执行,最后一位的值会复制到溢出标志位(SM1.1)。如果移位次数不是 8(对于字节操作)、16(对于字操作)和 32(对于双字操作)的整数倍,最后被移出的位会被复制到溢出标志位(SM1.1)。当要被循环移位的值是零时,零标志位(SM1.0)被置位。

字节操作是无符号的。对于字和双字操作,当使用有符号数据类型时,符号位也被移位。

表 9-6 为字节、字、双字循环移位指令的表达形式及操作数。

使 NEO=0 的错误条件是:0006(间接寻址)。

受影响的 SM 标志位是:SM1.0(零)、SM1.1(溢出)。

【例 9-2】 用 I0.0 控制接在 Q0.0～Q0.7 上的 8 个彩灯循环移位,从左到右以 0.5s 的速度依次点亮,保持任意时刻只有一个指示灯亮,到达最右端后,再从左到右依次点亮。

分析:8 个彩灯循环移位控制,可以用字节的循环移位指令。根据控制要求,首先应置彩

表 9-6 字节、字和双字循环移位指令的表达形式及操作数

指令名称	指令的表达形式	操作数		
		输入/输出	类 型	范 围
字节循环右移指令	ROR_B EN ENO ????-IN OUT-???? ????-N RRB OUT, N	IN	BYTE	IB、QB、VB、MB、SMB、SB、LB、AC、*VD、*LD、*AC、常数
		OUT	BYTE	IB、QB、VB、MB、SMB、SB、LB、AC、*VD、*LD、*AC
字节循环左移指令	ROL_B EN ENO ????-IN OUT-???? ????-N RLB OUT, N	N	BYTE	IB、QB、VB、MB、SMB、SB、LB、AC、*VD、*LD、*AC、常数
字循环右移指令	ROR_W EN ENO ????-IN OUT-???? ????-N RRW OUT, N	IN	WORD	IW、QW、VW、MW、SMW、SW、LW、T、C、AC、AIW、*VD、*LD、*AC、常数
		OUT	WORD	IW、QW、VW、MW、SMW、SW、T、C、LW、AC、*VD、*LD、*AC
字循环左移指令	ROL_W EN ENO ????-IN OUT-???? ????-N RLW OUT, N	N	BYTE	IB、QB、VB、MB、SMB、SB、LB、AC、*VD、*LD、*AC、常数
双字循环右移指令	ROR_DW EN ENO ????-IN OUT-???? ????-N RRD OUT, N	IN	DWORD	ID、QD、VD、MD、SMD、SD、LD、AC、HC、*VD、*LD、*AC、常数
		OUT	DWORD	ID、QD、VD、MD、SMD、SD、LD、AC、*VD、*LD、*AC
双字循环左移指令	ROL_DW EN ENO ????-IN OUT-???? ????-N RLD OUT, N	N	BYTE	IB、QB、VB、MB、SMB、SB、LB、AC、*VD、*LD、*AC、常数

灯的初始状态为 QB0＝1，即左边第一盏灯亮；接着灯从左到右以 0.5s 的速度依次点亮，即要求字节 QB0 中的“1”用循环左移位指令每 0.5s 移动一位，因此须在 ROL-B 指令的 EN 端接一个 0.5s 的移位脉冲(可用定时器指令实现)。梯形图和语句表程序如表 9-7 所示。

2. 实习操作

(1) 循环控制程序

8 台电动机顺序通电程序如图 9-4 所示。

(2) 输入/输出端口分配

依据控制要求，确定为 2 个输出端口、8 个输出端口。输入/输出端口分配如表 9-8 所示。

(3) 操作步骤

① 接通电源，将状态开关置于“TERM”(终端)位置。

表 9-7　移位和循环移位指令举例

梯 形 图	语 句 表 程 序
SM0.1 MOV_B EN ENO 1-IN OUT-QB0	LD　SM0.1　//首次扫描时 MOVB　1,QB0　//置 8 位彩灯初态
I0.0 T37 T37 IN TON +5-PT	LD　I0.0　//T37 产生周期为 0.5s 的移位脉冲 AN　T37 TON　T37,+5
T37 ROL_B EN ENO QB0-IN OUT-QB0 1-N	LD　T37　//每来一个脉冲彩灯循环左移 1 位 RLB　QB0,1

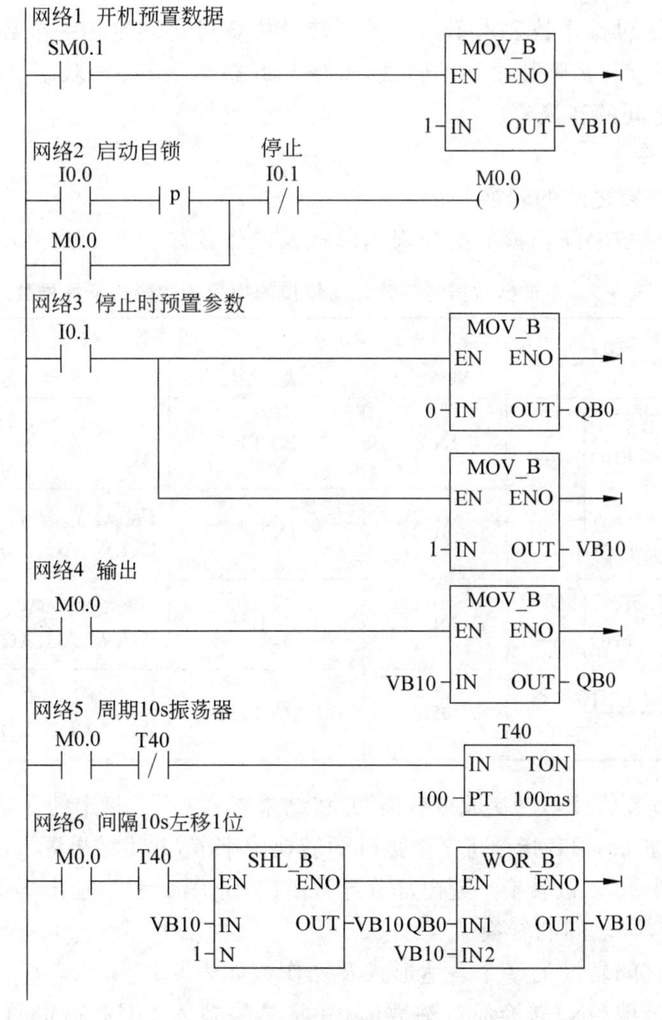

图 9-4　梯形图程序

表 9-8 输入/输出端口分配表

输入			输出	
输入继电器	输入元件	作用	输出继电器	控制对象
I0.0 I0.1	SB1 SB2	启动 停止	Q0.0～Q0.7	8个接触器

② 启动编程软件，单击工具栏停止图标，使 PLC 处于“STOP”(停止)状态。

③ 将图 9-4 所示的控制程序下载到 PLC 中。

④ 单击工具栏运行图标，使 PLC 处于“RUN”(运行)状态。

⑤ 在 8 台电动机顺序控制程序中按下启动按钮，输出继电器 Q0.0～Q0.7 以 10s 间隔顺序通电，按下停止按钮，停止工作。

9.1.4 数据转换指令

转换指令是对操作数的类型进行转换，并输出到指定目标地址中去。转换指令包括数据的类型转换、数据的编码和译码指令以及字符串类型转换指令。

不同功能的指令对操作数要求不同。类型转换指令可将固定的一个数据用到不同类型要求的指令中，包括字节与字整数之间的转换，整数与双整数的转换，双字整数与实数之间的转换，BCD 码与整数之间的转换等。

1. 标准转换指令

(1) 字节与字整数之间的转换

字节型数据与整数之间转换的指令表达形式及操作数如表 9-9 所示。

表 9-9 字节型数据与整数之间转换的指令表达形式及操作数

指令名称	指令的表达形式	操作数		
		输入	类型	范围
字节转为整数	B_I EN ENO ????-IN OUT-???? BTI IN, OUT	IN	BYTE	IB、QB、VB、MB、SMB、SB、LB、AC、* VD、* LD、* AC、常数
		OUT	INT	IW、QW、VW、MW、SMW、SW、T、C、LW、AC、AQW、* VD、* LD、* AC
整数转为字节	I_B EN ENO ????-IN OUT-???? ITB IN, OUT	IN	INT	IW、QW、VW、MW、SMW、SW、T、C、LW、AC、AQW、* VD、* LD、* AC
		OUT	BYTE	IB、QB、VB、MB、SMB、SB、LB、AC、* VD、* LD、* AC、常数

BTI 指令将字节数值(IN)转换成整数值，并将结果置入 OUT 指定的存储单元。因为字节不带符号，所以无符号扩展；ITB 指令将字整数(IN)转换成字节，并将结果置入 OUT 指定的存储单元。输入的字整数 0～255 被转换。超出部分导致溢出，SM1.1=1。输出不受影响。

(2) 整数与双整数之间的转换

整数与双整数之间转换的指令表达形式及操作数如表 9-10 所示。

ITD 指令将整数值(IN)转换成双整数值，并将结果置入 OUT 指定的存储单元。符号被扩展；DTI 指令将双整数值(IN)转换成整数值，并将结果置入 OUT 指定的存储单元。如果转换的数值过大，则无法在输出中表示，产生溢出 SM1.1=1，输出不受影响。

表 9-10　整数与双整数之间转换的指令表达形式及操作数

指令名称	指令的表达形式	操作数		
		输　入	类　型	范　围
整数转为双整数	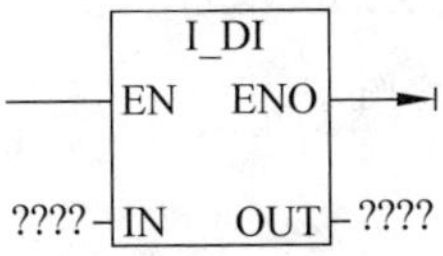 I_DI EN　ENO ????-IN　OUT-???? ITD IN, OUT	IN	INT	IW、QW、VW、MW、SMW、SW、T、C、LW、AIW、AC、* VD、* LD、* AC、常数
		OUT	DINT	ID、QD、VD、MD、SMD、SD、LD、AC、* VD、* LD、* AC
双整数转为整数	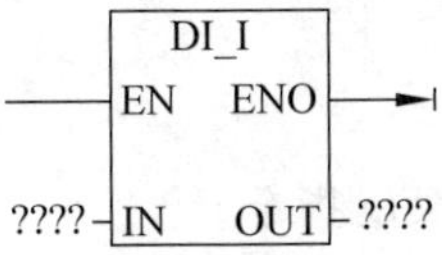 DI_I EN　ENO ????-IN　OUT-???? DTI IN, OUT	IN	DINT	ID、QD、VD、MD、SMD、SD、LD、HC、AC、* VD、* LD、* AC、常数
		OUT	INT	IW、QW、VW、MW、SMW、SW、T、C、LW、AC、* VD、* LD、* AC

2. 编码和译码指令

编码指令(ENCO)将输入字(IN)最低有效位(其值为 1)的位号写入输出字节(OUT)的低 4 位中。译码指令根据输入字节(IN)的低 4 位表示的输出字的位号,将输出字的相对应的位置位为 1,输出字的其他位均置位为 0。编码和译码指令形式及操作数如表 9-11 所示。

表 9-11　编码和译码指令形式及操作数

指令名称	指令的表达形式	操作数		
		输　入	类　型	范　围
编码指令	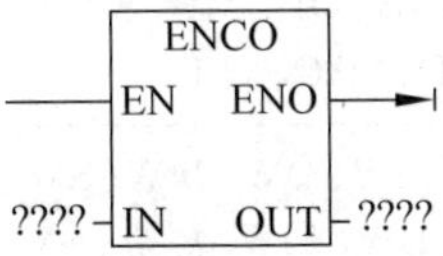 ENCO EN　ENO ????-IN　OUT-???? ENCO IN, OUT	IN	WORD	VW、IW、QW、MW、SMW、LW、SW、AIW、T、C、AC、常量
		OUT	BYTE	VB、IB、QB、MB、SMB、LB、SB、AC
译码指令	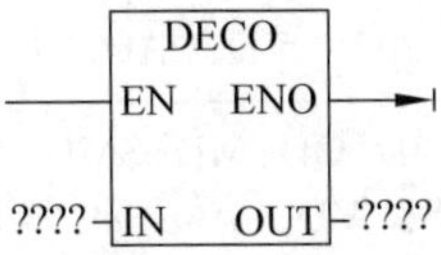 DECO EN　ENO ????-IN　OUT-???? DECO IN, OUT	IN	BYTE	VB、IB、QB、MB、SMB、LB、SB、AC、常量
		OUT	WORD	VW、IW、QW、MW、SMW、LW、SW、AQW、T、C、AC

表 9-12 给出了编码和译码指令的程序举例,图 9-5 是相应的指令执行过程示意图。

表 9-12　编码和译码指令程序

梯　形　图	说　明	语　句　表
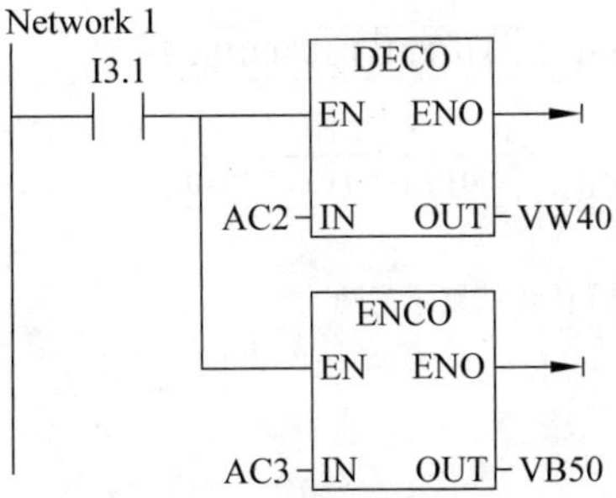 Network 1 I3.1 DECO EN　ENO AC2-IN　OUT-VW40 ENCO EN　ENO AC3-IN　OUT-VB50	//AC2 中包含错误检测位 //1. 译码指令将 VW40 中相应位置位 //2. 编码指令将最低有效位转换为错误代码,存入 VB50 中	Network 1 LD I3.1 DECO AC2,VW40 ENCO AC3,VB50

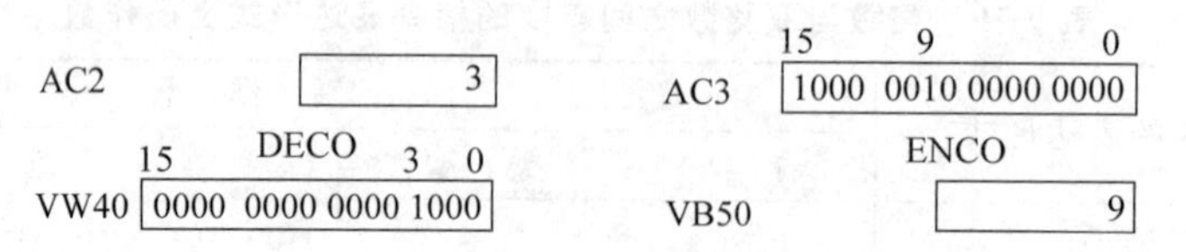

图 9-5 编码和译码指令程序计算过程示意图

课题 9.2 数学运算指令及其应用

9.2.1 逻辑操作指令

逻辑操作指令用于数据对应位之间的操作，包括与、或、异取反指令。

1. 字节、字和双字取反指令

字节取反、字取反、双字取反指令将输入(IN)取反的结果存入 OUT 中。表 9-13 为字节、字和双字取反指令的表达形式及操作数。

表 9-13 字节、字和双字取反指令的表达形式及操作数

指令名称	指令的表达形式	操作数		
		输入/输出	类型	范围
字节取反	INV_B EN ENO IN OUT INVB IN	IN	BYTE	VB、IB、QB、MB、SB、SMB、LB、AC、常量、* VD、* AC、* LD
		OUT	BYTE	VB、IB、QB、MB、SB、SMB、LB、AC、* VD、* AC、* LD
字取反	INV_W EN ENO IN OUT INVW IN	IN	INT	VW、IW、QW、MW、SW、SMW、T、C、AC、LW、AIW、常量、* VD、* AC、* LD
		OUT	INT	VW、IW、QW、MW、SW、SMW、T、C、LW、AC、* VD、* AC、* LD
双字取反	INV_DW EN ENO IN OUT INVD IN	IN	DINT	VD、ID、QD、MD、SMD、AC、LD、HC、常量、* VD、* AC、SD、* LD
		OUT	DINT	VD、ID、QD、MD、SMD、LD、AC、* VD、* AC、SD、* LD

使 ENO=0 的错误条件是：0006(间接寻址)。受影响的 SM 标志位是：SM1.0(结果为零)。图 9-6 给出了字取反指令程序举例。

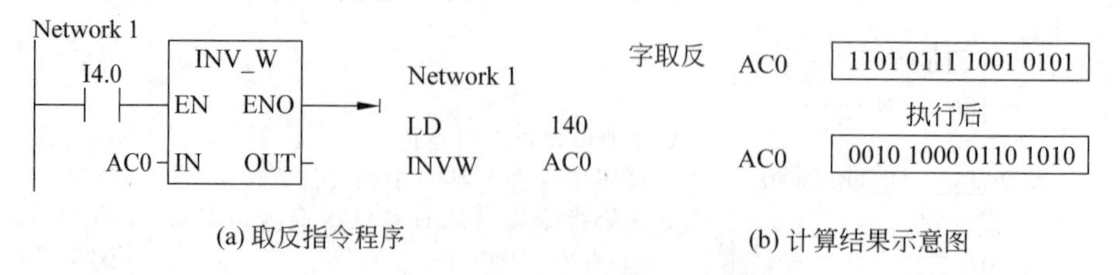

(a) 取反指令程序　　(b) 计算结果示意图

图 9-6 字取反指令程序举例

2. 与、或、异或指令

(1) 字节的与、或、异或指令

字节与(ANDB)、字节或(ORB)和字节异或(XORB)指令对两个输入字节按位与、或、异或,得到一个字节结果(OUT)。

表 9-14 为字节的与、或、异或指令的表达形式及操作数。

表 9-14 字节的与、或、异或指令的表达形式及操作数

指令名称	字节取与		字节取或	字节取异或
指令的表达形式	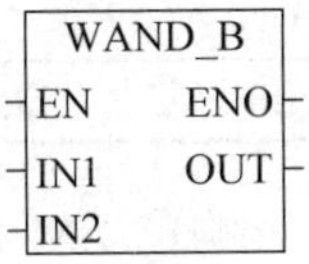 WAND_B (EN, ENO, IN1, OUT, IN2) ANDB IN1, OUT		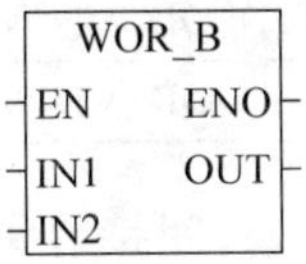 WOR_B (EN, ENO, IN1, OUT, IN2) ORB IN1, OUT	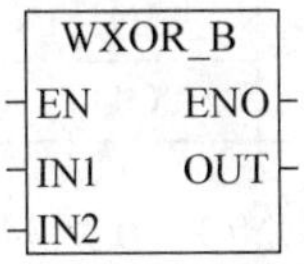 WXOR_B (EN, ENO, IN1, OUT, IN2) XORB IN1, OUT
操作数	输入/输出	类 型	范 围	
	IN1、IN2	BYTE	IB、QB、VB、MB、SMB、SB、LB、AC、* VD、* LD、* AC、常数	
	OUT	BYTE	IB、QB、VB、MB、SMB、SB、LB、AC、* VD、* AC、* LD	

使 ENO=0 的错误条件是:0006(间接寻址)。受影响的 SM 标志位:SM1.0(结果为零)。

(2) 字的与、或、异或指令

字与(ANDW)、字或(ORW)和字异或(XORW)指令对两个输入字按位与、或、异或,得到一个字结果(OUT)。

表 9-15 为字的与、或、异或指令的表达形式及操作数。使 ENO=0 的错误条件是:006(间接寻址)。受影响的 SM 标志位是:SM1.0(结果为零)。

表 9-15 字的与、或、异或指令的表达形式及操作数

指令名称	字取与		字取或	字取异或
指令的表达形式	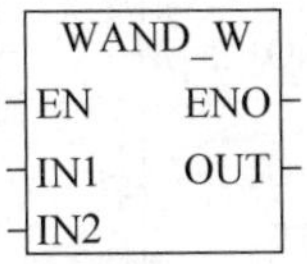 WAND_W (EN, ENO, IN1, OUT, IN2) ANDW IN1, OUT		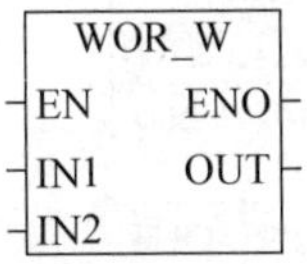 WOR_W (EN, ENO, IN1, OUT, IN2) ORW IN1, OUT	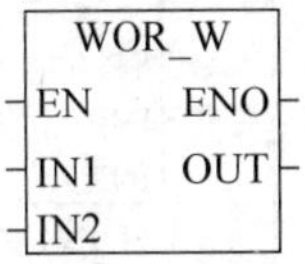 WOR_W (EN, ENO, IN1, OUT, IN2) XORW IN1, OUT
操作数	输入/输出	类 型	范 围	
	IN1、IN2	WORD	IW、QW、VW、MW、SMW、SW、LW、T、C、AC、AIW、* VD、* LD、AC、常数	
	OUT	WORD	IW、QW、VW、MW、SMW、SW、T、C、LW、AC、* VD、* AC、* LD	

(3) 双字的与、或、异或指令

双字与(ANDD)、双字或(ORD)和双字异或(XORD)指令对两个输入双字按位与、或、异或,得到一个双字结果(OUT)。

表 9-16 为双字的与、或、异或指令的表达形式及操作数。

说明:在表 9-14~表 9-16 中,在梯形图指令中设置 IN2 和 OUT 所指定的存储单元相同,这样对应的语句表指令如表中所示。若在梯形图指令中,IN2(或 IN1)和 OUT 所指定的存储单元不同,则在语句表指令中需使用数据传送指令,将其中一个输入端的数据先送入 OUT,再进行逻辑运算。

表 9-16 双字的与、或、异或指令的表达形式及操作数

指令名称	双字取与		双字取或	双字取异或
指令的表达形式	WAND_DW（EN、ENO、IN1、OUT、IN2） ANDD IN1, OUT		WOR_DW（EN、ENO、IN1、OUT、IN2） ORD IN1, OUT	WXOR_DW（EN、ENO、IN1、OUT、IN2） XORD IN1, OUT
操作数	输入/输出	类 型	范 围	
	IN1、IN2	DWORD	ID、QD、VD、MD、SMD、SD、LD、AC、HC、* VD、* LD、* AC、常数	
	OUT	DWORD	ID、QD、VD、MD、SMD、SD、LD、AC、* VD、* AC、* LD	

使 ENO=0 的错误条件是：0006(间接寻址)。受指令影响的 SM 标志位是：SM1.0(结果为零)。

9.2.2 四则运算指令

四则运算包括整数、双整数、实数四则运算。一般说来，源操作数与目标操作数具有一致性，但也有整数运算产生双整数的指令。

1. 整数四则运算指令

整数的四则运算指令使两个 16 位整数运算后产生一个 16 位结果(OUT)，整数除法不保留余数。

在 LAD 中：IN1+IN2=OUT，IN1-IN2=OUT，IN1 * IN2=OUT，IN1/IN2=OUT。

在 STL 中：IN1+OUT=OUT，OUT-IN1=OUT，IN1 * OUT=OUT，OUT/IN2=OUT。

表 9-17 为整数四则运算指令的表达形式及操作数。

表 9-17 整数四则运算指令的表达形式及操作数

指令名称	整数加		整数减	整数乘	整数除
指令的表达形式	ADD_I（EN、ENO、IN1、OUT、IN2） +I IN1, OUT		SUB_I（EN、ENO、IN1、OUT、IN2） -I IN1, OUT	MUL_I（EN、ENO、IN1、OUT、IN2） *I IN1, OUT	DIV_I（EN、ENO、IN1、OUT、IN2） /I IN1, OUT
作用	将两个 16 位整数相加，并产生一个 16 位的结果(OUT)		将两个 16 位整数相减，并产生一个 16 位的结果(OUT)	将两个 16 位整数相乘，并产生一个 16 位的乘积(OUT)	将两个 16 位整数相除，并产生一个 16 位商，不保留余数
操作数	输入/输出	类型	范 围		
	IN1、IN2	INT	IIW、QW、VW、MW、SMW、SW、T、C、LW、AC、AIW、* VD、* AC、* LD、常数		
	OUT	INT	IW、QW、VW、MW、SMW、SW、LW、T、C、AC、* VD、* AC、* LD		

SM 标志位和 ENO：SM1.1 表示溢出错误和非法值。如果 SM1.1 置位，SM1.0 和 SM1.2的状态不再有效而且原始输入操作数不会发生变化。如果 SM1.1 和 SM1.3 没有置位，那么数字运算产生一个有效的结果，同时 SM1.0 和 SM1.2 有效。在除法运算中，如果 SM1.3 置位，其他数学运算标志位不会发生变化。

使 ENO=0 的错误条件是：SM1.1(溢出)、SM1.3(被零除)、0006(间接寻址)。受影响的特殊存储器位是：SM1.0(结果为零)、SM1.1(溢出)。运算过程中产生非法数值或者输入参

数非法的是：SM1.2(结果为负)、SM1.3(被零除)。

2. 双整数四则运算指令

双整数的四则运算指令使两个 32 位整数运算后产生一个 32 位结果(OUT)，双整数除法不保留余数。

在 LAD 中：IN1+IN2=OUT，IN1−IN2=OUT，IN1 * IN2=OUT，IN1/IN2=OUT。

在 STL 中：IN1+OUT=OUT，OUT−IN1=OUT，IN1 * OUT=OUT，OUT/IN2=OUT。

表 9-18 为双整数四则运算指令的表达形式及操作数。

表 9-18　双整数四则运算指令的表达形式及操作数

指令名称	双整数加		双整数减	双整数乘	双整数除
指令的表达形式	ADD_DI (EN, IN1, IN2; ENO, OUT) +D IN1, OUT		SUB_DI (EN, IN1, IN2; ENO, OUT) –D IN1, OUT	MUL_DI (EN, IN1, IN2; ENO, OUT) *D IN1, OUT	MUL_DI (EN, IN1, IN2; ENO, OUT) /D IN1, OUT
作用	将两个 32 位整数相加，并产生一个 32 位的结果(OUT)		将两个 32 位整数相减，并产生一个 32 位的结果(OUT)	将两个 32 位整数相乘，并产生一个 32 位的乘积(OUT)	将两个 32 位整数相除，并产生一个 32 位商，不保留余数
操作数	输入/输出	类型	范　围		
	IN1、IN2	DINT	VD、ID、QD、MD、SMD、SD、LD、AC、HC、常量、* VD、* LD、* AC		
	OUT	DINT	VD、ID、QD、MD、SMD、SD、LD、AC、* VD、* LD、* AC		

使 ENO=0 的错误条件为：0006(间接地址)、SM1.1(溢出)、SM1.3(除数为 0)。

对标志位的影响是：SM1.0(零标志位)、SM1.1(溢出)、SM1.2(负数)、SM1.3(被 0 除)。

3. 实数四则运算指令

实数的四则运算指令使两个 32 位实数运算后产生一个 32 位实数结果(OUT)。

在 LAD 中：IN1+IN2=OUT，IN1−IN2=OUT，IN1 * IN2=OUT，IN1/IN2=OUT。

在 STL 中：IN1+OUT=OUT，OUT−IN1=OUT，IN1 * OUT=OUT，OUT/IN2=OUT。

表 9-19 为实数四则运算指令的表达形式及操作数。

表 9-19　实数四则运算指令的表达形式及操作数

指令名称	实 数 加		实 数 减	实 数 乘	实 数 除
指令的表达形式	ADD_R (EN, IN1, IN2; ENO, OUT) +R IN1, OUT		SUB_R (EN, IN1, IN2; ENO, OUT) –R IN1, OUT	MUL_R (EN, IN1, IN2; ENO, OUT) *R IN1, OUT	DIV_R (EN, IN1, IN2; ENO, OUT) /R IN1, OUT
操作数	输入/输出	类型	范　围		
	IN1、IN2	REAL	ID、QD、VD、MD、SMD、SD、LD、AC、* VD、* LD、* AC、常数		
	OUT	DINT	ID、QD、VD、MD、SMD、SD、LD、AC、* VD、* LD、* AC		

使 ENO=0 的错误条件为：0006(间接地址)、SM1.1(溢出)、SM1.3(除数为 0)。

对标志位的影响是：SM1.0(零标志位)、SM1.1(溢出)、SM1.2(负数)、SM1.3(被 0 除)。

【例 9-3】 求 5000 加 400 的和，5000 在数据存储器 VW200 中，结果放入 AC0。程序如

图 9-7 所示。

【例 9-4】 乘除法指令应用举例。程序如图 9-8 所示。

```
LD    I0.0
MOVW  VW200,AC0                //VW200→AC0
+I    +400,AC0                 //VW200+400=AC0
```

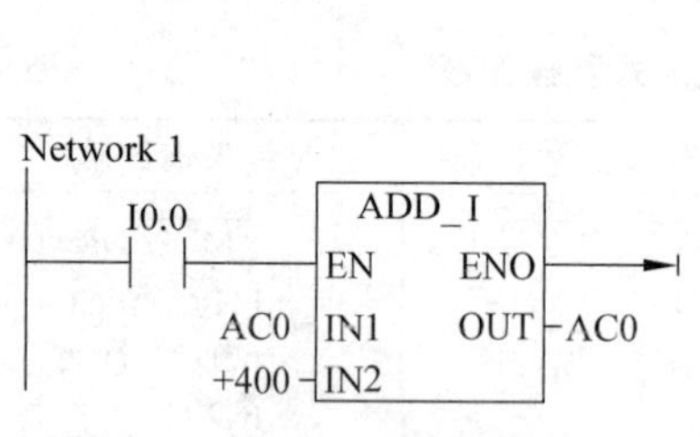

图 9-7 双整数加程序举例

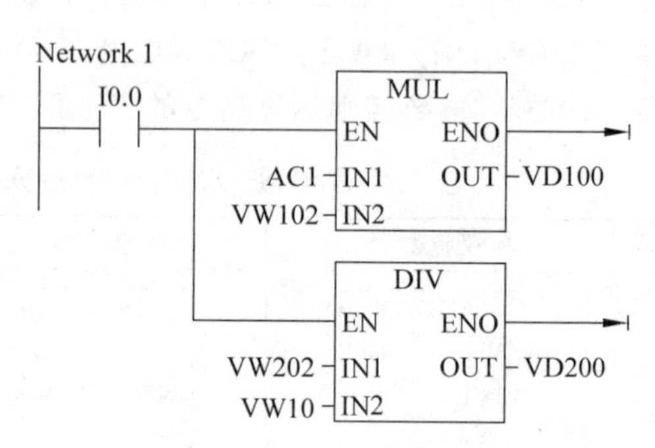

图 9-8 乘除法指令程序举例

注意：因为 VD100 包含 VW100 和 VW102 两个字，VD200 包含 VW200 和 VW202 两个字，所以在语句表指令中不需要使用数据传送指令。

9.2.3 数学函数指令

数学函数指令包括正弦、余弦、正切、自然对数、自然指数和平方根指令。正弦(SIN)、余弦(COS)和正切(TAN)指令计算角度值 IN 的三角函数值，并将结果存放在 OUT 中。输入角度值是弧度值。自然对数指令(LN)计算输入值 IN 的自然对数，并将结果存放到 OUT 中。自然指数指令(EXP)计算输入值 IN 的自然指数值，并将结果存放到 OUT 中。平方根指令(SQRT)计算实数(IN)的平方根，并将结果存放到 OUT 中。

在 LAD 及 STL 中：SIN(IN)= OUT，COS(IN)= OUT，TAN(IN)= OUT，LN(IN)= OUT，EXP(IN)=OUT，SQRT(IN)=OUT。

表 9-20 为数学功能指令的表达形式及操作数。

表 9-20 数学功能指令的表达形式及操作数

指令名称	平方根	自然对数	自然指数	正　弦	余　弦	正　切
指令表达形式	EXP EN ENO IN OUT	LN EN ENO IN OUT	EXP EN ENO IN OUT	SIN EN ENO IN OUT	COS EN ENO IN OUT	TAN EN ENO IN OUT
STL	SQRT IN，OUT	LN IN，OUT	EXP IN，OUT	SIN IN，OUT	COS IN，OUT	TAN IN，OUT
功能	SQRT(IN)=OUT	LN(IN)=OUT	EXP(IN)=OUT	SIN(IN)=OUT	COS(IN)=OUT	TAN(IN)=OUT
操作数	输入/输出	类型	范　围			
	IN1、IN2	REAL	VD、ID、QD、MD、SMD、SD、LD、AC、常量、* VD、* LD、* AC			
	OUT	REAL	VD、ID、QD、MD、SMD、SD、LD、AC、* VD、* LD、* AC			

数学函数指令的 SM 位和 ENO：SM1.1 用来表示溢出错误或者非法的数值。如果 SM1.1 置位，SM1.0 和 SM1.2 的状态不再有效而且原始输入操作数不会发生变化。如果 SM1.1 没

有置位，那么数字运算产生一个有效的结果，同时SM1.0和SM1.2状态有效。

使ENO=0的错误条件为：SM1.1(溢出)、0006(间接寻址)；受影响的特殊存储器位是：SM1.0(结果为0)、SM1.1(溢出)、SM1.2(结果为负)。

【例9-5】 求45°正弦值。

分析：先将45°转换为弧度：(3.14159/180) * 45，再求正弦值。程序如图9-9所示。

```
LD    I0.1
MOVR  3.14159,AC1
/R    180.0,AC1
*R    45.0,AC1
SIN   AC1,AC0
```

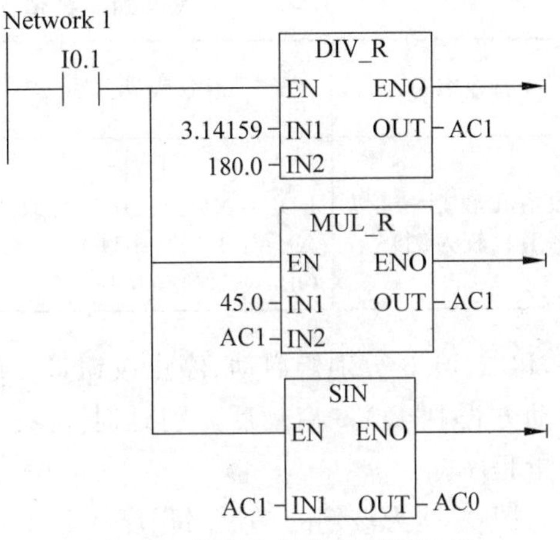

图9-9　数学功能指令程序举例

课题9.3　比较与表功能指令及其应用

9.3.1　比较指令

比较指令用于两个数满足一定条件的大小关系的比较。操作数可以是数值(INT)，也可以是字符串(ASCII码字符)。在梯形图中用带参数和运算符的触点表示比较指令，比较条件满足时，触点闭合，否则断开。梯形图程序中，比较触点可以装入，也可以串、并联。比较指令在程序中主要用于建立控制节点。

下面以数值比较指令进行讲解。

数值比较指令用于比较两个数值，有IN1=IN2、IN1>=IN2、IN1<=IN2、IN1>IN2、IN1<IN2、IN1<>IN2 6种情况，被比较的数据可以是字节、整数、双字及实数，其中，字节比较是无符号的，整数、双字、实数的比较是有符号的。

比较指令以触点形式出现在梯形图中，有LD、A、O三种基本形式，即初始装入、串联、并联。

对于LAD和FBD：当比较结果为真时，比较指令使能点闭合(LAD)或者输出接通(FBD)。对于STL：当比较结果为真时，将栈顶值置1。比较指令为上下限控制及事件的比较判断提供了极大的方便。

当使用IEC比较指令时，可以使用各种数据类型作为输入。但是，两个输入的数据类型必须一致。

以下情况是致命错误，并且会导致S7—200立即停止执行用户程序：非法的间接地址(任意比较指令)、非法的实数(例如：NAN，实数比较指令)。

为了避免这些情况的发生，在执行比较指令之前，要确保合理使用了指针和存储实数的数值单元。不管能流的状态如何，比较指令都会被执行。表9-21为数值比较指令的表达形式及操作数。

【例9-6】 某台设备有2台电动机，受输出继电器Q0.0、Q0.1控制；设有手动、自动1、自动2和自动3共4挡工作方式；使用I0.0～I0.4输入端，其中I0.0、I0.1接工作方式选择开

表 9-21 数值比较指令的表达形式及操作数

指令名称	指令表达形式	操作数		
		输入/输出	类型	范围
数值比较指令(以字节比较为例)	—||— LDB=N1,N2(从母线取用) AB=N1,N2(串联) OB=N1,N2(并联)	IN1、IN2	BYTE	IB、QB、VB、MB、SMB、SB、LB、AC、* VD、* LD、* AC、常数
		OUT	BOOL	I、Q、V、M、SM、S、T、C、L、能流

关,I0.2、I0.3 分别接启动、停止按钮,I0.4 接过载保护。在手动方式中采用点动操作;在 3 挡自动方式中,Q0.0 启动后分别延时 10s、20s 和 30s 后再启动 Q0.1。用比较指令编写程序和分析程序。

图 9-10 为该例的梯形图程序。其工作过程如下。

(1) 主程序

网络 1,开机对位存储器字节 MB0 清 0。

网络 2 和网络 3,对输入继电器 I0.0、I0.1 的状态送位存储器 M0.0、M0.1。

网络 4 中,如果 I0.1、I0.0 为 00,则调用手动子程序 SBR_0。

网络 5 中,如果 I0.1、I0.0 为 01,则将 Q0.1 的启动延时设定值 100 存入 VW20,并调用手动子程序 SBR_1。

网络 6 中,如果 I0.1、I0.0 为 10,则将 Q0.1 的启动延时设定值 200 存入 VW20,并调用手动子程序 SBR_1。

网络 7 中,如果 I0.1、I0.0 为 11,则将 Q0.1 的启动延时设定值 300 存入 VW20,并调用手动子程序 SBR_1。

(2) 手动子程序 SBR_0

I0.2、I0.3 分别点动控制 Q0.0、Q0.1。

(3) 自动子程序 SBR_1

按下启动按钮 I0.2 时,Q0.0 启动自锁,同时定时器 T41 按设定值进行延时,延时时间到,Q0.1 启动。按下停止按钮 I0.3,Q0.0、Q0.1 断电。

9.3.2 表功能指令

在 S7—200 PLC 统中,一个表由表地址(表的首址)指明。表地址和第二个字地址所对应的单元分别存放两个表参数(最大填表数 TL 和实际填表数 EC),之后是最多 100 个填表数据。

表指令的主要功能是管理存储器指定区域中的数据。指定一个大于 100 个字的数据区,根据需要可以依次向该数据区内填入数据或依次取出数据,还可以在数据区查找符合一定条件的数据,进而对表内的数据进行统计、排序、比较等处理。表指令在数据的记录、监控方面具有明显的意义。

表指令包括填表、查表、先进先出和后进先出及存储器填充指令,存储器指令常用于程序的初始化。

1. 填表指令

填表指令(ATT)向表(TBL)中增加一个数值(DATA)。表中第一个数是最大填表数(TL),第二个数是实际填表数(EC),指出已填入表的数据个数。新的数据填在表中上一个数据的后面。每向表中填一个新的数据,EC 会自动加 1。一个表最多可以有 100 条数据。

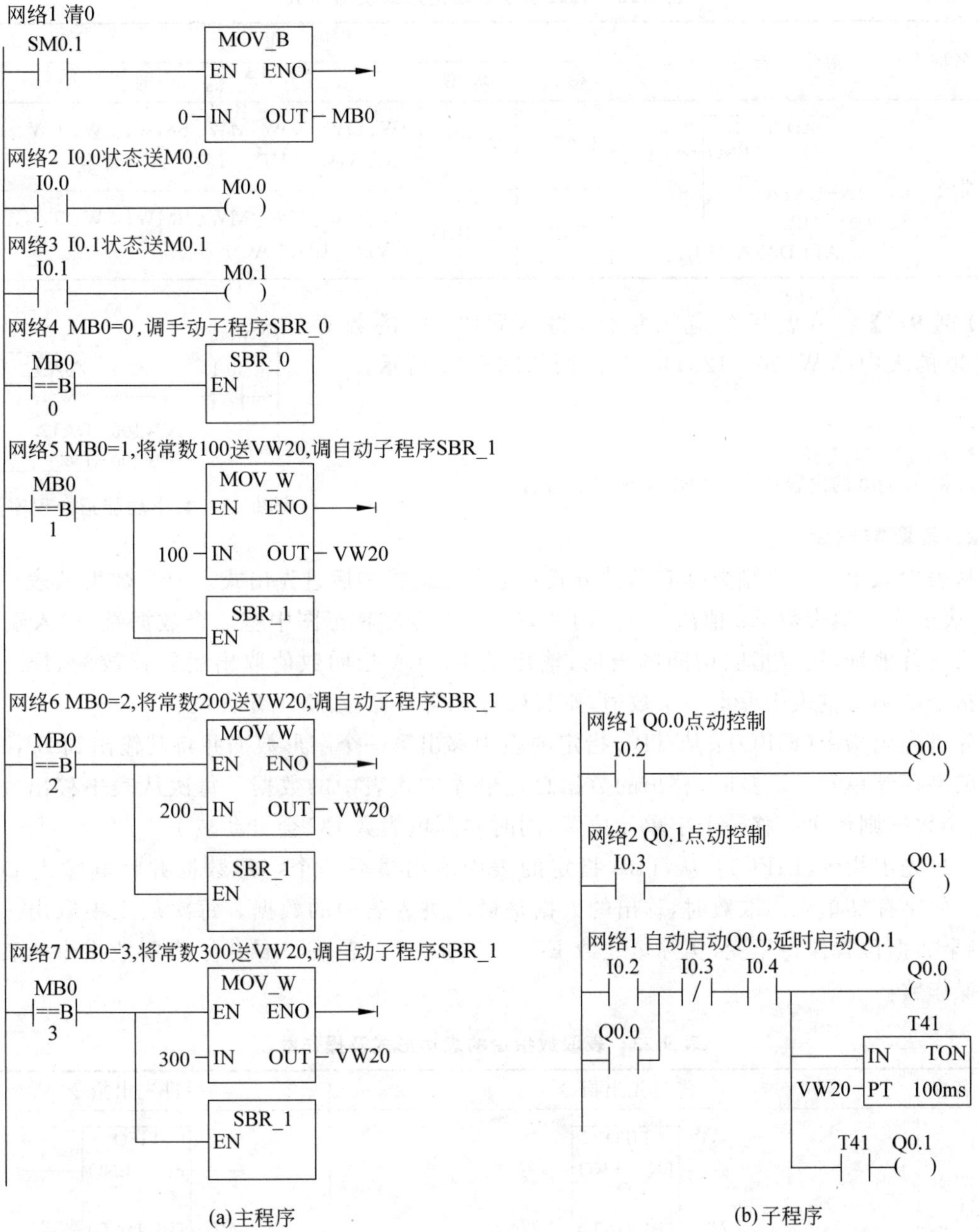

网络1 清0
SM0.1 MOV_B EN ENO 0-IN OUT-MB0
网络2 I0.0状态送M0.0
I0.0 M0.0
网络3 I0.1状态送M0.1
I0.1 M0.1
网络4 MB0=0,调手动子程序SBR_0
MB0 ==B 0 SBR_0 EN
网络5 MB0=1,将常数100送VW20,调自动子程序SBR_1
MB0 ==B 1 MOV_W EN ENO 100-IN OUT-VW20 SBR_1 EN
网络6 MB0=2,将常数200送VW20,调自动子程序SBR_1
MB0 ==B 2 MOV_W EN ENO 200-IN OUT-VW20 SBR_1 EN
网络7 MB0=3,将常数300送VW20,调自动子程序SBR_1
MB0 ==B 3 MOV_W EN ENO 300-IN OUT-VW20 SBR_1 EN

(a)主程序

网络1 Q0.0点动控制
I0.2 Q0.0
网络2 Q0.1点动控制
I0.3 Q0.1
网络1 自动启动Q0.0,延时启动Q0.1
I0.2 I0.3 I0.4 Q0.0
Q0.0
T41 IN TON VW20-PT 100ms
T41 Q0.1

(b)子程序

图 9-10　梯形图程序

表 9-22 为填表指令的表达形式及操作数。

该指令在梯形图中有 2 个数据输入端，即 DATA 为数值输入，指出将被存储的字形数据；TBL 为表格的首地址，用以指明被访问的表格。当使能输入有效时，将输入字形数据填到指定的表格中。表存数时，新存的数据填在表中最后一个数据的后面。每向表中存一个数据，实际填表数 EC 会自动加 1。

使 ENO＝0 的错误条件为：0006（间接地址）、0091（操作数超出范围）、SM1.4（表溢出）、SM4.3（运行时间）。

填表指令影响特殊标志位的是：SM1.4（填入表的数据超出表的最大长度，SM1.4＝1）。

表 9-22 填表指令的表达形式及操作数

<table>
<tr><th rowspan="2">指令名称</th><th rowspan="2">指令的表达形式</th><th colspan="3">操 作 数</th></tr>
<tr><th>输入</th><th>类 型</th><th>范 围</th></tr>
<tr><td rowspan="2">填表指令</td><td rowspan="2">AD_T_TBL
EN ENO
????-DATA
????-TBL
ATT DATA, TBL</td><td>DATA</td><td>INT</td><td>IW、QW、VW、MW、SMW、SW、LW、T、C、AC、AIW、* VD、* LD、* AC、常数</td></tr>
<tr><td>TBL</td><td>WORD</td><td>IW、QW、VW、MW、SMW、SW、T、C、LW、* VD、* LD、* AC</td></tr>
</table>

【例 9-7】 填表指令应用举例，将 VW100 中的数存 VW200 的表中(VW100＝1234)。梯形图如图 9-11 所示。

```
LD   I0.1
ATT  VW100,VW200
//将 VW100 的内容填入表 VW200 的最后位置
```

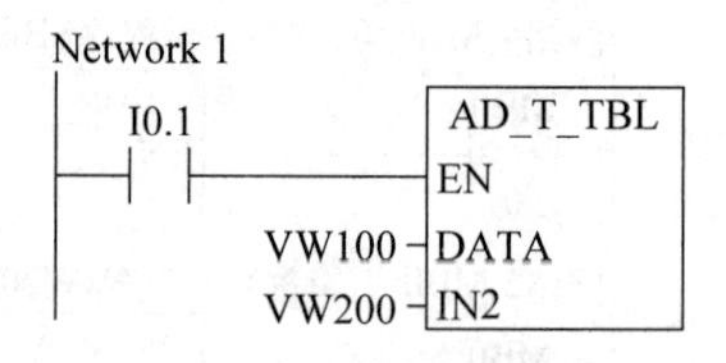

图 9-11 数学功能指令程序举例

2. 表取数指令

从表中取出一个字型数据有两种方式：先进先出式和后进先出式。一个数据从表中取出之后，表的实际填表数 EC 值减少 1。两种方式的指令在梯形图中有 2 个数据端；输入端 TBL 为表格的首地址，用以指明访问的表格；输出端 DATA 指明数值取出后要存放的目标单元。如果指令试图从空表中取走一个数值，则特殊标志寄存器位 SM1.5 置位。

先进先出指令(FIFO)：从 TBL 指定的表中移出第一个字形数据并将其输出到 DATA 所指定的字存储单元。取数时，移出的数据总是最先进入表中的数据。每次从表中移出一个数据，剩余数据则依次上移一个字单元位置，同时实际填表数 EC 会自动减 1。

后进先出指令(LIFO)：从 TBL 指定的表中取出最后一个字形数据并将其输出 DATA 所指定的字存储单元。取数时，移出的数据是最后进入表中的数据。每次从表中取出一个数据，剩余数据位置保持不变，实际填表数 EC 会自动减 1。表 9-23 给出了表取数指令的表达形式及操作数。

表 9-23 表取数指令的表达形式及操作数

<table>
<tr><td>指令名称</td><td colspan="3">先进先出指令</td><td>后进先出指令</td></tr>
<tr><td>指令的表达形式</td><td colspan="3">FIFO
EN ENO
????-TBL DATA-????
FIFO TBL, DATA</td><td>LIFO
EN ENO
????-TBL DATA-????
LIFO TBL, DATA</td></tr>
<tr><td rowspan="3">操作数</td><td>输入/输出</td><td>类 型</td><td colspan="2">范 围</td></tr>
<tr><td>TBL</td><td>WORD</td><td colspan="2">IW、QW、VW、MW、SMW、SW、T、C、LW、* VD、* LD、* AC</td></tr>
<tr><td>DATA</td><td>INT</td><td colspan="2">IW、QW、VW、MW、SMW、SW、T、C、LW、AC、AQW、* VD、* LD、* AC</td></tr>
</table>

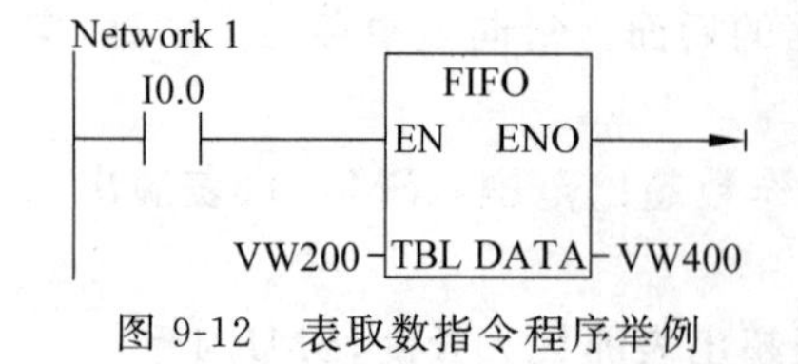

图 9-12 表取数指令程序举例

【例 9-8】 表取数指令应用举例，在表 VW200 中取出第一个数据，并存入 VW400 中，梯形图如图 9-12 所示。

```
LD I0.0
FIFO VW200,VW400
```

9.3.3　功能指令的编程思路

功能指令主要用于数字运算及处理的场合，能够完成运算、比较、数据的生成、存储及某些控制规律的实现等任务。在使用这些指令时，除了要准确地了解指令的功能外，很重要的内容是把握数据在存储区中的流转及数据变化的工程意义。另一方面，功能指令也可以用在逻辑处理类程序中，为逻辑控制提供了新的编程思路及实现手段。

1. 将通常作为位元件使用的输出口看做“字”元件，用送数实现输出口的控制

PLC作为工业控制设备，其功能主要是实现输入口所连接的信号对输出口所连接驱动设备的控制。在逻辑控制程序设计中，一般将输出口作为位元件，将输出口所连接的器件看成是分散的、独立的，从而可以分别编程。而功能指令是以数据为处理对象的指令，涉及的是字节、字元件或双字元件，因此，在使用功能指令直接处理输出口的状态时，需将输出口作为位与位之间存在联系的“数据看待”。

2. 利用指令功能实现所需的控制规律

功能指令都有一定的功能，编程中一般需“对症”使用。如逻辑字与指令、逻辑字或指令及逻辑字异或指令是数据位对位逻辑处理的指令，可用于实现输出口的集中处理。移位指令可以形成多相循环脉冲，用于步进电动机的驱动。编、译码指令可以用于将控制事件编号后的数字控制。

3. 用比较类指令建立控制节点

在逻辑控制程序中经常需要建立一些控制节点，如使用定时器设定的时间控制节点，或由某一事件的发生而建立的控制条件(某开关置位、复位，某模拟量达到一定的数量以及多个数据间实现一定的关系)，使用功能指令建立这些节点会更加方便。

课题9.4　程序控制类指令及其应用

程序控制类指令包括循环指令、跳转指令、子程序指令、中断指令和顺控继电器指令。

程序控制类指令用于程序执行流程的控制。对一个扫描周期而言，循环指令可多次重复执行指定的程序段；跳转指令可以使程序出现跨越或跳跃以实现程序段的选择，子程序指令可调用某段子程序；中断指令则用于中断信号引起的子程序调用；顺控继电器指令及状态编程法可形成状态程序段中各状态的激活及隔离。

程序控制类指令可以影响程序执行的流向及内容，对于合理安排程序的结构、提高程序功能以及实现某些技巧性运算，具有重要的意义。

9.4.1　循环指令

FOR-NEXT指令循环执行FOR指令和NEXT指令之间的循环体指令段一定次数，每条FOR指令必须对应一条NEXT指令。For-Next循环嵌套(一个For-Next循环在另一For-Next循环之内)深度可达8层。FOR-NEXT指令执行FOR指令和NEXT指令之间的指令。必须指定计数值或者当前循环次数INDX、初始值(INIT)和终止值(FINAL)。NEXT指令标志着FOR循环的结束。循环指令及操作数见表9-24。

使ENO＝0的错误条件为：0006(间接寻址)。

循环体程序每执行一次，INDX值加1。当循环次数当前值大于终值时，循环结束，可以用改写FINAL参数值的方法在程序运行过程中控制循环体的实际循环次数。FOR指令和NEXT指令必须成对出现，在嵌套程序中距离最近的FOR指令和NEXT指令是一对。

表 9-24 FOR 和 NEXT 循环指令的表达式及操作数

指令名称	指令的表达形式	操作数		
		输入/输出	类型	范围
FOR 指令	FOR EN ENO INDX INT FINAL FOR INDX, INIT, FINA1	INDX	INT	IW、QW、VW、MW、SMW、SW、T、C、LW、AC、* VD、* LD、* AC
		INIT、FINAL	INT	VW、IW、QW、MW、SMW、SW、T、C、LW、AC、AIW、* VD、* AC、常数
NEXT 指令	——(NEXT) NEXT			

9.4.2 跳转指令

跳转指令使程序流程跳转到指定标号 N 处的程序分支执行。标号指令标记跳转目的地的位置 N。跳转及标号指令的表达形式及操作数范围见表 9-25。

表 9-25 跳转及标号指令的表达形式及操作数

指令名称	指令的表达形式	操作数		
		输入/输出	类 型	范 围
跳转指令	N ——(JMP) JMPN	N	WORD	常数(0～255)
标号指令	N LBL LBLN			

使用跳转指令应注意以下几点。

① 由于跳转指令具有选择程序段的功能，在同一程序且位于因跳转而不会被同时执行程序段中的同一线圈不被视为双线圈。

② 可以有多条跳转指令使用同一标号，但不允许一个跳转指令对应两个标号的情况，即在同一程序中不允许存在两个相同的标号。

③ 可以在主程序、子程序或者中断程序中使用跳转指令，跳转与之相应的标号必须位于同一段程序中。可以在状态程序段中使用跳转指令，但相应的标号也必须在同一个 SCR 段中。一般将标号指令设在相关跳转指令之后，这样可以减少程序中的执行时间。

④ 在跳转条件中引入上升沿或者下降沿脉冲指令时，跳转只执行一个扫描周期，但若用特殊辅助继电器 SM0.0 作为跳转指令的工作条件，跳转就成为无条件跳转。

9.4.3 子程序指令

1. 子程序指令

子程序指令包括子程序调用指令 CALL 和子程序返回指令 CRET。子程序调用指令(CALL)将程序控制权交给子程序 SBR-N。调用子程序时可以带参数也可以不带参数。子程序执行完成后，控制权返回到调用子程序的指令的下一条指令。

子程序条件返回指令(CRET)根据它前面的逻辑决定是否终止子程序。子程序指令见表 9-26。

表 9-26　子程序指令的表达形式及操作数

指令名称	指令的表达形式	操作数		
		输入/输出	类 型	范　围
子程序调用指令	SBR_N EN CALL SBR_N	N	WORD	常数对于 CPU221、CPU222、CPU224：0～63 对于 CPU224XP 和 CPU226：0～127
子程序返回指令	CRET			

使 ENO＝0 的错误条件为：0006(间接寻址)，0008(超过子程序嵌套最大数量)。

在主程序中，可以嵌套调用子程序(在子程序中调用子程序)，最多嵌套 8 层。在中断服务程序中，不能嵌套调用子程序。当有一个子程序被调用时，系统会保存当前的逻辑堆栈，置栈顶值为 1，堆栈的其他值为零，把控制交给被调用的子程序。当子程序完成之后，恢复逻辑堆栈，把控制权交还给调用程序。

因为累加器可在主程序和子程序之间自由传递，所以在子程序调用时，累加器的值既不保存也不恢复。

当子程序在同一个周期内被多次调用时，不能使用上升沿、下降沿、定时器和计数器指令。STEP 7-Micro/WIN 为每个子程序自动加入返回指令。

2. 实习操作

应用子程序调用指令的程序如图 9-13 所示。程序功能是 I0.1、I0.2、I0.3 分别接通时，将相应的数据传送到 VW0、VW10，然后调用加法子程序；在加法子程序中，将 VW0、VW10 存储的数据相加，运算结果存储在 VW20 中，用存储数据低字节 VB21 控制输出 QB0。

(1) 子程序调用程序的工作过程(见图 9-13)

① I0.1 接通时的动作。在 I0.1 上升沿的那个扫描周期，将十进制数据 1 和 2 分别传送到数据存储器 VW0 和 VW10 中，然后中断主程序，去调用并执行加法子程序 SBR_0。

在加法子程序中将 VW0 与 VW10 的数据相加，运算结果 3 送到 VW20 中，然后用 VW20 的低 8 位(VB21)控制输出 QB0，使输出继电器 Q0.0、Q0.1 通电，Q0.2～Q0.7 断电。同理可分析 I0.2、I0.3 接通时的工作过程。

② 主程序中网络 4 中的程序功能是清 0。I0.4 闭合时，对输出字节 QB0 清 0。

(2) 操作步骤

① 接通电源，将状态开关置于“TERM”(终端)位置。

② 启动编程软件，单击工具栏停止图标。使 PLC 处于“STOP”(停止)状态。

③ 将图 9-13 所示的控制程序下载到 PLC 中。

④ 单击工具栏运行图标，使 PLC 处于“RUN”(运行)状态。

⑤ 接通 I0.1，Q0.0、Q0.1 输出指示灯亮；接通 I0.2，Q0.2、Q0.3 输出指示灯亮；接通 I0.3，Q0.0、Q0.1、Q0.3 输出指示灯亮。

⑥ 接通 I0.4，输出指示灯全灭。

9.4.4　中断指令

中断技术在处理复杂和特殊的控制任务时是必需的，它属于 PLC 的高级应用技术。中断是由设备或其他非预期的亟须处理的事件引起的，它使系统暂时中断现在正在执行的程序，而

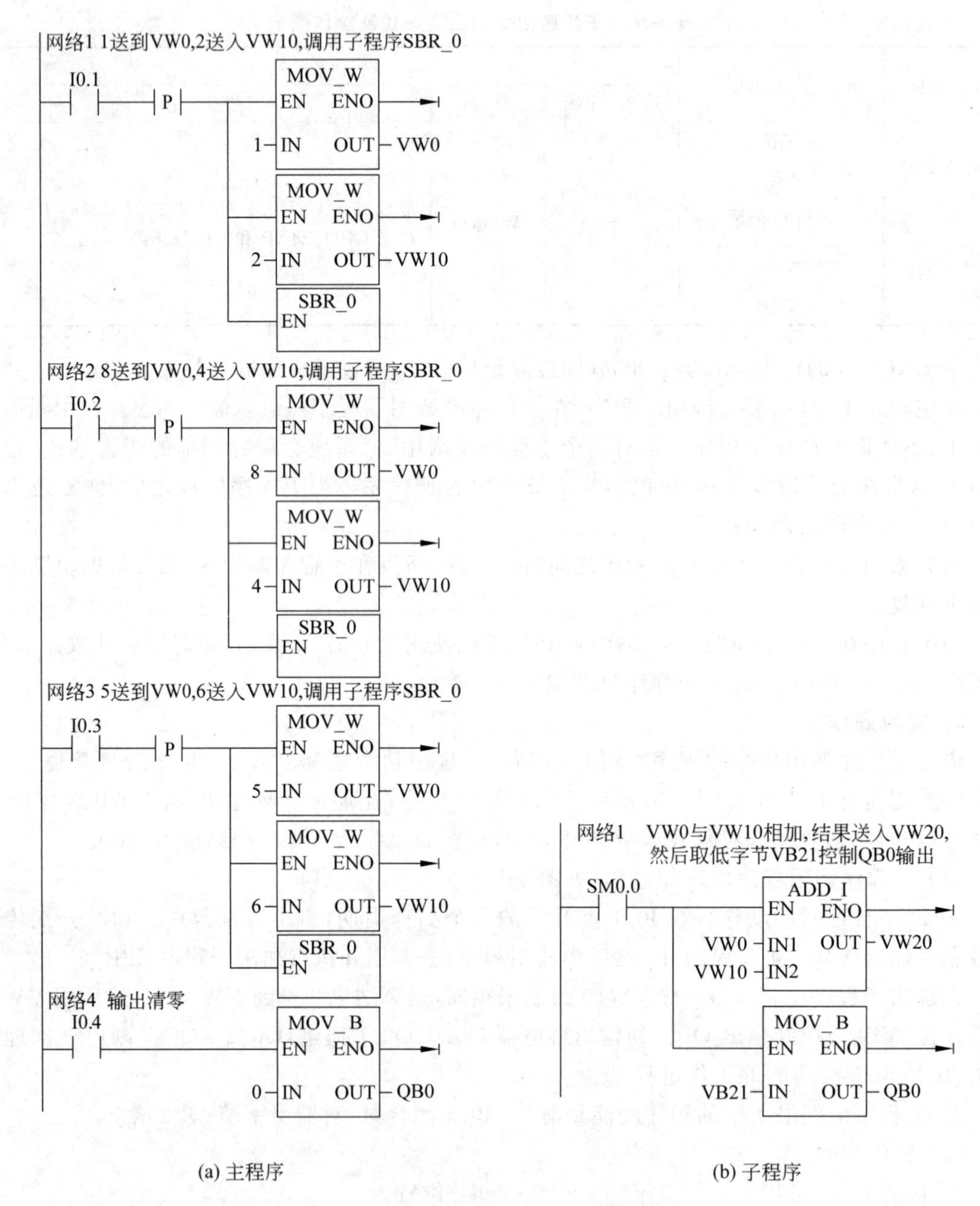

图 9-13 子程序调用指令的程序举例

转到中断服务程序去处理这些事件，处理完毕后再返回原程序执行。中断事件的发生具有随机性，中断在可编程序控制器的实时处理、高速处理、通信和网络中非常重要。

1. 中断源及种类

中断源即中断事件发出中断请求的来源。S7—200 系列可编程序控制器具有最多可达 34 个中断源，每个中断源都分配一个编号加以识别，称为中断事件号。这些中断源大致分为三大类：通信中断、输入/输出中断和时基中断。

(1) 通信中断

可编程序控制器的通信口可由程序来控制，通信中的这种操作模式称为自由通信口模式。

在这种模式下，用户可以通过编程来设置波特率、奇偶校验和通信协议等参数。

(2) 输入/输出中断

输入/输出中断包括外部输入中断、高速计数器中断和脉冲串输出中断。外部输入中断是系统利用I0.0～I0.3的上升沿或下降沿产生中断，这些输入点可用做连接某些一旦发生就必须引起注意的外部事件；高速计数器中断可以响应当前值等于预置值、计数方向改变、计数器外部复位等事件所引起的中断；脉冲串输出中断可以用来响应给定数量的脉冲输出完成所引起的中断。

(3) 时基中断

时基中断包括定时中断和定时器中断。定时中断可用来支持一个周期性的活动，周期时间以1ms为计量单位，周期时间可以是1～255ms。对于定时中断0，把周期时间值写入SMB34；对于定时中断1，把周期时间值写入SMB35。每当达到定时时间值时，相关定时器溢出，执行中断处理程序。定时中断可以用来以固定的时间间隔作为采样周期对模拟量输入进行采样，也可以用来执行一个PID控制回路，另外定时中断在自由口通信编程时非常有用。

当把某个中断程序连接到一个定时中断事件上时，如果该定时中断被允许，那就开始计时。当定时中断重新连接时，定时中断功能清除前一次连接时的任何累计值，并用新值重新开始计时。理解这一点非常重要。定时器中断可以利用定时器来对一个指定的时间段产生中断。这类中断只能使用分辨率为1ms的定时器T32和T96来实现。当所用定时器的当前值等于预设值时，在主机正常的定时刷新中，执行中断程序。

2. 中断优先级

在中断系统中，将全部中断源按中断性质和处理的轻重缓急进行，并给以优先权。所谓优先权，是指多个中断事件同时发出中断请求时，CPU对中断响应的优先次序。中断优先级由高到低依次是通信中断、输入/输出中断、时基中断，每类中断中的不同中断事件又有不同的优先权。具体可查看S7—200编程手册。

在PLC中，CPU按先来先服务的原则响应中断请求，一个中断程序一旦执行，就一直执行到结束为止，不会被其他甚至更高优先级的中断程序所打断。在任何时刻，CPU只执行一个中断程序。在中断程序执行中，新出现的中断请求按优先级排队等候处理。中断队列能保存的最大中断个数有限，如果越过队列容量，则会产生溢出，某些特殊标志存储器位被置位。

3. 中断指令与中断程序

中断调用即调用中断程序，使系统对特殊的内部事件做出响应。系统响应中断时自动保存逻辑堆栈、累加器和某些特殊标志存储器位，即保护现场。中断处理完成时，又自动恢复这些单元原来的状态，即恢复现场。

(1) 中断指令

S7—200 PLC中断指令见表9-27。

表9-27 中断指令的表达形式及作用

指令名称	指令的表达形式	作　用
中断连接	ATCH EN ENO ???? - INT ???? - EVNT ATCH INT, EVNT	将一个中断事件和一个中断程序建立联系，并允许这一中断事件

续表

指令名称	指令的表达形式	作　用
中断禁止	DTCH EN ENO ????-EVNT DTCH EVNT	切断一个中断事件和所有程序的联系，使该事件的中断回到不激活或无效状态，从而禁止了该中断事件。本指令主要用于对某一事件单独禁止中断
开中断	—(ENI) ENI	全局开放(或允许)所有被连接的中断事件。梯形图中以线圈形式编程，无操作数
中断条件返回	—(RETI) CRETI	根据先前逻辑条件用于从中断返回
关中断	—(DISI) DISI	全局关闭(或禁止)所有被连接的中断事件。梯形图中以线圈形式编程，无操作数

注意：

① 多个事件可以调用同一个中断程序，但同一个中断事件不能同时指定多个中断服务程序。否则，在中断允许时，若某个中断事件发生，系统默认只执行为该事件指定的最后一个中断程序。

② 当系统由其他模式切换到 RUN 模式时，就自动关闭了所有的中断。

③ 可以通过编程，在 RUN 模式下，用使能输入执行 ENI 指令来开放所有的中断，以实现对中断事件的处理。全局关中断指令 DISI 使所有中断程序不能被激活，但允许新的中断事件等候，直到使用开中断指令重新允许中断。

④ 操作数

INT 中断程序号为 0～127(常数)；

EVNT 中断事件号为 0～32(常数)。

(2) 中断程序

中断程序不是由程序调用，而是在中断事件发生时由操作系统调用。因为不能预知系统何时调用中断程序，它不能改写其他程序使用的存储器，为此应在中断程序中尽量使用局部变量。在中断程序中可以调用一级子程序，累加器和逻辑堆栈在中断程序和被调用的子程序中是公用的。中断处理提供对特殊内部事件或外部事件的快速响应。应优化中断程序，先执行某项特定任务后立即返回主程序；应使中断程序尽量短小，以减少中断程序的执行时间，减少对其他处理的延迟，否则可能引起主程序控制的设备操作异常。设计中断程序时应遵循“越短越好”的原则。

① 构成。中断程序必须由三部分构成：中断程序标号、中断程序指令和无条件返回指令。中断程序标号，即中断程序的名称，它在建立中断程序时生成；中断程序指令是中断程序的实际有效部分，对中断事件的处理就是由这些指令组合完成的，在中断程序中可以调用嵌套子程序，中断返回指令用来退出中断程序回到主程序。它有两条返回指令，一条是无条件中断返回指令 RETI，程序编译时由软件自动在程序结尾加上 RETI 指令，而不必由编程人员手工输入。另一条是条件返回指令 CRETI，在中断程序内部用它可以提前退出中断程序。

② 要求。中断程序的编写要求是：短小精悍、执行时间短。用户应最大限度地优化中断程序，否则意外条件可能会导致由主程序控制的设备出现异常操作。

(3) CPU 响应中断的顺序

在 PLC 中，CPU 响应中断的顺序可以分为以下三种情况。

① 当不同优先级的中断源同时申请中断时，CPU 响应中断请求的顺序为从优先级高的

中断源到优先级低的中断源。

② 当相同优先级的中断源同时申请中断时，CPU 按先来先响应的原则响应中断请求。

③ 当 CPU 正在处理某中断时，又有中断源提出中断请求，新出现的中断请求按优先级排队等候处理，当前中断服务程序不会被其他甚至更优先级的中断请求打断。任何时刻 CPU 只执行一个中断程序。

【例 9-9】 编程完成采样工作，要求每 10ms 采样一次。

分析：完成每 10ms 采样一次，需用定时中断，定时中断 0 的中断事件号为 10。因此在主程序中将采样周期(10ms)即定时中断的时间间隔写入定时中断 0 的特殊存储器 SMB34，并将中断事件 10 和 INT-0 连接，全局开中断。在中断程序 0 中，将模拟量输入信号读入，程序如图 9-14 所示。

主程序

```
LD    I0.0
MOVE  10,SMB34                    //将采样周期设为 10ms
ATCH  INT_0,10                    //将事件 10 连接到 INT_0
ENI                               //全局开中断
```

中断程序 0

```
LD    SM0.0
MOVW  AIW0,VW100                  //读入模拟量 AIW0
```

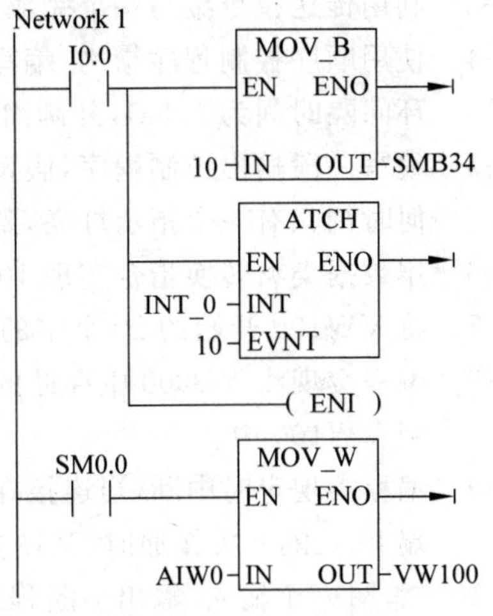

图 9-14　采样程序举例

【例 9-10】 利用定时中断功能编制一个程序，实现如下功能：当 I0.0 由 OFF→ON，Q0.0 亮 1s，灭 1s，如此循环反复直至 I0.0 由 ON→OFF，Q0.0 变为 OFF，如图 9-15 所示。

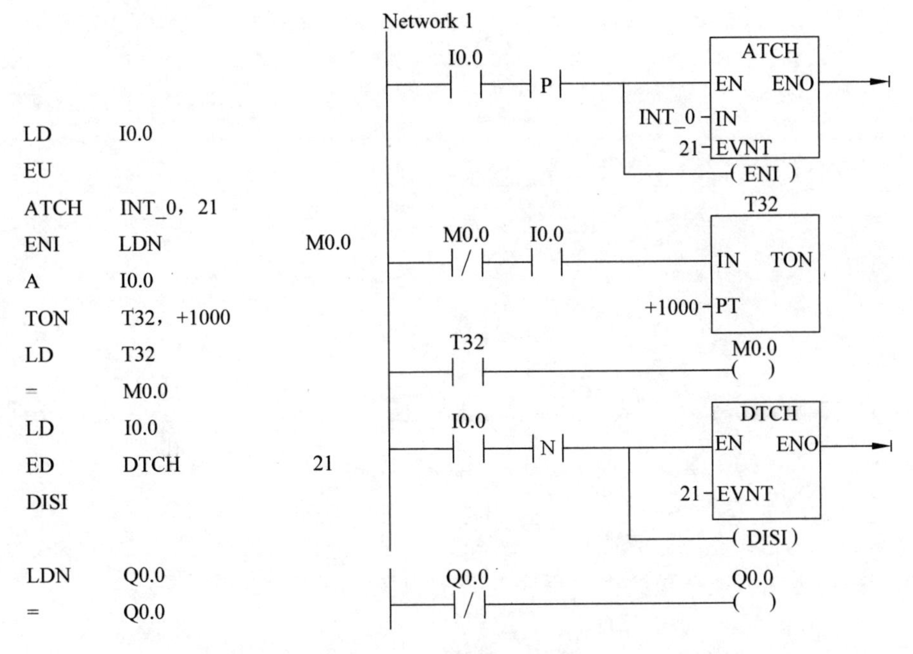

图 9-15　定时中断程序举例

思考题与习题

9-1 运用算术运算完成下列算式的运算。

(1)[(100+200)×20]/4；(2)533；(3)求 sin(55°)的函数值。

9-2 编写出将 IB0 字节高 4 位与低 4 位的数据交换，然后送入定时器 T38 作为定时器预置值的程序。

9-3 利用传送指令编写一个完成电机正反转控制要求的程序。

9-4 使用顺序控制程序结构，编写出实现红、黄、绿 3 种颜色信号灯循环显示的程序（要求循环间隔时间为 1.5s），并画出程序设计的功能流程图。

9-5 编写一段输出控制程序，假设有 8 个指示灯，从左向右以 1 秒的速度依次点亮，保持在任何时刻只有一个指示灯亮，到达最右端后，再从左向右依次点亮，时间间隔仍为 1 秒。

9-6 用数据类型转换指令实现 100 英寸转换成以厘米为单位的数。

9-7 将 VW100 开始的 20 个字的数据送到 VW200 开始的存储区。

9-8 编程实现将 VD200 中存储的 ASCII 码字符串 37,42,44,32 转换成十六进制数，并存储到 VW100 中。

9-9 编程实现定时中断，当连接在输入端 I0.1 的开关接通时，闪烁频率减半；当连接在输入端 I0.0 的开关接通时，又恢复成原有的闪烁频率。

9-10 编写一个输入/输出中断程序，实现从 0 到 255 的计数。当输入端 I0.0 为上跳沿时，程序采用加计数；当输入端 I0.0 为下跳沿时，程序采用减计数。

附录

电气图常用图形符号

（参照 GB/T 24340—2009《工业机械电气图用图形符号》）

名　称	符　号
低频（工频或亚音频）	
交直流	
内在的可变性	
内在的自动控制	
顺时针方向旋转	
两个方向均有限制的双向旋转	
不同时双向传输	
热效应	
延时动作 注：向圆心方向移动的延时动作	形式1 形式2
推动操作	
接近效应操作	
凸轮操作	
紧急开关	
电动机操作	M
中频（音频）	
非内在的可变性	
内在非线性的可变性	
按箭头方向的直线运动或力	
逆时针方向旋转	
能量、信号的单向传输	
发送	

名　称	符　号
电磁效应	
自动复位 注：三角指向返回方向	
拉拔操作	
旋转操作	
脚踏操作	
气动或液压控制操作	
过电流保护的电磁操作	
电钟操作	
高频（超音频，载频或射频）	
非内在非线性的可变性	
预调、微调 例：在电流等于零时允许预调	I=0
双向旋转	
同时双向传输	
接收	
机械连接	形式1 形式2
手动控制	
受限制的手动控制	

名　称	符　号
接触效应操作	
滚轮（滚柱）操作	
电磁执行器操作	
热执行器操作	
接地一般符号	
故障	
永久磁铁	
导线、电缆和母线一般符号	
屏蔽导线	
绞合导线（二股）	
端子	
可拆卸的端子	
导线或电缆的分支和合并	
导线的换位	n
插座	优选形 其他形
电阻器的一般符号	优选形 其他形
带开关的滑动触点电位器	

续表

名　　称	符　号
可变电容器	优选形 其他形
磁心有间隙的电感器	
闪络、击穿	
动触点	
三根导线的单线表示	或 3
同轴电缆	
电缆中的导线（三股）	形式1 形式2 3
导线的交叉连接	单线表示 多线表示
可变电阻器	
插头	优选形 其他形
压敏电阻器	u
热敏电阻器	θ
电容器的一般符号	优选形 其他形
电感器、线圈、绕组、扼流圈	
带磁心连续可调的电感器	
导线间绝缘击穿	
测试点指示	
柔软导线	
屏蔽同轴电缆	
导线的连接	形式1 形式2
导线的不连接（跨越）	单线表示 多线表示
插头和插座	优选形 其他形
熔断电阻器	
滑线式变阻器	
极性电容器	优选形 + 其他形 +
带磁心的电感器	
半导体二极管一般符号	优选形 其他形
发光二极管	优选形 其他形
PNP型半导体管	
光电二极管	
直流发电机	G
交流电动机	M ~
直流测速发电机	TG
步进电动机	M
并励直流电动机	M
单相交流串励电动机	M 1~
单相笼形异步电动机	M 1~
交流测速发电机	TG ~
电机扩大机	
双绕组变压器	形式1 形式2
电流互感器、脉冲变压器	形式1 形式2
单向击穿二极管、电压调整二极管	优选形 其他形
NPN型半导体管	
PNP型光电半导体管	
直流电动机	M

续表

名称	符号
直流伺服电动机	SM
交流测速发电机	TG ~
手摇发电机	G
他励直流电动机	M
单相同步电动机	MS 1~
三相笼形异步电动机	M 3~
电磁式直流测速发电机	TG
铁芯	
自耦变压器	形式1 形式2
绕组间有屏蔽的双绕组单相变压器	形式1 形式2
双向二极管、交流开关二极管	优选形 其他形
集电环或换向器上的电刷	
交流发电机	G ~
交流伺服电动机	SM ~

名称	符号
直线电动机	M
串励直流电动机	M
永磁直流电动机	M
单相永磁同步电动机	MS 1~
三相绕线型异步电动机	M 3~
永磁式直交流测速发电机	TG
带间隙的铁芯	
电抗器、扼流圈	形式1 形式2
Y-△形连接的三柑变压器	形式1 Y △ 形式2
动合触点 注:本符号也可用做开关一般符号	形式1 形式2
延时断开的动合触点	形式1 形式2
延时闭合和延时断开的动合触点	
有弹性返回的动断触点	

名称	符号
按钮开关(动断按钮)	
液位开关	
热继电器动断触点	
断路器	
电动机启动器一般符号	
操作器件一般符号 注:多绕组操作器件可由适当数值的斜线或重复本符号来表示	形式1 形式2
热继电器的驱动器件	
避雷器	
示波器	
电度表(瓦时计)	Wh
动断触点 先断后合的转换触点	
延时闭合的动断触点	形式1 形式2
有弹性返回的动合触点	
手动开关一般符号	
拉拨开关	
位置开关和限制开关的动合触点	
接触器动合触点	

续表

名　称	符　号	名　称	符　号	名　称	符　号
隔离开关		延时闭合的动合触点	形式1 形式2	负荷开关	
星-三角启动器		延时断开的动断触点	形式1 形式2	自耦变压器式启动器	
熔断器一般符号		无弹性返回的动合触点		跌开式熔断器	
缓放继电器线圈		接钮开关（动合按钮）		缓吸继电器线圈	
过流继电器线圈	$I>$	旋钮开关、旋转开关（闭锁）		欠压继电器线圈	$U<$
电流表	A	位置开关和限制开关的动断触点		电压表	V
极性表	±	接触器动断触点		热电偶	形式1 + 形式2
检流计					

参考文献

[1] 赵明，许翏．工厂电气控制设备[M]．2版．北京：机械工业出版社，2006．

[2] 劳动和社会保障部教材办公室．电力拖动控制线路与技能训练[M]．3版．北京：中国劳动社会保障出版社，2008．

[3] 韩顺杰等．电气控制技术[M]．北京：中国林业出版社，北京大学出版社，2006．

[4] 余雷声等．电气控制与PLC应用[M]．北京：机械工业出版社，2007．

[5] 陈立定等．电气控制与可编程控制器[M]．广州：华南理工大学出版社，2004．

[6] 张连华．电器PLC控制技术及应用[M]．北京：机械工业出版社，2007．

[7] 阮友德．电气控制与PLC[M]．北京：人民邮电出版社，2009．

[8] 许翏，王淑英．电器控制与PLC控制技术[M]．北京：机械工业出版社，2005．

[9] 许翏，王淑英．电器控制与PLC应用技术[M]．北京：机械工业出版社，2005．

[10] 廖常初．PLC编程及应用[M]．2版．北京：机械工业出版社，2005．

[11] 廖常初．S7—200 PLC基础教程[M]．北京：机械工业出版社，2006．

[12] 张扬等．S7—200 PLC原理与应用系统设计[M]．北京：机械工业出版社，2007．

[13] 熊幸明等．工厂电气控制技术[M]．北京：清华大学出版社，2005．

[14] 许翏．电机与电气控制[M]．北京：机械工业出版社，2010．

[15] 赵春生．可编程序控制器应用技术[M]．北京：人民邮电出版社，2008．

[16] 李辉．S7—200 PLC编程原理与工程实训．北京：北京航空航天大学出版社，2008．

参考文献